수치해석과
MATLAB 활용

오세영 지음

KM 경문사

머리말

이 책은 해석학과 선형대수학의 기본 지식을 이해할 수 있으면 누구나 공부할 수 있는 교재이다. 수학과 과학의 교량적인 역할을 하는 응용수학이 최근에 많이 연구되고 있고 컴퓨터의 발달로 많은 과학적인 문제들이 컴퓨터를 통하여 해결되고 있으므로 컴퓨터에서 얻은 근삿값이 어느 정도 정확한지에 대한 분석이 필수적이다. 따라서 이 책에서는 컴퓨터와 고급프로그래밍언어 MATLAB을 통하여 해결할 수 있는 응용수학 분야를 중점적으로 소개한다. 수치해법의 단순한 소개와 적당한 예제 풀이로 끝내는 방식을 지양하고, 수치해법의 이론적 배경 또는 유도 과정, 오차의 분석, MATLAB을 활용한 수치적 실험 결과 및 분석 등을 포함함으로써 순수 수학이론에서 실제 응용과학 분야까지의 모든 과정을 이해하도록 기술하였다.

수치해법을 소개할 때 가능한 한 자세한 의사코드(pseudo-code) 형태의 알고리즘(algorithm) 또는 MATLAB 프로그램을 제시하여 독자 스스로 알고리즘의 이해와 실제 계산 및 분석이 쉽도록 하였다. 이 책에 수록된 많은 예제들은 손으로 직접 풀 수 있거나 간단히 프로그램을 이용해 계산할 수 있는 문제로서 알고리즘의 전 과정을 이해하는 데 도움이 된다. 따라서 알고리즘을 변형시킬 수 있는 능력을 길러 조금 변형된 문제들도 컴퓨터로 쉽게 풀 수 있도록 하였다.

이 책은 일곱 개의 장으로 구성되어 있는데 두 학기용으로도 사용될 수 있고 한 학기 강의용으로도 사용할 수 있다. 한 학기용으로 사용할 때는 제2장과 제3장이 필수이고 나머지 장들은 일부 내용만을 선택하여 사용하면 된다. 이 책의 또 다른 특징은 각 장마다 가능한 한 많은 내용을 포함하려고 노력하였기 때문에 다른 책의 참고도서로 활용할 수 있다.

저자는 오류의 지적, 개선책 제시 등 독자의 충고를 언제나 겸허하게 받아들여 증보판에 반영하기로 하며, 끝으로 이 책을 출판하기까지 학술연구비로 지원해주신 충남대학교와 많은 노력을 해주신 도서출판 경문사 여러분께 감사를 표한다.

2021. 2. 저자

차례

제 1 장 ❙ MATLAB과 계산 오차

제 2 장 ❙ 비선형방정식의 해

제 3 장 ❙ 선형 연립방정식의 해법

제 4 장 ▎행렬의 고유치문제

제 5 장 ▎근사함수

제 6 장 ▎수치미분과 수치적분

제 7 장 ❙ 상미분방정식의 수치해법

부록 A ❙ 기본정리

제 1 장

MATLAB과 계산 오차

1.1 MATLAB 사용법

MATLAB(MAtrix LABoratory의 약자)은 미국 Mathworks 회사에서 개발한 수치계산용 프로그래밍언어이며 수치적 방법과 그래픽 기능에 대한 강력하고 고품질의 애플리케이션을 포함하는 고급 소프트웨어 패키지이다. 자체적으로 여러 하드웨어(예를 들어 모터류)의 인터페이스, 이미지 프로세싱 등의 유용한 툴박스들을 제공하고 있어 손쉽게 사용할 수 있다. 대부분의 미국 공대에서 처음으로 프로그래밍에 입문하는 학생들이 제일 먼저 배우는 프로그램으로 과학 공학적 계산의 기본이 되는 백터와 행렬 연산의 기능은 매우 우수하다.

MATLAB을 상황에 따라 다른 언어와 병용해서 쓰기도 한다. MATLAB의 스크립트 언어로 성능을 검증하고 C++ 등으로 변환을 하거나, 시뮬링크 기반의 자동코드 생성기법을 활용하여 시뮬링크 블럭 다이어그램으로부터 embedded C 코드를 생산하여 사용할 수도 있다. 연구자가 코드를 개발할 때 기본적으로 보유하고 있는 C/C++/FORTRAN 등의 언어에서는 기초적인 수치해석 알고리즘만 수행하려고 해도 많은 라이브러리를 구하거나 직접 코딩해야 하지만 MATLAB가 제공하는 툴박스(Toolbox)는 상당한 수준의 알고리즘까지 라이브러리로 지원하고 있다. 즉, 다른 개발 환경에서는 각각의 기능을 제공하는 환경은 있어도, 관련된 모든 라이브러리를 제공하는 경우는 MATLAB 말고는 드물다. 소프트웨어 관련학과 등에서는 C++ 언어 중심으로 배워 MATLAB이 C++나 Python 등의 언어보다 열등하다고 생각하지만 MATLAB은 새로운 이론이나 방법론을 프로토타입하는 데에 최적화되어 있고, 이미 쌓아놓은 수많은 코드들을 사용하기 위해서는 결국 MATLAB을 써야 한다는 걸 깨닫게 된다.

유료로 구입을 해야 하는 MATLAB과 다르게 요즘 인기가 높은 무료 오픈소스 Python 언어가 있다. MATLAB 못지 않게 간단한 문법을 가지며 Python의 공식 라이브러리만 고려하면 수치해석에 최적화되어 있지는 않지만 matplotlib, numpy 등 유용한 라이브러리가 많기 때문에 잘 다룰 줄만 안다면 기능면이나 속도에서 MATLAB의 대체용으로 가능하다. 오픈소스 개발자들이 많은 함수명을 MATLAB과 비슷하게 작명하였기 때문에 둘 중 하나만 잘 배워도 나머지를 익히기는 쉽다. 가끔 MATLAB 대용으로 쓰이는 R 언어는 통계분석에 특화되어 수치해석면으로는 완전히 MATLAB을 대체하기는 힘들다.

부정적분해석, 다항식 풀이 등 수식을 해석적 방법으로 풀 때 유용한 패키지로는

Mathematica와 Maple이 있다. 부동소수점을 이용한 수치계산의 속도면에서는 MATLAB이 우수하다.

Matheworks 회사에서 비록 학생용으로 저가 라이선스를 구입할 수 있지만 그마저도 부담스럽다면 MATLAB을 대체하기 위해 가장 대표적인 무료 오픈소스 언어로 GNU Octave가 있다. MATLAB과 미묘한 문법 차이점만 인식하면 호환성이 좋아 마치 MATLAB을 사용하는 것처럼 바로 적응할 수 있는 장점이 있다. 속도가 느린 성능과 불편한 툴박스의 단점도 있지만 학부 수준에서 수치해석의 알고리즘 프로그래밍, 이론 검증, 분석을 위해서는 MATLAB의 대체용으로 손색이 없다. 단지 한글과 호환이 되지 않아 영어를 사용해야 하는 불편만 없으면 이 교재의 모든 프로그램 역시 Octave 환경에서 실행 가능하다. GNU Octave 언어는 https://www.gnu.org/software/octave/download에서 다운로드하여 설치하며 이미지 분석 패키지, 유전 알고리즘 패키지 등의 다양한 패키지를 역시 무료로 내려받아 적용할 수 있다. Windows는 물론 Mac OS, Linux, 심지어 안드로이드에서도 사용이 가능하다.

MATLAB이 사용하는 창으로는

- 기본창(Main window): 명령어 실행 및 사용하는 공간, 폴더, 파일정보
- 그래프창(Graphics window): 그래프, 도표 등 시각적 표현
- 편집창(Edit window): 프로그램 파일 편집

이 있다. 이 중 가장 많이 사용하는 기본창에는 아래 그림 1-1과 같이

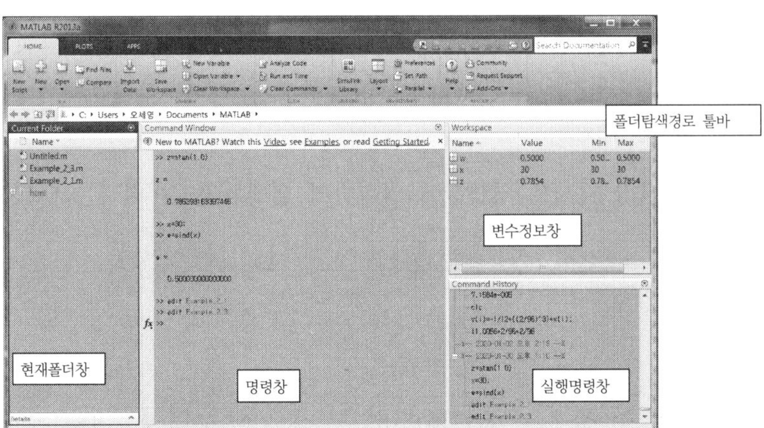

그림 1.1 MATLAB 기본창(Main window)

- 명령창(Command window): 명령어 실행공간(중앙창)
- 폴더탐색경로 툴바: 사용자가 만든 명령어 또는 함수가 저장된 폴더 경로가 나타나도록 맞추어야 실행 가능, 즉 사용자의 작업 폴더 경로
- 현재폴더창(Current folder): 폴더탐색경로 툴바가 지정하는 폴더 파일정보
- 실행명령창(Command history): 실행된 명령어를 저장 및 재실행
- 변수정보창(Workspace): 사용중인 변수 정보

등의 창들이 포함되어 있다.

MATLAB 프로그램을 실행하면 기본창이 열리고 중앙의 명령창에 MATLAB 프롬프트 :

》

에 커서가 깜박이며 명령줄이 나타난다. 이 명령줄에 여러 가지 형태의 MATLAB 명령어를 입력하여 실행할 수 있다.

1.1.1 명령창 계산

■ 변수이름은 대소문자를 구분하는 영문자로 시작하며 숫자와 밑줄을 포함하는 31개 이하의 글자로 구성된다. MATLAB 명령어, 내장함수와 사용자함수이름을 변수로 사용하지 않는다.

■ MATLAB은 모든 변수를 행렬로 취급한다. 스칼라 상수를 제외하고는 괄호 [ ]를 사용한다. 행렬에서 열구분은 줄바꿈이나 세미콜론(;)으로 나타낸다. 벡터 $x=[1\ 2\ 3]$ 또는 $x=[1,\ 2,\ 3]$는 1×3행렬의 행벡터, 벡터 $y=[4;5;6]$ 또는 행벡터의 전치행렬 $y=[4\ 5\ 6]'$는 3×1행렬의 열벡터이다.

즉, 아래와 같이 여러 가지로 명령창에 입력하여 실행하면 각 결과는 다음과 같다.

실행:	》 x=3	》 x=[1 2 3]	》 x=[1, 2, 3]
결과:	x =	x =	x =
	3	1 2 3	1 2 3
실행:	》 y=[4; 5; 6]	》 y=[4 5 6]'	》 A=[1 2 ; 3 4; 5 6]
결과:	y =	y =	A=
	4	4	1 2

```
5              5              3  4
6              6              5  6
```

■ 행렬의 성분은 괄호( ) 안에 그 위치를 표현하여 성분을 불러오고 저장(또는 변경)할 수 있다. 어떤 값을 불러와서 저장할 변수에 할당하지 않으면 ans라는 변수에 할당저장된다. 이때 위치 대신 콜론(:)을 사용하면 행 또는 열의 모든 성분을 나타낸다.

```
실행:  >> A(3, 1)     >> A(3, 1)=7        >> A(2, :)        >>A(3, :)=[8 9]
결과:  ans =          A =                 ans =             A =
           5             1  2                    3  4          1 2
                         3  4                                  3 4
                         7  6                                  8 9
```

■ 세미콜론(;)을 할당문이나 설명문 끝에 붙이면 그 결과를 출력하지 않는다.

```
실행:  >> y=[4; 5; 6] ;
결과:  >>
```

■ %는 주석문 각 부분의 처음에 사용하며 % 뒤의 내용은 실행되지 않는다. 따라서 앞으로 특별한 경우를 제외하고는 실행문의 % 이후는 설명이므로 입력 실행할 필요가 없다.

```
실행:   >> x=[1, 2, 3]  % x는 1, 2와 3을 성분으로 하는 행벡터
결과:  x =
         1  2  3
```

■ 특수 행렬을 만들어 많은 계산에 이용할 수 있다.

• 콜론(:)으로 일정 간격의 벡터를 생성할 수 있다.

```
실행: >> s = 2 : 8   % s는 2에서 8까지 1의 간격으로 생성된 벡터
결과: s =
          2  3  4  5  6  7  8
실행: >> t = 2 : 4 : 8   % 2에서 8까지 4의 간격으로 생성된 벡터
결과: t =
          2  6
```

• 내장함수 linsapce로 일정 간격의 벡터를 만들 수 있다.

```
>> s = linspace(1, n)      % 1에서 n까지 100개의 성분을 갖는 벡터
                             이때 1과 n을 포함한다.
>> t = linspace(a, b, npts)  % a에서 b까지 npts개수의 성분벡터
```

• 계산에 매우 유용한 특수 행렬 생성 명령어

```
>> eye(3)          % 3x3 단위행렬
>> ones(3)         % 모든 성분이 1인 3x3 행렬
>> ones(5, 4)      % 모든 성분이 1인 5x4 행렬
>> zeros(4)        % 모든 성분이 0인 4x4 행렬
>> zeros(2, 6)     % 모든 성분이 0인 2x6 행렬
```

```
실행: >> B=[ A(2:3, :)  eye(2)   zeros(2, 1) ]
결과: B =
        3  4  1  0  0
        8  9  0  1  0
```

위의 행렬 B는 앞에서 만든 3×2 행렬 A의 2:3행, 즉 2행에서 3행의 ' : '열 (모든 열)로 구성된 2×2 행렬에 2×2 단위행렬과 2×1의 0행렬을 덧붙인 2×5 행렬을 의미한다.

■ 벡터와 행렬 계산은 일반적인 방법과 같이 크기가 같은 벡터나 행렬끼리의 합과 차가 정의되며 성분별로 합차가 계산된다. 또한 두 벡터의 내적(dot product)의 계산이 가능한 적절한 크기를 가지면 벡터와 행렬의 곱이 계산된다. % 이후는 설명이므로 입력 실행할 필요는 없다.

```
실행:  >> x+y'     % 1x3 행벡터인 x와 y의 전치행렬 y'의 합
결과:  ans =
         5  7  9
```

```
실행:  >> x'+y     % 3x1 열벡터 x'과 y의 합
결과:  ans =
         5
         7
         9
```

```
실행: >> x*A      % 1x3 행벡터인 x와 3x2 행렬 A의 곱
                  % x*A=[1x1+2x3+3x8  1x2+2x4+3x9]
결과: ans =
        31  37
```

같은 크기의 벡터와 행렬의 계산에서 각 성분별로 곱셈, 나눗셈, 지수 등의 계산이 요구될 때가 있는데 이때는 마침표(.)를 활용한다.

```
실행: >> x .* y'     % 1x3 행벡터인 x와 y'의 성분별 곱
                     % [1x4  2x5  3x6 ]=[4  10  18]
결과: ans =
        4  10  18

실행: >> x .^ 2      % 1x3 행벡터인 x의 성분별 제곱
                     % [1^2  2^2  3^2 ]=[1  4  9]
결과: ans =
        1  4  9

실행: >> y' . / x    % 1x3 행벡터인 y'와 x의 성분별 나눗셈
                     % [4/1  5/2  6/3 ]=[4  2.5  2]
결과: ans =
        4.0000  2.5000  2.0000
```

■ MATLAB과 그 툴박스(Toolboxes)는 많이 통용되는 수학적 내장함수를 제공한다. 삼각함수, 지수함수, 로그함수, 복소수, 대수함수를 포함하여 수많은 수학함수의 명령어를 활용할 수 있다. 내장함수의 설명과 사용법의 도움을 구하기 위해서는 명령어 help 또는 키워드로 검색할 수 있는 lookfor를 사용한다.

```
>> help log      % 명령어 log의 설명과 사용법 및 예제 출력
>> help elfun    % 기초 수학함수의 모든 리스트와 사용법
>> lookfor absolute   %키워드 absolute에 관련된 명령어 검색
```

위의 elfun과 같이 help로 많은 내장함수의 명령어를 찾아볼 수 있는 그룹은 다음과 같다. 예를 들어, >> help datafun를 실행하여 데이터 해석과 푸리에 변환과 관련한 명령어 함수들을 볼 수 있다.

datafun	데이터 해석과 푸리에 변환
elmat	기본적인 행렬과 기본적인 행렬조작
funfun	함수 기능 - 비선형 수치해석
general	일반적인 명령
graphics	일반적인 그래픽 명령
iofun	input/output 함수
ops	연산자와 특수문자
polyfun	다항식과 보간함수
sparfun	희소 행렬 함수
specfun	수학에서 사용되는 특수한 함수

예제 1.1 $k=2,\ c=3.5,\ m=5,\ t=1,\ 2,\ \ldots,\ 5$일 때 다음 수식의 값을 Matlab으로 계산하여라.

$$w=\cos\left(\sqrt{\left|\frac{\sin(k\pi)}{m!}-\left(\frac{e^c}{2m}\right)^2\right|}\,t\right)$$

풀이 1 변수의 값을 입력하고 복잡한 식을 부분적으로 계산한다.

삼각함수 sin와 cos, !함수 *factorial*, 절댓값함수 *abs*, 지수함수 exp, 제곱근함수 sqrt, π의 MATLAB의 지정값 pi 등을 사용한다.

```
>> k = 2; c = 3.5; m = 5; t = 1 : 5;
                %변수의 값입력, 벡터 t 생성, 명령창화면에 미출력
>> arg1 = sin(k*pi)/factorial(m)   %√ 속의 첫 수식의 값
>> arg2 = (exp(c)/(2*m))∧2          %√ 속의 두 번째 수식값
>> w = cos(sqrt(abs(arg1 - arg2))*t)  %상수와 벡터의 성분별 곱에는 .*
                                       불필요
       % 벡터 t에 상수의 곱, 각 성분의 cos값 계산, 벡터 w 계산
```

실행결과는 다음과 같다.

```
w=
    Columns 1 through 5
     -0.9856    0.9428   -0.8728    0.7777   -0.6602
```

풀이2 위의 풀이1 과정을 한 번에 실행하여 w값을 계산하면 다음과 같다.

$$>> w = \cos(\mathrm{sqrt}(\mathrm{abs}(\sin(k*pi)/\mathrm{factorial}(m) - (\exp(c)/(2*m))\wedge 2))*t)$$

■

1.1.2 MATLAB 입출력(input/output)

■ 출력(output)은 단순히 값이 할당된 변수를 입력하거나 괄호 안의 인자 출력함수 명령어 disp( ) 또는 형식에 맞춰 출력하는 명령어 fprintf( )를 주로 사용한다.

```
실행: >> disp(x),   disp('Q, r')      %x의 값과 문자열 Q, r을 출력
결과:
       1     2     3
    Q, r
```

```
실행: >> g=9.81; fprintf('지구의 중력속도는 %f  m/sec이다. \n ', g);
결과: 지구의 중력속도는 9.810000 m/sec이다.
```

위에서 \n은 줄바꿈(\t는 탭 들여쓰기), %f는 변수 g가 출력되는 위치와 g의 부동소수점 형식을 표시한다(그외 %i 또는 %d는 정수 표현, %e는 지수 표현, %c와 %s는 문자와 문자열 표현). 만약 %8.2f 라 하면 변수 g의 값을 모두 8자리로 표현하되 소숫점 이하 두 자리를 표현하라는 의미이다. 8.2라는 숫자가 없으면 기본으로 소숫점 이하 6자리까지 표현된다.

MATLAB의 계산 결과를 파일에 출력하기 위해서는 명령어 함수 fopen을 사용하여 먼저 기록할 파일을 열고 fprintf로 형식에 맞춰 출력 기록한다. fprintf 함수 안의 인자를 제외하고는 %이후는 설명이므로 입력 실행할 필요는 없다.

```
실행: >> D=[8.1  4.57  1.2 ; 9.1  6.3  0.79];     % 2x3 행렬 D 생성
      >> fo=fopen('output.txt', 'w');
            %output.txt파일 열고, 기록(w)모드, fo는 파일포인터
      >> fprintf( fo, '%f  %f \n', D);    %행렬 D를 기록한다. (아래 설명 참조)
      >> fclose(fo);                     %파일을 닫는다.
      >> type output.txt                 %파일을 읽어온다.
```

결과:

```
8.100000 9.100000
4.570000 6.300000
1.200000 0.790000
```

MATLAB에서 메모리에 행렬의 데이터는 1열, 2열, ..., 즉 각 열 순으로 저장된다. 위에서 3개의 열들이 순서대로 저장된 D를 기록할 때 %f %f 두 번 사용하고 있으므로 우선 2개의 데이터, 즉 D의 첫 열이 먼저 기록되고 \n에 의해 줄바꿈한다. 그리고 다음 2개의 데이터, 즉 D의 두 번째 열이 기록되고 다시 줄바꿈한다. 이렇게 D의 모든 성분이 기록될 때까지 반복된다. 따라서 output.txt 파일에는 3개의 행으로 기록된다.

MATLAB은 숫자의 화면 출력형식을 지정하여 모든 수의 출력을 고정할 수 있다. 원하는 정확도에 따라 언제든지 변경할 수 있다.

```
>> format short      % 5자리 표현
>> format long       % 16자리 표현
>> format short e    % 5자리와 지수 표현
>> format rat        % 분수로 표현
```

실행:
```
>> format long e     % 16자리와 지수 표현
>> pi                %π값 출력
```
결과:
```
ans =
   3.141592653589793e+00
```

■ 입력(input)은 키보드에서 값(벡터 행렬 포함)을 입력하는 명령어 input() 또는 데이터 파일에서 읽어 오는 명령어 fscanf()를 사용한다. % 이후는 설명이므로 입력 실행할 필요는 없다.

실행:
```
>> z=input(' 행렬 z =? ')
   % ' '안의 문자열을 나타내고 z를 입력할 때까지 커서 깜박
```
결과: 행렬 z =?

입력 : [4.5 5.2 6.3; 7.2 2.8 9]

결과: z =

```
        4.5000    5.2000    6.3000
        7.2000    2.8000    9.0000
```

앞에서 output.txt 파일에 기록한 데이터를 fscanf로 읽어 오는 방법은 다음과 같다.

```
실행: >> fi=fopen('output.txt', 'r');
           % output.txt파일 열고, 읽기(r)모드, fi는 파일포인터
      >> E= fscanf( fi, '%f  %f \n', [2 3]);
          %데이터를 행마다 2개씩 읽어 2x3 크기로 E의 각열에 저장
      >> fclose(fi);                %파일을 닫는다.
      >> E                         % E 출력
결과:                                                        (1.2)
    E =
          8.1000    4.5700    1.2000
          9.1000    6.3000    0.7900
```

1.1.3 M-파일

■ MATLAB에서 실행되는 파일은 확장자 .m로 된 파일이며 m-파일(m-file)이라 부른다. m-파일은 HOME 메뉴의 New/Script 또는 New/Function을 선택하거나 명령창에

```
>> edit filename
```

을 실행하면 열리는 새로운 Editor창에 계산명령어들을 입력한 후 파일로 저장하여 생성한다. m-파일은 사용자가 한꺼번에 실행하고자하는 실행문 리스트로 된 스크립트파일(Script file)과 사용자가 만든 함수파일(function file) 등 두 가지로 분류된다.

■ 스크립트 파일은 MATLAB 명령어, 주석, 변수값 정의 등으로 나열된 파일로 명령창의 커서에 그 파일이름을 넣어 실행한다. 위의 방법대로 Editor창을 열어 아래의 명령어들을 입력하여 Ex_trap라는 파일 이름으로 저장하자.

```
%Trapezoidal-rule                                    (1.3)
a=1;  b=3;
c=(a+b)/2 ;
x=[a, c, b];
```

```
y=sin(x) .* x .^ -3 ;  % 또는 y=eval(f,x)'; 벡터 x를 성분별로 입력 계산 후
                          벡터 y계산
I=(2-1)/2 *(y(1)+y(2)) +(3-2)/2 *(y(2)+y(3))
```

이제 스크립트 파일 Ex_trap 안의 모든 명령어를 실행하기 위해

```
실행: >> Ex_trap
결과:  I =
          0.5370
```

와 같이 하면 끝에 세미콜론(;)이 없는 실행문의 결과는 모두 화면에 나타난다.

■ 함수 파일은 일반적인 수학 함수 표현과 같이 함숫값이 할당되는 출력변수, 함수의 이름, 그리고 함수에 대입하는 입력변수 리스트들로 표현된다. 위의 스크립트 파일과 다른 점은 함수 파일의 첫 실행 줄에는

```
function  [출력변수 리스트]= 함수이름 (입력 변수 리스트)
```

가 들어간다. 위의 출력변수 리스트는 출력변수가 1개이면 [ ] 없이 표현하면 된다. 또 함수이름은 함수 파일이름과 같이 사용한다. Editor창을 열어 아래의 명령어들을 입력하여 trap_ex.m라는 이름의 파일로 저장하자. 아래 함수 trap_ex는 적분 $\int_a^b f(x)dx$의 근삿값을 구하는 함수파일이다. 함수 $f(x)$와 양 끝점 a, b가 입력된다.

```
function  I = trap_ex(f, a, b)                                    (1.4)
c=(a+b)/2 ;
x=[a, c, b];
y=f(x) ;  % 또는 y=eval(f,x); 벡터 x를 성분별로 입력 계산 후 벡터 y계산
I=(c-a)/2 *(y(1)+y(2)) +(b-c)/2 *(y(2)+y(3));
```

이제 위의 함수파일이 저장된 폴더가 폴더탐색경로 툴바에 나타나도록 맞추면 함수파일 trap_ex.m을 사용할 수 있다. 적분식의 근삿값을 구하기 위해서는 함수 $f(x)=\frac{\sin x}{x^3}$가 정의되어야 한다. 함수를 정의하는 데는 명령어 inline(' ')을 사용할 수 있다. 즉,

```
실행: >> f = inline(' sin(x) ./ x.^3 ') ;                          (1.5)
```

와 같이 함수 $f(x)$를 정의한 후 a=1, b=3일 때의 적분 근삿값을 구하기 위해 명령창에서 다음과 같이 실행하여 결과를 변수 Ival에 저장한다.

```
실행: >> Ival = trap_ex(f, 1, 3)
결과:  Ival =
          0.5370
```

위의 (1.5)와 같이 함수 f를 정의하지 않고 바로 입력변수 자리에 넣어 사용할 수도 있다.

```
실행: >> Ival = trap_ex(inline('sin(x).*x.^-3'), 1, 3)
결과:  Ival =
           0.5370
```

또 함수 f를 inline으로 정의하지 않고 함수파일로 만들어 사용할 수도 있는데 이미 예전에 만들어 놓은 함수파일을 사용할 때 편리하다. 먼저 피적분함수를 다음과 같이 Myfunc.m이라는 함수파일로 만든다.

```
function y = Myfunc(x)
 y = sin(x) .* x .^-3 ;
```

그리고 적분의 근삿값을 구하는 함수파일 trap.m을 아래와 같이 만든다. 이때 이전의 trap_ex.m과 모두 같으나 함숫값을 계산하는 명령어를 feval()로 사용한다.

```
function  I = trap(f,a, b)
   c=(a+b)/2 ;
   x=[a, c, b];
   y=feval(f,x);  % 함수파일로 정의된 함수는 feval을 사용
   I=(c-a)/2 *(y(1)+y(2)) +(b-c)/2 *(y(2)+y(3));
```

이제 a=1, b=3일 때의 적분근삿값을 구하기 위해 명령창에서 다음과 같이 실행하여 결과를 변수 Ival에 저장한다. 이때 Myfunc는 함수식이 아니고 함수파일 이름이므로 ‘ ’을 사용한다.

```
실행: >> Ival = trap('Myfunc', 1, 3)  % 또는 Ival = trap(@Myfunc, 1, 3)
결과:  Ival =
          0.5370
```

하나의 함수 안에 여러 개의 다른 함수를 포함할 수 있다.

1.1.4 함수의 정의

■ m-파일함수

앞의 절 1.1.3에서 다룬 m-파일로 정의된 함수를 말한다. 주로 복잡한 함수를 정의할 때 사용한다. 앞에서와 같이 m-파일함수를 다른 함수의 인수로 사용할 때는 ' '를 사용하거나 앞에 @기호를 붙여 inline 정의함수처럼 이용할 수 있다.

■ 간단한 한 줄 함수

간단한 함수를 정의하고 싶을 때, M 파일을 생성하여 함수를 정의하는 대신 간단히 한 줄로 inline, @기호, 문자열을 사용하여 함수를 정의할 수 있다. 정의하는 방법은 다음과 같다.

1) inline 함수 정의: `name = inline ('expr', '변수')`

예를 들어

```
>> f = inline(' exp(x).* x.^2-1', 'x' )   % 함수 f(x) = e^x - 1 inline 정의
f = fuction inline:
     f(x) = exp(x).* x.^2-1
>> f([3  -1])                            % x=3, x=-1에서 함숫값 계산
ans =    179.7698    -0.6321

>> g = inline(' (x.^2 + y.^2) ./ (x.*y)', 'x', 'y' )
g = fuction inline:
    g(x,y) = (x.^2 + y.^2) ./ (x.*y)
>> x=[3  -1]; y=[-5  2];  g(x, y)   % 벡터 x, y에서 함숫값 계산
ans =   -2.2667    -2.5000
```

2) 익명(Anonymous)함수 정의: `name = @ (arglist) expr`

예를 들어

```
>> f = @(x) exp(x).* x.^2-1   % 함수 f(x) = e^x x^2 - 1의 익명함수 정의
f = function_handle:
       @(x)exp(x).* x.^2-1
>> f([3  -1])                 % x=3, x=-1에서 함숫값 계산
ans =    179.7698    -0.6321
```

2변수 함수 $z=(x^2+y^2)/xy$의 계산도 위와 같이 한다.

```
>> g = @(x,y) (x.^2 + y.^2) ./ (x.*y)   % 성분별 계산의 경우 ·가 필요
g = function_handle:
        @(x,y)(x.^2 + y.^2) ./ (x.*y)
>> x=[3 -1]; y=[-5 2]; g(x, y)   % 벡터 x, y에서 함숫값 계산
ans =   -2.2667   -2.5000
```

익명함수는 함수의 핸들(함수를 나타내는 데이터형)을 생성한다. 즉, 위와 같이 @기호를 사용하여 함수를 정의하는 것은 함수핸들을 생성하는 것이다. 이를 이용하여 함수이름을 변수처럼 사용하여 다른 함수에서 인수로 취급할 수 있다. 예를 들어 >>integral(f, 0, 1)을 실행하여 f를 0과 1에서 적분할 수 있다. 또한 핸들을 다른 변수에 전달하여, 즉 >>k=f을 실행하여 k를 f와 같은 함수로 취급하여 사용할 수 있다.

3) 문자열로 정의할 수도 있다. 이때는 변숫값을 직접 대입하지 않고 eval이라는 명령어를 함수 이름에 사용한다. 같은 함수를 예를 들어 정의한다.

```
>> f = ' (x.^2 + y.^2) ./ (x.*y)'
>> x=[3 -1]; y=[-5 2];      % 벡터 x, y에서 함숫값 계산
>> eval(f)
ans =  -2.2667   -2.5000
```

1.1.5 MATLAB 프로그래밍

■ MATLAB 프로그램에는 수치적 방법을 수행하기 위해 프로그램을 작성할 때 모든 변수를 행렬로 취급하므로 다른 언어처럼 특별한 변수형식을 선언하지 않고 간단히 입력 변수의 값 정의, 수행과정에서 사용될 다른 함수들의 정의와 출력되는 값이 할당되는 변수의 정의 등이 나열되는 I/O(입출력) 부분이 있다. 그리고 프로그램의 주된 부분으로 수치적 알고리즘을 수행하는 계산 부분이 있다. 이 계산 부분은 주로 몇 개의 변수의 지정된 범위 안에서 대부분 반복되어 실행된다. MATLAB에서 반복실행은 주로 for-loop과 while-loop이란 루프구조를 사용하여 수행된다. 또한 실행문을 조건에 따라 선택적으로 제어하며 실행하는 if문과 while문 등이 있다.

■ for-loop와 while-loop은 아래와 같은 형식으로 실행된다.

```
for k=1: n      % k가 1에서 n이 될 때까지 실행문리스트가 반복실행
  실행문리스트
end
```

```
실행: >> x =1;
     >> for k=1: 10    % k가 1에서 10까지 아래의 문장을 반복실행
            x=x*k ;
         end ,  x      % for loop이 끝나고 x값 출력
결과:  x =
          3628800
```

```
while 조건문    % 조건문의 값이 참(true)이 되는 한 반복실행
  실행문리스트
end
```

```
실행: >> x=8;
      >> while x>0    % x가 양이면 아래 두 문장을 반복 실행한다.
             x = x-3;
             disp(x)
          end
결과:
        5
        2
       -1
```

■ if문은 아래와 같이 if-end, if-else-end 또는 if-elseif-else-end의 형식으로 실행된다.

```
if 조건문          %조건문이 참일 때만 실행문리스트 한 번 실행
  실행문리스트
end
```

또는 조건문이 여러 경우로 나누어 지면 elseif문을 사용한다.

```
if 조건문1          %조건문1이 참일 때만 실행문리스트1 실행
  실행문리스트1
elseif 조건문2      %그 외 조건문2가 참일 때만 실행문리스트2 실행
```

```
  실행문리스트2
elseif ....            % 반복하여 사용할 수 있다.
  ....
else                   % 위의 모든 조건문들이 참이 아닌 경우에만 실행
  실행문리스트
end
```

```
실행: >> x=input(' x의 값은? ');
결과:  x의 값은?
입력 :  -9    %깜박이는 커서에 임의의 음수, 양수 또는 0을 입력한다.
실행: >> if x>0          %x가 양이면 sgn은 1
           sgn=1
        elseif  x<0    %x가 음이면 sgn은 -1
           sgn=-1
        else           %x가 기타 0이면 sgn에 0을 할당한다.
           sgn=0
        end
결과:
        sgn =   -1
```

■ 프로그램의 성능(실행시간)을 조사하기 위해서 tic, toc을 사용한다. 아래의 실행문리스트를 tictoc.m 파일에 입력 후 명령창에서 tictoc을 실행해 보자.

```
%  1X10000 벡터의 성분에 5를 할당하는 시간 조사
clear;
tic
x = zeros(1,10000);
for z = 1:10000
  x(z) = 5;
end
toc
```

```
실행: >> tictoc
결과:
        경과 시간은 0.001450초입니다.
```

1.1.6 MATLAB 그래픽

벡터나 행렬의 성분값들을 MATLAB에서 그래프로 표현할 수 있다. 2차, 3차원그래프의 각 명령어 plot()과 plot3() 등, 그래프의 모형에 따라 많은 명령어가 있다. >>help graph2d, >>help graph3d, >>help specgraph, >>help graphics으로부터 그래프 명령어와 사용법을 찾아볼 수 있다. 이 절에서는 많이 사용하는 그래프명령어를 예를 통해 알아본다. % 이후는 설명이므로 입력 실행할 필요는 없다.

■ 행렬 그래프 그리기

아래에서는 시간에 따라 속도의 측정값이 2개의 열로 입력된(2개의 꺾은선그래프 생성) 행렬 vel의 그래프를 그려본다.

```
실행: >> t=0:0.2:1 ;  %시간벡터 t를 0에서 1까지 0.2간격으로 생성
      >> vel= [0 1.5; 1.3 1.8; 1.5 3.1; 1.7 2.9; 2.3 3.8; 3.6 4.7]
      >> plot(t, vel)   % (t, vel)를 (x, y)좌표점으로 선분으로 연결
                  % 6x2 속도행렬 vel의 각 열이 하나의 그래프
                  % 2x6 행렬이면 각 행이 하나의 그래프
               % plot(vel)은 x좌표가 1,2,3...이고 y값은 vel의 각 열인 그래프
      >> plot(t, vel, '-*');   % 각 점을 *로 표시하고 실선(-)연결
      >> title('시간에 대한 속도');       %그림 제목 삽입
      >> ylabel('속도(m/sec)'); xlabel('시간(sec)');    %x, y축 표기
결과:
```

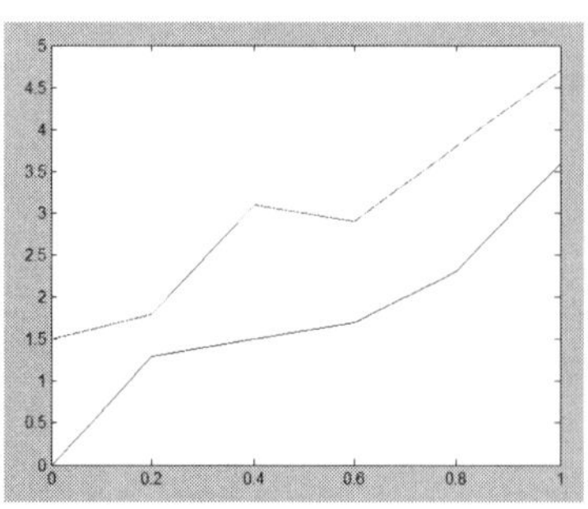

a) plot(t, vel)

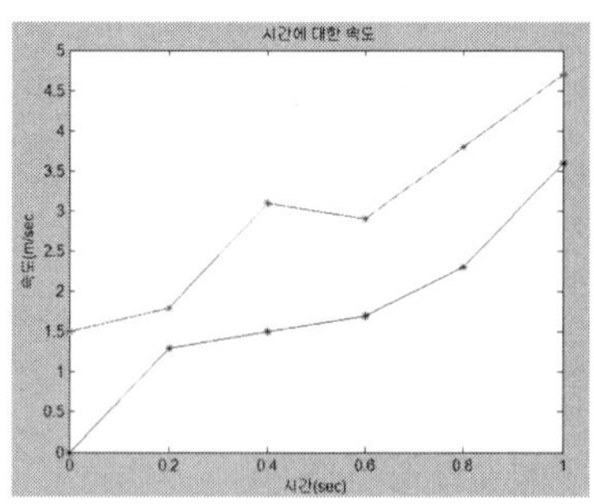

(b) plot(t, vel, '-*');, title, label

때로는 하나의 그래프를 그리고 그래프 창을 없애기 전에 다른 그래프를 겹쳐 그려야 할 때가 있다. 이럴 때는 명령어 hold on을 사용한다. hold on은 hold off가 실행될 때까

지 또는 창을 없앨 때까지 유지된다.

실행:
```
>> hold on
>> plot( t, vel(:,1), '-r*')  % vel 1열을 빨간(r) 실선(-), *점으로 표시
>> plot( t, vel(:,2), ':ko')  % vel 2열을 검정(k) 점선(:), o점으로 표시
>> hold off
```
결과:

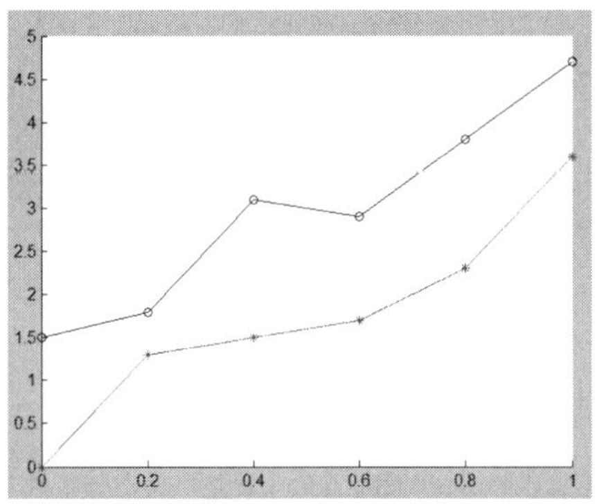

hold on으로 여러 그래프 그리기

위 plot의 옵션인 그래프의 점과 선의 모양은 >>help plot에서 찾아 사용할 수 있다.

■ 2-D 그래프

1변수 함수의 그래프를 이차원 평면에서 그리기 위해서는 정의역의 값(벡터)에 대한 함숫값을 구하여 명령어 plot( )을 이용한다.

실행:
```
>> f=@(x) x.^2 .* cos(x) ./ exp(x)
>> x= 0: 0.01 : 2*pi;
>> y = f(x) ;
>> plot(x,y)
```

결과:

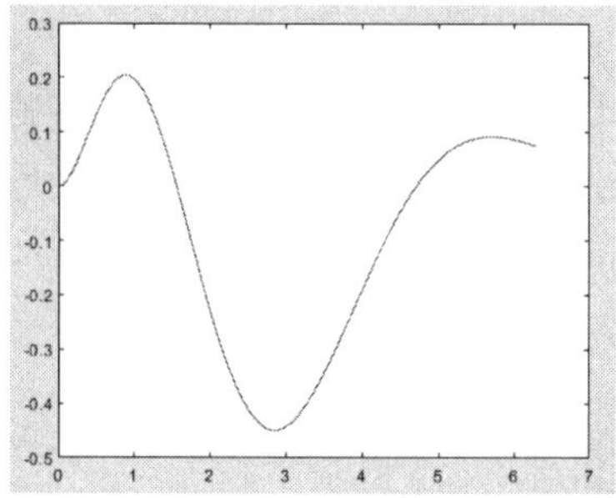

명령어 plot( )을 이용하여 매개함수의 그래프를 그릴 수 있다. 다음의 매개함수

$$x = r\cos\theta,\ y = r\sin\theta,\ 0 \le \theta \le 2\pi$$

는 원의 함수이다. matlab으로 그래프를 그려보면

```
실행: >> r =1 ; th=[0 : 0.01 : 2]*pi;
      >> plot(r*cos(th), r*sin(th) )   또는
      >> plot(r*exp(i*th))
```

결과:

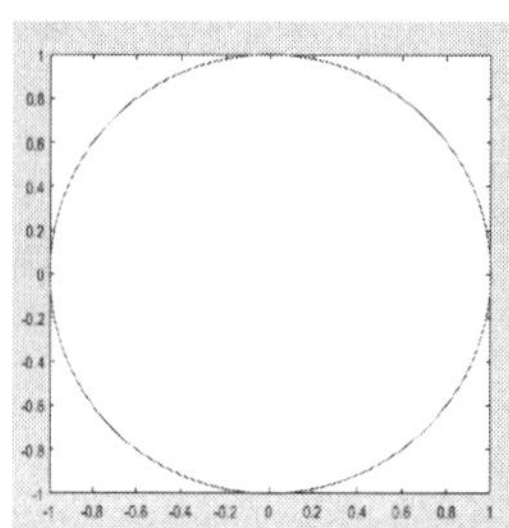

극좌표의 그래프는 polar(θ, r)로 그린다. 이때 θ는 라디안(radian)이고 r은 원점으로부터의 거리이다.

실행:

```
>> polar(th, exp(-th/4))       % 극좌표의 나선그래프
```

결과:

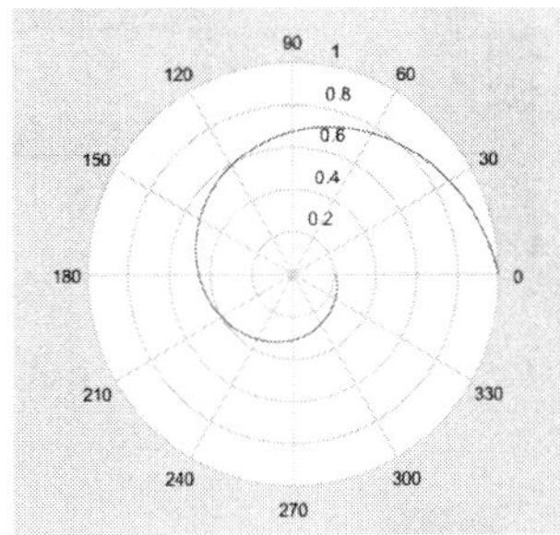

stairs( ), bar( ), barh( ), hist( ), stem( )는 값을 여러 가지의 모양의 분포로 그려낸다. 이들의 자세한 사용법은 help와 함께 실행하여 알아 볼 수 있다. 아래에서 각 명령문들의 실행으로 그 결과를 알아본다. subplot(223)은 4개의 그래프를 2×2 행렬 모양으로 나타내는데 다음으로 실행되는 그래프를 그 중 3번째(행→열 순, 즉 (2,1) 위치)에 표시한다.

실행:

```
subplot(221), stairs([1 3 2 0])     % 각 원소를 계단식 그래프로
subplot(222), stem([1 3 2 0])     % 각 원소를 줄기식 그래프로
subplot(223), bar([2 3; 4 5])   % 2, 4와 3, 5를 같은 막대그래프
subplot(224), barh([2 3;4 5])   % 수평으로
pause, clf
y=[0.3  0.9  1.6  2.7  3  2.4];
subplot(121), hist(y, 3)  %y원소를 3개의 균일간격의 히스토그램
subplot(122), hist(y, 0.5+[0 1 2]) % 주어진 간격으로 히스토그램
```

결과:

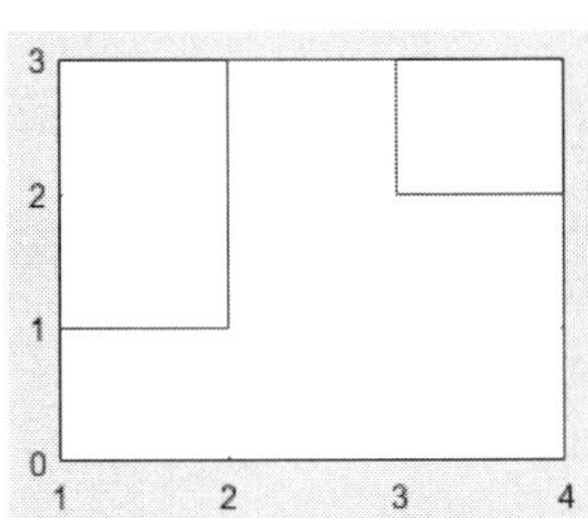

a) stairs([1 3 2 0])

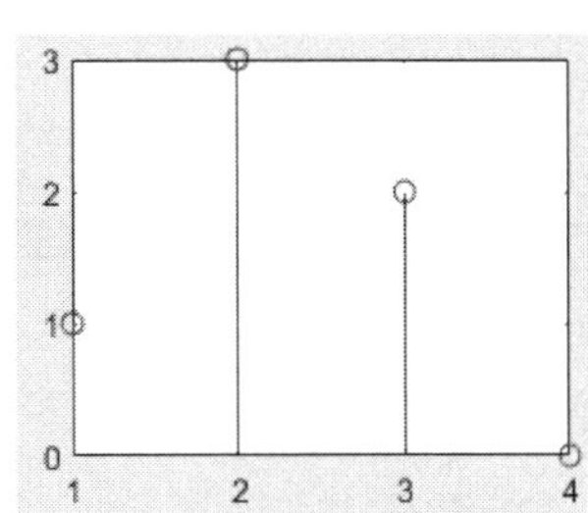

b) stem([1 3 2 0])

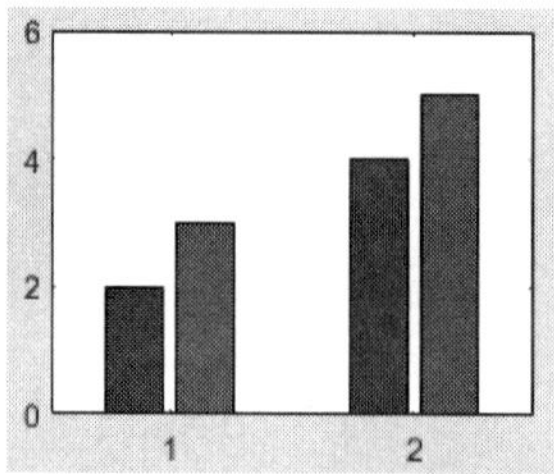

c) bar([2 3; 4 5])

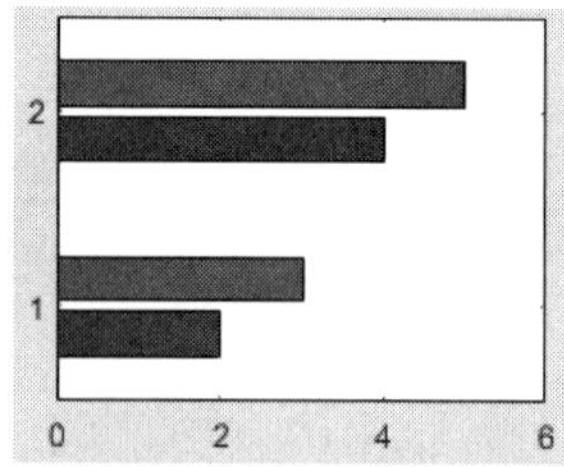

d) barh([2 3;4 5])

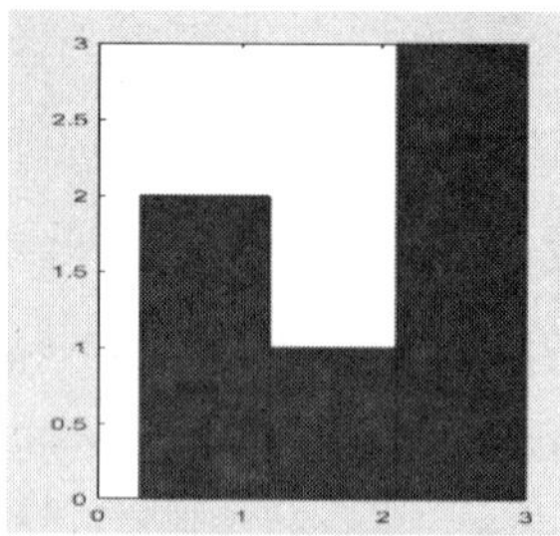

a) hist(y, 3)

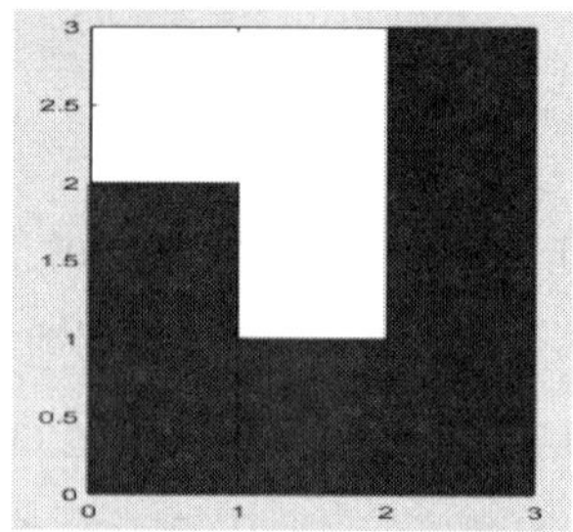

b) hist(y, 0.5+[0 1 2])

semilogx( ), semilogy( ), loglog( ) 명령문들은 좌표축(x축, y축, 또는 xy축)의 값을 log값의 간격의 크기로 재조정하여 그래프를 그린다. 함수의 증감 등 변화를 보다 세밀히 조사하기 위한 방법으로 사용된다.

실행:

```
K = [1:100].^2;   Y = K.^(-0.4);
subplot(3,1,1);  plot(K, Y);
subplot(3,1,2);  semilogx(K, Y);
subplot(3,1,3);  loglog(K, Y);
```

결과:

$y = K^{-0.4}$의 일반적인 그래프(plot)

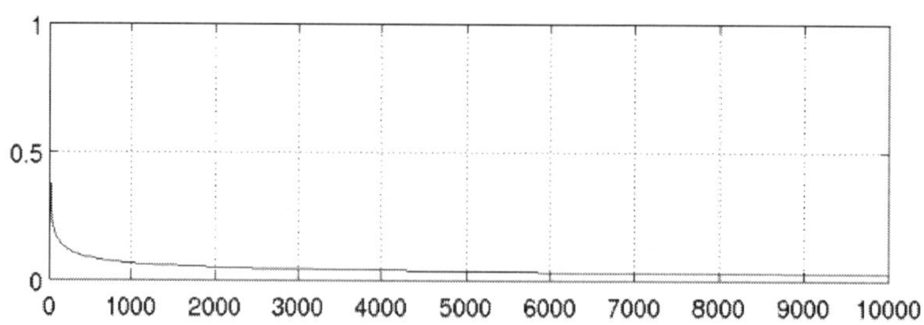

$y = K^{-0.4}$의 x축으로 log 스케일로 재조정(semilogx)

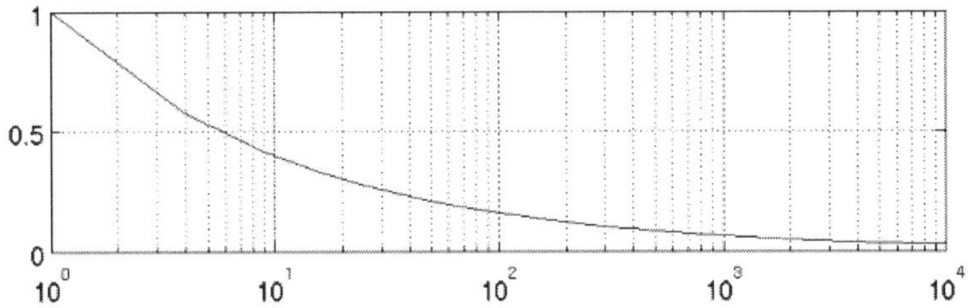

$y = K^{-0.4}$의 x, y축으로 log 스케일로 재조정(loglog)

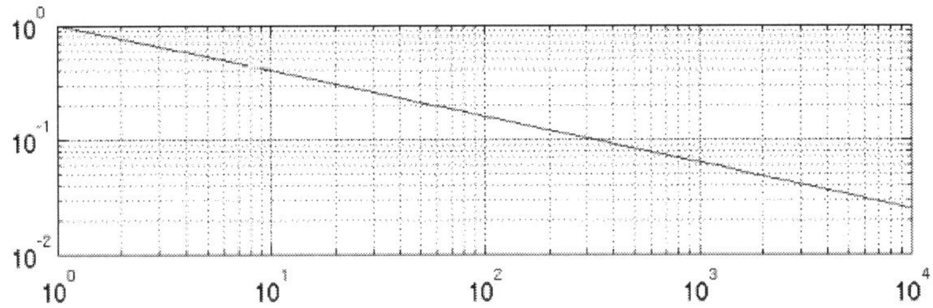

예제 1.2 $\lim_{K\to\infty}\left(1+\frac{0.5}{K}\right)^K = e^K$임을 그래프로 확인하기 위해 $K=100$, ..., 10000일 때 양변의 차이를 그래프로 그려보자. 성분별 나눗셈과 거듭제곱을 할 때 .(dot)를 유의하자.

실행:
```
>> K=100:10000 ;
>> E=abs(exp(0.5) - (1+0.5 ./K) .^ K ) ;
>>  subplot(2,1,1) ;  plot(K, E)
```

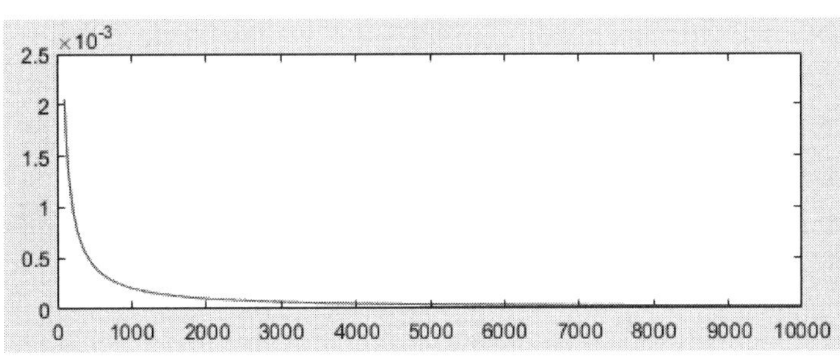

위의 그래프에서 $K > 3000$일 때는 함수의 증감이 확실히 눈에 띄지 않는다. 그러나 아래와 같이 함수 E 축의 값을 등간격보다는 log 스케일로 재조정하면 E의 작은 값들의

변화를 볼 수 있다. 즉,

```
>> subplot(2,1,2) ; semilogy(K, E)
```

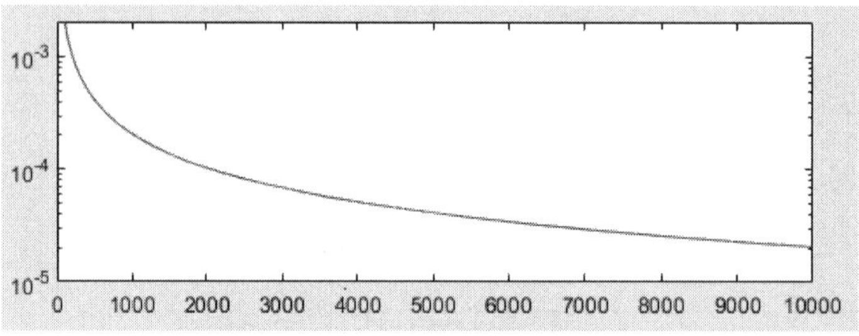

■ 3-D 그래프

Matlab은 3차원의 그래프를 그리는 명령어인 plot3( ), mesh( ), contour( ) 등을 가지고 있다. plot3( )은 3차원 공간에서의 곡선을, surf( )/mesh( )/contour( )는 2변수 함수를 곡면, 그물, 등고선 모양으로 그린다. 명령어에 대한 자세한 내용은 help 명령어를 이용하여 찾아볼 수 있다.

다음의 매개함수(3차원 곡선)

$$x = e^{-0.1t}\cos t,\ y = e^{-0.1t}\sin t,\ 0 \le t \le 6\pi$$

의 그래프를 여러 가지로 그려보자. view([u, v, w])는 벡터 [u, v, w]와 동일한 방향의 시선으로 본 그래프의 명령어 옵션이다.

실행:

```
t=0: pi/50 : 6*pi ;
xt=exp(-0.1*t ) .* cos(t) ;  yt = exp(-0.1*t) .*sin(t);
subplot(221), plot3(xt, yt, t), grid on
subplot(222), plot3(xt, yt, t), grid on , view([0 0 1])
subplot(223), plot3(t, xt, yt), grid on, view([1 -3 1])
subplot(224), plot3(t, yt, xt), grid on, view([0 -3 0])
```

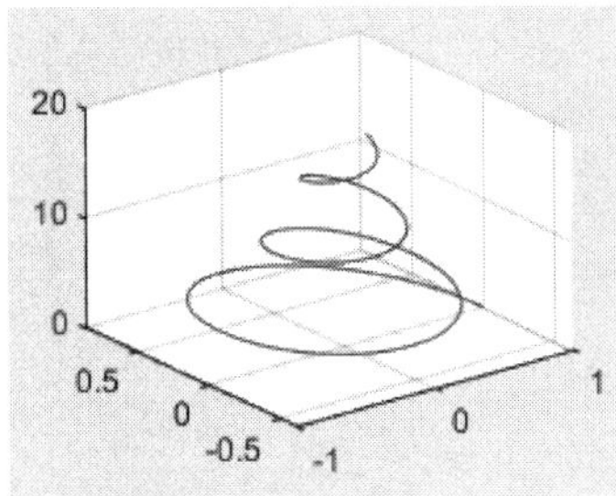

a) plot3(xt, yt, t)

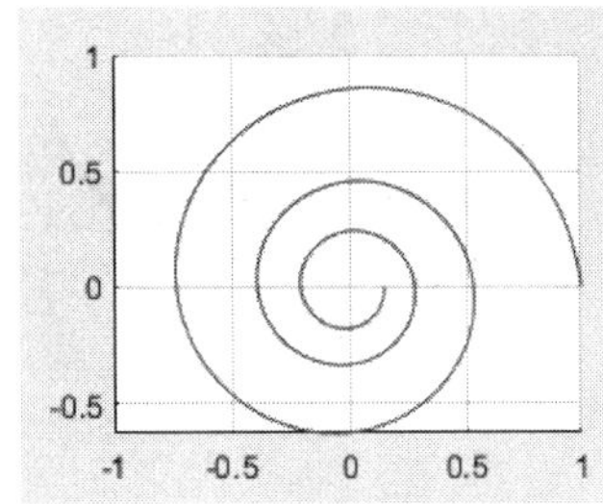

b) plot3(xt, yt, t), view([0 0 1])

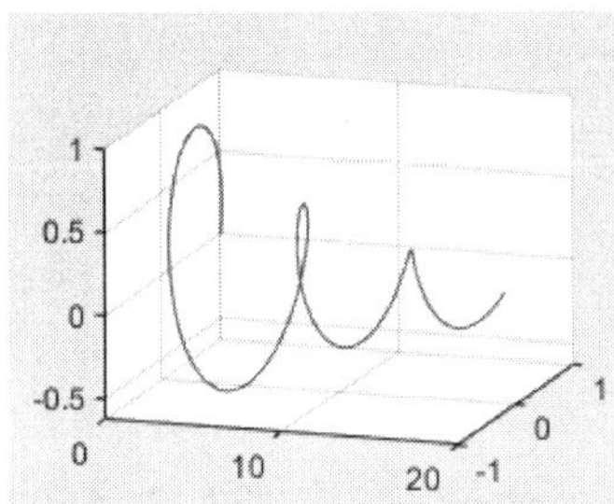

c) plot3(t, xt, yt), view([1-3 1])

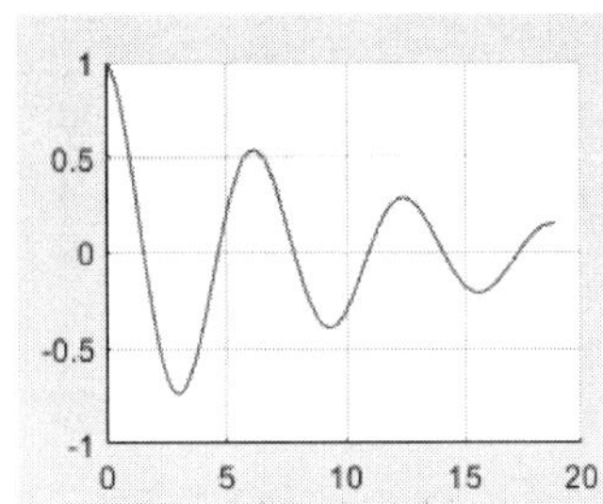

d) plot3(t, yt, xt), view([0 -3 0])

다음의 2변수 함수 (3차원 곡면)

$$z = x^2 + y^2,\ -2 \le x,\ y \le 2$$

의 그래프를 여러 가지로 그려보자. 3차원 곡면을 그릴 때는 x, y의 각 축으로 만들어진 격자점 (X, Y)들을 모눈종이처럼 meshgrid로 격자점들을 만들고 그 격자점들을 함수에 대입하여 함숫값 Z를 계산하여 3차원 공간의 점들을 연결하여 그래프를 그린다.

실행:

```
x=-2: 0.1 :2; y=-2: 0.1 :2;
[X,Y]=meshgrid(x,y); Z=X .^ 2 +Y .^ 2;
subplot(221), surf(X,Y,Z), grid on
subplot(222), mesh(X,Y,Z), grid on,
subplot(223), contour(X,Y,Z)
subplot(224), contour(X,Y,Z , [0.5, 2, 4.5])    %z=0.5, 2, 4.5인 등고선 표시
```

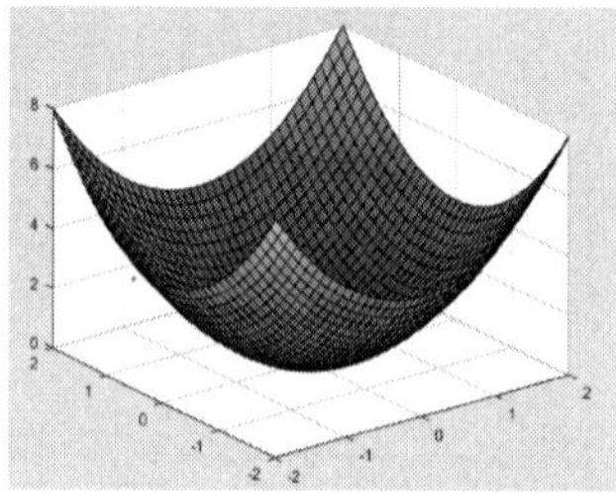

a) surf(X,Y,Z)

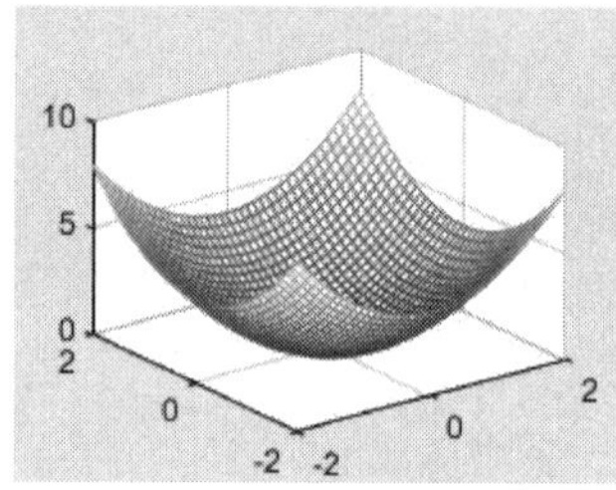

b) mesh(X,Y,Z)

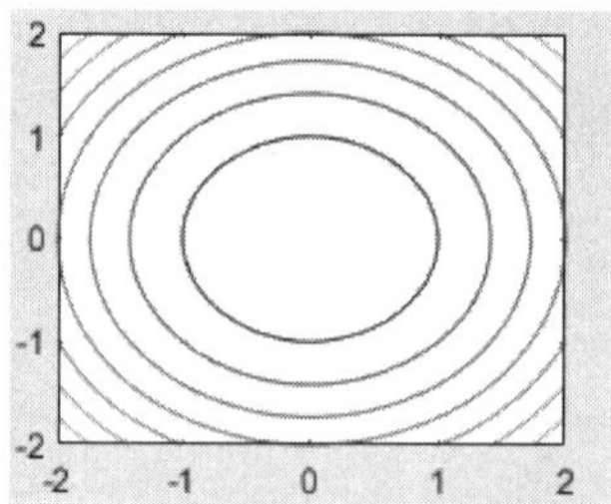

c) contour(X,Y,Z)

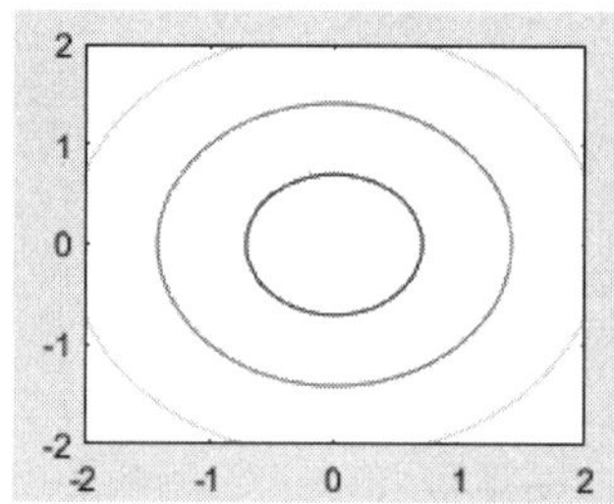

d) contour(X,Y,Z , [0.5, 2, 4.5])

연습문제 1.1

1. 콜론(:) 기호의 용도를 두 가지 설명하여라.

2. 명령창의 내용을 깨끗이 지우는 명령어를 lookfor를 이용하여 찾아라.
(힌트: 검색어 clear 사용)

3. 다음의 값이나 함수의 명령어를 찾아라.
a) π b) e c) ln d) 복소수 i
e) radian값으로 계산하는 sin 삼각함수
f) degree값으로 계산하는 sin 삼각함수
g) $\tan^{-1}$ 함수
h) 벡터의 성분의 개수
i) 행렬의 행과 열의 개수
j) 벡터의 성분의 합
k) 벡터의 성분 중 최댓값

4. $g = 9.81$, $m = 68.1$, $c_d = 0.25$, $t = 0, 2, 4, 6, \ldots, 20$일 때 다음 수식의 값을 Matlab으로 계산하여라.

$$v = \sqrt{\frac{gm}{c_d}}\tanh\left(\sqrt{\frac{gc_d}{m}}t\right), \quad \tanh x = \frac{e^x - e^{-x}}{e^x + e^{-x}}$$

5. 정수 1에서 10000까지 홀수의 합을 구하는 프로그램을 작성하여라.

답
```
n=1:2:10000 ;
disp(sum(n))
```

6. 정수 1에서 1씩 증가하면서 그 모든 합이 1000 이상이 되는 최소의 n을 구하는 프로그램을 작성하여라.

답 방법 1)

```
total = 0;
for n = 1:inf
   total = total + n;
   if(total>1000)
     break;
   end
 end
 disp(n)
```

방법 2)

```
total=0;         % 초기화
n=1;
while(total<1000)
   total = total + n;
   n=n+1;
end
disp(n-1)
```

방법 3)

```
total = 0;
n=0;
while(total<1000)
   n = n + 1;
   total = total + n;
end
disp(n)
```

7. 1) 다음을 입력하여 스크립트 파일 derivative.m을 만들고 실행하여 결과를 구하여라.

```
% 미분(DERIVATIVE)을 정의에 의해 간격(stepsize) h를 1/2에서
% 1/2^100까지 줄이면서 x=1에서 sin(x)의 미분근삿값
% (sin(1+h)-sin(1))/h을  계산한다.
% 미분값 cos(1)과 비교하기 위해 각 h의 값에대한 미분 근삿값과 미분값
% 의 절대오차에 대한 그래프를 그린다.
x = 1.0;
stepsize = .5 .^ (1:100);
deriv = (sin(x+stepsize)-sin(x)) ./ stepsize;
abserror = abs(deriv - cos(x));
plot(log(stepsize),log(abserror))
title('error in derivative approximation versus stepsize')
xlabel('log stepsize')
ylabel('log absolute error')
```

2) 위의 1)의 derivative.m 파일을 수정하여 $x = 3$에서 $\sqrt{x}$의 미분근삿값을 계산하

는 프로그램으로 수정하고 실행결과를 구하여라.

8. 1에서 999까지 모든 소수의 합을 구하는 프로그램을 작성하여라.

답 방법 1)

```
total = 0;
for k = 1:999
   if(isprime(k))
     total = total + k;
   end
end
disp(total)
```

방법 2)

```
total = 0;
for k = primes(999)
    total = total + k;
end
disp(total)
```

9. 벡터 [1 4 3]의 각 성분을 복사하여 [1 1 4 4 3 3]와 같이 만드는 프로그램을 작성하여라.

답

```
V = [1 4 3] ; % sample vector
```

%%% 방법 1

```
for j = 1:length(V)
  V2((2*j-1):(2*j)) = V(j);
end
disp(V2)
```

%%% 방법 2

```
for j = 1:(2*length(V))
  V2(j) = V(ceil(j/2));
end
disp(V2)
```

%%% 방법 3

```
counter = 0.5;
for j = 1:(2*length(V))
   V2(j) = V(ceil(counter));
   counter = counter + 0.5;
end
disp(V2)
```

10. 다음의 for loop를 같은 결과를 얻는 while loop으로 변환하여라.

```
for x = 1:2:15
    disp(x)
end
```

답

```
x = 1; % STEP 1
while(x<=15) % STEP 2
     disp(x)
     x = x + 2; % STEP 3
end
```

1.2 컴퓨터의 수 표시 방법

우리가 사용하는 컴퓨터는 수를 표현할 때 10진법을 사용하지 않고 2진법(또는 8, 16 진법)을 사용한다. 따라서 10진수를 컴퓨터에 입력하면 컴퓨터는 이 수를 2진수(또는 8, 16진수)로 바꾸어 계산하고 그 결과를 다시 10진수로 바꾸어 출력한다. 대부분의 컴퓨터는 기본적으로 2진법을 사용하므로 이 절에서는 2진법의 컴퓨터 표시법을 알아본다.

1.2.1 부동소숫점 표시법

먼저 2진수는 다음과 같은 10진수의 값을 갖고 2의 거듭제곱들을 이용하면 여러 가지의 형태로 나타낼 수 있다.

$$
\begin{aligned}
(1011.011)_2 &= 1\times 2^3+0\times 2^2+1\times 2^1+1\times 2^0+0\times 2^{-1}+1\times 2^{-2}+1\times 2^{-2} \\
&= (1\times 2^0+0\times 2^{-1}+1\times 2^{-2}+1\times 2^{-3}+0\times 2^{-4}+1\times 2^{-5}+1\times 2^{-6})\times 2^3 \\
&= (1.011011)_2\times 2^3
\end{aligned}
$$

어떤 실수 x의 많은 표시법 중에 다음과 같이 정수부분의 자리가 하나가 되도록 2진법의 표기로 나타내어

$$x=\pm(a_0.a_1a_2\ ...)_2\times 2^E,\ a_j=0,\ 1 \tag{1.1}$$

라 하자. 이러한 수를 저장하기 위해서는 2진법의 **가수(mantissa)**인 $(a_0.a_1a_2\ ...)_2$을 저장하는 영역과 **지수(exponent)** E를 저장하는 영역, 그리고 부호를 저장하는 영역 등 모두 3가지의 구별된 영역이 필요하다.

이를테면 대부분의 32비트를 한 단어로 사용하는 컴퓨터의 실수의 표현방법에서는 0번 비트는 가수의 부호를 나타내며 1번 비트부터 8번 비트까지 8개의 지수비트를, 9번 비트부터 31번 비트까지 23개의 비트에는 가수 $(a_0.a_1a_2\ ...\ a_{22})_2$를 나타낸다. x의 2진법 표현에서 소숫점이하 22자리 다음의 비트 들인 a_{23}, a_{24}, ...가 모두 0이 아니면 이러한 x는 이 체계에서는 정확한 x의 값이 아니고 근삿값으로 처리될 수밖에 없다. 예를 들어 다음의 수

$$\frac{11}{2}=(1.011)_2\times 2^2$$

는 32비트의 자리에

0	E = 2	1.0110000000000000000000

(1.2)

와 같이 각 영역에 저장된다(1번 비트에서 8번 비트 자리에는 E=2 수의 이진수가 입력됨). 또한

$$\frac{11}{2} = (0.01011)_2 \times 2^4$$

와 같이 표현할 수도 있으므로

0	E = 4	0.01011000000000000000000

(1.3)

와 같이 나타내어 저장할 수도 있다. 이처럼 소숫점을 이동하며 같은 수를 여러 가지의 표시로 나타낼 수도 있는데 소숫점이 떠다닌다는 뜻을 의미하여 **부동소숫점 표시법**(floating point repreentation)이라 한다. 이렇게 소숫점을 이동하여 같은 수의 여러 가지 표시 중에 가수의 첫 비트, 즉 9번 비트 $a_0 = 1$이 되는 부동소숫점 표시법은 아주 작은 수를 제외한(예를 들어 0인 수) 모든 수의 유일한 표시 방법이 되고 소숫점 이하 0인 부분을 표시하는 낭비를 막을 수 있다. 이와 같이 (1.1)에서 항상 $a_0 = 1$이 되는 x의 2진법의 유일한 표기

$$x = \pm (1.a_1 a_2 \ldots)_2 \times 2^E, \; a_j = 0, \; 1 \tag{1.4}$$

를 **정규화된 부동소숫점 표시법**(Normalized Floating Point Representation)이라 한다. 이러한 표시법의 장점은 다음의 예제에서 볼 수 있다.

예제 1.3 $\frac{1}{10}$을 이진법으로 나타내면(연습문제 참조)

$$\frac{1}{10} = (0.0001100110011 \cdots .)_2$$

와 같이 소숫점 이하 부분이 무한히 반복된다. 따라서 32비트의 자리에 저장하기 위해서는 23개의 이진수 다음에는 내림 또는 반올림을 해야 한다. 즉,

0	E = 0	0.00011001100110011001100110

와 같이 표현될 수 있지만 가수의 첫비트가 1이 아니므로 정규화된 표시법은 아니다. 따라서 정규화된 부동소숫점 표시법으로 표현하기위해서는

$$\frac{1}{10} = (1.1001100110011 \cdots .)_2 \times 2^{-4}$$

로 변환하여

0	E = −4	1.10011001100110011001100110

와 같이 저장한다. 이렇게 표현하면 전자보다 많은 소숫점 이하 부분을 표현할 수 있는

장점이 있다. ■

하지만 정수 0은 가수의 첫 비트를 1로 할 수 없으므로 정규화된 부동소숫점 표시법으로 나타낼 수 없다. 0은

0	E = 0	0.00000000000000000000000

와 같이 나타낼 수밖에 없다. 또한 0에 가까운 아주 작은 수들도 가수의 첫 비트를 1로 하더라도 매우 큰 음수값 E를 제한된 가수비트 자리에 표현이 불가능할 수 있다. 따라서 이러한 작은 수들의 표시를 위해서 위의 정규화된 부동소숫점 표시법 외에 추가로 다른 방법이 필요하다.

1.2.2 IEEE-754 부동소숫점 표준 표시법

컴퓨터의 초기 생산 시대인 1960-70년대에는 생산자마다 다른 부동소숫점 표시법을 개발하여 사용했다. 특히 그 당시에 많은 컴퓨터가 2진법을 사용했지만 가장 많이 사용하던 IBM 360/370 시리즈는 16진법의 체계를 사용하였고 HP계산기는 10진법 체계를 활용하고 있었다. 따라서 같은 프로그램을 다른 플랫폼에서 실행하기가 어려웠다. 이를 극복하기 위한 많은 컴퓨터 과학자(W. Kahan 등)와 인텔과 모토로라 같은 칩개발 회사들의 노력으로 1980년대 초에 표준화된 이진 부동소숫점 체계가 개발되었는데 이 체계가 IEEE(Institute for Electrical and Electronics Engineers) 연구소의 위원들에 의해 집중 개발되고 보증되었다고 해서 IEEE 부동소숫점 표준표시법(IEEE-754 Floating Point standard)이라고 한다. 이 절에서는 이 표시법에 대해 알아보고 다음 절에서는 이 표시법을 사용함으로써 발생하는 피할 수 없는 오차에 대하여 조사하고자 한다.

이 표시법은 항상 정규화된 부동소숫점 표시법을 채택한다. 즉,

$$x = \pm\,(1.a_1 a_2 \ldots)_2 \times 2^E, \; a_j = 0,\ 1$$

이러한 표시를 위에서 언급한 부호, 가수, 지수의 영역에 저장하는데 이때 모든 정규화된 수의 표시에서는 가수의 첫 비트가 1이므로 1은 저장할 필요가 없다. 따라서 32비트수의 저장 체계에서 가수의 저장 영역인 23비트에는 $1,\ a_1,\ \ldots,\ a_{22}$ 대신에 $a_1,\ a_2,\ \ldots,\ a_{23}$를 저장할 수 있는 효과를 얻는다. 즉, 실제의 소숫점 아래 부분인 가수를 저장하는 영역이 된다. 이렇게 실제의 수에는 "1."이라는 수가 포함되지만 저장되지 않으므로 이 비트를 **히든비트**(hidden bit)라 한다.

컴퓨터에서 32비트를 한 단어로 사용하는 것을 **일배 정도**(single precision)의 표현이라

하며, 오차를 더욱 줄이기 위해 32비트 2개(즉 64비트)를 한 단어로 사용하는 것을 이배 정도(double precision)의 표현이라고 한다. 과학적인 계산은 정확성을 요구하므로 주로 사용되는 표현은 이배 정도이다. 요즘의 컴퓨터는 64비트를 한 단어로 사용하고 있으며 Matlab도 모든 수를 표시하는 데 IEEE-754 64비트 부동소숫점 표시법(IEEE-754 Double Precision Floating Point Representation)을 사용하고 있으므로 이에 대해 설명한다. 이를 간단히 IEEE 64비트 부동소숫점 표시법으로 부르기로 하자.

어떤 수

$$x = \pm m \times 2^E$$

를 IEEE 64비트 부동소숫점 표시법으로 나타내기 위해 위에서 언급한 바와 같이 세 개의 영역, 즉 부호를 저장하는 영역 1비트 s(양수이면 $s=0$, 음수이면 $s=1$)와 지수(exponent) E의 영역인 11비트$(e_1e_2e_3 \cdots e_{11})_2$, 가수(mantissa) m의 영역 52비트$(a_1a_2a_3 \cdots a_{52})_2$로 나누어 수를 저장한다.

s	$e_1e_2e_3 \cdots e_{11}$	$a_1a_2a_3 \cdots\cdots\cdots a_{52}$

0　1　　　11　12　　　　63　번째 비트

하지만 이 시스템에서는 지수부분에는 음수 양수의 부호를 표시하는 비트를 따로 정하지 않고 있으므로 아주 작은 값을 표현할 수 있도록, 즉 음을 표현할 수 있도록 0에서 $(11111111111)_2 - 1 = 2047$까지의 2048개의 표현 범위를 음수 쪽으로 절반 정도(1023번) 이동하여 -1023에서 1024까지의 2048개의 표현 범위로 변환한다. 즉, $E + 1023 = (e_1e_2e_3 \cdots e_{11})_2$이 되도록 저장한다. 또한 위에서 언급한 바와 같이 히든비트를 고려하여 가수는 $m = (1.a_1a_2a_3 \cdots\cdots a_{52})_2$이라고 가정하고 이렇게 표현되는 수의 군을 **정규군**(normalized numbers)이라 한다. 이 정규군 표현에서 가장 작은 양수는 $x = m \times 2^{-1023} = (1.000 \cdots\cdots 0)_2 \times 2^{-1023} = 2^{-1023}$이다. 하지만 0과 같은 특수한 값은 히든비트 포함하여 표현할 수가 없다. 따라서 0을 포함하여 아주 작은 수들은 히든비트를 사용하지 않아야 표현이 가능하다. 즉, $x = (0.000 \cdots\cdots 0)_2 \times 2^{-1023} = 0$에서 $x = (0.111 \cdots\cdots 1)_2 \times 2^{-1023} = (1 - 2^{-52})2^{-1023} = 2^{-1023} - 2^{-1075}$의 사이 수들은 표현이 불가능하다. 이러한 작은 수들까지 표현하기 위하여 정규군과 구별하여 **준정규군**(subnormalized numbers)이라 하고 이 수들은 $(e_1e_2e_3 \cdots e_{11})_2 = (00000000000)_2$이 될 때로 제한하고 이 수들의 가수 표현에서는 히든비트를 사용하지 않는다.

한편 수치계산에서 중요하게 작용하는 $\pm\infty$와 NaN(Not a Number)의 표현도 포함하기 위해 그 영역을 $(e_1e_2e_3 \cdots e_{11})_2 = (11111111111)_2$일 때로 제한하고 이러한 표현도

준정규군에 포함한다.

따라서 정규군은 지수가 $(e_1e_2e_3 \cdots e_{11})_2 = (00000000001)_2$에서 $(e_1e_2e_3 \cdots e_{11})_2 = (11111111110)_2$로 표현되는 수의 그룹이고 나머지는 0과 0에 가까운 작은 수, $\pm\infty$와 NaN를 표현하는 준정규군의 영역으로 사용한다.

또 하나의 문제는 정규군에서 표현되는 가장 작은 양의 수는

$$x = (1.000 \cdots\cdots 0)_2 \times 2^{(00000000001)_2} = 1 \times 2^{1-1023} = 2^{-1022}$$

이고, 준정규군에서 가장 큰 양의 수는

$$x = (0.111 \cdots\cdots 1)_2 \times 2^{(00000000000)_2} = (1-2^{-52})2^{-1023} = 2^{-1023} - 2^{-1075}$$

이므로 두 수의 간격이 다소 크다. 이는 히든비트를 고려하지 않은 이유 때문이므로 준정규군의 지수를 히든비트의 보상차원에서 히든비트를 지수 영역으로 넘기는 효과를 보도록 $(e_1e_2e_3 \cdots e_{11})_2 = (00000000000)_2$ 경우에만

$$E = (00000000000)_2 - 1023 + 1 = -1022$$

으로 약속을 한다. 이렇게 하면 준정규군에서 가장 큰 양의 수는

$$x = (0.111 \cdots\cdots 1)_2 \times 2^{(00000000000)_2} = (1-2^{-52})2^{-1023+1} = 2^{-1022} - 2^{-1074}$$

가 되어 정규군의 가장 작은 양의 수와 차이가 작게 되어 밀도있게 수를 표시할 수 있다.

위에서 언급한 내용을 요약하면

표 1.1 IEEE 64비트 부동소숫점 표시법

	지수 비트 $e_1e_2e_3 \cdots e_{11}$이면	가수 $a_1a_2a_3 \cdots a_{52}$인 수 x는
준정규군(subnormalized)	$(00000000000)_2 = (0)_{10}$	$\pm(0.a_1a_2a_3 \ldots a_{52})_2 \times 2^{-1022}$
정규군(normalized)	$(00000000001)_2 = (1)_{10}$	$\pm(1.a_1a_2a_3 \ldots a_{52})_2 \times 2^{-1022}$
	$(00000000010)_2 = (2)_{10}$	$\pm(1.a_1a_2a_3 \ldots a_{52})_2 \times 2^{-1021}$
	$(00000000011)_2 = (3)_{10}$	$\pm(1.a_1a_2a_3 \ldots a_{52})_2 \times 2^{-1020}$
	↓	↓
	$(01111111111)_2 = (1023)_{10}$	$\pm(1.a_1a_2a_3 \ldots a_{52})_2 \times 2^{0}$
	$(10000000000)_2 = (1024)_{10}$	$\pm(1.a_1a_2a_3 \ldots a_{52})_2 \times 2^{1}$
	↓	↓
	$(11111111100)_2 = (2044)_{10}$	$\pm(1.a_1a_2a_3 \ldots a_{52})_2 \times 2^{1021}$
	$(11111111101)_2 = (2045)_{10}$	$\pm(1.a_1a_2a_3 \ldots a_{52})_2 \times 2^{1022}$
	$(11111111110)_2 = (2046)_{10}$	$\pm(1.a_1a_2a_3 \ldots a_{52})_2 \times 2^{1023}$
준정규군(subnormalized)	$(11111111111)_2 = (2047)_{10}$	$a_1 = \cdots = a_{52} = 0$이면 $\pm\infty$, 그 외는 NaN

예제 1.4 1)

0	11111111110	000000........................0000000

0	11111111110	000000........................0000001

의 값은 모두 정규군에 속하는 수이므로

$$E = (11111111110)_2 - 1023 = 2^{11} - 2 - 1023 = 1023$$

이다. 따라서 히든비트를 고려하여

$x = (1.0000 \cdots\cdots 0)_2 \times 2^{1023}$와 $x = (1.0000 \cdots\cdots 01)_2 \times 2^{1023} = (1 + 2^{-52}) \times 2^{1023}$

이다.

2)

0	00000000001	111111........................1111111

는 정규군에 속하는 수이므로 $E = (00000000001)_2 - 1023 = -1022$이다. 따라서 히든비트를 고려하여

$$x = (1.1111 \cdots\cdots 11)_2 \times 2^{-1022} = (2 - 2^{-52}) \times 2^{-1022}$$

가 된다.

3) $x = 1 = (1.000 \cdots .0)_2 \times 2^0$는 히든비트로 표현 가능하므로 정규군에 속하며 $E + 1023 = 0 + 1023 = (01111111111)_2$이므로 아래와 같이 표시 저장된다.

1 =

0	01111111111	00000........................00000000

4)

0	00000000000	000000........................00000001

는 준정규군에 속하는 수이므로 $E = (00000000000)_2 - 1022 = -1022$이다. 따라서 히든비트는 없으므로

$$x = (0.0000 \cdots\cdots 01)_2 \times 2^{-1022} = (2^{-52}) \times 2^{-1022} = 2^{-1074}$$

가 된다. 이 수는 IEEE 64비트 부동소숫점 표시법으로 표시할 수 있는 가장 작은 양수로 십진법으로는 $4.9406564584124654 \times 10^{-324}$이다.

5) $x = 14 = -(1110)_2 = -(1.11)_2 \times 2^3 = -(1.11)_2 \times 2^{1026-1023}$이므로 $1026 = (10000000010)_2$는 지수부분이며 가수부분은 히드비트를 제외하고 $(0.11)_2$만 표현하면 된다. 따라서

14 =

1	10000000010	110000........................00000000

로 표시되어 저장된다. ■

수 1과 1보다 크며 가장 작은 정규화된 부동소숫점 표시법의 수와의 차이를 부동소숫점 표시법 체계의 **정밀도**(precision) 또는 **기계정밀도**(machine precision)라 하고 ϵ로 표시한

다. IEEE 64비트 부동소숫점 표시법 체계의 정밀도(precision) 또는 기계정밀도(machine precision) ϵ는 수 1과 1보다 크며 가장 작은 정규화된 부동소숫점 표시법의 수 $(1.0000 \cdots ..0001)_2 = 1 + 2^{-52}$와의 차이가 된다. 따라서 이 체계의 정밀도는 $\epsilon = 2^{-52} \approx 2.22044 \times 10^{-16}$이다. Matlab에서 지정된 변수 eps와 같은 값이다. 이 값의 의미는 이 체계에서 소수 부분의 표현은 52비트가 정확함을 뜻한다. 히든비트와 합하면 53비트의 자리의 정확도(accuracy)를 말하며 이는 10진법으로 약16자리의 정확도(유효숫자)를 의미한다.

```
>>format long
>>eps
ans = 2.220446049250313e-16
>>pi
ans = 3.141592653589793
```

위에서 나타나는 π의 값은 IEEE 64비트 부동소숫점 표준 표시법을 사용하는 Matlab이 계산하는 16자리의 정확한 값이다.

연습문제 1.2

1. 4비트로 표현할 수 있는 수는 16개이다. $(1000)_2$을 0으로 정의하고 그보다 큰 수를 차례로 1부터 대응하고 작은 수를 차례로 -1부터 대응시키면 최대정수와 최소 정수는 무엇인가?

2. 가수가 세 자리이고 $m=-2$, $M=2$, $b=10$을 사용하는 컴퓨터가 나타낼 수 있는 실수는 모두 몇 개인가?

3. $x=47.125$를 정규화된 부동소숫점 표시법으로 나타낸 표현을 $x=(f)_2\times 2^m$이라 할 때 2진수 f와 10진수 m을 구하여라.

A) $(1.01110001)_2\times 2^5$

B) $(1.01110001)_2\times 2^4$

C) $(1.01111001)_2\times 2^5$

D) $(1.01111001)_2\times 2^4$

4. 어떤 수

$$x=\pm m\times 2^E$$

를 IEEE 32비트 부동소숫점 표시법으로 나타내기 위해서는 세 개의 영역, 즉 부호를 저장하는 영역 1비트 s(양수이면 $s=0$, 음수이면 $s=1$)와 지수(exponent) E의 영역인 8비트$(e_1e_2e_3\cdots e_8)_2$, 가수(mantissa) m의 영역 23비트$(a_0a_1a_2\cdots\cdots a_{22})_2$로 나누어 수를 저장한다.

s	$e_1e_2e_3\cdots e_8$	$a_1a_2a_3\cdots\cdots\cdots a_{23}$
0	1 　　　　 8	9 　　　　　　 31 번째 비트

히든비트의 유무, 정규군, 준정규군의 분류 등 체계의 모든 개념은 64비트의 경우와 같다. 이 체계의 수들을 표 1.1과 같이 나타내어라.

답

If exponent bitstring $a_1 \cdots a_s$ is	Then numerical value represented is
$(00000000)_2 = (0)_{10}$	$\pm(0.a_1a_2a_3 \cdots a_{23})_2 \times 2^{-126}$
$(00000001)_2 = (1)_{10}$	$\pm(1.a_1a_2a_3 \cdots a_{23})_2 \times 2^{-126}$
$(00000010)_2 = (2)_{10}$	$\pm(1.a_1a_2a_3 \cdots a_{23})_2 \times 2^{-126}$
$(00000011)_2 = (3)_{10}$	$\pm(1.a_1a_2a_3 \cdots a_{23})_2 \times 2^{-126}$
↓	↓
$(01111111)_2 = (127)_{10}$	$\pm(1.a_1a_2a_3 \cdots a_{23})_2 \times 2^{0}$
$(10000000)_2 = (128)_{10}$	$+(1.a_1a_2a_3 \cdots a_{23})_2 \times 2^{1}$
↓	↓
$(11111100)_2 = (252)_{10}$	$\pm(1.a_1a_2a_3 \cdots a_{23})_2 \times 2^{125}$
$(11111101)_2 = (253)_{10}$	$\pm(1.a_1a_2a_3 \cdots a_{23})_2 \times 2^{126}$
$(11111110)_2 = (254)_{10}$	$\pm(1.a_1a_2a_3 \cdots a_{23})_2 \times 2^{127}$
$(11111111)_2 = (255)_{10}$	$a_1 = \cdots = a_{23} = 0$이면 $\pm\infty$, 그 외는 NaN

5. IEEE 32비트 부동소숫점 표시법 체계에서 정밀도(precision) 또는 기계정밀도(machine precision) ϵ는 얼마인가?

답 IEEE 32비트 부동소숫점 표시법 체계에서는 1보다 크며 가장 작은 수는 히든비트를 고려하면 가수의 $a_{23} = 1$인 수이다. 즉,

$$(1.0000000000000000000000 1)_2 = 1 + 2^{-23}$$

이다. 따라서 정밀도는 $\epsilon = 2^{-23}$이 된다.

6. IEEE 64비트 부동소숫점 표시법에서 다음 두 수의 차이는 얼마가 되는가?

1) 2와 2보다 큰 수 중에서 가장 작은 수

2) 1024와 1024 다 큰 수 중에서 가장 작은 수

7. IEEE 64비트 부동소숫점 표시법에서 다음 범위에서 표현되는 모든 수를 찾아라.

1) $[2^{-1074}, 2^{-1022})$: 준정규군의 수

2) $[2^{1023}, 2^{1024})$: 정규군 내 가장 큰 부분

답 2)

S	111 ... 1110	0000 0000 .... 0000 0000

$(1+0) \times 2^E = (1+0) \times 2^{1023}$

S	111 ... 1110	0000 0000 .... 0000 0001	$(1+2^{-52})\times 2^{1023}$

....

S	111 ... 1110	1111 1111 .... 1111 1111	$\{(1+(2^{52}-1)2^{52})$

$$= (2-2^{-52})\times 2^{1023}$$

8. 어떤 수 $x=m\times 2^{E}$ 정규군에 속하는 IEEE 64비트 부동소숫점 표시법의 수라고 하면 x와 그 다음의 수와 차이는 항상 $\epsilon\times 2^{E}$임을 보여라.

1.3 오차와 알고리즘 분석

1.3.1 오차의 종류

컴퓨터를 사용하여 수학적 계산을 할 때 접하게 되는 오차는 아래와 같은 여러 가지의 종류가 있다.

- 절단오차(truncation error): 무한 합을 계산할 수 없음에서 오는 오차
- 마무리오차(rounding-off error): 컴퓨터 기억장치의 유한성에서 오는 반올림이나 버림에 의하여 생기는 오차
- 오버/언더플로(overflow/underflow): 유한의 비트수로 표현 또는 저장할 수 없음에서 발생하는 오차. Matlab으로 표현할 수 있는 최대, 최소의 수보다 크거나 작은 값들을 다룰 때 생기는 오차
- 덧셈오차(negligible error): 2진법의 52비트 자릿수보다 더 큰 차이가 나는 두 수의 덧셈에서 발생하는 오차
- 유효숫자 손실(loss of significance): 거의 같은 두 수의 뺄셈에서 발생하는 오차
- 오차확대(error magnification): 작은 오차를 포함하는 수와 큰 수 또는 작은 수를 곱하거나 나누어 오차가 확대되는 경우의 오차
- 계산오차(computation error): 수치계산의 알고리즘이나 반복횟수에 따라 발생하는 오차

위와 같은 오차들에 대해 어느 정도는 피할 수 없지만 컴퓨터 사용자는 발생하는 오차에 대한 궁극적인 책임으로부터 자유로울 수는 없다. 그러므로 프로그래머나 컴퓨터 사용자들은 오차의 크기를 줄이고 그 오차가 마지막 결과에 주는 영향이 최소가 되도록 노력해야 한다. 따라서 오차가 발생하는 원인을 알아야 하고 수치적 알고리즘의 계산 방법도 잘 파악하고 있어야 한다.

IEEE 64비트 부동소숫점 표시법으로 표시되는 수들은 ± 0, 정규군, 준정규군의 수들과 $\pm\infty$로 구성되어 있으며(NaN은 제외) 이 집합은 실수의 부분집합이다. 이 집합 외의 많은 수(예를 들어 $\frac{1}{10}$, π)들은 정규화가 되더라도 소숫점 이하 52자리보다 더 많은 자리에서 0이 아닌 수가 나타나므로 64비트를 가지고 이 표시법으로 정확하게 표현될 수가 없다. 따라서 이러한 수들은 부동소숫점 표시법의 수 중에서 근사한 값으로 대체하여 사

용할 수밖에 없다. 즉, 마무리오차가 발생한다. IEEE 표준 시스템을 사용하는 컴퓨터나 프로그램에 부동소숫점 표시법으로 정확하게 표시할 수 없는 수 x가 입력되면 x보다 작으며 가장 큰 부동소숫점 표시법의 수 x^- 또는 x보다 크며 가장 작은 부동소숫점 표시법의 수 x^+로 처리하여 x 대신 사용된다.

$fl(x)$를 x가 IEEE 부동소수점 표시법을 통하여 컴퓨터에 실제로 기억되는 수를 나타낸다고 하자. x가 이 표시법으로 나타낼 수 있는 정확한 수이면 $fl(x)=x$가 된다. 그렇지 않으면 이 표시법의 4가지 모드:

1) 53자리수에서 올림(Round up): $fl(x)=x^+$
2) 53자리수 이상을 버림(Round down:chopping): $fl(x)=x^-$
3) 0에 가까운 쪽으로 처리(Round towards zero): $fl(x)=x$와 0 사이에 있는 x^+ 또는 x^-
4) 가장 가까운 표시법체계의 수로 처리(Round towards nearest): $fl(x)=x$과 더 가까이 있는 x^+ 또는 x^-, 같은 거리 경우에는 최하위비트가 0이 되는 쪽을 선택

중 하나를 활성화하여 사용한다. 가장 유용하고 거의 항상 사용되는 모드가 x와 가장 가까운 표시법의 수를 택하는 4)의 모드이다. Matlab도 기본적으로 이 가장 가까운 표시법체계의 수로 처리하여 사용한다.

실수 x를 정규화된 양수

$$x=(1.a_1a_2a_3\cdots\cdots a_{52}a_{53}a_{54}\cdots.)_2\times 2^E$$

이라고 하면

$$x^-=(1.a_1a_2a_3\cdots\cdots a_{52})_2\times 2^E$$

이므로 어떤 모드를 사용하든지 $fl(x)$와 x의 절대오차 $\epsilon_x=x-fl(x)$의 크기는

$$|\epsilon_x|=|x-fl(x)|<2^{-52}\times 2^E$$

이지만 가장 가까운 표시법체계의 수로 처리(Round towards nearest)모드에서는

$$|\epsilon_x|=|x-fl(x)|<2^{-53}\times 2^E$$

임을 알 수 있다. 일반적으로

$$|\epsilon_x|=|x-fl(x)|<\frac{1}{2}\epsilon\times 2^E \tag{1-5}$$

가 된다. 또한 상대오차 $\rho_x=\dfrac{\epsilon_x}{x}=\dfrac{x-fl(x)}{x}$의 크기는 아래와 같다.

$$|\rho_x| = \frac{|\ x - fl(x)|}{|\ x\ |} < \frac{\frac{1}{2}\epsilon \times 2^E}{2^E} = \frac{1}{2}\epsilon \tag{1-6}$$

컴퓨터의 연산은 거의 같은 두 수끼리 뺄셈을 하거나 상대적으로 아주 큰 수를 곱하거나 아주 작은 수로 나눌 때 유효숫자의 자리수를 상실할 수 있다. 이러한 경우에는 수식을 동치인 다른 식으로 변형하여 계산하면 유효숫자의 자리수 상실을 방지할 수 있다. 오차는 알고리즘이 반복되면서 일반적으로 점차 누적된다. 이 누적되는 형태에 따라 알고리즘이 안정되어 있는지를 알 수 있다.

예제 1.5 (덧셈오차의 예) 두 수 2^{30}과 2^{-22}를 합할 때는 먼저 IEEE 64비트 부동소숫점 표시법으로 나타내어

$$2^{30} = (1.0 \cdots 0)_2 \times 2^{1053-1023}$$
$$2^{-22} = (1.0 \cdots 0)_2 \times 2^{1001-1023}$$

이고 이 두 수를 합할 때는 히든비트를 이동하여 먼저 지수의 크기를 일치시킨 후 합한다. 즉, 아래와 같이 2^{-22}의 지수를 52만큼 증가시키고 가수의 히든비트를 52자리만큼 아래로 이동하면 덧셈을 할 수 있다.

$$2^{30} = (1.0 \cdots 0)_2 \times 2^{1053-1023}$$

$$2^{-22} = (0.0 \cdots 01)_2 \times 2^{1053-1023}$$

$$2^{30} + 2^{-22} = (1.0 \cdots 01)_2 \times 2^{1053-1023} = (1.0 \cdots 01)_2 \times 2^{30}$$

와 같이 덧셈으로 인한 어떤 오차도 발생하지 않는다. 따라서 $2^{30} + 2^{-22} \neq 2^{30}$임을 알 수 있다. 하지만 두 수 2^{30}과 2^{-23}를 합할 때는 히든비트를 53자리만큼 이동하게 되는데 이때는 64비트의 가수 자릿수를 초과하므로 이동된 1을 표시하지 못하고 잃게 된다. 즉,

$$2^{30} = (1.0 \cdots 0)_2 \times 2^{1053-1023}$$

$$2^{-23} = (0.0 \cdots 00)_2 \times 2^{1053-1023}$$

$$2^{30} + 2^{-23} = (1.0 \cdots 00)_2 \times 2^{1053-1023} = (1.0 \cdots 00)_2 \times 2^{30} = 2^{30}$$

와 같으므로 $2^{30} + 2^{-23} = 2^{30}$이다.

Matlab에서 다음과 같이 실행하면 위와 같은 결과를 얻는다.

```
>> x=2^30 ;  x+2^-22 == x
ans    0 (false)
>> x + 2^-23 == x
ans    1 (true)
```
■

1.3.2 사칙연산의 오차 분석

이 절에서는 두 수 x, y의 오차가 사칙연산으로 인해 어떻게 오차가 전파되는지 분석해 본다. 즉, 실행과정이나 연산에 입력된 수로 발생한 오차(마무리오차)가 결과로 출력되는 수에 어떻게 영향을 주는가를 알아본다.

앞 절에서 언급한 입력된 두 수 x, y의 절대오차를 각각 ϵ_x, ϵ_y라고 하면 합과 차의 절대오차와 상대오차의 크기는(단, $fl(fl(x)+fl(y))=fl(x)+fl(y)$라 가정한다.)

$$\epsilon_{x\pm y}=(x\pm y)-(fl(x)\pm fl(y))=(x-fl(x))\pm(y-fl(y))=\epsilon_x\pm\epsilon_y$$

$$|\epsilon_{x\pm y}|\le|\epsilon_x|\pm|\epsilon_y|$$

$$|\rho_{x\pm y}|=\frac{|\epsilon_{x\pm y}|}{|x\pm y|}\le\frac{|x||\epsilon_x/x|+|y||\epsilon_y/y|}{|x\pm y|}=\frac{|x||\rho_x|+|y||\rho_y|}{|x\pm y|} \tag{1.7}$$

와 같다. 위의 식 (1.7)에서 제일 오른쪽 상한계의 분모에 $|x-y|$가 있는데 만약 $x\approx y$, 즉 비슷한 값들이면 상한계가 증폭하여 상대오차의 크기 $|\rho_{x-y}|$가 상당히 커질 수 있어 유효숫자의 손실이 나타난다. 다음 예제는 그 현상을 설명하고 있는 실제의 문제이다.

예제 1.6 (유효숫자 손실(loss of significance)의 예)

아래와 같은 두 식은 동치의 식이다.

$$f_1(x)=\sqrt{x}\,(\sqrt{x+1}-\sqrt{x}),\ f_2(x)=\frac{\sqrt{x}}{\sqrt{x+1}+\sqrt{x}}$$

하지만 컴퓨터로 계산할 때 x가 커지면 첫 번째의 식의 $\sqrt{x+1}-\sqrt{x}$ 계산에서 비슷한 값의 뺄셈으로 인한 갑작스런 유효한 비트의 수의 손실이 발생한다. 즉, $x=10^5$일 때

$$\sqrt{10^5+1}=3.162277660168381\times10^7$$
$$\sqrt{10^5}=3.162277660168379\times10^7$$

이고

$$\sqrt{10^5+1}+\sqrt{10^5}=6.324555320336761\times10^7$$
$$\sqrt{10^5+1}-\sqrt{10^5}=0.0000000000000001862645149230957\times10^7$$

가 된다. $2^{52} \approx 10^{15}$이므로 이진수 52자리의 정확도는 10진수 16자리의 정확도로 같으므로 위의 두 합과 차 중에 차의 값은 소숫점 이하 15자리까지만 저장할 수밖에 없으므로 16자리의 정확도가 1자리 수의 정확도로 급속히 떨어지게 된다. 따라서 x가 커지면 $f_2(x)$의 값은 1/2로 접근하지만 $f_1(x)$의 값은 1/2로 접근하지 못하고 정확도가 점점 떨어지게 되는 현상(loss of significance)이 나타난다. 다음의 계산에서 그 현상을 알아보자.

Matlab 프로그램을 아래와 같이 실행하면

```
clear
f1=inline('sqrt(x)*(sqrt(x+1)-sqrt(x))', 'x');
f2=inline('sqrt(x)./(sqrt(x+1)+sqrt(x))', 'x');
x=1;
format long e
for k=1:15
  fprintf('At x=%15.0f, f1(x)=%20.18f, f2(x)=%20.18f', x, f1(x), f2(x));
  x=10*x;
end
sx1=sqrt(x+1); sx=sqrt(x); d=sx1-sx;  s=sx1+sx;
fprintf('sqrt(x+1)=%25.13f,.sqrt(x)=%25.13f ', sx1, sx);
fprintf('  diff=%25.23f, sum=%25.23f ', d, s);
```

실행 결과는 위에서 언급한 결과 같이 나온다. x가 커지면 f1(x)는 1/2과 멀어진다.

```
At x= 1,              f1(x)=0.414213562373095150, f2(x)=0.414213562373095090
At x= 10,             f1(x)=0.488088481701514750, f2(x)=0.488088401701515480
At x= 100,            f1(x)=0.498756211208899460, f2(x)=0.498756211208902730
At x= 1000,           f1(x)=0.499875062461021870, f2(x)=0.499875062460964860
At x= 10000,          f1(x)=0.499987500624854420, f2(x)=0.499987500624960890
At x= 100000,         f1(x)=0.499998750005928860, f2(x)=0.499999750006249940
At x= 1000000,        f1(x)=0.499999875046341910, f2(x)=0.499999875000062490
At x= 10000000,       f1(x)=0.499999987401150920, f2(x)=0.499999987500000580
At x= 100000000,      f1(x)=0.500000005558831620, f2(x)=0.499999998749999950
At x= 1000000000,     f1(x)=0.500000077997505340, f2(x)=0.499999999874999990
At x= 10000000000,    f1(x)=0.499999441672116520, f2(x)=0.499999999987500050
```

```
At x= 100000000000,    f1(x)=0.500004449631168080, f2(x)=0.499999999998750000
At x= 1000000000000,   f1(x)=0.500003807246685030, f2(x)=0.499999999999874990
At x= 10000000000000,  f1(x)=0.499194546973835970, f2(x)=0.499999999999987510
At x= 100000000000000, f1(x)=0.502914190292358400, f2(x)=0.499999999999998720
  sqrt(x+1)=31622776.6016838100000,  sqrt(x)=31622776.6016837910000
    diff=0.00000001862645149230957,  sum=63245553.2033676060000000000000000
```
■

곱셈과 나눗셈으로 인한 오차의 크기는 다음과 같다.

$$|\epsilon_{xy}| = |xy - fl(x)fl(y)| = |xy - (x-\epsilon_x)(y-\epsilon_y)| \approx |x\epsilon_y + y\epsilon_x| \le |x||\epsilon_y| + |y||\epsilon_x|$$

$$|\rho_{xy}| = \frac{|\epsilon_{xy}|}{|xy|} \le \frac{|\epsilon_y|}{|y|} + \frac{|\epsilon_x|}{|x|} = |\rho_y| + |\rho_x| \tag{1-8}$$

$$|\epsilon_{x/y}| = \left|\frac{x}{y} - \frac{fl(x)}{fl(y)}\right| = \left|\frac{x}{y} - \frac{x-\epsilon_x}{y-\epsilon_y}\right| \approx \frac{|x\epsilon_y - y\epsilon_x|}{y^2} \le \frac{|x||\epsilon_y| + |y||\epsilon_x|}{y^2}$$

$$|\rho_{x/y}| = \frac{|\epsilon_{x/y}|}{|x/y|} \le \frac{|\epsilon_y|}{|y|} + \frac{|\epsilon_x|}{|x|} = |\rho_y| + |\rho_x|$$

위와 같이 두 수의 곱셈과 나눗셈의 상대오차의 크기는 두 수의 상대오차의 크기의 합보다 커질 수 없음을 의미한다. 따라서 오차가 증폭하는 상황은 발생하지 않는다.

1.3.3 오차의 증가 속도와 기호 O

함수가 얼마나 빠르게 증가 또는 감소하는지를 판단하는 기호를 소개한다. 알고리즘을 분석할 때 사이즈가 n인 문제가 완전히 실행될 때까지의 시간 또는 반복횟수를 $T(n) = 5n^2 - 3n + 4$라고 한다면 n이 증가할 때 $T(n)$의 증가율은 상수와 1차항보다 2차항에 영향을 더욱 받게 된다. 따라서 함수 $T(n)$은 n^2의 **증가율**(Order of speed)로 증가한다고 말한다. 이 의미를 뜻하는 기호로 그 첫문자 "O"(big O)를 사용하여 $T(n) = O(n^2)$로 나타낸다. 이 기호는 수학에서 함수의 근사식이 갖는 오차항을 다룰 때도 사용하는 기호이다. 예를 들어, e^x에 대한 0 주위의 테일러(Taylor) 전개식 $e^x = 1 + x + x^2/2 + \cdots$에서 x가 충분히 작을 때 2차항까지의 식과 e^x와의 절대오차의 크기가 x^3의 상수배보다 작음을 나타내기 위해 $e^x = 1 + x + x^2/2 + O(x^3)$, $x > 0$로 쓰기도 한다. 두 개의 실수함수에 대하여 이 기호를 일반적으로 정의하면 다음과 같다.

정의 1.1 $\{\alpha(n)\}$과 $\{\beta(n)\}$이 n에 관한 서로 다른 두 수열이라 하자. 만약 다음을 만족하는 상수 c와 자연수 N이 존재할 때 $\alpha(n) = O(\beta(n)),\ n\to\infty$ 로 쓴다.

"N 이상인 모든 n에 대하여 $|\alpha(n)| \le c\,|\,\beta(n)\,|$ 이다."

$\alpha(n) = O(\beta(n))$은 $\{\alpha(n)\}$이 $\{\beta(n)\}$보다 더 빠르게 증가하지 않는다는 것을 의미하며 증가속도의 상한계를 함수 $\beta(n)$이 대표하는 함수군의 하나임을 의미한다. 알고리즘을 분석할 때 증가 속도를 쉽게 파악하는데 많이 접하는 함수 $\beta(n)$를 증감 속도별로 증가속도가 느린 함수군부터 분류하면 상수함수군$O(1)$, 로그함수군$O(\log(n))$, 일차함수군 $O(n)$, 이차함수군$O(n^2)$, 다항식군$O(n^c)$, 지수함수군$O(c^n)$ 등이 있다. 단, c는 임의의 상수이다. $O(c^n)$함수는 $O(n^c)$다항식보다 상수 c에 상관없이 훨씬 증가 속도가 빠른 함수이다.

여러 함수의 합으로 정의된 함수는 가장 빠른 속도의 함수가 전체의 속도를 결정하므로 전체함수의 속도는 가장 빠른 함수로 표시된다. 예를 들어

$$\alpha(n) = 4\log(n) + 72(\log(n))^3 + 7n + 3n^2 + 6n^3 = O(n^3)$$

이다.

아래의 정의는 보다 일반적이며 수학적인 정의이다.

정의 1.2 $f(x) = O(g(x))\ (x\to x_0)$은 다음을 만족하는 $d > 0$와 C가 존재한다는 것을 의미한다.

"$|x - x_0| < d$인 모든 x에 대하여$|f(x)| \le C\,|g(x)|$이다."

정의 1.3 e_0을 초기오차, e_n을 n번 반복되었을 때 생긴 오차라고 하자. 만일 n과 관계없이 적당한 상수 c가 존재하여 $e_n = cne_0$이면($e_n = O(n)$이면) 오차는 **일차적(linear)으로 증가**한다고 하고, 만일 1보다 큰 수 c에 대하여 $e_n = c^n e_0$이면($e_n = O(c^n)$이면) 오차는 **지수적(exponential)으로 증가**한다고 한다.

오차가 일차적으로 증가하는 것은 피할 수 없고 이 경우는 알고리즘이 안정하다고 볼

수 있고, 지수적으로 증가하면 비교적 작은 n에 대하여도 오차가 매우 클 수가 있어 알고리즘은 불안정하다고 볼 수 있다. 데이터의 조그마한 변화가 결과에 상당히 큰 변화가 일어날 수 있는 문제가 있는데 이러한 문제를 **불량조건문제**(ill-conditioned problem)라 부른다. 이러한 문제를 풀기 위한 알고리즘은 특별한 주의를 하여 개발해야 한다.

1.3.4 알고리즘의 복잡성과 기호 O

어떤 문제를 해결하기 위한 알고리즘이나 프로그램이 얼마나 효과적인가는 사용된 CPU시간, 메모리, 하드디스크, 네트워크 등이 좌우한다. 수학적 문제를 해결하는 분야에서는 이러한 요인들 중에서 주로 CPU시간을 의미하는 복잡성(complexity)이 해결방법의 효율성에 가장 크게 영향을 주므로 이 복잡성을 줄이려고 노력한다. 알고리즘을 수행할 때 행렬 또는 데이타 크기변수의 값(또는 행렬 성분의 수)이 수행 연산(덧셈뺄셈연산, 할당문, 입출력)의 수를 결정한다. 이때 그 변수(전체 성분의 수)를 **문제의 크기**(problem size/input size)라 하고 **복잡성**(Complexity)은 수행연산의 수를 문제의 크기와의 관계를 나타낸 함수를 말한다. 수행연산은 문제의 같은 크기라도 연산의 횟수가 차이 나는데 **최대의 연산횟수**(Worst case)를 기준으로 계산된다. 이 복잡성을 기호 O를 사용하여 나타낸다. 예를 들어 문제의 크기가 N이라면

$O(1)$: 상수시간 알고리즘(constant-time algorithm)

$O(N)$: 일차시간 알고리즘(linear-time algorithm)

$O(N^2)$: 이차시간 알고리즘(quadratic-time algorithm)

등으로 분류하고 어떤 알고리즘의 연산횟수가 $T(N)$이라면 정의 1.1을 이용하여 상한계 함수군 $\beta(N)$을 찾아 $T(N)=O(\beta(N))$과 같이 표현한다. 위의 알고리즘 $O(N)$은 $O(N^2)$보다 연산횟수가 작은 군이므로 수행 속도는 훨씬 빠르다.

일반적으로 프로그램의 복잡성(수행시간)을 결정하는 것은 어떤 종류의 명령문을 사용하는가에 따라 다르다. 복잡성을 결정하는 방법을 알아본다.

1) 나열된 명령문(스크립트 파일)의 수행시간은 각 명령문의 수행시간들의 합이다. 따라서 명령문들이 간단한 연산만을 수행하는 문장들이라면 전체의 복잡성은 $O(1)$이다. 문제의 크기 N과는 상관없는 값이므로 N이 커지면 수행시간은 N에 좌우되지 않는다.

2) If 문장의 복잡도는 각 블록의 복잡도의 최대크기로 결정된다. 예를 들어

```
if (cond) then
  block 1
else
  block 2
end
```

이고 block 1의 복잡도가 $O(1)$이고 block 2의 복잡도가 $O(N)$이라면 복잡도의 최대크기에 의해 결정되므로 전체의 복잡도는 $O(N)$이다.

3) 반복문(loops)에서는 전체의 횟수에 의해 결정된다.

```
for I=1:N
  for J=1:M
    명령문리스트
  end
end
```

은 바깥 반복문이 N번 실행마다 안쪽 반복문이 M번 실행되므로 전체의 복잡도는 $O(NM)$이다.

4) 함수를 포함하는 명령문은 함수의 복잡도를 고려해야 한다. 예를 들어 입력인수 k의 함수 $f(k)$의 복잡도가 $O(1)$, $g(k)$의 복잡도가 $O(N)$라고 하면

```
for j=1:N
   g(j);
   f(j);
end
```

에서는 반복문이 N번 실행되고 각 반복에서 두 함수는 $O(1)$, $O(N)$의 복잡도를 갖고 있으므로 최대크기를 고려하면 $O(N^2)$의 전체의 복잡도를 갖는다.

1.3.5 수렴속도와 수렴차수

실제 문제를 수학적으로 모델링하여 만든 많은 문제를 컴퓨터로 해결하기 위해서는 수학적 이론 배경을 바탕으로 만들어진 알고리즘을 반복하여 수행하여 얻은 근사해의 수열을 생성하고 그 수열이 실제 문제의 해로 수렴하기를 기대한다. 이때 같은 문제에 대해서

도 여러 방법의 알고리즘이 존재할 수 있는데 당연히 그 중 실제 해로 수렴이 가장 빠른 방법을 선택하게 된다. 따라서 각 방법을 비교하기 위해 수렴성을 측정하는 도구인 수렴 속도가 필요하다.

일반적으로 수렴 속도의 측정 도구에는 수렴속도(rate of convergence)와 수렴차수(order of comvergence)가 있다.

정의 1.4 수열 x_n이 x^*에 수렴한다고 가정하자.

1) n이 커질 때 $|x_n - x^*| \leq \lambda\beta_n$을 만족하는 상수 λ와 0으로 수렴하는 수열 $\{\beta_n\}$이 존재할 때 수열 $\{x_n\}$은 **수렴속도**(rate of convergence) $O(\beta_n)$로 x^*에 수렴한다고 한다. $x_n = x^* + O(\beta_n)$로 쓰기도 한다. 이는 오차의 크기 $e_n = |x_n - x^*|$가 얼마나 빨리 0으로 수렴하는가를 가늠할 수 있기도 하다.

예를 들어 수렴속도 $O\left(\frac{1}{n^2}\right)$를 가진 수열은 $O\left(\frac{1}{n^5}\right)$의 수열보다 느리며 $O\left(\frac{1}{n^5}\right)$의 수렴 속도를 가진 수열은 $O\left(\frac{1}{2^n}\right)$보다 느리다.

예제 1.7 1) 수열 $\left\{\frac{n+3}{n+7}\right\}$은 $\left|\frac{n+3}{n+7} - 1\right| = \frac{4}{n+7} < 4 \cdot \frac{1}{n}$이므로 수렴속도 $O\left(\frac{1}{n}\right)$로 1에 수렴하고, $\left\{\frac{2^n+3}{2^n+7}\right\}$은 $\left|\frac{2^n+3}{2^n+7} - 1\right| = \frac{4}{2^n+7} < 4 \cdot \frac{1}{2^n}$이므로 수렴속도 $O\left(\frac{1}{2^n}\right)$로 1에 수렴한다.

2) $\frac{n+1}{n^2} = O\left(\frac{1}{n}\right)$,　　　3) $\frac{5}{n} + e^{-n} = O\left(\frac{1}{n}\right)$

수렴속도는 수열의 각 항이 어떤 수열의 수렴속도와 비슷함을 의미한다. 다음은 수열의 각 항이 그 이전 항과 어떤 관계를 갖는가를 측정하는 도구로써 **수렴차수**(order of convergence)라는 용어를 사용한다.

정의 1.5 수열 $\{x_n\}$이 x^*에 수렴한다고 가정하자.

1) 만약 다음을 만족하는 상수 $0 < c < 1$와 자연수 N이 존재할 때 x_n은 x^*에 **일차적**(linear)으로 **수렴**한다고 한다.

"N 이상인 모든 n에 대하여 $|x_{n+1}-x^*| \le c|x_n - x^*|$이다."

2) 일반적으로, 다음을 만족하는 상수 $c>0$, 실수 $p \ge 1$, 자연수 N이 존재할 때 x_n은 x^*에 p**차적으로 수렴**한다고 한다.

"N 이상인 모든 n에 대하여 $|x_{n+1}-x^*| \le c|x_n - x^*|^p$이다."

또는

$$\lim_{n\to\infty}\frac{|x_{n+1}-x^*|}{|x_n-x^*|^p}=\lim_{n\to\infty}\frac{|e_{n+1}|}{|e_n|^p}=c, \quad |e_{n+1}|\approx c|e_n|^p$$

3) 특히 $p=2$일 때 **이차적(quadratic)으로 수렴**한다고 하고, $1<p<2$일 때 **초일차적(superlinear)으로 수렴**한다고 한다.

위에서 일차적 수렴을 갖는 수열 $\{x_n\}$는 각 항에서 그 이전 항과의 오차의 크기가

$$|e_{n+1}|\approx c|e_n|\approx c^2|e_{n-1}|\approx c^3|e_{n-2}|\approx\cdots\approx c^n|e_0|$$

의 관계를 가지므로 "**수열** $\{x_n\}$**은** x^***에 수렴속도** $O(c^n)$**로 일차적 수렴**"을 한다고 말한다.

다음은 일차적 수렴과 이차적, 삼차적 수렴의 각 항의 오차 $e_n=|x_n-x^*|$가 감소하는 속도를 나타내고 있다. 이차적 수렴과 삼차적 수렴의 속도는 각 항에서 오차의 제곱, 세제곱씩 감소하며 일차적 수렴과 확연한 차이를 보이고 있다. $c=0.5$, $|e_0|=1$이다.

	일차적 수렴 $\Rightarrow |e_{n+1}|\approx 0.5|e_n|$	이차적 수렴 $\Rightarrow |e_{n+1}|\approx 0.5|e_n|^2$	삼차적 수렴 $\Rightarrow |e_{n+1}|\approx 0.5|e_n|^3$
$|e_1|$	0.5	0.5	0.5
$|e_2|$	0.25	0.125	0.0625
$|e_3|$	0.125	7.8125×10^{-3}	1.2207×10^{-4}
$|e_4|$	0.0625	3.0518×10^{-5}	9.0949×10^{-13}
$|e_5|$	0.03125	4.6566×10^{-10}	3.7616×10^{-37}
$|e_6|$	0.015625	1.0842×10^{-19}	
$|e_7|$	7.8125×10^{-3}	5.8775×10^{-39}	

연습문제 1.3

1. 10진수 0.1의 값이 IEEE 64비트 부동소숫점 표시법으로 표시되는 64비트를 나타내어라. (가장 가까운 표시법체계의 수로 처리(Round towards nearest)모드를 사용한다.)

2. 절대오차가 식 (1-5)의 상한계가 되는 경우가 있는가?

$$|\epsilon_x| = |x - fl(x)| = \frac{1}{2}\epsilon \times 2^E$$

3. 수 a, b, c에 대하여 IEEE 64비트 부동소숫점 표시법 체계에서 다음을 증명하여라.

1) $fl(a+b) = fl(b+a)$

2) $fl(a+fl(b+c)) \neq fl(fl(a+b)+c)$

4. 다음의 두 수를 연산한 결과를 IEEE 64비트 부동소숫점 표시법으로 표현할 수 있는 정규화된 수 $x = \pm(1.a_1a_2a_3 \cdots\cdots a_{52}a_{53}a_{54} \cdots .)_2 \times 2^E$로 나타내어라. E는 10진수로 나타낼 수 있다.

1) $3 = (1.100)_2 \times 2^1$, $\frac{3}{4} = (1.100)_2 \times 2^{-1}$일 때 $3 + \frac{3}{4}$

2) $3 + 3 \times 2^{-53}$

3) $3 + 3 \times 2^{-52}$

답 1) 두 수를 합할 때는 먼저 지수의 크기를 같게 한다. 즉

$$(1.10000 \cdots .00000)_2 \times 2^1 + (0.01100 \cdots .00000)_2 \times 2^1$$

$$= (1.11100 \cdots .00000)_2 \times 2^1$$

2) 두 수를 지수가 2^1이 되게 맞추면 3×2^{-53}은 가수를 54자리까지 가지고 있으므로 52자리 다음에 | 표시로 구분하여 나타내면

$$(1.10000 \cdots .00000)_2 \times 2^1 + (0.00000 \cdots .00000 \mid 11)_2 \times 2^1$$

$$= (1.10000 \cdots .00000 \mid 11)_2 \times 2^1$$

합의 결과가 가장 가까운 IEEE 64비트 표준 표시법의 수는

$$(1.10000 \cdots .00001)_2 \times 2^1 = 3 + 2^{-51}$$

와 같고 matlab의 결과는 3.000000000000000가 된다.

3) 두 수를 지수가 2^1이 되게 맞추면 3×2^{-52}은 가수를 53자리까지 가지고 있으므로 52자리 다음에 | 표시로 구분하여 나타내면

$$(1.10000 \cdots .00000)_2 \times 2^1 + (0.00000 \cdots .00001 \mid 1)_2 \times 2^1$$

$$= (1.10000 \cdots .00001 \mid 1)_2 \times 2^1$$

합의 결과가 가장 가까운 IEEE 64비트 표준 표시법의 수는 최하위비트가 0이 되는 아래로 처리된다.

$$(1.10000 \cdots .00010)_2 \times 2^1 = 3 + 2^{-50}$$

와 같고 matlab의 결과는 3.000000000000001이 된다.)

5. 다음을 Matlab으로 실행하여 확인하고 그 이유를 설명하여라.

1) $1 + 2^{30} \neq 2^{30}$

2) $1 + 2^{-30} \neq 1$

3) $2^{-30} + 2^{30} = 2^{30}$

6. Matlab으로 $x \approx 0$에서 $\dfrac{1-\cos x}{\sin x}$의 계산을 할 때 비슷한 값의 뺄셈이 발생하여 유효숫자의 손실이 다음과 같이 발생할 수 있다.

chop(x, n)은 10진법으로 x의 값을 n+1자리 이하를 버림하여 나타낸 값이다.

```
>> x=1e-2;
>> (1-chop(cos(x), 4))/chop(sin(x),4)
ans = 0        % 정확한 값은 약 0.005 이다.
```

안정되게 계산할 수 있는 방법을 설명하고 Matlab으로 실행하여라.

답

```
>> chop(sin(x)^2, 4)/(chop(sin(x),4)*(1+chop(cos(x), 4)))
ans =    0.0050
```

7. 다음의 합

$$\sum_{k=1}^{3000} k^{-2} = 1.6446$$

을 Matlab으로 아래와 같이 모든 계산을 10진법으로 4자리로 버림(chop)을 할 때

```
>> sum=0 ;
>> for k=1:3000
        sum= chop(sum + 1/k^-2 , 4) ;
    end
>> sum
sum  = 1.6240
```

가 되어 뺄셈이 없음에도 두 자리만 정확하다. 이유를 설명하고 좀 더 나은 방법을 찾아 Matlab으로 실행하여라.

8. 수 $e = 2.7182818\cdots$는 $e = \lim_{n\to\infty}\left(1+\frac{1}{n}\right)^n$로 정의할 수 있고 n을 증가하며 $\bar{e} = (1+1/n)^n$를 Matlab으로 계산하여 e를 구하면

n	$\bar{e}$	유효숫자
10^4	2,718145926	4
10^8	2.718281798	7
10^{12}	2.718523496	4
10^{16}	1.000000000	0

와 같다. 이유를 설명하여라.

9. $x_1 = 0.1015\times 10^4$, $x_2 = \cdots = x_{10} = 0.45$라 하자. 가수가 네 자리인 10진법의 컴퓨터에서 $x_1 + x_2 + \cdots + x_{10}$과 $x_{10} + x_9 + \cdots + x_1$을 순서대로 계산하여라. 그 값이 차이가 나는 이유를 설명하고 이러한 덧셈에서는 어떻게 연산하는 것이 좋은지 설명하여라.

10. 임의의 양수 α에 대하여 다음이 성립함을 보여라.

(1) $x^\alpha = O(e^x)\ \ (x\to\infty)$　　　(2) $\ln x = O(x^\alpha)\ \ (x\to\infty)$

11. 세 수열 $\{\alpha_n\}$, $\{\beta_n\}$, $\{\gamma_n\}$에 대하여 다음이 성립함을 보여라.

(1) $\beta_n = O(\alpha_n)$이면 $c\beta_n = O(\alpha_n)$이다. (단, c는 상수)

(2) $\beta_n = O(\alpha_n)$이고 $\gamma_n = O(\alpha_n)$이면 $\beta_n + \gamma_n = O(\alpha_n)$이다.

(3) $\beta_n = O(\alpha_n)$이면 $\alpha_n^{-1} = O(\beta_n^{-1})$이다.

12. 다음을 만족하는 가장 적당한 값 k을 구하여라.

$$\tan^{-1}x = x + O(x^k) \quad (x \to 0)$$

13. 0에 충분히 가까운 x에 대하여 $f(x) = \sqrt{x^2+1} - 1$의 값을 컴퓨터로 계산할 때 식을 어떻게 변형하면 오차를 줄일 수 있겠는가?

14. x가 0에 가까울 때 $f(x) = \tan x - x$의 값을 컴퓨터로 구하는 좋은 방법을 말하여라.

15. 다음의 함수

$$f(x) = \frac{\cos x - 1 + \frac{1}{2}x^2}{x^4}$$

는 $x \to 0$일 때 수렴값과 수렴속도를 구하여라.

답 $\cos x = 1 - \frac{1}{2}x^2 + \frac{1}{24}x^4 - \frac{1}{720}x^6\cos\xi$, ξ는 0과 x 사이의 수이므로

$$\frac{\cos x - 1 + \frac{1}{2}x^2}{x^4} - \frac{1}{24} - \frac{1}{720}x^2\cos\xi$$가 되고

$$\left| \frac{\cos x - 1 + \frac{1}{2}x^2}{x^4} - \frac{1}{24} \right| = \frac{1}{720}|x^2\cos\xi| \le \frac{1}{720}|x^2|$$가 된다. 따라서

$f(x)$는 $\frac{1}{24}$에 수렴속도 $O(x^2)$로 수렴한다.

16. 다음 수열 $\{x_n\}$의 수렴속도를 구하여라.

1) $x_n = \frac{1}{n^2}$ 2) $x_n = \frac{1}{2^n}$ 3) $x_n = 5^{-2^n}$

4) $x_n = 5^{-3^n}$ 5) $x_n = 10^{-p^n}$, $p > 0$

제 2 장
비선형방정식의 해

2.1 비선형방정식과 반복법

일반적으로 비선형 방정식의 근을 구하는 것은 수치계산(numerical or scientific computation)에서는 가장 기초적이고 매우 중요한 문제이다. 예를 들면 시간이 지남에 따라 용액 속의 작은 결정들은 용해되고 반면에 큰 결정들은 일정한 크기로 접근한다는 소위 Ostwald ripening이라 불리는 용액 속의 결정(crystal)의 형성과정 모델은 $x(t)$를 시간 t에서의 결정의 크기라 하고 모든 결정들이 초기, 즉 $t=0$일 때 같은 크기라면 상미분방정식(ordinary differential equation)

$$\frac{dx}{dt} = k(c_1 - \mu x^3 - c^* e^{\Gamma/x}), \quad x(0) = \alpha \tag{2.1}$$

로 표시된다. 위의 식에서 x, t 이외는 모두 주어진 상수이다. 비선형 방정식

$$c_1 - \mu x^3 - c^* e^{\Gamma/x} = 0 \tag{2.2}$$

는 많아야 두 개의 양수근($0 < \xi_1 \le \xi_2$)을 가지며 초깃값 α가 작은 근 ξ_1보다 작으면 $x(t)$는 0으로, ξ_1보다 크면 $x(t)$는 ξ_2로 수렴함이 알려져 있다. 따라서 상수 c_1, c^*, μ, Γ에 다른 값들을 주었을 때 방정식 (2.2)의 근을 구함으로서 모델 (2.1)을 적절히 제어할 수 있다.

비선형방정식 $f(x)=0$의 근을 구하는 문제는, 즉 근의 근삿값을 구하는 문제는 본질적으로 유한 번의 연산을 해서 필요한 답을 구하는 직접법(direct methods)을 사용할 수는 없다. 이는 5차 이상 다항식의 근을 구하는 대수적 방법인 근과 계수의 관계식이 없음을 생각하면 쉽게 이해할 수 있다. 따라서 반복법(iterative methods)을 사용하여야 한다. 이러한 반복법은 일반적으로 초깃값이라 불리는 최초의 근삿값을 주고 이를 적절히 개선하여 새로운 근삿값을 구하는 과정을 계속적으로 반복하여 생성된 근삿값의 수열이 참값으로 수렴하도록 하는 방법을 일컫는다. 이런 반복법 중에서 본 장에서는 이분법, 가위치법, 수정가위치법, Newton 방법, 할선법, 고정점 반복법, Steffensen 방법, Müller 방법에 대하여 논의한다.

가장 전형적인 반복법의 유형은 반복함수(iterative function) $g(x)$, 초깃값 x_0, 적당한 종료조건(stop conditions)을 주고 반복식

$$x_{n+1} = g(x_n), \; n = 0, \; 1, \; 2, \; \cdots \tag{2.3}$$

을 사용하여 계속적으로 새로운 근삿값을 구하고, 이 수열이 주어진 종료조건을 만족하면 중단하는 방법을 일컫는다. 간략히 말하면 종료조건은 허용할 수 있는 최대의 오차, 즉

허용오차(error tolerance)와 최대반복횟수를 사용하여 전자가 만족되면 수렴하는 경우이고 후자가 만족되면 수렴하지 못한 경우가 되도록 구성한다. 앞으로 논의하는 방법 중에서 Newton 방법, 고정점 반복법, Steffensen 방법 등 중요한 방법이 모두 이런 유형에 속한다. 이러한 반복법에서 가장 근본적인 문제는 적당한 반복함수 $g(x)$를 찾는 것이다. 예를 들어 근삿값 x_n에 대한 $f(x)$의 Taylor 전개식

$$f(x) = f(x_n) + f'(x_n)(x - x_n) + f''(\xi)(x - x_n)^2/2 \tag{2.4}$$

에서 마지막 항을 버리면 비선형방정식 $f(x) = 0$을 선형화(linearization)시킨 일차 모델 $f(x_n) + f'(x_n)(x - x_n) = 0$을 얻는다. 이 모델의 근을 새로운 근삿값 x_{n+1}로 택하는 것도 하나의 방법으로 이 경우 반복함수 $g(x)$는

$$g(x) = x - \frac{f'(x)}{f'(x)}$$

이고 실제로 이 방법은 2장 3절에서 다루게 될 Newton 방법이다. 다음으로 해결하여야 할 문제는 수렴조건과 수렴속도에 관한 문제이다. 즉 어떤 조건하에서 근삿값의 수열 $\{x_n\}$이 참값으로 수렴할 것이며 수렴한다면 얼마나 빠르게 수렴할 것인가 하는 문제를 고려해야 한다. 초깃값 x_0가 참값에 가까울수록 수렴할 가능성과 수렴속도가 높아질 것이라는 사실을 직관적으로 추측할 수 있고 이는 대부분의 경우에서 사실이다.

본 장에서는 비선형 방정식의 근을 구하는 방법뿐만 아니라 식 (2.5)와 같은 비선형 연립방정식의 근을 구하는 방법에 대하여도 간략하게 다룬다.

$$\begin{aligned} f_1(x_1, x_2, \ldots, x_n) &= 0 \\ f_2(x_1, x_2, \ldots, x_n) &= 0 \\ &\vdots \\ f_n(x_1, x_2, \ldots, x_n) &= 0 \end{aligned} \tag{2.5}$$

함수 $f_i : \mathrm{R}^n \to \mathrm{R},\ i = 1, 2, \ldots, n$는 n개의 변수를 갖는 실함수이다. 여기서 변수 X를 벡터 $X = (x_1, x_2, \ldots, x_n)^T$로, 벡터함수 $F : \mathrm{R}^n \to \mathrm{R}^n$를 $F = (f_1, f_2, \ldots, f_n)^T$로 정의하면 비선형 연립방정식 (2.5)는 다음과 같은 간단한 벡터형태로 표시할 수 있다.

$$F(X) = 0 \tag{2.6}$$

예제 2.1 다음의 연립방정식

$$\begin{cases} x^2 + y^2 - 1 = 0 \\ x^2 - y^2 + 1 = 0 \end{cases}$$

에서 $x_1 = x$, $x_2 = y$, $f_1(x_1, x_2) = x_1^2 + x_2^2 - 1$, $f_2(x_1, x_2) = x_1^2 - x_2^2 + 1$라 하면 $X = (x_1, x_2)^T$라고 하고 위의 함수들을 R^2에서 R^2으로의 벡터 함수 F로 나타내면

$$F(X) = \begin{pmatrix} f_1(X) \\ f_2(X) \end{pmatrix} = \begin{pmatrix} x_1^2 + x_2^2 - 1 \\ x_1^2 - x_2^2 + 1 \end{pmatrix}$$

이다. ■

연습문제 2.1

※ [1-4] 다음 비선형 방정식은 적어도 하나 이상의 근을 가짐을 보여라.

1. $x - \tan x = 0$

2. $x - e^{-x} = 0$

3. $x^3 - 2x - 2 = 0$

4. $x^2 - 6x\sin x + 9\sin^2 x = 16$

5. 예제 2.1의 연립방정식의 해를 구하여라.

6. 다음 수열$\{x_n\}$의 수렴속도를 구하여라.

1) $x_n = 1/n^2$ 2) $x_n = 1/2^n$ 3) $x_n = 5^{-2^n}$

4) $x_n = 5^{-3^n}$ 5) $x_n = 10^{-p^n},\ p > 0$

2.2 이분법과 가위치법

이 절에서는 중간값 정리(Intermediate Value Theorem)를 응용한 **이분법**(Bisection method)과 **가위치법**(Regular Falsi method)에 대하여 알아본다.

함수 f가 구간 $[a, b]$에서 연속이고 $f(a)$와 $f(b)$의 부호가 서로 다르면, 즉 $f(a)f(b) < 0$이면 중간값 정리에 의하여 $f(s)=0$을 만족하는 s가 적어도 하나 이상 개구간 (a, b)에 존재한다.

구간 (a, b)의 중점 $m=a+(b-a)/2$이 참값 s에 충분히 가까이 있거나($|s-m| \le$ 허용오차) $f(m)$이 충분히 작으면($|f(m)| \le$ 허용오차) m은 참값 s의 근삿값이 될 수 있다. 그렇지 않다면(모두 허용오차보다 크다면) 이등분된 두 구간 (a, m)와 (m, b) 중의 어느 한 구간에 참값 s는 반드시 존재한다. 이때 참값 s를 포함하는 구간을 찾아 이를 새로운 구간 (a, b)라 한다. 참값 s를 포함하는 구간을 찾는 방법은 $f(a)$와 $f(m)$의 부호가 서로 다르면 (a, m)을, 같으면 (m, b)를 새로운 구간 (a, b)라 정하면 된다. 이런 과정을 계속 반복할 때마다 생성되는 구간은 참값 s를 포함하고 길이는 반으로 줄어든다. 따라서 중점 $m=a+(b-a)/2$의 수열은 $f(s)=0$을 만족하는 s로 수렴한다. 이와 같이 구간의 길이가 전 단계 구간의 1/2이면서 $f(s)=0$을 만족하는 s를 포함하는 새로운 구간을 찾아 그 중점을 근삿값으로 하는 반복법을 **이분법**(bisection method)이라고 한다. 알고리즘은 아래와 같다.

▌알고리즘 2.1 이분법(Bisection method) 함수 f는 구간 $[a, b]$에서 연속이고 $f(a)$와 $f(b)$의 부호가 서로 다를 경우에 $f(x)=0$의 근을 찾는 방법

```
input : a, b, xtol, ftol, kmax
For i = 1 : kmax
    e = (b - a)/2 ;
    m = a + e     ;
     If e ≤ xtol or |f(m)| ≤ ftol, then stop
     If sign(f(a)) ≠ sign(f(m)), then b = m ;
     else a = m ;
 end
```

알고리즘의 각 반복회에서 얻은 m에 대해 절대오차 $|s-m|$은 $(b-a)/2$보다 충분히 작거나 $f(m)$이 중간에 0에 가까운 값이 될 수 있으므로 $(b-a)/2$ 또는 $f(m)$ 중 어느

하나라도 충분히 작게 되면 m은 s의 근삿값으로 고려되어 종료된다. 따라서 알고리즘 2.1이 성공적으로 종료될 때의 종료조건(stop conditions)은 두 종류의 허용오차, 즉 근의 허용오차 $xtol$과 함숫값의 허용오차 $ftol$이 사용된다. 드물겠지만 두 종류 모두 실패한 경우에 끝없이 계산을 반복하는 무한순환과정(infinite loop)을 피하기 위한 종료조건으로 최대반복횟수 $kmax$를 포함한다.

그러나 s가 다중근일 경우에는 알고리즘 2.1에서 오차 $|s-m|$은 크지만 조건 $|f(m)|< ftol$에 의하여 실행이 성공적으로 종료될 수도 있다(연습문제 5 참조). 알고리즘 2.1에서 사용한 것과 다른 종료조건에 대하여 알아보자. 어느 반복법이 참값 s로 수렴하는 수열$\{x_n\}$을 생성한다고 하자. $\lim_{n\to\infty}(x_{n+1}-x_n)=0$이므로

$$|x_{n+1}-x_n| \le xtol \tag{2.7}$$

을 종료조건으로 사용할 수 있다. 이 경우에도 역시 오차 $|s-x_n|$은 클 수도 있다(연습문제 6 참조). 이런 현상을 완화하거나 피하기 위하여 대부분의 반복법에서는 알고리즘 2.1과는 달리 절대오차보다는 상대오차에 의한 또는 두 가지를 병용하는 종료조건을 사용한다. n이 충분히 크면 $x_{n+1}\approx s$이므로 $x_{n+1}\ne 0$라면 상대오차는

$$\left|\frac{s-x_n}{s}\right| \approx \left|\frac{x_{n+1}-x_n}{x_{n+1}}\right| \to 0$$

이다. 따라서 알고리즘 2.1에서

$$\left|\frac{m_{k+1}-m_k}{m_{k+1}}\right| \le xtol, \quad \left|\frac{f(m_{k+1})-f(m_k)}{f(m_{k+1})}\right| \le ftol \tag{2.8}$$

을 상대오차에 의한 종료조건으로 사용할 수 있다. 위의 식에서 m_k는 k번째 반복에서의 근삿값 m이다.

예제 2.2 방정식 $e^x-1.4-\tan^{-1}x=0$의 근이 구간 $[-7,\ -5]$에 적어도 하나 이상 존재함을 보이고 이분법을 사용하여 근삿값을 구하여라.

풀이 이분법(bisection) matlab 프로그램 bisection.m

```
f=inline('exp(x)-1.4-atan(x)')                    % 함수의 정의
a=-7 ;     b=-5;      kmax=100;       tol=1.0e-7;
k=1;  root=(a+b)/2;   froot=f(root);     error=(b-a)/2;
ya=f(a);      yb=f(b);
if sign(ya) == sign(yb)
```

```
  error(' 양끝점에서 함수의 부호가 같습니다. 달라야 합니다.')
end
while (abs(froot) > tol & abs(error) >tol )
  fprintf('k=%3d a=%8.5f b=%8.5f root=%8.5f froot=%+8.7e error=%+8.7e \n',...
            k, a, b, root, froot, error)
  k=k+1;
  if sign(froot) ~= sign(ya)
     b=root;    yb=froot;
  else
     a=root;    ya=froot;
  end
  root=(a+b)/2;   froot=f(root);    error=(b-a)/2;
  if (k>=kmax)
     disp(' 주어진 반복회 내에서는 근을 찾을 수 없습니다.')
     break
  end
end
```

실행결과

표 2.1 예제 2.2의 Matlab 실행결과

```
k=  1  a=-7.00000  b=-5.00000 root=-6.00000  froot=+8.1264016e-03  error=+1.0000000e+00
k=  2  a=-6.00000  b=-5.00000 root=-5.50000  froot=-4.9704016e-03  error=+5.0000000e-01
k=  3  a=-6.00000  b=-5.50000 root=-5.75000  froot=+1.7882931e-03  error=+2.5000000e-01
k=  4  a=-5.75000  b=-5.50000 root=-5.62500  froot=-1.5367355e-03  error=+1.2500000e-01
k=  5  a=-5.75000  b=-5.62500 root=-5.68750  froot=+1.3913947e-04  error=+6.2500000e-02
k=  6  a=-5.68750  b=-5.62500 root=-5.65625  froot=-6.9543050e-04  error=+3.1250000e-02
k=  7  a=-5.68750  b=-5.65625 root=-5.67188  froot=-2.7730706e-04  error=+1.5625000e-02
k=  8  a=-5.68750  b=-5.67188 root=-5.67969  froot=-6.8874604e-05  error=+7.8125000e-03
k=  9  a=-5.68750  b=-5.67969 root=-5.68359  froot=+3.5184679e-05  error=+3.9062500e-03
k= 10  a=-5.68359  b=-5.67969 root=-5.68164  froot=-1.6831895e-05  error=+1.9531250e-03
k= 11  a=-5.68359  b=-5.68164 root=-5.68262  froot=+9.1796579e-06  error=+9.7656250e-04
k= 12  a=-5.68262  b=-5.68164 root=-5.68213  froot=-3.8253019e-06  error=+4.8828125e-04
k= 13  a=-5.68262  b=-5.68213 root=-5.68237  froot=+2.6773822e-06  error=+2.4414063e-04
k= 14  a=-5.68237  b=-5.68213 root=-5.68225  froot=-5.7390881e-07  error=+1.2207031e-04
k= 15  a=-5.68237  b=-5.68225 root=-5.68231  froot=+1.0517494e-06  error=+6.1035156e-05
k= 16  a=-5.68231  b=-5.68225 root=-5.68228  froot=+2.3892351e-07  error=+3.0517578e-05
k= 17  a=-5.68228  b=-5.68225 root=-5.68227  froot=-1.6749185e-07  error=+1.5258789e-05
```

함수 $f(x)=e^x-1.4-\tan^{-1}x$는 모든 실수에서 연속이고 $f(-7)=0.0298\cdots$, $f(-5)=-0.0198\cdots$이므로 중간값 정리에 의하여 적어도 하나 이상의 근이 주어진 구간에 존재한다. 표 2.1은 $kmax=50$, $xtol=ftol=10^{-7}$을 사용하여 bisection.m을 실행한 결과이다. 최대반복횟수 100번 이전인 17번째 반복에서 허용오차에 의한 조건 $|f(m)|\le ftol$을 만족하여 근의 근삿값 $m=-5.68227$을 구하고 성공적으로 종료하였음을 알 수 있다. ■

이분법은 위의 예 2.2에서 보듯이 수렴하는 속도가 느리지만 이론상 언제나 참값에 수렴하는 수열을 생성하는 방법임을 알 수 있다. 이분법에서는 길이가 전 단계에서 찾은 구간의 1/2이면서 $f(s)=0$을 만족하는 s를 포함하는 새로운 구간을 반복하여 찾으므로 편의상 알고리즘 2.1에서 k번째 반복에서 계산한 근삿값을 m_k라고 하면 그때의 오차 $e_k\equiv|s-m_k|$는

$$e_k \le \frac{(b-a)}{2^k} \tag{2.9}$$

임을 수학적 귀납법에 의하여 쉽게 보일 수 있다. 따라서 모든 k에 대하여 $|m_{k+1}-s|\le 1/2|m_k-s|$이고, $|s-m_k|\le \dfrac{(b-a)}{2^k}=(b-a)2^{-k}=O(2^{-k})$이므로 이분법으로 얻은 근삿값의 수열 $\{m_k\}$은 근 s에 수렴속도(rate of convergence) $O(2^{-k})$로 일차적 수렴(order of convergence)을 한다.

오차의 한계 (2.9)는 어디까지나 최악의 경우를 가정한 오차이다. 따라서 표 2.1에서 알 수 있듯이 실제 오차는 대부분의 경우 이보다 훨씬 작다. 오차의 한계 (2.9)에 의하면 이분법은 항상 수렴하지만 한 번 반복할 때마다 대체로 2진수 유효숫자가 한 자리씩 증가하여 수렴속도가 느리다. 이러한 수렴속도의 단점으로 인하여 이분법이 실제 문제에 단독으로 사용되는 경우는 없고 수렴속도는 빠르지만 참값에 가까운 초깃값을 필요로 하는 Newton법 또는 할선법(secant method)의 초깃값을 제공하는 수단으로 자주 사용된다.

예제 2.3 방정식 $f(x)\equiv x^3-x-2=0$의 근은 구간 $[1,\ 2]$에 존재함을 보이고 알고리즘 2.1을 사용할 때 절대오차가 10^{-3}보다 작아지도록 $xtol$과 $N=kmax$을 구하여라.

풀이 함수 $f(x)$는 주어진 구간에서 연속이고 $f(1)=-2<0<4=f(2)$이므로 중간값 정리에 의하여 적어도 하나의 근이 구간 $(1,\ 2)$에 존재한다. 위의 식 (2.9)에 의하면

$$|s-m_N|\le \frac{b-a}{2^N}<xtol$$

이므로 $xtol$을 10^{-3}이라 하고 양변에 로그를 취하여 식을 풀면

$$N \geq 3/\log 2 \approx 9.96$$

이다. 따라서 종료조건 $|f(m)| \leq ftol$에 의하여 실행이 종료되지만 않는다면 $xtol$은 10^{-3}보다 작은 실수이고 N은 10이면 충분하다. 실제로 $|f(m)| \leq ftol$에 의하여 실행이 종료되는 경우를 방지하기 위하여 $ftol$은 예를 들어 10^{-10} 같은 아주 작은 값을 사용하면 된다. ■

예제 2.4 예제 2.2에서 상대오차가 10^{-5}보다 작게 되는 것은 몇 번째 반복부터인가?

풀이 식 (2.9)에 의하면

$$\frac{|s - m_k|}{|s|} \leq \frac{b-a}{|s|2^k} < 10^{-5}$$

이 되어야 한다. $b-a=2$, $s \in (-7, -5)$이고 따라서 $2^{-k+2} < 10^{-4}$을 만족하면 된다. 양변에 로그를 취하여 식을 풀면

$$k > 2 + 4/\log 2 \approx 15.28$$

이므로 16번째 반복부터 원하는 상대오차보다 작아진다. ■

근을 포함하는 구간을 이등분하는 대신에 두 점 $(a, f(a))$, $(b, f(b))$를 지나는 직선, 즉 할선(secant line)이 x축과 만나는 점 w를 근삿값으로 선택하고 충분히 수렴하는 종료조건을 만족하지 못하면 w를 기준으로 두 개의 소구간 $[a, w]$, $[w, b]$로 나누고 $f(a)$와 $f(w)$의 부호를 비교하여 반드시 근을 포함하는 구간을 새로운 시작 구간으로 정하고 새로운 근삿값 w를 반복하여 구하는 방법을 **가위치법**(Regular Falsi method)이라고 한다(그림 2.1 참조).

두 점 $(a, f(a))$, $(b, f(b))$를 지나는 직선의 방정식은

$$y = \frac{f(b) - f(a)}{b-a}(x-b) + f(b) \tag{2.10}$$

이므로 이 직선이 x축과 만나는 점 w는

$$w = b - \frac{(b-a)}{f(b) - f(a)} f(b) \tag{2.11}$$

이다. 이분법보다 많은 정보를 사용하므로 가위치법이 이분법보다는 더 빨리 수렴하리라 예측할 수 있다. 일반적으로 이런 예측은 사실이나 수렴차수는 이분법과 같은 일차이다.

알고리즘 2.1에서 m을 식 (2.11)에 의하여 구한 w로 바꾸고 종료조건만 적절히 수정

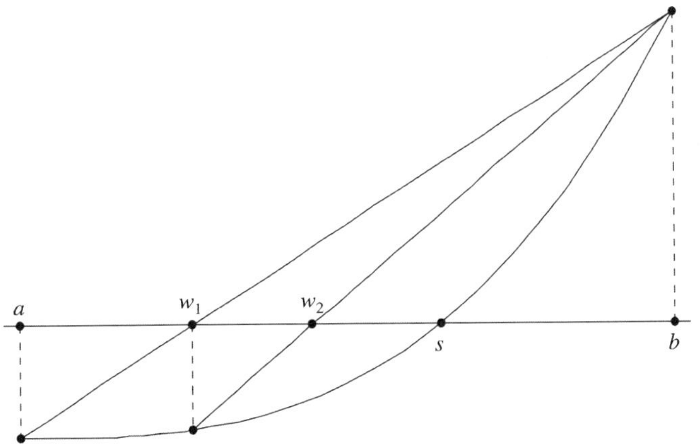

그림 2.1 가위치법(regular-falsi method)

하면 가위치법의 알고리즘 2.2를 얻는다.

▌알고리즘 2.2 가위치법(Regular Falsi method) 함수 f는 구간 $[a,\ b]$에서 연속이고 $f(a)$와 $f(b)$의 부호가 서로 다를 경우에 $f(x)=0$의 해를 찾는 방법

input : $a,\ b,\ xtol,\ ftol,\ kmax$

For $k=1$: $kmax$

$$w_k = b - \frac{b-a}{f(b)-f(a)} f(b)\ ;$$

If $|w_k - w_{k-1}| \le xtol$ or $|f(w_k)| \le ftol$, then stop

If $sign(f(a)) \ne sign(f(w_k))$, then $b = w_k$

else $a = w_k$

end

함수 $y=f(x)$의 그래프가 그림 2.1과 같이 구간 $[a,\ b]$에서 위로 오목(convex)이라고 가정하자. 반복할 때마다 a는 w_k이고 따라서 새 구간 $[a,\ b]$는 참값을 포함하지만 그 구간의 길이가 0이 아닌 $b-s>0$로 수렴한다. 즉 가위치법에서는 참값을 포함하는 새 구간을 찾지만 그 길이가 이분법에서처럼 언제나 0으로 수렴하지는 않는다. 이런 이유로 성공적인 종료조건으로 $b-a<xtol$보다 $|w_k - w_{k-1}| \le xtol$를 활용한다. 알고리즘 2.2에서 w_0는 a 또는 b로 적절하게 택한다(연습문제 12 참조).

예제 2.5 방정식 $e^x - 1.4 - \tan^{-1}x = 0$의 근이 구간 $[-7,\ -5]$에 하나 존재한다. 가위치법을 사용하여 근의 근삿값을 구하여라.

풀이 가위치법(Regular-falsi method) Matlab 프로그램 regular_falsi.m

```
f=inline('exp(x)-1.4-atan(x)')                 % 함수의 정의
a=-7 ;     b=-5;      kmax=100;      tol=1.0e-7;    ya=f(a);     yb=f(b);
k=0;   pw=b;  froot=yb;    error=abs(b-a); %아래조건문을 위해 임시 선택

if sign(ya) == sign(yb)
  error(' 양끝점에서 함수의 부호가 같습니다. 달라야 합니다.')
end
while (abs(froot) > tol & error >tol )
  k=k+1;
  w=b-yb*(b-a)/(yb-ya);   froot=f(w);    error=abs(w-pw);
  fprintf('k=%3d a=%8.5f b=%8.5f root=%8.5f froot=%+8.7e error=%+8.7e \n',...
            k, a, b, w, froot, error)

  if sign(froot) ~= sign(ya)
     b=w;    yb=froot;
  else
     a=w;    ya=froot;
  end
  pw=w;              % 이전 w_i 저장
  if (k>=kmax)
     disp(' 주어진 반복회 내에서는 근을 찾을 수 없습니다.')
     break
  end
end
```

실행결과

표 2.2 예제 2.5의 Matlab 실행결과

```
k=  1 a=-7.00000 b=-5.00000 root=-5.79969  froot=3.0806687e-03  error=7.9969037e-01
k=  2 a=-5.79969 b=-5.00000 root=-5.69231  froot=2.6692605e-04  error=1.0738322e-01
k=  3 a=-5.69231 b=-5.00000 root=-5.68313  froot=2.2736654e-05  error=9.1808855e-03
k=  4 a=-5.68313 b=-5.00000 root=-5.68235  froot=1.9338563e-06  error=7.8112992e-04
k=  5 a=-5.68235 b=-5.00000 root=-5.68228  froot=1.6446275e-07  error=6.6432202e-05
k=  6 a=-5.68228 b=-5.00000 root=-5.68227  froot=1.3986411e-08  error=5.6496091e-06
```

$kmax = 100$, $ftol = xtol = 10^{-7}$을 사용하여 알고리즘 2.2를 실행한 결과가 위의 표 2.2이다. 최대반복횟수 100번 이전인 6번째 반복에서 허용오차에 의한 조건 $|f(w_6)| \leq ftol$을 만족하여 근의 근삿값 $w = -5.68227$을 구하고 성공적으로 종료하였음을 알 수 있다. 예상한 대로 이분법보다는 수렴속도가 빠름을 알 수 있다. ■

연습문제 2.2

1. 중간값 정리에 의하여 다음 방정식의 근은 주어진 구간에 존재한다. 이분법과 가위치법을 사용하여 절대오차가 10^{-4}보다 작도록 근삿값을 구하고 비교하여라.

1) $x^3 - 9x^2 + 26x - 24 = 0$, $[0,\ 2.5]$

2) $x - \tan x = 0$, $[4,\ 4.5]$

3) $x^4 - 2x^3 - 4x^2 + 4x + 4 = 0$, $[-1,\ 0]$

4) $x - 2^{-x} = 0$, $[0,\ 1]$

5) $e^x - \sin x = 0$, $[-4,\ -2]$

6) $x - \cos x = 0$, $[0,\ 1]$

7) $x\cos x - 2x^2 + 3x - 1 = 0$, $[1.2,\ 1.3]$

2. 이분법과 가위치법을 사용하여 상대오차 한계의 식 (2.8)이 10^{-4}보다 작도록 문제 1의 각 방정식의 근의 근삿값을 구하여라.

3. 종료조건식 (2.7)을 사용하는 이분법으로 문제 1의 방정식의 근의 근삿값을 구하여라.

4. 함수 f가 구간 $[a,\ b]$에서 중간값 정리의 가정을 만족한다고 하자. 이 방정식의 근의 근삿값을 구하기 위하여 10진수 유효숫자 5개를 사용하고 반올림을 하는 컴퓨터에서 알고리즘 2.1을 실행시킨다고 할 때 $xtol < 10^{-6}$, $|f(a)| > ftol$, $|f(b)| > ftol$인 경우에 알고리즘 2.1은 어떤 종료조건에 의하여 실행이 멈출 것인가? 또한 이때 $e = (b-a)/2$ 대신 $e = e/2$로 바꾼다면 어떤 종료조건에 의하여 실행이 멈출 것인가? 단, $a = 0.23456$, $b = 0.23457$이다.

5. 함수 $f(x) = (x-1)^9$의 해를 구하기 위하여 알고리즘 2.1을 실행시킨다고 할 때 다음 물음에 답하여라. 단, 계산 과정에서의 오차(round-off error)는 무시한다.

1) $a = 0.6$, $b = 1.6$, $xtol = 10^{-5}$, $ftol = 10^{-5}$, $N = 10$인 경우에 알고리즘 2.1은

종료조건 $|f(m)| \le ftol$에 의하여 종료됨을 보이고 이때의 근삿값 m과 오차 $|1.0-m|$을 구하여라.

2) 조건 $|f(m)| \le ftol$을 없앤다면 최대반복횟수 $N=10$에 의하여 실행이 종료됨을 보이고 이때의 오차 $|1.0-m|$의 한계를 구하여라.

3) 조건 $|f(m)| \le ftol$이 없을 때 조건 $e \le xtol$에 의하여 실행이 종료되도록 하려면 즉 오차 $|1-m|$가 10^{-5}보다 작게 하려면 N은 어떤 수보다 커야 하는가?

6. 조화급수의 n번째 항까지의 부분합을 $x_n = \sum_{k=1}^{n} \frac{1}{k}$이라 하면 $\lim_{n \to \infty}(x_{n+1} - x_n) = 0$이지만 $\{x_n\}$는 무한대로 발산하는 수열임을 보여라.

7. 이분법과 가위치법을 이용하여 오차가 10^{-4}보다 작은 $\sqrt{2}$의 근삿값을 구하여라.

8. 방정식 $x = 2 + 3\sin x$는 적어도 하나의 근을 가짐을 보이고 가장 큰 근을 이분법과 가위치법을 이용하여 오차 10^{-5}의 범위에서 구하여라.

9. 이분법과 가위치법을 이용하여 방정식 $x^2 - 6x\sin x + 9\sin^2 x = 16$의 가장 큰 근을 오차 10^{-5}의 범위에서 구하여라.

10. $x = \tan x$의 양의 근은 구간$(n\pi,\ (n+1/2)\pi)(n = 1,\ 2,\ \cdots)$에 존재함을 그래프를 이용하여 보이고 이분법과 가위치법을 이용하여 32에 가장 가까운 근을 오차 10^{-3}의 범위에서 구하여라.

11. $c^* = 7.52 \times 10^{-7}$, $c_1 = 9.146 \times 10^{-7}$, $\mu = 10^{-3}$, $\Gamma = 4 \times 10^{-3}$일 때 방정식 $c_1 - \mu x^3 - c^* e^{\Gamma/x} = 0$의 근은 두 개이고 각각 (0.02167, 0.002168)과 (0.04534, 0.04535)에 존재한다. 이분법과 가위치법을 이용하여 근의 근삿값을 오차 10^{-7}의 범위에서 구하여라.

12. 알고리즘 2.2에서 w_0를 어떻게 택하는 것이 좋은가?

13. 이분법의 오차 한계식 (2.9)를 증명하여라.

14. 함수 $f(x)=x-3\sin x-1$는 구간 $[2,\ 3]$에 하나의 실근이 존재한다. 이분법으로 이 근을 구하려고 한다. 다음을 수치실험적으로 확인하고 그 이유를 설명하여라. 단, 사용 컴퓨터에 따라 결과가 다를 수 있음에 유의하여라.

1) $xtol=ftol=10^{-7}$인 경우에 알고리즘 2.1은 무한순환과정에 빠진다. 일정반복 횟수가 지난 다음에는 $a,\ b,\ m,\ e,\ f(m)$은 아래에 주어진 값으로 고정된다.

$$a=m=2.58496857,\ \ b=2.58496881,\ \ e=1.19209290\times 10^{-7},$$

$$f(m)=-2.38418579\times 10^{-7}$$

2) 알고리즘 2.1에서 $e=\left(\dfrac{b-a}{2}\right)$를 $e=\dfrac{e}{2}$(단, 초깃값 $e=1$)로 바꾸면 유한번만에 종료되고 그때의 근은 $m=2.58496857$이다.

2.3 Newton 방법

방정식 $f(x)=0$의 근의 근삿값을 구하는 Newton 방법은 수렴만 하면 일차적으로 수렴하는 이분법 또는 가위치법이나 초일차적(superlinear)으로 수렴하는 할선법(2장 4절 참조)보다 매우 빠르게 수렴하는데 그 수렴차수는 이차이다. 반면에 언제나 수렴하는 것은 아니라 초깃값에 따라 수렴 발산이 결정되는 단점도 있다(연습문제 2, 3 참조). 따라서 이런 단점을 보완하기 위하여 항상 수렴하는 방법 이를테면 이분법이나 가위치법을 사용하여 참값에 가까운 근삿값을 구하고 이를 초깃값으로 Newton 방법을 사용하기도 한다.

근삿값 x_0를 포함하는 구간에서 함수 f의 2차도함수가 연속이면 Taylor 정리에 의하여

$$f(x)=f(x_0)+f'(x_0)(x-x_0)+f''(\xi)(x-x_0)^2/2 \tag{2.12}$$

이다(단, ξ는 x와 x_0 사이의 실수). 근삿값 x_0가 참값 s에 매우 가까우면 $|s-x_0|^2$은 $|s-x_0|$에 비하여 무시할 수 있을 만큼 작은 수이므로 식 (2.12)에 $x=s$를 대입하고 마지막 항을 버리면

$$0=f(s)\approx f(x_0)+f'(x_0)(s-x_0) \tag{2.13}$$

이다. 만약 $f'(x_0)\neq 0$이라면 근사식 (2.13)에서 구한 값

$$s\approx x_1=x_0-\frac{f(x_0)}{f'(x_0)} \tag{2.14}$$

을 새로운 근삿값 x_1으로 택하고 이런 과정을 적당한 종료조건이 만족될 때까지 계속적으로 반복하는 방법을 Newton 방법이라고 한다. 새로운 근삿값 x_1은 점 $(x_0,\ f(x_0))$에서의 $y=f(x)$의 접선(tangent line)과 x축과의 교점이므로 Newton 방법은 기하학적으로는 곡선 $y=f(x)$을 점 $(x_0,\ f(x_0))$에서의 접선으로 대체하는 방법이라고 해석할 수 있다(그림 2.2).

함수와 그 도함수가 연속인 함수 $f(x)$에 대하여 Newton 반복식

$$x_{n+1}=x_n-\frac{f(x_n)}{f'(x_n)},\ n=0,\ 1,\ 2,\ \cdots \tag{2.15}$$

에 의하여 생성된 수열 $\{x_n\}$이 r로 수렴하고 $f'(r)\neq 0$라면 식 (2.15)에 극한을 취하면

$$r=r-f(r)/f'(r)$$

이므로 r은 $f(x)=0$의 근이다.

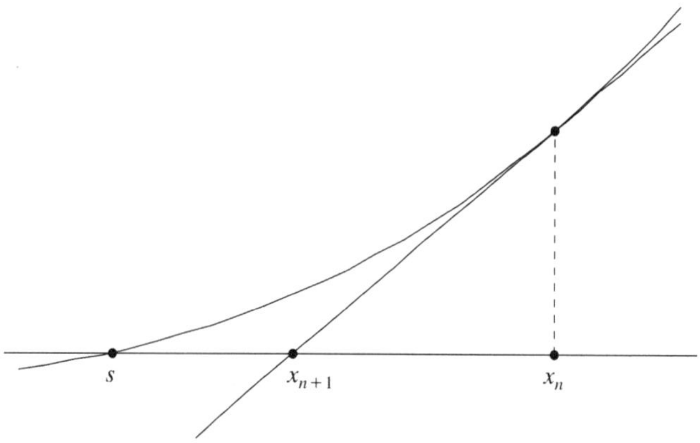

그림 2.2 Newton 방법 기하적 해석

▌알고리즘 2.3 Newton 방법 $f(x)=0$의 근을 구하는 방법

```
input : x_0, xtol, ftol, kmax
For n = 0 : kmax
    x_{n+1} = x_n - f(x_n)/f'(x_n) ;
     If |x_{n+1} - x_n| ≤ xtol or |f(x_{n+1})| ≤ ftol, then stop
end
```

예제 2.6 $\sqrt{2}$의 근삿값을 Newton 방법으로 구하여라.

풀이 $\sqrt{2}$는 방정식 $x^2-2=0$의 근이다. 따라서 Newton 반복식은

$$x_{n+1}=\frac{x_n}{2}+\frac{1}{x_n}$$

이다. $1<\sqrt{2}<2$를 참고하여 초깃값을 $x_0=3/2$라 하면

$$x_1=17/12=1.41666\cdots,$$

$$x_2=577/408=1.414215\cdots$$

이다. 소숫점 이하 7자리까지의 $\sqrt{2}$의 참값은 1.4142136이므로 한 번 반복할 때마다 십진수 유효숫자의 자릿수가 두 배로 증가하고 있음을 알 수 있다. 이는 수렴차수가 2인 경우 일반적인 현상이다(예제 2.7 참조). 따라서 Newton 방법의 수렴속도가 2차임을 짐작케 하는데 정리 2.2에서 증명한다. ■

예제 2.7 방정식 $e^x-1.4-\tan^{-1}x=0$의 근의 근삿값을 Newton의 방법을 이용하여 구하여라. 단, $x_0=-7$을 사용하여라.

풀이 도함수 $f'(x)$는 $f'(x) = e^x - \dfrac{1}{1+x^2}$ 이므로 Newton 반복식 (2.15)는

$$x_{n+1} = x_n - \frac{e^{x_n} - 1.4 - \tan^{-1} x_n}{e^{x_n} - 1/(1+x_n^2)} \ , \quad n \geq 0$$

이다.

Newton 방법(Newton method) Matlab 프로그램 newtonroot.m

```
f = inline('exp(x)-1.4-atan(x)')                % 함수의 정의
df = inline('exp(x)-1./(1+x.^2)');              % 미분함수의 정의
kmax=100;      tol=1.0e-10;   x0=-7;
root=x0;   froot=f(root);
for k = 1: kmax
    dx = froot/df(root);
    root = root  - dx;   froot=f(root);    error=abs(dx);
    fprintf('k=%3d  root=%10.8f  froot=%+8.7e  error=%+8.7e \n',...
             k, root, froot, error)

    if(error<tol | abs(froot) < tol)
          return
    end
end
error(' 주어진  반복회 내에서는 근을 찾을 수 없습니다.')
```

실행결과

표 2.3 예제 2.7의 Matlab 실행결과

k= 1	root=-5.43823503	froot=-6.7082221e-03	error=+1.5617650e+00
k= 2	root=-5.67477358	froot=-1.9992588e-04	error=+2.3653856e-01
k= 3	root=-5.68226530	froot=-1.9248300e-07	error=+7.4917148e-03
k= 4	root=-5.68227252	froot=-1.7896795e-13	error=+7.2267223e-06

표 2.3을 표 2.1, 표 2.2와 비교하여 보면 $ftol = xtol = 10^{-10}$으로 더욱 정확하게 구해도 수렴속도가 월등하게 빠름을 알 수 있다. 반복초기에는 수렴속도가 느릴 수도 있지만 점점 빨라지면서 대체로 매 반복마다 유효숫자의 개수가 2배로 늘어나는 사실을 알 수 있다. 제4회에서 $|f(x_{n+1})| \leq ftol$을 만족하여 종료되었다. ■

Newton 방법에서 얻은 근삿값의 수열은 항상 수렴하지는 않는다. 함수 f가 기함수(odd function)이고 곡선 $y=f(x)$상의 점 $(\alpha, f(\alpha))$에서의 접선이 x축과 만나는 점이 $(-\alpha, 0)$인 실수 α가 존재한다고 하자. 초깃값이 $x_0=\alpha$이면 모든 n에 대하여 $x_{2n}=\alpha$, $x_{2n+1}=-\alpha$가 되어 수렴하지 않는다(연습문제 2 참조). 이때 초깃값이 $x_0 \neq \alpha$이면 상황이 달라져 빠른 속도로 수렴할 가능성도 있다. 이렇게 Newton 방법은 초깃값에 따라서 수렴 또는 발산할 수 있으므로 초깃값 x_0의 선택은 무척 중요하다(연습문제 3 참조). 다음의 정리 2.1은 적당한 가정하에서 초깃값 x_0를 참값에 가깝게 선택하기만 하면 Newton 방법은 2차적으로 수렴한다는 사실을 보여 주고 있다.

정리 2.1

f''가 구간 $[a, b]$에서 연속이고 방정식 $f(x)=0$의 근 $s \in (a, b)$는 단일근, 즉 $f'(s) \neq 0$이라면 상수 $\epsilon > 0$이 존재하여 초깃값 x_0를 구간 $[s-\epsilon, s+\epsilon]$에서 선택하면 Newton 방법에 의하여 생성된 수열 $\{x_n\}$은 s로 수렴하고 수렴속도는 2차적, 즉

$$\lim_{n\to\infty} \frac{|s-x_{n+1}|}{|s-x_n|^2} = \left| \frac{f''(s)}{2f'(s)} \right| \tag{2.16}$$

이다.

증명 f'가 $[a, b]$에서 연속이고 $f'(s) \neq 0$이므로 구간 $[s-\delta^*, s+\delta^*]$에서 $f'(x) \neq 0$ 즉 식 (2.16)의 분모가 양수가 되도록 하는 $\delta^* > 0$가 존재한다. 또한 f''가 구간 $[a, b]$에서 연속이므로 $0 < \delta < \min\{\delta^*, s-a, b-s\}$를 만족하는 모든 δ에 대하여 식

$$c(\delta) = \frac{1}{2} \frac{\displaystyle\max_{|x-s|\le\delta} |f'''(x)|}{\displaystyle\min_{|x-s|\le\delta} |f''(x)|} \tag{2.17}$$

의 분모와 분자는 모두 무한이 아닌 실수이다. 따라서 식 (2.17)은 잘 정의되었고 $\lim_{\delta\to 0} c(\delta) = 0.5 f''(s)/f'(s)$이므로 $\delta c(\delta) < 1$를 만족하는 δ가 존재하는데 이 값을 ϵ이라 하고 $\gamma = \epsilon c(\epsilon) < 1$이라 하자. 초깃값 x_0를 구간 $[s-\epsilon, s+\epsilon]$에서 택하면 x_0 근방에서 $f(s)$의 Taylor 전개식

$$0 = f(s) = f(x_0) + (s-x_0)f'(x_0) + (s-x_0)^2 f''(\xi_0)/2$$

와 Newton 반복식 (2.15)로부터 식

$$s - x_1 = -\frac{f''(\xi_0)}{2f'(x_0)}(s - x_0)^2 \tag{2.18}$$

을 얻는다. 단, ξ_0는 s와 x_0 사이의 실수이다. $|s - x_0| \le \epsilon$, $|s - \xi_0| \le \epsilon$이므로 $c(\epsilon)$의 정의와 식 (2.18)에 의하여

$$|s - x_1| \le c(\epsilon)|s - x_o|^2 \le \epsilon c(\epsilon)|s - x_o| \le \gamma|s - x_o| \le |s - x_o| \le \epsilon$$

이다. 따라서 다음 근삿값 x_1도 다시 구간 $[s - \epsilon,\ s + \epsilon]$에 속한다. $x_1 \in [s - \epsilon,\ s + \epsilon]$이므로 $f'(x_1) \ne 0$이고 따라서 반복식 (2.15)를 사용하여 x_2를 계산할 수 있다. 이 사실을 반복하여 적용하면 Newton 방법의 모든 근삿값 x_n은 구간 $[s - \epsilon,\ s + \epsilon]$에 속하며

$$s - x_{n+1} = -\frac{f''(\xi_n)}{2f'(x_n)}(s - x_n)^2,$$

$$|s - x_{n+1}| \le \gamma|s - x_n|$$

이다(단, ξ_n는 s와 x_n 사이의 실수). 따라서 수학적 귀납법에 의하여 $|s - x_n| \le \gamma^n|s - x_0|$이므로 $\lim_{n\to\infty}|s - x_n| = 0$이고

$$\lim_{n\to\infty}\frac{|s - x_{n+1}|}{|s - x_n|^2} = \lim_{n\to\infty}\left|\frac{f''(\xi_n)}{2f'(x_n)}\right| = \left|\frac{f''(s)}{2f'(s)}\right| \tag{2.19}$$

이다. ■

정리 2.1의 가정 중에서 s가 단일근이 아닌 경우, 예를 들어 중근인 경우에 수렴속도를 구해보자. $f \in C^3[a,\ b]$, $f(s) = f'(s) = 0 \ne f''(s)$, $s \in [a,\ b]$이고 Newton 방법이 수렴한다고 하자. x_n 근방에서 $f(s)$의 Taylor 전개식

$$0 = f(s) = f(x_n) + (s - x_n)f'(x_n) + (s - x_n)^2 f''(x_n)/2 + (s - x_n)^3 f'''(\eta_n)/6$$

과 Newton 반복식 (2.15)로부터 식

$$\frac{s - x_{n+1}}{s - x_n} = \frac{f''(x_n)}{2}\frac{s - x_n}{f'(x_n)} + \frac{f'''(\eta_n)}{6}\frac{s - x_n}{f'(x_n)}(s - x_n) \tag{2.20}$$

을 얻는다(단, η_n은 s와 x_n 사이의 실수). 식 (2.20)의 극한값은 로피탈의 정리에 의하여

$$\lim_{n\to\infty}\left|\frac{s - x_{n+1}}{s - x_n}\right| = \frac{1}{2} \tag{2.21}$$

이다. 따라서 이 경우에는 Newton 방법의 수렴차수는 2차가 아니고 일차이다. 일반적으로 중근인 경우에는 수렴차수는 2차가 아니고 일차이다(연습문제 4, 5 참조).

예제 2.8 함수 $f(x)=(x-7)(x-2\sin x)^2$의 두 개의 근을 Newton의 방법을 이용하여 구하고 수렴속도를 비교하여라.

풀이 초깃값을 $x_0=10$, $x_0=3$으로 하여 각각 Newton의 방법을 실행한 결과가 표 2.4 (a)와 표 2.4 (b)이다. 예상대로 중근 $s=1.89549427\cdots$로의 수렴속도는 매우 느리고 단일근 7로의 수렴속도는 매우 빠름을 알 수 있다. 표 2.4 (a)에 의하면 $|7-x_5|/|7-x_4|^2$이 (2.19)의 이론적인 수렴차수

$$\left|\frac{f''(7)}{2f'(7)}\right|=\left|\frac{2-4\cos 7}{7-2\sin 7}\right|\approx 0.17861\cdots$$

와 비슷하다. 표 2.4 (b)에 의하면 $|s-x_{n+1}|\approx 0.5|s-x_n|$이고 이는 수렴차수 (2.21)이 수치실험상으로 옳음을 보여 주고 있다. ■

실행결과:

표 2.4 (a) Matlab 실행결과($x_0=10$인 경우)

```
k= 1  root=8.77511329  froot=+1.0159573e+02  error=+1.2248867e+00
k= 2  root=7.97430102  froot=+3.4943550e+01  error=+8.0081227e-01
k= 3  root=7.28010026  froot=+8.7855128e+00  error=+6.9420076e-01
k= 4  root=6.99757553  froot=-7.8419391e-02  error=+2.8252473e-01
k= 5  root=6.99999894  froot=-3.4134877e-05  error=+2.4234154e-03
k= 6  root=7.00000000  froot=-6.4322963e-12  error=+1.0557969e-06
```

표 2.4 (b) Matlab 실행결과($x_0 = 3$인 경우)

```
k=  1  root=2.48532439  froot=-7.2244431e+00  error=+5.1467561e-01
k=  2  root=2.22657608  froot=-1.9639457e+00  error=+2.5874831e-01
k=  3  root=2.07757021  froot=-5.3261585e-01  error=+1.4900587e-01
k=  4  root=1.99267384  froot=-1.4137782e-01  error=+8.4896364e-02
k=  5  root=1.94605494  froot=-3.6711951e-02  error=+4.6618900e-02
k=  6  root=1.92134501  froot=-9.3800234e-03  error=+2.4709930e-02
k=  7  root=1.90857422  froot=-2.3726976e-03  error=+1.2770795e-02
k=  8  root=1.90207457  froot=-5.9680847e-04  error=+6.4996511e-03
k=  9  root=1.89879472  froot=-1.4966790e-04  error=+3.2798462e-03
k= 10  root=1.89714710  froot=-3.7475945e-05  error=+1.6476228e-03
k= 11  root=1.89632134  froot=-9.3764046e-06  error=+8.2576143e-04
k= 12  root=1.89590797  froot=-2.3450314e-06  error=+4.1337143e-04
k= 13  root=1.89570116  froot=-5.8637434e-07  error=+2.0680880e-04
k= 14  root=1.89559772  froot=-1.4660815e-07  error=+1.0343522e-04
k= 15  root=1.89554600  froot=-3.6653861e-08  error=+5.1725321e-05
k= 16  root=1.89552013  froot=-9.1636930e-09  error=+2.5864589e-05
k= 17  root=1.89550720  froot=-2.2909517e-09  error=+1.2932777e-05
k= 18  root=1.89550073  froot=-5.7274149e-10  error=+6.4665090e-06
k= 19  root=1.89549750  froot=-1.4318582e-10  error=+3.2332846e-06
k= 20  root=1.89549588  froot=-3.5796510e-11  error=+1.6166499e-06
```

연습문제 2.3

1. 연습문제 2.2의 문제 1에 주어진 방정식의 근을 Newton 방법으로 구하여라.

2. Newton 방법으로 $f(x)=0$의 근을 구하려고 한다. 다음 두 조건을 만족할 때 초깃값이 $x_0=\alpha$이면 모든 n에 대하여 $x_{2n}=\alpha$, $x_{2n+1}=-\alpha$임을 증명하여라.

1) 함수 $f(x)$는 기함수이다.

2) 곡선 $y=f(x)$상의 점 $(\alpha, f(\alpha))$에서의 접선이 x축과 만나는 점이 $(-\alpha, 0)$인 실수 α가 존재한다.

3. 함수 $f(x)=\tan^{-1}x$는 문제 2의 두 조건을 모두 만족함을 보이고 다음을 Newton 방법의 Matlab 프로그램으로 확인하여라.

1) 문제 2의 조건 2)를 만족하는 양의 실수 α는 방정식

$$x-\tan\frac{2x}{1+x^2}=0$$

의 근임을 보이고 구하고 이 근을 Newton 방법으로 구하여라.

2) 초깃값을 $x_0=\alpha$로 주고 Newton 방법을 실행하여 모든 n에 대하여 $x_{2n}=\alpha$, $x_{2n+1}=-\alpha$임을 확인하여라.

3) $|x_0|<\alpha$인 초깃값을 주면 Newton 방법은 참값 0으로 수렴함을 확인하여라.

4) $|x_0|>\alpha$인 초깃값을 주면 Newton 방법은 발산함을 확인하여라.

4. 실수 s가 함수 $f(x)$의 k 중근이라면, 즉 $f(s)=f'(s)=\cdots=f^{(k)}(s)=0\neq f^{(k+1)}(s)$이면 Newton 방법이 s로 수렴하는 속도는

$$\lim_{n\to\infty}\frac{|s-x_{n+1}|}{|s-x_n|}=1-\frac{1}{k}$$

임을 증명하여라. 단, $f^{(k+1)}(x)$는 연속이다.

5. 문제 4의 결론을 다음의 특별한 경우에 확인하여라.

1) 방정식 $(x-1)^k = 0$의 Newton 반복식 (2.15)를 구하고 $|1-x_{n+1}| = (1-1/k)|1-x_n|$임을 보여라.

2) 방정식의 $(x-1)^5 = 0$의 근을 Newton 방법으로 구하되 모든 반복에서 x_n, $f(x_n)$, $|1-x_{n+1}|/|1-x_n|$을 인쇄하고 $|1-x_{n+1}| \approx 0.8 \times |1-x_n|$임을 확인하여라. 단, $x_0 = 7$, $xtol = ftol = 10^{-7}$, $N = 50$을 사용하여라.

6. 문제 4의 함수에 Newton 방법을 변형한 반복식

$$x_{n+1} = x_n - \frac{kf(x_n)}{f'(x_n)},\ n = 0,\ 1,\ 2,\ \cdots$$

을 사용하면 수렴차수는 2차임을 보여라.

7. 방정식의 $x^3 - 3x^2 + 3x - 2$의 근을 Newton 방법으로 구하되 모든 반복에서 x_n, $f(x_n)$, $|2-x_{n+1}|/|2-x_n|^2$을 인쇄하고 $|2-x_{n+1}| \approx 0.6 \times |2-x_n|^2$, 즉 Newton 방법의 이론적인 수렴속도를 나타내는 식 (2.19)가 수치실험적으로 옳다는 것을 확인하여라. 단, $x_0 = 7$, $xtol = ftol = 10^{-7}$, $N = 50$을 사용하여라.

8. $f(x) = x^4 - 8.6x^3 - 35.51x^2 + 464.4x - 998.46$는 서로 다른 두 개의 양의 실근 $x = 4.3$과 $x = 7.34847$을 가진다.

1) $x_0 = 7.0$을 초깃값으로 주고 Newton 방법을 실행하여 $x = 7.34847$로 수렴하기 위한 반복 횟수를 조사하여라.

2) $x_0 = 4.0$을 초깃값으로 주고 Newton 방법을 실행하여 $x = 4.3$으로 수렴하기 위한 반복 횟수를 조사하고 1) 보다 수렴속도가 느린 이유를 그래프를 이용하여 설명하여라.

9. $c^* = 7.52 \times 10^{-7}$, $c_1 = 9.146 \times 10^{-7}$, $\mu = 10^{-3}$, $\Gamma = 4 \times 10^{-3}$일 때 방정식 $c_1 - \mu x^3 - c^* e^{\Gamma/x} = 0$의 근은 두 개이고 구간 (0.02167, 0.002168)과 (0.04534, 0.04535)에 각각 존재한다. Newton 방법을 이용하여 근삿값을 오차 10^{-7}의 범위에서 구하여라.

10. Newton 방법을 사용하여 양의 실수 R의 k 제곱근을 구하는 Newton 반복식을 구하여라.

11. Newton 방법을 사용하여 100에 가장 가까운 $x = \tan x$의 근을 구하여라. 초깃값 x_0를 잘 선택하여야 한다.

12. 함수 f는 $f \in C^2[a, b]$이고 다음 조건 1), 2), 3)을 만족하면 임의의 초깃값 $x_0 \in [a, b]$에 대하여 Newton 방법은 $f(x) = 0$의 유일한 근으로 수렴함을 보여라.

1) $f(a)f(b) < 0$

2) 모든 $x \in [a, b]$에 대하여 $f'(x) \neq 0$, $f''(x) \geq 0$ (또는 $f''(x) \leq 0$)

3) $\left|\dfrac{f(a)}{f'(a)}\right| < b - a$, $\left|\dfrac{f(b)}{f'(b)}\right| < b - a$

13. 방정식 $e^{-x} - \sin x = 0$의 가장 작은 양의 근을 포함하고 문제 12의 조건을 모두 만족하는 구간을 구하여 초깃값 x_0을 이 구간에서 임의로 택하여 Newton 방법을 실행하여라.

2.4 할선법

2장 3절에서 Newton 방법은 수렴속도가 빠른 장점이 있지만 초깃값에 따라서는 발산할 수 있는 단점이 있다는 것을 알았다. Newton 방법의 또 다른 단점은 반복할 때마다 일차도함수 $f'(x_n)$를 매번 계산하여야 한다는 사실이다. 알고리즘 2.3에 의하면 일회 반복에 필요한 계산 소요시간은 $f(x_n)$와 $f'(x_n)$를 계산하는 시간과 거의 일치한다. 하지만 일반적으로 $f(x_n)$보다는 $f'(x_n)$을 계산하는 것이 더 어렵고 또한 계산량이 많은 것이 보통이다. 예를 들어 $f(x) = x^3 4^x \sin 5x$라면 일차도함수는 훨씬 더 복잡한 계산이 필요한 $f'(x) = 3x^2 4^x \sin 5x + (\ln 4) x^3 4^x \sin 5x + 5x^3 4^x \cos 5x$이다. 이러한 Newton 방법의 단점을 보완하기 위하여 고안된 방법이 알고리즘 2.4의 **할선법**(secant method)이다. 할선법은 Newton 방법과 달리 $f'(x_n)$ 대신에 근사식

$$f'(x_n) \approx \frac{f(x_n) - f(x_{n-1})}{x_n - x_{n-1}} \tag{2.22}$$

를 사용하여 새로운 근삿값

$$x_{n+1} = x_n - f(x_n) \frac{x_n - x_{n-1}}{f(x_n) - f(x_{n-1})}, \ n \geq 0 \tag{2.23}$$

을 구한다. 만약 x_{n-1}과 x_n이 매우 가까운 값이라면 도함수의 정의에 의하여 식 (2.22)의 양변은 매우 가까우므로 할선법의 기본적인 아이디어는 아주 타당하다고 볼 수 있다.

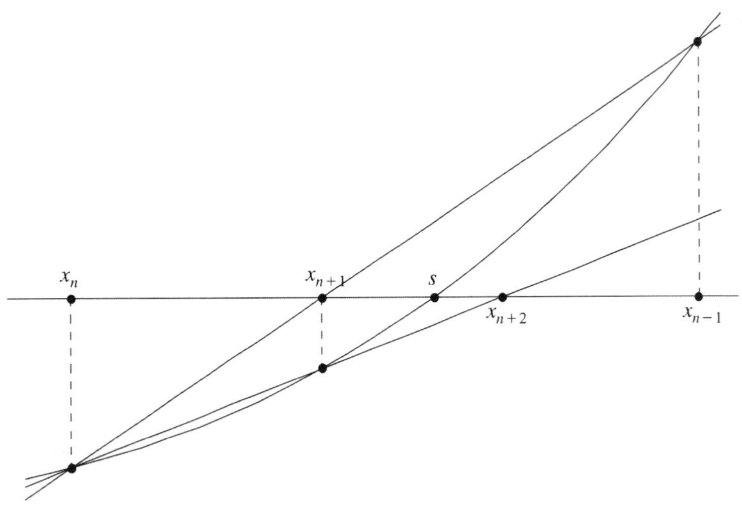

그림 2.3 할선법

식 (2.22)의 우변 근삿값은 두 점 $(x_{n-1}, f(x_{n-1}))$과 $(x_n, f(x_n))$을 지나는 $y=f(x)$의 할선(secant line)의 기울기이고 이 할선이 x축과 만나는 점의 x좌표가 바로 식 (2.23)의 x_{n+1}이다(그림 2.3). 따라서 기하학적으로는 점 $(x_n, f(x_n))$의 근방에서 곡선 $y=f(x)$의 모델로 접선 대신 할선을 사용하는 것이 Newton 방법과 다른 점이다. 식 (2.23)에서 알 수 있듯이 할선법을 시작하려면 Newton 방법과는 달리 두 개의 초깃값이 필요하다. 초깃값 x_0, x_1이 주어지면 두 점 $(x_0, f(x_0))$과 $(x_1, f(x_1))$을 지나는 할선의 x절편을 새로운 근삿값 x_2로 택하고 x_1과 x_2를 각각 새로운 초깃값으로 선택하여 그 과정을 적당한 수렴조건이 만족될 때까지 계속하여 반복하는 방법을 **할선법**(secant method)이라고 한다.

▌알고리즘 2.4 할선법(secant method) $f(x)=0$의 근을 구하는 방법

input : x_0, x_1, $xtol$, $ftol$, $kmax$

If $|f(x_1)| \le ftol$, then stop

For $n = 1$: $kmax$

$$x_{n+1} = x_n - f(x_n)\frac{x_n - x_{n-1}}{f(x_n) - f(x_{n-1})} \ ;$$

If $|x_{n+1} - x_n| \le xtol$ or $|f(x_{n+1})| \le ftol$, then stop

end

예제 2.9 알고리즘 2.4의 할선법을 사용하여 방정식 $e^x - 1.4 - \tan^{-1}x = 0$의 근의 근삿값을 matlab으로 구한 결과가 표 2.5이다. 단, 초깃값은 $x_0 = -5$, $x_1 = -7$을 사용하였다.

할선법(secant method) Matlab 프로그램 secant.m

```
f = inline('exp(x)-1.4-atan(x)')                    % 함수의 정의
kmax=100;       tol=1.0e-10;    x0=-5;  x1=-7;
p0=x0; root=x1;  f0=f(p0);   froot=f(root);
for k = 1: kmax
    dx = (root-p0) / (froot-f0) * froot ;
    p0=root;   f0=froot;
    root = root  - dx;   froot=f(root);    error=abs(dx);
    fprintf('k=%3d  root=%10.8f  froot=%+8.7e  error=%+8.7e \n',...
```

```
            k, root, froot, error)
    if(error<tol | abs(froot) < tol)
        return
    end
end
error(' 주어진  반복회 내에서는 근을 찾을 수 없습니다.')
```

실행결과

표 2.5 예제 2.9의 Matlab 실행결과

k= 1	root=-5.79969037	froot=+3.0806687e-03	error=+1.2003096e+00
k= 2	root=-5.66135557	froot=-5.5862098e-04	error=+1.3833480e-01
k= 3	root=-5.68258959	froot=+8.4445564e-06	error=+2.1234012e-02
k= 4	root=-5.68227338	froot=+2.2695157e-08	error=+3.1621003e-04
k= 5	root=-5.68227252	froot=-9.2525987e-13	error=+8.5211998e-07

위의 표 2.5와 동일한 방정식의 근을 Newton 방법으로 계산한 예제 2.7의 표 2.3과 오차의 크기나 유효숫자의 자릿수를 비교하여 보면 Newton 방법의 수렴속도가 약간 빠름을 알 수 있다. Newton 방법의 반복식 (2.15)에서 사용된 $f'(x_n)$이 할선법의 반복식 (2.23)에서는 $f'(x_n)$의 근삿값으로 대체된 사실을 고려하면 수렴속도에 차이가 있으리라는 것을 직관적으로 예측할 수 있다. ■

할선법이 수렴하는 경우의 오차를 분석하기 위하여 함수 f''는 연속이고 $f'(s) \neq 0$라고 가정하고 e_i을 i번째 반복에서의 오차 $s - x_i$라고 정의하자. 간단한 계산에 의하여

$$e_{n+1} = C_n e_n e_{n-1} \tag{2.24}$$

이다. 오차식 (2.24)의 상수 C_n은

$$C_n = \frac{x_n - x_{n-1}}{f(x_n) - f(x_{n-1})} \frac{f(x_n)/e_n - f(x_{n-1})/e_{n-1}}{x_n - x_{n-1}} \tag{2.25}$$

이다. 함수 f''가 연속이므로 관계식

$$C_n = \frac{-f''(\eta_n)}{2f'(\xi_n)} \tag{2.26}$$

을 만족하는 두 실수 η_n과 ξ_n가 x_{n-1}, x_n, s를 포함하는 가장 작은 구간에 존재한다(연습문제 5 참조). 또한 수열 $\{x_n\}$이 수렴하고 함수 f', f''가 연속이므로 C_n의 극한값은

$$\lim_{n\to\infty}|C_n| = \lim_{n\to\infty}\frac{|f''(\eta_n)|}{|2f'(\xi_n)|} = \frac{|f''(s)|}{|2f'(s)|} \tag{2.27}$$

이다. 할선법의 수렴차수가 p라면 정의에 의하여 적당한 상수 C가 존재하여

$$\lim_{n\to\infty}\frac{|e_{n+1}|}{|e_n|^p} = C \tag{2.28}$$

를 만족할 것이다. 만약

$$\frac{|e_{n+1}|}{|e_n|^p} = |C_n||e_{n-1}||e_n|^{1-p} = |C_n|\left(\frac{|e_n|}{|e_{n-1}|^p}\right)^r \tag{2.29}$$

을 만족하는 두 실수 p, r이 존재한다면 식 (2.29)의 양변에 극한을 취하여 관계식

$$C = (\lim_{n\to\infty}|C_n|)C^r \tag{2.30}$$

을 얻는다. 위의 식 (2.29)의 첫 번째 등식은 식 (2.24)에 의하여 성립하고 두 번째 등식은 $pr=-1$이고 $r=1-p$이면 성립한다. 이 연립방정식의 근은

$$p=(1+\sqrt{5})/2,\ r=(1-\sqrt{5})/2$$

이다. 따라서 상수 C는 식 (2.30)에 의하여

$$C = (\lim_{n\to\infty}|C_n|)^{\frac{1}{1-r}} = \left|\frac{f''(s)}{2f'(s)}\right|^{(-1+\sqrt{5})/2}$$

이고 수렴차수는 $p=(1+\sqrt{5})/2 \approx 1.62$로 일차와 이차의 중간이다.

할선법은 Newton 방법보다는 수렴속도가 느리고 반복횟수가 많은 것이 일반적이다. 하지만 전자가 $f(x_n)$만을 계산하는 반면에 후자는 $f(x_n)$와 $f'(x_n)$를 모두 계산하므로 일회 반복에 필요한 계산량은 전자가 후자의 대략 $1/2$이고 오차식(연습문제 6 참조)

$$\lim_{n\to\infty}\frac{|e_{n+2}|}{|e_n|^{1+p}} = C^{1+p} \tag{2.31}$$

에 의하면 $p+1 \approx 2.62$이므로 할선법을 2회 반복하면 Newton 방법을 1회 반복하는 경우보다 오차가 상당히 빠르게 감소한다. 따라서 Newton 방법의 수렴속도가 빠르기는 하지만 오히려 때로는 할선법이 보다 적은 양의 계산으로 필요한 정확성을 갖는 근삿값을 구할 수 있다. 일반적으로 할선법은 어느 문제에도 사용이 가능한 간편하고도 효율적인 방법이라 할 수 있다.

Newton 방법과 마찬가지로 할선법 역시 초깃값에 의하여 수렴 발산이 결정되므로 가능한한 참값에 가까운 초깃값을 잡는 것이 중요하다. 다음의 정리 2.2는 적당한 조건하에서 할선법은 수렴함을 보여주고 있다. 수렴속도는 이미 위에서 증명하였고 수렴성은 정리

2.1과 거의 같은 방법으로 증명할 수 있다.

정리 2.2

f''가 구간 $[a, b]$에서 연속이고 방정식 $f(x)=0$의 근 $s\in(a, b)$는 단일근 즉 $f'(s)\neq 0$이라면 상수 $\epsilon>0$이 존재하여 초깃값을 구간 $[s-\epsilon, s+\epsilon]$에서 선택하기만 하면 할선법에 의하여 생성된 수열 $\{x_n\}$은 s로 수렴하고 수렴속도는 초일차적(superlinear), 즉

$$\lim_{n\to\infty}\frac{|s-x_{n+1}|}{|s-x_n|^{\frac{(1+\sqrt{5})}{2}}}=\left|\frac{f''(s)}{2f'(s)}\right|^{\frac{(-1+\sqrt{5})}{2}} \tag{2.32}$$

이다.

연습문제 2.4

1. 방정식 $x^3 - x - 1 = 0$의 근을 할선법을 사용하여 구하고, 참값 $s = 1.3247180$일 때 오차식 (2.24)와 (2.32)를 Matlab 프로그램의 실행 결과로 확인하여라. 단, 초깃값은 $x_0 = 1,\ x_1 = 2$을 사용하여라.

2. 이분법, 가위치법, Newton 방법, 할선법을 각각 이용하여 방정식 $x^6 - x - 1 = 0$의 가장 큰 근을 구하고 그 결과를 비교하여라.

3. 할선법을 사용하여 다음 방정식의 근을 구하여라. 초깃값은 주어진 구간을 참고하여 정하고 $N = 50,\ xtol = ftol = 5 \times 10^{-7}$을 사용하여라.

1) $x^3 + 3x^2 - 1 = 0 \quad [-3,\ -2]$

2) $x - 0.2\sin x - 0.8 = 0 \quad \left[0,\ \frac{\pi}{2}\right]$

3) $2x\cos 2x - (x-2)^2 = 0 \quad [2,\ 3]$

4) $\sin x = e^{-x} \quad [3,\ 4]$

5) $\ln(x-1) + \cos(x-1) = 0 \quad [1,\ 2]$

4. 오차식 (2.24)를 증명하여라.

5. x에 대한 $f(s)$의 Taylor 전개식과 $F'(x)$를 비교하여 $F'(x) = f''(\eta(x))/2$를 만족하는 $\eta(x)$가 s와 x 사이에 존재함을 보이고 이를 이용하여 식 (2.26)을 증명하여라. 단, 함수 F는 $F(x) = (f(x) - f(s))/(x - s)$이다.

6. 오차식 (2.31)을 증명하여라.

7. 정리 2.2를 증명하여라.

8. 연속인 함수 $f(x)$에 대하여 할선법에 의하여 생성된 수열 $\{x_n\}$이 실수 r로 수렴하면 $f(r)=0$임을 보여라.

9. 함수 $f(x)=\cos x\cosh x-1$에 대하여 아래 물음에 답하여라.

1) $x_0=4.4,\ x_1=4.5$를 시작점으로 하여 할선법을 실행하여 가장 작은 양의 근을 구하여라.

2) $x_0=3.8,\ x_1=3.9$를 시작점으로 하여 할선법을 실행하면 어떤 상황이 일어나는지 조사하고 근을 찾을 수 없으면 그 이유를 설명하여라.

2.5 고정점 반복법과 Aitken의 Δ^2-방법

실수 함수 g에 대하여 실수 s가 $s=g(s)$를 만족하면 s를 함수 g의 **고정점(fixed point)**이라고 한다. 예를 들어 함수 $f(x)=x^2$는 두 개의 고정점 0, 1을 갖지만 $f(x)=x^2+x+1$는 고정점을 갖지 않는다. 본 장의 주제인 근을 구하는 문제와 고정점을 구하는 문제는 서로 밀접한 관계가 있다. 예를 들어 $g(x)=x+rf(x)(r\neq 0)$의 고정점은 $f(x)=0$의 근이고 방정식 $f(x)=0$의 근은 g의 고정점이다. 또 2장 3절에서 논의한 Newton 방법이 수렴할 때 반복식 (2.15)에서 양변에 극한값을 취하면

$$s=s-\frac{f(s)}{f'(s)}$$

에서 $f'(s)\neq 0$이면 $f(s)=0$가 된다. 한편, 함수 $g(x)=x-f(x)/f'(x)$에 대해 $g(s)=s$가 되는 고정점 s는 위의 식을 만족하므로 고정점 s를 구하는 문제와 $f(x)=0$의 근 s를 구하는 문제는 동치이다.

따라서 $f(x)=0$와 동치인 방정식 $x=g(x)$를 구하고 함수 $g(x)$의 고정점을 찾으면 $f(x)=0$의 근 s를 구하는 방법이 될 수 있다. 이를 위해 먼저 고정점을 찾는 효율적인 방법이 존재하여야 하는데 다행히 아주 간단한 반복식

$$x_{n+1}=g(x_n),\ n=0,\ 1,\ 2,\ \cdots \tag{2.33}$$

을 사용하는 **고정점 반복법(fixed point iteration)**이 있다. 이때의 함수 g를 **반복함수**라고 한다.

예제 2.10 방정식 $x^2-x-3=0$의 근을 고정점 반복법으로 구하기 위한 반복함수 $g(x)$를 몇 개 찾아라.

풀이 1) $g(x)=x^2-3$ 2) $g(x)=1+3/x$

3) $g(x)=\sqrt{x+3}$ 4) $g(x)=x+2(x^2-x-3)$

5) $g(x)=x-\dfrac{x^2-x-3}{2x-1}$

▌알고리즘 2.5 고정점 반복법(fixed point iteration) 함수 $g(x)$의 고정점을 찾는 방법

```
input x_0, xtol, kmax
For n = 0 : kmax
    x_{n+1} = g(x_n)
    If |x_{n+1} - x_n| < xtol, then stop
end
```

만약 함수 g가 연속이고 반복식 (2.33)에 의하여 생성된 수열 $\{x_n\}$이 s로 수렴한다면

$$s = \lim_{n \to \infty} x_{n+1} = \lim_{n \to \infty} g(x_n) = g(s)$$

이므로 이 극한값 s는 고정점이다. 하지만 고정점 반복법이 언제나 수렴하는 것은 아니다. 예를 들어 위의 예제 2.10의 1) 또는 4)의 반복함수를 사용하면 어떤 초깃값을 사용하더라도 수열 $\{x_n\}$은 무한대로 발산할 것이다. 예제 2.10의 3) $g(x) = \sqrt{x+3}$ 이라면 초깃값이 $x_0 < -3$이면 x_1조차도 계산하지 못하지만 $x_0 \geq -3$이면 참값 $(1+\sqrt{13})/2$으로 수렴하며 예제 2.10의 2) $g(x) = 1 + 3/x$이라면 0이 아닌 어떤 초깃값을 주어도 수렴한다. 이 수렴성은 아래의 정리 2.3을 이용하여 해석적으로도 증명할 수 있지만 때로는 반복식 (2.33)을 그래프로 그려보면 보다 쉽고도 직관적으로 이해된다(그림 2.4 참조).

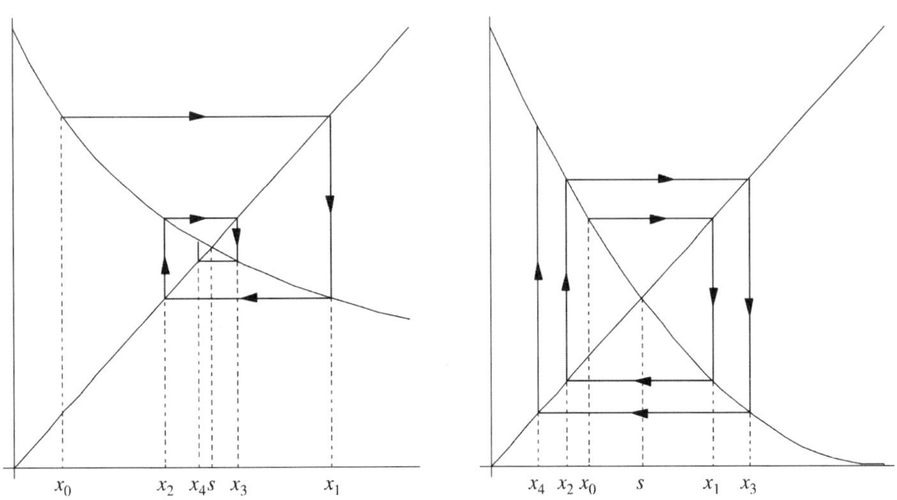

그림 2.4 고정점 반복법

예제 2.11 예제 2.10의 5개의 반복식을 각각 사용하여 방정식 $x^2 - x - 3 = 0$의 양수 근을 고정점 반복법으로 구한 결과가 표 2.6이다. 초깃값은 $x_0 = 2.5$를 사용하였다. 예상대로 1)과 4)의 경우는 발산하고 나머지는 수렴하는데 특히 5)는 Newton 방법이다.

고정점반복법(fixed point method) Matlab 프로그램 fixed_point.m

```
g = inline('x^2-3')                % 1) ~ 5) 함수를 각각 정의하고 따로 실행
kmax=100;      tol=1.0e-7;    x0=2.5;
x = x0;
y = g(x);
for k = 1: kmax
   error=abs(x-y);
   fprintf('k=%3d  fixedpt=%8.6e  error=%+10.8e \n',k, y, error)
   x = y;
   y = g(x);

   if(error<tol )
         return
   end
end
error(' 주어진  반복회 내에서는 근을 찾을 수 없습니다.')
```

실행결과

표 2.6 예제 2.11의 Matlab 실행결과

n	x^2-3	$1+3/x$	$\sqrt{x+3}$	$x+2(x^2-x-3)$	$x-\dfrac{x^2-x-3}{2x-1}$
1	0.325000E+01	2.200000	2.345208	0.400000E+01	2.312500
2	0.756250E+01	2.363636	2.311971	0.220000E+02	2.302802
3	0.541914E+02	2.269231	2.304771	0.940000E+03	2.302776
4	0.293371E+04	2.322034	2.303209	0.176625E+07	2.302776
5	0.860664E+07	2.291971	2.302870	0.623930E+13	
6	0.740743E+14	2.308927	2.302796	0.778578E+26	
7	0.548700E+28	2.299310	2.302780	infinity	
8	infinity	2.304739	2.302777	...	
9	...	...	2.302776	...	
...	...	...		...	
22	...	2.302776		...	
23	infinity	2.302775		infinity	

■

그림 2.4를 자세히 관찰하면 고정점 반복법의 수렴성은 고정점 근방에서 $y=g(x)$의 기울기에 의하여 결정된다. 구체적으로 $y=x$ 보다 가파르면 즉 $|g'(x)|>1$이면 수렴을 기대하기가 어려움을 알 수 있다. 예를 들어, 일차식 $4x-8=0$의 근을 두 개의 서로 다른 반복함수 $g(x)=5x-8$와 $g(x)=(x+8)/5$를 사용하여 구한다고 하자. n번째의 오차는 각각 $|x_n-2|=5^n|x_0-2|$과 $|x_n-2|=5^{-n}|x_0-2|$으로 반복함수의 기울기 5와 1/5에 의하여 결정됨을 알 수 있다. 다음의 정리 2.3은 고정점이 유일하게 존재하고 고정점 반복법이 그 고정점으로 수렴하기 위한 충분조건을 제시하고 있다.

정리 2.3

함수 g가 조건

1) 모든 $x \in I \equiv [a,\ b]$에 대하여 $g(x) \in I$

2) 구간 I에서 미분가능하고 $|g'(x)| \le r < 1$

을 만족하면 함수 g의 고정점이 유일하게 구간 I에 존재하고 초깃값 x_0를 구간 I에서 선택하면 고정점 반복식 (2.33)에 의하여 생성된 수열 $\{x_n\}$은 고정점으로 수렴한다.

증명 만약 $g(a)=a$ 또는 $g(b)=b$인 경우는 분명히 a 또는 b가 고정점이므로 $g(a) \ne a$, $g(b) \ne b$인 경우에 고정점이 존재함을 증명하자. 가정 1)에 의하여 $g(a)>a$이고 $g(b)<b$이다. 미분가능한 함수는 연속이므로 가정 2)에 의하여 $h(x)=g(x)-x$는 연속이다. 또한 $h(a)=g(a)-a>0$, $h(b)=g(b)-b<0$이므로 중간값 정리에 의하여 $h(s)=g(s)-s=0$를 만족하는 s 즉 g의 고정점 s가 구간 $[a,\ b]$에 존재한다. 만약 두 개의 서로 다른 고정점 s와 w가 존재하면 함수 g는 미분가능하므로 평균값의 정리에 의하여

$$g(s)-g(w)=g'(c)(s-w)$$

인 c가 s와 w 사이에 존재한다. 따라서

$$|s-w|=|g(s)-g(w)|=|g'(c)||s-w| \le r|s-w| < |s-w|$$

이므로 모순이다. 그러므로 고정점은 유일해야 한다. 이제 고정점 반복법이 수렴함을 증명하자. 가정 1)에 의하여 초깃값 x_0를 구간 $[a,\ b]$에서 선택하기만 하면 모든 x_n은 구간 $[a,\ b]$에 존재한다. 따라서 미분가능한 함수 g에 평균값 정리를 적용하면

$$|x_n-s|=|g(x_{n-1})-g(s)|=|g'(c_n)||x_{n-1}-s| \le r|x_{n-1}-s|,\ n \ge 1$$

이 되는 c_n이 x_n과 s 사이에 존재한다. 수학적 귀납법에 의하여

$$|x_n - s| \le r^n |x_0 - s| \tag{2.34}$$

이고 $r < 1$이므로

$$\lim_{n\to\infty}|x_n - s| \le \lim_{n\to\infty} r^n |x_0 - s| = 0$$

이다. 따라서 $\lim_{n\to\infty} x_n = s$가 된다. ■

정리 2.3과 같은 가정하에서 오차식

$$|x_n - s| \le \frac{r^n}{1-r}|x_1 - x_0| \tag{2.35}$$

를 증명할 수 있다(연습문제 5 참조). 오차식 (2.35)는 오차측정에 사용할 수 있고 알고리즘 2.5의 종료조건으로 사용할 수 있다. 오차식 (2.35)에 의하면 수렴속도는 $\frac{r^n}{1-r}$에 의하여 결정된다. 즉, r이 작을수록 빠르고 1에 가까우면 매우 느린 것을 알 수 있다. 이는 고정점 근방에서 $y = g(x)$의 기울기가 평평할수록 빠르게 수렴할 것이라는 그림 2.4에 의한 직관적인 관찰과 일치한다. 정리 2.3의 가정은 유일한 고정점을 갖기 위한 충분조건이지 필요조건은 아니다. 예를 들어 예제 2.10의 반복함수 $g(x) = x^2 - 3$은 $[2, 3]$에서 유일한 고정점 $(1+\sqrt{13})/2$을 갖지만 $|g'(x)| = |2x|$는 구간 $[2, 3]$에서 항상 1보다 크다.

예제 2.12 반복함수 $g(x) = \sqrt{x+3}$을 사용하여 고정점 반복법으로 $x^2 - x - 3 = 0$의 양수근을 구하려고 한다. 정리 2.3의 조건을 만족하는 구간 $[a, b]$를 찾아라.

풀이 반복함수 $g(x) = \sqrt{x+3}$의 도함수는

$$g'(x) = \frac{1}{2\sqrt{x+3}}$$

이고 $x > -2.75$이면 $|g'(x)| < 1$이다. 함수 g는 $x \ge -3$에서 단조증가이고

$$-2.75 < g(-2.75) = 0.5$$

이므로 $g(b) = \sqrt{b+3} < b$를 만족하고 -2.75보다 큰 b를 찾으면 된다. 예를 들어 구간 $[-2.75, 3]$에서 정리 2.3의 모든 조건을 만족한다. ■

정리 2.3은 $f(x) = 0$의 근을 고정점 반복법으로 구하기 위하여 반복함수와 초깃값을 어떻게 택할 것인가 하는 문제에 어느 정도의 방향은 제시하고 있지만 구체적인 방법을 보여주지는 않는다. 예제 2.12와 같이 정리 2.3의 조건을 만족하는 구간을 찾는 것이 쉬

운 일이 아니다. 하지만 Newton 방법이나 할선법처럼 고정점과 가까운 초깃값을 택하면 적당한 조건하에서 반드시 수렴한다는 것을 보일 수 있다(연습문제 12).

이제 고정점 반복법의 수렴속도와 이를 가속시키는 방법에 대하여 알아보자. 반복식 (2.33)에 의하여 생성된 수열 $\{x_n\}$이 고정점 s로 수렴하고 n번째의 오차를 $e_n = x_n - s$ 라 하자. 함수 $g^{(k)}$가 연속이라면 g의 s에 관한 Taylor 전개식에 의하여

$$\begin{aligned} e_{n+1} &= g(x_n) - g(s) \\ &= g(s+e_n) - g(s) \\ &= e_n g'(s) + \frac{1}{2}e_n^2 g''(s) + \cdots\cdots + \frac{1}{(k-1)!}e_n^{k-1}g^{(k-1)}(s) + R_{k,\,n} \end{aligned} \tag{2.36}$$

단, $R_{k,\,n} = e_n^k g^{(s)}(\xi_k)/k!$이고 ξ_k는 s와 x_n 사이의 수이다. 만약 s가

$$g(s) = g'(s) = \cdots = g^{(k-1)}(s) = 0 \neq g^{(k)}(s) \tag{2.37}$$

를 만족하면 식 (2.36)에 의하여

$$\lim_{n\to\infty} \frac{|e_{n+1}|}{|e_n|^k} = \frac{1}{k!}g^{(k)}(s) \tag{2.38}$$

이므로 수렴차수는 k가 된다.

알고리즘 2.2의 가위치법도 수렴할 무렵에 도달하면 결국은 고정점 반복법으로 볼 수 있고 식 (2.38)에 의하여 수렴속도가 일차적임을 증명할 수 있다(연습문제 16). 방성식 $f(x) = 0$의 근을 고정점 반복법

$$x_{n+1} = x_n - h(x_n)f(x_n),\ n \geq 0$$

으로 구하려고 한다고 해보자. 이차적으로 수렴하려면 오차식 (2.38)의 조건 (2.37)에 의하여 $g'(s) = 1 - f'(s)h(s) = 0$, 즉 $h(s) = \dfrac{1}{f'(s)}$이면 충분하다. 따라서 반복식

$$g(x) = x - \frac{f(x)}{f'(s)}$$

을 사용하면 되겠지만 $f'(s)$는 미지의 값이므로 $h(x) = \dfrac{1}{f'(x)}$를 사용하면 Newton 방법이 된다. 실제로 Newton 방법의 2차적 수렴차수는 정리 2.1에서 이미 밝힌 바 있다.

이제 Aitken의 Δ^2-방법을 이용하여 수렴을 가속시키는 방법에 대하여 논의하자. Aitken의 Δ^2-방법은 수렴하는 기존 수열 $\{x_n\}$으로부터 더 빨리 수렴하는 새로운 수열 $\{\hat{x}_n\}$을 만드는 방법으로 기존 수열의 수렴차수에 구애받지 않고 적용할 수 있지만 기존

수열이 일차적으로 참값 s로 수렴한다고 가정하자. 일차수렴의 정의에 의하여

$$\lim_{n\to\infty}\frac{x_{n+1}-s}{x_n-s}=c,\ |c|<1 \tag{2.39}$$

을 만족하는 상수 c가 존재할 것이고 자연수 n이 충분히 크다면 근사식

$$x_{n+1}-s\approx c(x_n-s),\ x_{n+2}-s\approx c(x_{n+1}-s)$$

을 얻는다. 이 식을 s에 관하여 풀고 전향차분 $\Delta x_n\equiv x_{n+1}-x_n$을 이용하여 표시하면

$$s\approx x_n-\frac{(x_{n+1}-x_n)^2}{x_{n+2}-2x_{n+1}+x_n}=x_n-\frac{(\Delta x_n)^2}{\Delta^2 x_n}$$

이 된다. 이 값을 일반항

$$\hat{x}_n=x_n-\frac{(\Delta x_n)^2}{\Delta^2 x_n} \tag{2.40}$$

으로 하는 새로운 수열을 만드는 과정을 Aitken의 **Δ^2-방법**이라고 한다. 다음 정리 2.4는 새로운 수열이 식 (2.41)과 같은 의미에서 기존수열보다 빠름을 보여 주고 있다(연습문제 20 참조).

정리 2.4

수열 $\{x_n\}$은 s로 일차적으로 수렴하고, 즉 식 (2.39)를 만족하고 모든 $n\geq 0$에 대하여 $x_n\neq s$이면 충분히 큰 자연수 n에 대하여 (2.40)에 정의된 $\hat{x}_n$은 항상 존재하고

$$\lim_{n\to\infty}\frac{\hat{x}_n-s}{x_n-s}=0 \tag{2.41}$$

이다.

반복함수가 g인 고정점 반복법에서 $x_1=g(x_0)$, $x_2=g(x_1)$을 구한 후에는 Aitken의 Δ^2-수열의 $\hat{x}_0=x_0-\dfrac{(\Delta x_0)^2}{\Delta^2 x_0}$을 계산할 수 있다. 정리 2.4에 의하여 $\hat{x}_0$이 x_2보다 참값에 가깝다고 가정할 수 있다. 따라서 x_2에 고정점 반복법을 실행하기보다는 $\hat{x}_0$에 실행하면, 즉 $\hat{x}_0$을 새로운 초깃값으로 하여 다시 고정점 반복법을 실행하면 보다 나은 근삿값을 기대할 수 있을 것이다. 이런 과정을 계속 반복하는 것을 Steffensen **방법**이라고 한다. 고정점 반복법이 일차적으로 수렴하고 $g'(s)\neq 1$이면 Steffensen 방법은 적어도 이차적으로

수렴한다(연습문제 21).

▌알고리즘 2.6 Steffensen 방법 함수 $g(x)$의 고정점을 찾는 방법

input x_0, $xtol$, $kmax$

For $n=0$: $kmax$

  $y=g(x_n)$

  $z=g(y)$

  $x_{n+1}=x_n-(y-x_n)^2/(z-2y+x_n)$

  If $|x_{n+1}-x_n|\le xtol$, then stop

end

예제 2.13 함수 f를 $f(x)=(x-7)(x-2\sin x)^2$라고 하자. 초깃값 $x_0=2.5$, 종료조건 $|x_{n+1}-x_n|\le 10^{-10}$, $|f(x_n)|\le 10^{-10}$을 사용하여 $g(x)\equiv x-\dfrac{f(x)}{f'(x)}$에 알고리즘 2.6의 Steffensen 방법을 Matlab으로 적용한 결과는 표 2.7과 같다.

예제 2.8에 의하면 함수 $f(x)$의 중근 $s=1.8954942670\cdots$을 구하는 Newton 방법은 함수 $g(x)$의 고정점을 구하는 고정점 반복법으로 일차적으로 수렴하였다. 따라서 Steffensen 방법은 2차적으로 수렴할 것이 예상되는데 표 2.7에 의하면 유효숫자의 개수가 매 반복시 2배로 증가하여 이 예상이 수치실험적으로 사실임을 보여주고 있다. ■

Steffensen 방법의 Matlab 프로그램 steffensen.m

```
f= inline('(x-7)*(x-2*sin(x))^2')      % 함수의 정의
df= inline('(x-2*sin(x))^2+2*(x-7)*(x-2*sin(x))*(1-2*cos(x))') %도함수
kmax=100;      tol=1.0e-20;   x0=2.5;
x = x0;
for k = 1: kmax
    y=x-f(x)/df(x);
    z=y-f(y)/df(y);
    root=x-(y-x)^2 /(z-2*y+x);
    error=abs(root-x);
    froot=f(root) ;
    fprintf('k=%3d  root=%12.10e  f(root)=%8.6e  error=%+10.8e \n',...
```

```
            k, root, froot, error)
    x = root;
    if(error<tol | abs(froot)<tol )
      return
    end
end
    error(' 주어진  반복회 내에서는 근을 찾을 수 없습니다.')
```

실행결과

표 2.7 steffensen 방법의 실행 결과

```
k= 1  root=1.8757817261e+00  f(root)=-5.221306e-03  error=+6.24218274e-01
k= 2  root=1.8953990402e+00  f(root)=-1.241893e-07  error=+1.96173141e-02
k= 3  root=1.8954942649e+00  f(root)=-6.505677e-17  error=+9.52246511e-05
k= 4  root=1.8954942670e+00  f(root)=-2.265044e-30  error=+2.17943352e-09
```

연습문제 2.5

1. 다음 함수의 고정점을 구하거나 존재함을 보여라.

1) $\frac{x}{2}-\frac{1}{x}$ 　　2) $\sqrt{2+x}$ 　　3) $\tan x$ 　　4) $\cos x$

2. 방정식 $x^2-x-2=0$의 근을 고정점 반복법으로 구하기 위한 반복함수 4가지를 들고 각각의 경우에 수렴여부를 조사하여라.

3. 고정점 반복법 또는 Newton 방법을 사용하여 양의 실수 $\frac{1}{r}$을 나눗셈을 하지 않고 구하여라. 이때 수렴하는 초깃값의 범위를 구하여라.

4. 다음에 주어진 초깃값과 반복함수를 사용하면 고정점 반복법은 항상 수렴함을 그림 2.4와 같이 식 (2.33)을 그래프로 그려서 확인하여라.

1) $g(x)=\sqrt{x+3},\quad x_0\geq -3$

2) $g(x)=1+\frac{3}{x},\quad x_0\neq 0$

5. 정리 2.3과 같은 가정하에서 다음 오차식을 증명하여라.

$$|x_n-s|\leq \frac{r^n}{1-r}|x_1-x_0| \tag{2.35}$$

6. 고정점 반복법으로 $x^2-x-2=0$의 양수근을 구하기 위하여 다음의 각 반복함수를 사용하려고 한다. 오차식 (2.35)에 의하여 수렴속도에 의한 순서를 정하여라.

1) $g(x)=x^2+2$ 　　2) $g(x)=\sqrt{x+2}$

3) $g(x)=1+\frac{2}{x}$ 　　4) $g(x)=x-\frac{x^2-x-2}{2x-1}$

7. 다음 각 반복함수에 대하여 정리 2.3의 조건을 만족하는 구간을 찾아라.

1) $g(x)=\sqrt{x+2}$ 　　2) $g(x)=2\sin x$ 　　3) $g(x)=x+e^{-x}-\sin x$

8. 다음 각 함수에 대하여 가장 작은 양의 근을 구하는 고정점 반복법을 위한 반복함수와 고정점으로 수렴하기 위한 구간을 구하여라.

1) $x^3 - x - 1 = 0$ 2) $x - \tan x = 0$ 3) $e^{-x} - \cos x = 0$

9. 방정식 $e^x - 4x^2 = 0$는 [4, 5]에서 근을 갖는다. 반복함수 $g(x) = 0.5e^{\frac{x}{2}}$를 이용하여 고정점 반복법을 실행하면 수렴하지 않음을 증명하여라.

10. 함수 $g(x) = \sqrt{1+x^2}$가 반복함수인 고정점 반복법은 수렴하지 않는다. 그 이유를 설명하여라.

11. 반복식 $x_{n+1} = \dfrac{x_n}{2} + \dfrac{1}{x_n}$, $n \ge 0$에 의하여 생성된 수열은 $x_0 > 0$이면 $\sqrt{2}$로 수렴함을 증명하여라.

12. 고정점 s를 포함하는 구간에서 일차도함수 g'가 연속이고 $|g'(s)| < 1$이면 상수 $\epsilon > 0$이 존재하여 초깃값을 구간 $[s-\epsilon,\ s+\epsilon]$에서 선택하면 고정점 반복법에 의하여 생성된 수열 $\{x_n\}$은 s로 수렴함을 증명하여라.

13. 정리 2.3의 조건 2)를 "모든 $x,\ y \in I$에 대하여 $|g(x) - g(y)| \le L$를 만족하는 상수 $L < 1$이 존재한다"로 대체하여도 같은 결론이 성립함을 증명하여라.

14. Newton 방법으로 $\tan^{-1}x = 0$의 근을 구하려고 한다. 초깃값이 ξ보다 크면 발산하고, 작으면 수렴하고, 같으면 진동하는 실수 ξ가 존재한다. 실수 ξ를 고정점 반복법을 사용하여 구하여라.

15. $\sqrt{3+\sqrt{3+\sqrt{3+\cdots}}}$의 참값과 근삿값을 구하여라.

16. 이계도함수 f''가 연속이고 s가 단일근, 즉 $f'(s) \ne 0$이면 알고리즘 2.2의 가위치법은 수렴하며 속도는 일차임을 다음의 개략적인 논의를 보충하여 증명하여라.

「i_0번째 반복에서 예를 들어 두 조건 (a) $f''(x) \geq 0,\ x \in [a,\ b]$, (b) $f(a) < 0$, $f(b) > 0$이 성립하면 $a = w_{i_0}$이며 b는 변화가 없고 i_0번째 이후의 모든 반복에서 두 조건 (a)와 (b)가 성립한다. 따라서 $\{w_i\}$는 위로 유계인 단조증가수열이므로 가위치법은 수렴하고 또한 가위치법은 고정점 반복법」

$$w_{i+1} = w_i + (b - w_i)\frac{f(w_i)}{f(w_i) - f(b)}$$

으로 볼 수 있으므로 조건 (2.37)에 의하여 수렴차수가 결정된다.」

17. 실수 s가 함수 f의 k중근이면 $h(x) = 0$에 Newton 방법을 사용하면 적당한 조건하에서 수렴속도가 이차적임을 증명하여라. 단, $k \geq 1$이고 $h(x) = \dfrac{f(x)}{f'(x)}$이다.

18. 실수 s가 단일근 즉 $f'(s) \neq 0$이고 s를 포함하는 구간 $[a,\ b]$에서 연속이면 고정점 반복법

$$x_{n+1} = x_n - \frac{f(x_n)}{f'(x_n)} - \frac{f(x_n - f(x_n)/f'(x_n))}{f'(x_n)},\ n \geq 0$$

의 수렴속도는 3차적임을 증명하여라.

19. 선향자분을 $\Delta^2 x_n \equiv \Delta x_{n+1} - \Delta x_n$이라 정의하면 $x_{n+2} - 2x_{n+1} + x_n = \Delta^2 x_n$임을 보여라.

20. 정리 2.4를 다음과 같이 증명하여라.

1) $c_n = \dfrac{(\hat{x}_n - s)}{(x_n - s) - c}$라면 $\lim\limits_{c \to \infty} c_n = 0$이고 $\Delta^2 x_n \neq 0$임을 보여라.

2) $\dfrac{(\hat{x}_n - s)}{(x_n - s)}$를 $c,\ c_n,\ c_{n+1}$을 이용하여 표시하여라.

21. Steffensen 방법은 반복함수

$$G(x) = \frac{xg(g(x)) - g(x)^2}{g(g(x)) - 2g(x) + x}$$

을 사용하는 고정점 반복법이고 $g'(s) \neq 1$이면 g와 G는 같은 고정점을 갖음을 증명하여라.

22. 반복함수의 3계도함수 g'''이 s의 근방에서 연속이고 $g'(s) \neq 1$이면 Steffensen 방법은 적어도 이차적으로 수렴함을 증명하여라.

23. 방정식 $f(x)=0$의 근을 구하는 반복법

$$x_{n+1} = x_n - \frac{f(x_n)^2}{f(x_n + f(x_n)) - f(x_n)},\ n \geq 0$$

은 Newton 방법과 유사하지만 $f'(x_n)$을 계산할 필요가 없다. 이 방법은 고정점 반복식 $g(x) = x + f(x)$을 사용한 Steffensen 방법이고 적당한 가정하에서 이차적으로 수렴함을 보여라. 문제 21과 22를 사용하여라.

24. 주어진 구간에 존재하는 근을 오차가 10^{-4}보다 작게 되도록 Steffensen 방법을 사용하여 구하여라.

1) $x^3 - x - 1 = 0,\ [1,\ 2]$

2) $x - e^{-x} = 0,\ [0,\ 1]$

3) $x^2 - x = 0,\ [-0.5,\ 0.5]$

4) $1.5x - \tan x - 0.1 = 0,\ [0.1,\ 0.3]$

2.6 다항식의 근

실계수 n차 다항식

$$p(x) = a_0 + a_1 x + \cdots\cdots + a_n x^n,\ a_n \neq 0 \tag{2.42}$$

이 관련된 많은 문제에서는 실근뿐 아니라 복소수 근까지 모든 근을 구할 필요가 있다. 예를 들어 행렬의 고유치(eigenvalue)는 특성다항식의 근이므로 특성다항식의 근을 모두 구하는 것도 고유치를 구하는 하나의 방법이다. 앞 절에서 배운 여러 가지 반복법을 그대로 적용하기보다는 다항식의 특징을 이용하는 효과적인 방법과 복소수 근까지 모든 근을 구하는 새로운 방법에 대하여 알아본다.

일차 이상의 다항식은 적어도 하나 이상의 복소수 근을 갖는다는 대수의 기본정리(fundamental theorem of algebra)에 의하여 n차 다항식은 근의 중복도까지 고려하면 반드시 n개의 복소수 근을 갖는다. 또한 실계수 다항식의 경우 복소수 w가 근이면 켤레복소수(cojugate) $\overline{w}$도 역시 근이다. 반복법에서는 사전에 간단한 계산에 의하여 근이 존재하는 영역을 알 수 있다면 수렴성과 수렴속도에 상당한 도움이 될 것이다. 이와 관련된 유용한 정리들을 본 절의 끝 부분에 증명 없이 기술한다.

우선 Newton 방법으로 다항식 $p(x)$의 실근을 구할 때는 $p(x)$와 $p'(x)$의 값을 반복하여 구해야 하므로 이를 효과적으로 계산하는 알고리즘이 필요하다. 각 항을 따로따로 계산하여 $p(x)$의 값을 구하려면 $\dfrac{n(n+1)}{2}$번의 곱셈과 n번의 덧셈을 해야 한다. 다음의 Horner의 **알고리즘** 또는 **조립제법**(synthetic division algorithm or nested multiplication algorithm)은 n번의 곱셈과 n번의 덧셈만을 하면서 시간과 마무리오차를 줄일 수 있는 효과적인 방법이다. 이는 다항식 (2.42)에서 $n=4$일 경우

$$p(x) = (((a_4 x + a_3)x + a_2)x + a_1)x + a_0 \tag{2.43}$$

와 같이 변형하여 가장 안쪽의 괄호부터 시작하여 순차적으로 계산하는 방법이다. 즉, $x = z$에서

$$\begin{aligned} b_4 &= a_4 \\ b_3 &= z b_4 + a_3 \\ b_2 &= z b_3 + a_2 \\ b_1 &= z b_2 + a_1 \\ b_0 &= z b_1 + a_0 \end{aligned}$$

과 같이 계산하는 방법으로 4번의 곱셈과 4번의 덧셈을 하였다. 식 (2.43)과 비교하여 보면 $b_0 = p(z)$임을 쉽게 알 수 있는데 이를 일반화시킨 방법이 아래의 알고리즘 2.7과 같다.

▎알고리즘 2.7 Horner의 알고리즘 함수값 $p(z) = \sum_{k=0}^{n} a_k z^k$를 효과적으로 계산하는 방법

```
input : z, {a_k | k = 0, 1, ⋯, n}
b_n = a_n
for k = n-1 :-1: 0
    b_k = z b_{k+1} + a_k
end
```

알고리즘 2.7에서 생성된 b_i들이 만든 다항식 $q(x) = b_n x^{n-1} + b_{n-1} x^{n-2} + \cdots + b_2 x + b_1$은

$$p(x) = (x - \alpha) q(x) + b_0 \tag{2.44}$$

를 만족함을 쉽게 보일 수 있다. 식 (2.44)는 $p(\alpha) = b_0$이며 $p(x)$를 $(x - \alpha)$로 나누면 몫은 $q(x)$이고 나머지가 $b_0 = p(\alpha)$임을 보이고 있다. 또 (2.44)를 미분하면 $p'(x) = q(x) + (x - \alpha) q'(x)$이므로 $p'(\alpha) = q(\alpha)$가 된다. 즉, 다항식 $q(x)$에 조립제법을 한 번 더 시행하면 $p'(\alpha)$를 얻는다.

예제 2.14 Horner의 알고리즘을 이용하여 $p(-0.4)$와 $p'(-0.4)$를 구하고 다항식 $p(x)$를 식 (2.44)처럼 표시하여라. 단, 다항식 $p(x) = x^4 - 4x^3 + 7x^2 - 5x - 2$이다.

풀이 다항식 $p(x)$에 Horner의 알고리즘을 일차 시행하여 $p(-0.4)$를 계산하고 그 결과로 나온 계수, 즉 $x + 0.4$로 나누었을 때의 몫 $q_1(x)$에 다시 한번 시행하여 $p'(-0.4)$를 구하기 위해서는 다음과 같은 방법으로 도식화하면서 계산하면 된다.

-0.4	1	-4	7	-5	-2
		-0.4	1.76	-3.504	3.4016

-0.4	1	-4.4	8.76	-8.504	$1.4016 = p(-0.4)$
		-0.4	1.92	-4.272	
	1	-4.8	10.68	$-12.776 = p'(-0.4)$	

위 계산에 의하면 $p(-0.4)=1.4016$, $p'(-0.4)=-12.776$이다. 따라서 다항식 p를 $(x+0.4)$로 나누면 몫은 $q_1(x)=x^3-4.4x^2+8.76x-8.504$이고 나머지는 1.4016이다. 다시 다항식 $q_1(x)$을 $(x+0.4)$로 나누면 몫은 $q_2(x)=x^2-4.8x+10.68$이고 나머지는 -12.776이다. 다항식 q_2에 다시 조립제법을 시행하면 몫은 $x-5.2$이고 나머지는 12.76이고 $p''(-0.4)/2!=12.76$임을 쉽게 확인할 수 있다(연습문제 3). 또한 이 결과를 이용하면 다항식 $p(x)$를 (2.42)와 같은 표준형 $p(x)$를 c를 중심으로 하는 중심이동형(shifted power form) $p(x)=b_0+b_1(x-c)+\cdots\cdots+b_n(x-c)^n$으로 동치변환을 할 수 있다. 즉, 다항식 $p(x)=x^4-4x^3+7x^2-5x-2$는 다음과 같이 변환된다.

$$p(x)=(x+0.4)^4-5.6(x+0.4)^3+12.76(x+0.4)^2-12.776(x+0.4)+1.4016$$

■

다항식의 근을 구하기 위하여 Newton 방법을 사용하고 이때 필요한 $p(x_i)$와 $p'(x_i)$를 예제 2.14에서처럼 Horner의 알고리즘을 이용하여 동시에 계산하는 방법이 다음의 알고리즘 2.8이다.

▍알고리즘 2.8 Horner의 알고리즘과 Newton 방법을 사용하여 다항식 $p(x)=\sum_{k=0}^{n} a_k x^k$의 근을 구하는 방법

input : x_0, $xtol$, $ftol$, $kmax$, $\{a_k | k=0,\ 1,\ \cdots,\ n\}$

For $i=0$: $kmax$

  $b_n=a_n$

  $c_n=a_n$

  $z=x_i$

  For $k=n-1$: 1

    $b_k=zb_{k+1}+a_k$

$c_k = zc_{k+1} + b_k$

end

$b_0 = zb_1 + a_0$

$e = \dfrac{b_0}{c_1}$

$x_{i+1} = x_i - e$

If $|e| \le xtol$ or $|p(x_{i+1})| \le ftol$, then stop

end

알고리즘 2.8의 k에 의한 내부 for-loop이 Newton 방법에서 필요한 $p(x_i)$와 $p'(x_i)$을 동시에 계산하는 과정으로 $b_0 = p(x_i)$, $c_1 = p'(x_i)$임을 알 수 있다. 따라서 $e = \dfrac{p(x_i)}{p'(x_i)}$ 이다.

예제 2.15 알고리즘 2.8을 이용하여 예제 2.14의 다항식 $p(x)$의 근을 구한 결과가 표 2.8과 같다. 초깃값으로는 0을 사용하였다.

다항식에 대한 Newton 방법의 Matlab 프로그램 newton_poly.m

```
p=[1 -4 7 -5 -2];    % 다항식 p(x)=x^4 -4x^3+7x^2-5x-2을 벡터로 정의
                     % 알고리즘2.8의 다항식계수의 첨자와 역순임에 유의
kmax=100;     tol=1.0e-10;    x0=0; ;
n=length(p);
z=x0;
for k = 1: kmax
    b= p(1);
    c= p(1);
    for i= 2: n-1
        b = z*b + p(i);
        c = z*c + b;
    end
    b= z*b + p(n);
    dx= b/c;
    root= z-dx;
    froot= polyval(p,root);       % 다항식 p(root) 값 계산 명령어 ployval
    error=abs(dx);
```

```
    fprintf('k=%3d  root=%10.8f  froot=%+8.7e  error=%+8.7e \n',...
             k, root, froot, error)
     z=root;

    if(error<tol | abs(froot) < tol)
        return
     end
end
error(' 주어진  반복회 내에서는 근을 찾을 수 없습니다.')
```

실행결과

표 2.8 조립제법을 이용한 Newton 방법의 결과

```
k=  1  root=-0.40000000  froot=+1.4016000e+00  error=+4.0000000e-01
k=  2  root=-0.29029430  froot=+1.4632186e-01  error=+1.0970570e-01
k=  3  root=-0.27591126  froot=+2.2580325e-03  error=+1.4383038e-02
k=  4  root=-0.27568226  froot=+5.6461951e-07  error=+2.2900243e-04
k=  5  root=-0.27568220  froot=+3.5527137e-14  error=+5.7290554e-08
```

■

실수 α_1이 알고리즘 2.8을 실행하여 구한 다항식 $p(x)=0$의 근의 근삿값이고 $n-1$차 다항식 $q_1(x)$를

$$q_1(x)=b_n x^{n-1}+b_{n-1}x^{n-2}+\cdots+b_2 x+b_1$$

라면

$$p(x)\approx(x-\alpha_1)q_1(x)$$

이므로 또 다른 근 α_2를 구하려면 $q_1(x)$에 알고리즘 2.8을 다시 한번 더 적용하면 된다. 이렇게 반복하여 근사식

$$p(x)\approx(x-\alpha_1)(x-\alpha_2)\cdots\cdots(x-\alpha_k)q_k(x)$$

를 만족하는 $p(x)=0$의 근의 근삿값 α_k와 $n-k$차 다항식 $q_k(x)$, $k=1,\ 2,\ \cdots,\ n$를 차례로 구하는 방법을 **수축방법**(deflation)이라고 한다. 이러한 수축방법을 사용할 때에는 다항식의 근이 계수의 변화에 매우 민감하기 때문에, 즉 계수가 조금만 변해도 다항식의 근들은 원래 다항식의 근과 매우 다를 수 있기 때문에 신중을 기해야 한다(연습문제 8)[Johnson, Conte, Stoer, Kincaid 참조]. 계산과정에서 마무리오차의 발생은 필연적이고 수축방법에서는 $p(x)=0$가 아닌 $q_k(x)=0$의 근의 근삿값으로 $\alpha_2,\ \cdots,\ \alpha_k$를 순차적으

로 구했으니 수축이 반복될수록 오차의 누적 때문에 $p(x)=0$의 근으로부터 멀어질 수 있으며 $q_k(x)$ 역시 다항식 $p(x)$의 정확한 인수(factor)가 아니다. 이러한 이유로 수축으로 구한 근삿값 α_k를 초깃값으로 하여 본래의 다항식 $p(x)$에 직접 알고리즘 2.8을 실행하여 좀 더 좋은 근삿값을 구하기도 한다. 또한 절댓값이 작은 근으로부터 시작하여 크기의 순서대로 근을 구하는 방법으로 수축을 하는 것이 그렇지 않은 경우보다 오차가 덜 누적된다는 사실이 알려져 있다(연습문제 9).

이제 다항식의 복소수근을 구하는 방법에 대하여 알아보자. 복소수근을 구하는 방법으로는 복소 Newton 방법(complex Newton method), Müller 방법, Bairstow 방법[Kincaid, Johnson, Conte 참조], Laguerre 방법[Kincaid 참조] 등이 있으나 본 장에서는 처음 두 가지 방법만을 다루기로 한다. 실계수 다항식 $p(x)$가 k개의 실근을 갖는다면 Newton 방법과 수축방법에 의하여 복소수 근만을 갖는 실계수 $n-k$차 다항식 $q_k(x)$를 구할 수 있을 것이다. 계수가 실수이므로 알고리즘 2.8을 실행할 때 실수를 초깃값으로 하면 그 이후 얻어지는 x_i는 모두 실수이다. 따라서 결코 복소수 근을 구할 수 없다. 하지만 초깃값을 복소수로 선택하여 복소수 계산을 하는 알고리즘 2.8을 실행하면, 즉 복소수 계산이 가능하도록 Newton 방법을 실행하면 복소수 근으로 수렴 할 수 있는데 이 방법이 바로 **복소 Newton 방법**이다. $a+bi$가 근이면 $a-bi$도 근이므로 본래의 다항식을 $[x-(a+bi)][x-(a-bi)]$로 나누어 수축시키고 몫의 근을 같은 방법으로 구하면 된다. 그러므로 복소수 근을 구하였다면 수축시킬 때마다 차수가 2만큼씩 줄어들 것이고 마지막 단계에서 남은 1차 또는 2차 다항식의 근은 반복법이 아닌 직접법으로 구하면 된다.

예제 2.16 다항식 $p(x)=x^4+6x^3+23x^2+34x+26$의 근을 초깃값 $x_0=1+2i$과 허용오차 10^{-10}를 사용하여 **복소 Newton 방법**으로 구하기 위해 예제 2.15에서 실행한 newton_poly.m 파일에서 입력 벡터 p와 복소수의 출력문만 아래와 같이 변경하여 실행한다. 결과는 다음과 같다.

다항식에 대한 복소 Newton 방법의 Matlab 프로그램 newton_poly_complex.m

```
p=[ 1     6     23     34     26];
.... newton_poly.m과 동일
fprintf('k=%3d root=%10.8f %+10.8fi froot=%+8.7f %+10.8fi  error=%+8.7e \n',...
        k, real(root), imag(root), real(froot), imag(froot), error)
.... newton_poly.m과 동일
```

실행결과

```
k= 1  root= 0.15571776+1.57177616i froot=-26.1264057+39.69192567i error=+9.4667215e-01
k= 2  root=-0.48192367+1.24828142i froot=-7.7265146+11.50767941i  error=+7.1500731e-01
k= 3  root=-0.87005252+1.04553856i froot=-1.3424314+2.31527135i   error=+4.3789116e-01
k= 4  root=-0.99180683+0.99910587i froot=-0.0162569+0.15138010i   error=+1.3030774e-01
k= 5  root=-0.99998749+0.99997391i froot=+0.0004196+0.00032953i   error=+8.2265869e-03
k= 6  root=-1.00000000+1.00000000i froot=+0.0000000-0.00000001i   error=+2.8935367e-05
k= 7  root=-1.00000000+1.00000000i froot=+0.0000000+0.00000000i   error=+3.5464384e-10
```

위에서 구한 근의 근삿값은 $\alpha_1 = -1+i$이다. 다른 근은 $\alpha_2 = -1-i$이므로 두 근을 갖는 이차방정식은 $x^2+2x+2=0$이다. 이 이차다항식으로 다항식 $p(x)$을 나눈 몫은 또 이차다항식 $x^2+4x+13$이 됨을 다음과 같이 계산한다. $x^2+4x+13=0$의 나머지 두 근은 직접 계산한다.

>> pk=conv([1 -root], [1 -conj(root)]) % 이차다항식 $(x-\alpha_1)(x-\overline{\alpha_1})$의 계수 계산

```
pk = 1.0000     2.0000     2.0000
```

>> qk=deconv(p, pk) % 4차식 $p(x)$를 위의 2차식 pk(x)로 나눈 이차식 계수 계산

```
qk = 1     4     13
```

이제 $x^2+4x+13=0$의 나머지 두 근 $-2+3i$, $-2-3i$는 직접 계산하여 모든 근을 얻는다. ■

Müller 방법은 할선법의 개념을 확장시킨 방법으로 다항식뿐만 아니라 임의의 함수의 실근 및 복소수 근을 모두 구할 수 있는 방법이다. 일반적으로 Müller 방법은 Newton의 방법보다 수렴속도는 약간 느리지만 초깃값이 참값에 가깝지 않아도 수렴하고 일차도함수를 계산할 필요가 없다는 장점이 있다.

방정식 $f(x)=0$의 근을 구하기 위해 할선법의 경우는 곡선 $y=f(x)$위의 두 점 $(x_{k-1}, f(x_{k-1}))$, $(x_k, f(x_k))$를 지나는 직선, 즉 할선의 x절편을 새로운 근삿값 x_{k+1}로 택하지만 Müller 방법에서는 그림 2.5와 같이 곡선 $y=f(x)$상의 세 점 $(x_{k-2}, f(x_{k-2}))$, $(x_{k-1}, f(x_{k-1}))$, $(x_k, f(x_k))$를 지나는 포물선의 식, 즉 이차방정식의 두 근 중에서 x_k에 가까운 값을 새로운 근삿값 x_{k+1}로 택한다. 이차방정식은 계수가 모두 실수라도 복소수 근을 가질 수 있으므로 방정식 $f(x)=0$의 복소수 근까지 구할 수 있게 된다.

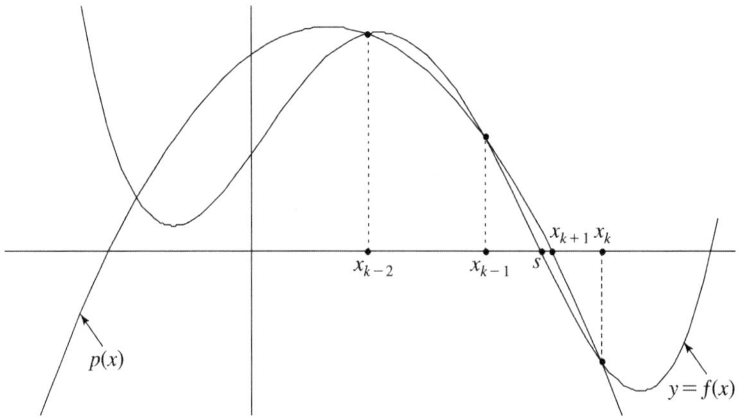

그림 2.5 Müller 방법

세 점 $(x_{k-2}, f(x_{k-2}))$, $(x_{k-1}, f(x_{k-1}))$, $(x_k, f(x_k))$를 지나는 포물선의 식, 즉 이차다항식을 구하기 쉽도록 x_k를 중심으로 하는 중심이동형(shifted power form)

$$p(x) = a(x - x_k)^2 + b(x - x_k) + c \tag{2.45}$$

로 표시하면 계수 a, b, c는

$$\begin{aligned} a &= \frac{\dfrac{[f(x_k) - f(x_{k-1})]}{h_k} - \dfrac{[f(x_{k-1}) - f(x_{k-2})]}{h_{k-1}}}{h_k + h_{k-1}} \\ b &= \frac{f(x_k) - f(x_{k-1})}{h_k + ah_k} \\ c &= f(x_k) \end{aligned} \tag{2.46}$$

이 된다(단, $h_k = x_k - x_{k-1}$, $k \ge 1$). 근의 공식에 의하여 이차다항식 (2.45)의 두 근은

$$x - x_k = -\frac{2c}{b \pm \sqrt{b^2 - 4ac}} \tag{2.47}$$

이므로 분모의 절댓값이 큰 수가 x_k에 가까운 근이다. 예를 들어 식 (2.47)에서 b가 실수라면 근호 앞의 부호를 b의 부호와 같게 선택하여 새로운 근삿값

$$x_{k+1} = x_k - \frac{2c}{b + \delta\sqrt{b^2 - 4ac}}, \quad \delta = sign(b) \tag{2.48}$$

을 얻는다. 이렇게 새로운 근삿값 x_{k+1}이 x_k에 보다 가깝게 되도록 (2.48)과 같이 선택하면 식 (2.47)을 계산할 때 발생할 수 있는 유효숫자의 상실, 즉 아주 가까운 두 수를 뺄 때 상대오차가 아주 커지는 현상을 방지하는 효과도 있고 수치해석적으로 안정적인

방법(numerically stable method)으로 근을 계산할 수 있다. 식 (2.47)의 근호 안의 수 b^2-4ac가 음수이면 x_k는 복소수가 될 수 있으므로 Newton 방법과는 달리 초깃값 $x_0,\ x_1,\ x_2$가 실수라 하더라도 Müller 방법은 복소수로 수렴할 수 있다. 하지만 만약 $a=b=0$이면 식 (2.47)에서 분모가 0이 되어 계산이 불가능하지만 Müller 방법 자체가 실행불가능한 것은 아니다. 이 경우에는 $f(x_{k-2})=f(x_{k-1})=f(x_k)$이므로 세 점을 지나는 곡선은 x축과 평행한 직선이 되며 $c\neq 0$이면 x축과 만나는 점이 없어 x_{k+1}를 구할 수 없다. 하지만 $x_{k-2},\ x_{k-1},\ x_k$와 다른 초깃값을 주어서 다시 시작하여 Müller 방법을 계속 진행하게 할 수도 있다. Müller 방법으로 근을 구하는 대부분의 알고리즘은 초깃값을 사용자로부터 입력받기보다는 프로그램 자체 내에서 자동 선택하는 방법을 쓰기도 한다.

▌알고리즘 2.9 Müller 방법 방정식 $f(x)=0$의 근(복소수 근 포함)을 구하는 방법

input : $x_0,\ x_1,\ x_2,\ xtol,\ ftol,\ kmax$

$f_i=f(x_i)$, $i=0$, 1, 2

$h_i=x_i-x_{i-1}$, $i=1$, 2

$\delta_1=(f_1-f_0)/h_1$

For $k=2$: $kmax$

  $\delta_k=(f_k-f_{k-1})/h_k$

  $a=(\delta_k-\delta_{k-1})/(h_k+h_{k-1})$

  $b=\delta_k+ah_k$

  $D=\sqrt{b^2-4af_k}$

  If $|b-D|\le|b+D|$, then $h_{k+1}=-2f_k/(b+D)$

  else $h_{k+1}=-2f_k/(b-D)$ endif

  $x_{k+1}=x_k+h_{k+1}$

  $f_{k+1}=f(x_{k+1})$

  If $|h_{k+1}|<xtol*|x_{k+1}|$ or $|f_{k+1}|<ftol$, then stop

end

예제 2.17 다항식 $p(x) = x^4 + x^3 - 8x^2 - 9x - 9$의 근을 다음의 초깃값과 허용오차 10^{-5}를 사용하여 Müller 방법으로 구한 결과가 다음의 표와 같다.

(1) $x_0 = 2.5$, $x_1 = 2.0$, $x_2 = 2.25$

(2) $x_0 = 0.5$, $x_1 = -0.5$, $x_2 = 0$

muller 방법의 Matlab 프로그램 muller.m

```
f=@(x)x^4+x^3-8*x^2-9*x^1-9 ;  % 일반함수일 경우를 고려해서 익명함수로 정의
kmax=100;      tol=1.0e-7;
%x0=2.5; x1=2.0; x2=2.25;       % 초깃값 (1)
x0=0.5; x1=-0.5; x2=0;          % 초깃값 (2)
f0=f(x0); f1=f(x1); f2=f(x2); h1=x1-x0; h2=x2-x1;
del1=(f1-f0)/h1 ;
for k = 2: kmax
    del2=(f2-f1)/h2 ;
    a= (del2 - del1)/(h2 + h1) ;
    b= del2 + a * h2 ;
    D= sqrt(b^2 -4*a* f2);
    h1=h2;
    if abs(b-D) <= abs(b+D)
        h2= -2*f2 / (b+D);
    else
        h2= -2*f2 / (b-D);
    end
    x0=x1; x1=x2; f0=f1; f1=f2;
    x2= x2 + h2 ;  f2=f(x2) ;
    del1=del2;
    error=abs(h2) ;
    fprintf('k=%3d root=%10.8f %+10.8fi f(root)=%+8.7f %+10.8fi error=%+8.7e \n',...
             k+1, real(x2), imag(x2), real(f2), imag(f2), error)
    if(error<tol*abs(x2) | abs(f2) < tol)
       return
    end
end
error(' 주어진 반복회 내에서는 근을 찾을 수 없습니다.')
```

실행결과

초깃값 (1)의 결과

n	x_n	$p(x_n)$	$\lvert x_{k+1}-x_k \rvert$
k= 0	root=0.5		
k= 1	root=-0.5		
k= 2	root=0		
k= 3	root=-0.56451613 -0.91793892i	f(root)=+0.7196344 -1.21971777i	error=+1.0776318e+00
k= 4	root=-0.49135641 -0.86702528i	f(root)=+0.0285400 +0.14113162i	error=+8.9132167e-02
k= 5	root=-0.50000759 -0.86614310i	f(root)=+0.0019255 -0.00030151i	error=+8.6960421e-03
k= 6	root=-0.50000001 -0.86602539i	f(root)=-0.0000003 -0.00000006i	error=+1.1796214e-04
k= 7	root=-0.50000000 -0.86602540i	f(root)=+0.0000000 +0.00000000i	error=+1.8890677e-08

초깃값 (2)의 결과

n	x_n	$p(x_n)$	$\lvert x_{k+1}-x_k \rvert$
k= 0	root=2.5		
k= 1	root=2.0		
k= 2	root=2.25		
k= 3	root=3.06496523 +0.00000000i	f(root)=+5.3029967 +0.00000000i	error=+8.1496523e-01
k= 4	root=2.99218811 +0.00000000i	f(root)=-0.6059770 +0.00000000i	error=+7.2777119e-02
k= 5	root=2.99994035 +0.00000000i	f(root)=-0.0046525 +0.00000000i	error=+7.7522373e-03
k= 6	root=2.99999999 +0.00000000i	f(root)=-0.0000004 +0.00000000i	error=+5.9645218e-05
k= 7	root=3.00000000 +0.00000000i	f(root)=+0.0000000 +0.00000000i	error=+5.0671565e-09

첫 번째 초깃값의 경우는 실근 3으로, 두 번째 초깃값의 경우에는 복소수 근 $-\dfrac{(1+\sqrt{2}\,i)}{2}$으로 수렴하였는데 이는 Müller 방법이 이차 근사함수를 이용하므로 일반적으로 초깃값에 관계없이 상당히 빠르게 수렴한다는 사실을 보여주는 수치실험적인 예라 할 수 있다. 또 다른 하나의 복소수 근은 $-0.5+0.86602540i$이고 나머지 실근 -3을 구하려면 수축방법을 사용하면 될 것이다. 즉, $\dfrac{p(x)}{(x-3)}$의 근을 적당한 방법(예: Newton 방법 또는 Müller 방법)으로 구하면 된다. ■

Müller 방법에 의하여 생성된, 즉 식 (2.48)을 반복하여 얻은 수열 $\{x_k\}$이 복소수 s로 수렴한다고 하자. 이차도함수 f''이 연속이고 $f'(s) \neq 0$이면 $k \to \infty$일 때 a, b는 각각

$\dfrac{f''(s)}{2}$, $f'(s)$로 수렴하므로 반복식 (2.47)은 $k \to \infty$일 때

$$s = s - \frac{2f(s)}{f'(s) \pm \sqrt{f'(s)^2 - 2f(s)f''(s)}} \tag{2.49}$$

이다(연습문제 15 참조). 따라서 $f'(s) \neq 0$이면 $f(s)=0$, 즉 s는 근이 되어야 한다.

Müller 방법의 수렴속도는 일반적으로 Newton 방법보다는 느리고 할선법보다는 빠르다. 실제로 $f'(s) \neq 0$이면 수렴차수를 나타내는 오차의 비율은

$$\lim_{n \to \infty} \frac{|s - x_{n+1}|}{|s - x_n|^p} = \left| \frac{f'''(s)}{6f'(s)} \right|^{\frac{(p-1)}{2}} \tag{2.50}$$

의 관계가 있다. 단, p는 방정식 $x^3 - x^2 - x - 1 = 0$의 가장 큰 근으로 $p \approx 1.84$이다.

이제 다항식 (2.42)의 근의 영역에 관한 중요한 정리들을 증명없이 소개한다.

정리 2.5

다항식 (2.42)의 계수로 만든 수열 $\{a_0, a_1, \cdots, a_n\}$에서 부호가 변한 횟수가 ν이고 양의 실근의 개수를 m이라면 $m \leq \nu$이고 $\nu - m$은 짝수이다.

정리 2.6

다항식 (2.42)의 모든 근은 영역 $\{z : |z| \leq \rho\}$ 안에 존재한다. 단,

$$\rho = 1 + \max\left\{ \frac{|a_k|}{|a_n|} : 0 \leq k \leq n-1 \right\}.$$

정리 2.7

만약 다항식 $r(x) = x^n p\left(\dfrac{1}{x}\right)$의 모든 근이 영역 $\{z : |z| \leq \rho\}$ 안에 존재하면 다항식 $p(x)$의 근은 모두 영역 $\{z : |z| < \rho^{-1}\}$의 바깥에 존재한다.

정리 2.8

다항식 (2.42)의 적어도 하나의 근이 영역 $\{z : |z| \le \rho\}$ 안에 존재한다. 단,

$$\rho = \min\left\{\frac{n|a_0|}{|a_1|},\ \left(\frac{|a_0|}{|a_n|}\right)^{\frac{1}{n}}\right\}.$$

예를 들어 다항식 $p(x) = 2x^4 - x^3 + 3x^2 + 3x - 4$의 계수는 부호가 3번 변하고 $\nu - m$은 짝수이므로 정리 2.5에 의하면 양의 실근의 개수는 한 개 또는 세 개이다. 정리 2.6과 2.7의 ρ는 각각 $\rho = 1 + \frac{4}{2}$, $\rho = 1 + \frac{3}{4}$이므로 모든 근은 $\left\{z : \frac{4}{7} < |z| \le 3\right\}$ 안에 존재한다. 정리 2.8의 ρ는 $\rho = \min\left\{\frac{16}{3},\ 2^{\frac{1}{4}}\right\} \le 1.19$이므로 적어도 하나의 근은 $|z| \le 1.19$를 만족한다. 이상에서 분명히 말할 수 있는 사실은 $\frac{4}{7}$보다 크고 3보다 작은 실근이 존재한다는 것이다. $p(0) < 0$이고 $p(1) > 0$이므로 중간값 정리와 위 사실에 의하여 $\frac{4}{7}$보다 크고 1 보다 작은 실근이 존재한다.

연습문제 2.6

1. 실계수 다항식의 경우 복소수 $w = a + bi$가 근이면 켤레복소수(conjugate) $\overline{w} = a - bi$도 역시 근임을 증명하여라.

2. 알고리즘 2.7의 Horner의 알고리즘에서 다항식 q를 $b_n x^{n-1} + b_{n-1} x^{n-2} + \cdots + b_2 x + b_1$라면 $p(x) = (x - \alpha)q(x) + b_0$임을 증명하여라.

3. 예제 2.14에 의하면 $q_2(-0.4) = 12.76$이다. $q_2(-0.4) = 12.76 = \dfrac{p''(-0.4)}{2!}$임을 확인하고 이를 일반화하여라. 또한 이를 이용하여 다항식 p를 (2.42)와 같은 표준형에서 c를 중심으로 하는 중심이동형(shifted power form)으로 바꾸는 방법을 제시하여라.

4. Horner의 알고리즘을 사용하여 $p^{(j)}(-2)$, $j = 0, 1, 2, 3, 4$를 계산하여라.

1) $p(x) = 2x^4 - 3x^2 + 3x - 4$

2) $p(x) = 9x^4 - 7x^3 + x^2 - 2x + 8$

5. Horner의 알고리즘을 사용하여 다항식 $p(x) = 6x^5 + 5x^4 + 4x^3 + 3x^2 + 2x + 1$을 2를 중심으로 하는 중심이동형

$$p(x) = c_5(x-2)^5 + c_4(x-2)^4 + c_3(x-2)^3 + c_2(x-2)^2 + c_1(x-2) + c_0$$

으로 표시하여라.

6. 문제 4의 다항식에 알고리즘 2.8을 사용하여 x_2를 구하여라. 단, $x_0 = -2$.

7. 알고리즘 2.8과 수축방법을 사용하여 다음 다항식의 모든 실근을 구하여라.

1) $p(x) = (x - 0.7)(x - 0.8)(x - 0.9)(x - 1.0)$

2) $p(x) = x^3 - x - 1$

3) $p(x) = x^3 + 4.001x^2 + 4.002x + 1.001$

8. 다음 다항식의 근은 1, 2, 3, 4, 5, 6, 7이다. 이 근을 다음의 방법으로 모두 구하되 성공적인 종료조건으로는 상대오차 $|x_{k+1}-x_k| \le 10^{-7}|x_k|$만을 사용하여라.

$$p(x) = x^7 - 28x^6 + 322x^5 - 1960x^4 + 6769x^3 - 13132x^2 + 13068x - 5040$$

1) Newton 방법과 수축방법으로 절댓값이 작은 근부터 시작하여 크기의 순서대로 모든 근을 구하고 각각의 경우에 실제 실행한 반복횟수도 나타내어라. 단, 초깃값으로는 0.85, 1.8, 2.8, 3.8, 4.8, 5.8, 6.8을 각각 사용하여라.

2) 다항식 $p(x)$에서 x^2의 계수를 -13133으로 1만큼만 변화시키고 위의 문제 1)을 다시하고 그 결과를 1)과 비교하여라. 몇 개의 실근을 구했는가?

3) Newton 방법 대신 Müller 방법을 사용하여 위의 문제 2)를 다시 하고 그 결과를 2)와 비교하여라. 계수의 변화율은 $1/13132 \approx 8 \times 10^{-5}$인데 크기가 비슷한 근끼리의 변화율은 최대 얼마인가?

9. 다음 다항식의 근은 0.5, 1, 2, 4, 8이다. 이 근을 다음의 두 가지 방법으로 모두 구하여 비교하고 절댓값이 작은 근으로부터 시작하여 크기의 순서대로 근을 구하는 방법으로 수축을 하는 것이 그렇지 않은 경우보다 오차가 덜 누적된다는 사실을 Matlab 프로그램으로 확인하여라. 성공적인 종료조건으로는 상대오차 $|x_{k+1}-x_k| \le 10^{-7}|x_k|$만을 사용하여라.

$$p(x) = x^5 - 15.5x^4 + 77.5x^3 - 155x^2 + 124x - 32$$

1) Newton 방법과 수축방법으로 절댓값이 작은 근부터 시작하여 크기의 순서대로 모든 근을 구하고 각각의 경우에 실제 반복횟수도 나타내어라. 단, 0.43, 0.85, 1.7, 3.4, 6.8을 초깃값으로 각각 사용하여라.

2) 절댓값이 큰 근부터 시작하여 문제 1)을 다시하여라.

10. Newton 방법으로 $x^3 - 1$의 근을 모두 구하여라.

11. 두 수 x_k와 x_{k+1}가 n차 다항식 $p(x) = 0$의 근을 Newton 방법으로 구하는 과정에서 계산한 근삿값이라면 $|x_k - s| \le n|x_k - x_{k+1}|$를 만족하는 근 s는 적어도 하나는 있음을 보여라.

12. 식 (2.46)을 증명하여라.

13. 만약 식 (2.46)에서 $a = 0 \neq b$이면 Müller 방법의 근삿값 x_{k+1}은 x_{k-1}, x_k를 초깃값으로 하여 할선법을 한번 실행하여 얻은 근삿값과 같음을 보여라.

14. Müller 방법에서 만약 $a = b = 0$이면 $f(x_{k-2}) = f(x_{k-1}) = f(x_k)$임을 보여라.

15. 이차도함수 f''이 연속이면 식 (2.46)의 a, b는

$$a = \frac{f''(\eta_k)}{2}, \quad b = f'(\xi_k) + \frac{h_k f''(\eta_k)}{2}$$

임을 증명하여라. 단, η_k와 ξ_k는 각각 x_{k-2}, x_{k-1}, x_k와 x_{k-1}, x_k를 포함하는 가장 작은 복소수 영역에 속한다.

16. Müller 방법에 대한 오차식

1) $e_{k+1} = C_k e_k e_{k-1} e_{k-2}$, 2) $|C_k| = S_k S_{k-1}^{p-1} S_{k-2}^{p^2-p-1} |e_{k-2}|^{p^3-p^2-p-1}$

을 증명하고 이를 이용하여 오차식 (2.50)을 증명하여라. 단, $e_k = x_k - s$, $S_k = \dfrac{|e_{k+1}|}{|e_k|^p}$, $C_k = \dfrac{-f'''(s)}{6f'(s)} + O(\epsilon_k)$, $\epsilon_k = \max\{|e_k|, |e_{k-1}|, |e_{k-2}|\}$이다. 또한 적당한 실수 $\epsilon > 0$과 상수 C가 존재하여 $|x| \leq \epsilon$인 모든 수 x에 대하여 $|f(x)| \leq C|g(x)|$가 성립하면 "$x \to 0$일 때 $f(x) = O(g(x))$"라고 정의한다.

17. Müller 방법으로 $x^4 + 1$의 근을 모두 구하여라.

18. n차 Chebyshev 다항식 $T_n(x)$는

$$T_0(x) = 1\ ,\ T_1(x) = x, \quad T_{n+2}(x) = 2x T_{n+1}(x) - T_n(x),\ n \geq 0$$

과 같이 귀납적으로 정의할 수 있는데 n개의 단일근

$$s_k = \cos\frac{(2k-1)\pi}{2n}, \quad 0 \leq k \leq n-1$$

을 갖는다. Müller 방법으로 $T_5(x)$의 근을 오차의 범위 10^{-4} 안에서 모두 구하고 참값과 비교하여라.

19. 다음 다항식에 대하여 정리 (a)~(d)를 이용하여 근의 영역을 찾아라.

1) $p(x) = x^3 - x - 1$

2) $p(x) = 2x^4 - 3x^2 + 3x - 4$

3) $p(x) = 9x^4 - 7x^3 + x^2 - 2x + 8$

2.7 비선형연립방정식의 근 - Newton 방법

이 절에서는 식 (2.5)와 같은 비선형 연립방정식의 근을 구하는 Newton 방법에 대하여 알아본다. 우선 이해를 돕기 위하여 2개의 변수와 2개의 식을 가지는 경우에 대한 Newton 방법을 유도하고 일반적인 경우는 간단히 소개한다.

일변수 함수의 근을 구하는 Newton 방법의 유도과정을 자세히 관찰하면 근을 구하기 어려운 비선형 방정식(nolinear equation)을 선형화(linearization)하여 근을 구하기 용이한 일차식(linear equation)으로 대체하여 근삿값을 반복적으로 개선하여 참값으로 수렴하도록 구하고 있다. 이런 개념은 비선형 연립방정식 또는 다변수 벡터함수(multivariable vector-valued function)의 형태로 표시한 식 (2.6)의 근을 구하는 Newton 방법에서도 근본적으로 같다. 이런 선형화는 기하학적으로 일변수 함수의 경우 곡선을 접선으로, 이변수함수의 경우에는 곡면을 접평면으로 대체하는 것이나 변수가 셋 이상에서는 이러한 기하학적인 해석이 가능하지 않다. 따라서 우선 이해하기 쉬운 이변수 함수의 선형화에 대하여 알아보기로 하고 이에 필요한 Taylor 정리를 기술하자. 영역 $D \subset R^2$에서 정의된 이변수 함수 f가 $f \in C^m$이면 즉 m계 편도함수까지가 모두 연속이면 f의 Taylor 전개식은

$$f(x+h,\ y+k) = \sum_{i=0}^{m} \frac{1}{i!}\left(h\frac{\partial}{\partial x} + k\frac{\partial}{\partial y}\right)^i f(x,\ y) + R_m(h,\ k) \tag{2.51}$$

이다. 단, 잉여항

$$R_m(h,\ k) = \frac{1}{(m+1)!}\left(h\frac{\partial}{\partial x} + k\frac{\partial}{\partial y}\right)^{m+1} f(x+\theta h,\ y+\theta k),\ 0 \le \theta \le 1$$

이고, 식 (2.51)에서 기호의 의미는 예를 들어

$$\left(h\frac{\partial}{\partial x} + k\frac{\partial}{\partial y}\right)^2 f = h^2\frac{\partial^2 f}{\partial x^2} + 2hk\frac{\partial^2 f}{\partial x \partial y} + k^2\frac{\partial^2 f}{\partial y^2}$$

과 같다.

만약 벡터 $X_{\text{old}} = (u,\ v)^T$가 이변수 벡터함수

$$F(X) = \begin{pmatrix} f_1(X) \\ f_2(X) \end{pmatrix} = \begin{pmatrix} 0 \\ 0 \end{pmatrix} \tag{2.52}$$

의 근의 근삿값이고 $f_i \in C^2,\ i = 1,\ 2$이면 X_{old}에 대한 Taylor 전개식은

$$f_i(u+h,\ v+k) = f_i(u,\ v) + h\frac{\partial f_i}{\partial x_1}(u,\ v) + k\frac{\partial f_i}{\partial x_2}(u,\ v) \tag{2.53}$$

$$+\left(h^2\frac{\partial^2 f_i}{\partial x_1^2} + 2hk\frac{\partial^2 f_i}{\partial x_1 \partial x_2} + k^2\frac{\partial^2 f_i}{\partial x_2^2}\right)(u+\theta h,\ v+\theta h)$$

이다. $f_i \in C^2$, $i=1,\ 2$이므로 이계도함수의 값은 유계이고 h와 k가 충분히 작은 수라고 가정하면 (2.53)의 마지막 잉여항은 나머지 항에 비교하여 매우 작은 수이다. 따라서 이 항을 무시하면 일차연립방정식

$$\begin{cases} 0 = f_1(u+h,\ v+k) \approx f_1(u,\ v) + h\dfrac{\partial f_1}{\partial x_1}(u,\ v) + k\dfrac{\partial f_1}{\partial x_2}(u,\ v) \\ 0 = f_2(u+h,\ v+k) \approx f_2(u,\ v) + h\dfrac{\partial f_2}{\partial x_1}(u,\ v) + k\dfrac{\partial f_2}{\partial x_2}(u,\ v) \end{cases} \tag{2.54}$$

을 얻는다. 이러한 비선형 방정식 $F(X)=0$을 점 X_{old} 근방에서 선형화(linearization)한 일차근사식이라고 한다. 일차연립방정식 (2.54)를 $(h,\ k)^T$에 대하여 풀고 $X_{\text{old}} + (h,\ k)^T$를 새로운 근삿값 X_{new}로 한다. 이런 과정을 수렴할 때까지 반복하는 것이 Newton 방법이다. 식 (2.54)를 행렬을 이용하여 표시하면

$$\begin{pmatrix} \dfrac{\partial f_1}{\partial x_1} & \dfrac{\partial f_1}{\partial x_2} \\ \dfrac{\partial f_2}{\partial x_1} & \dfrac{\partial f_2}{\partial x_2} \end{pmatrix}\begin{pmatrix} h \\ k \end{pmatrix} = -\begin{pmatrix} f_1(u,\ v) \\ f_2(u,\ v) \end{pmatrix} \tag{2.55}$$

이다. 식 (2.55)의 편도함수값과 우변벡터값은 모두 X_{old}을 대입해서 구한 것으로 한다. 이렇게 만들어진 (2.55)의 계수행렬을 함수 $F(X)$의 점 X_{old}에서의 Jacobian **행렬**(Jacobian matrix)이라 하고 이를 나타내는 기호로 $J(X_{\text{old}})$를 사용한다. 이 기호를 사용하여 새로운 근삿값을 표시하면

$$X_{\text{new}} = X_{\text{old}} - J(X_{\text{old}})^{-1}F(X_{\text{old}})$$

인데 이는 형태상으로 일변수 함수를 위한 Newton 반복식 (2.15)와 거의 같다. 이제 이변수 함수를 위한 Newton 반복식은 n번째 반복에서의 근삿값을 $X_n = (x_1^{(n)},\ x_2^{(n)})^T$이라면

$$X_{n+1} = X_n - J(X_n)^{-1}F(X_n) \tag{2.56}$$

이다.

이변수 함수의 Taylor 전개식 (2.53)을 벡터 형태로 다시 쓰면

$$F(X) = F(X^*) + J(X^*)(X - X^*) + R \tag{2.57}$$

이다. 식 (2.57)에서 $X = X_{\text{new}}$, $X^* = X_{\text{old}}$, 2차원 잉여벡터 $R = (r_i)$의 i성분은

$$r_i = \frac{1}{2!}(X - X^*)^T H_i(Y)(X - X^*)$$

이다. 단, $Y = X + \theta(X - X^*)$, $0 \le \theta \le 1$이고 벡터 Y에서의 함수 f_i의 Hessian이라 불리는 2×2 행렬 $H_i(Y) = (h_{kj}^{(i)})$의 (k, j)성분은 $h_{kj}^{(i)} = (\partial^2 f_i / \partial x_k \partial x_j)(Y)$이다. 식 (2.57)을 일변수 함수의 Taylor 전개식

$$f(x) = f(x^*) + f'(x^*)(x - x^*) + \frac{1}{2!} f''(x + \theta(x - x^*))(x - x^*)^2, \ 0 \le \theta \le 1 \qquad (2.58)$$

과 비교하면 $F(X)$의 도함수 $F'(X)$를 Jacobian $J(X)$로 정의하는 것이 매우 자연스러움을 알 수 있다. 지금까지의 과정을 그대로 따라서 n변수 함수 $F(X)$로 확장시키면 도함수 $F'(X)$ 즉 Jacobian $J(X)$는 $n \times n$ 행렬

$$J(X) = \left(\frac{\partial f_i}{\partial x_j}(X) \right)$$

이고 Taylor 전개식은 식 (2.57)이다. 단, 잉여벡터 R과 Hessian H_i를 각각 이변수의 경우와 동일하게 정의된 n차원벡터와 $n \times n$ 행렬이라고 하자. 일변수 함수의 Taylor 전개식 (2.58)에서 잉여항을 무시하고 일차근사식을 만든 것처럼 식 (2.57)에서 잉여벡터 R을 무시하여 일차근사식을 만들고 이 근사식의 근을 새로운 근삿값으로 하는 것이 바로 Newton 반복식 (2.56)이다.

어떤 조건하에서 $n \times n$ 행렬 $J(X_n)$의 역행렬이 항상 존재하고 또한 근사벡터의 수열 $\{X_n\}$이 수렴하는가에 대한 질문에 대한 대답은 일변수 함수의 경우와 대체로 거의 같다. $F(S) = 0$이고 $J(S)$의 역행렬이 존재한다면 적당한 조건하에서 초기 벡터를 S의 근방에서 택하면 수렴하며 수렴속도는 이차적이다. 즉, 초기 벡터가 S에 가까울수록 성공할 가능성이 높아지는 것은 일변수 함수나 다변수 벡터함수나 같다. 이렇게 일변수 함수의 경우와 같이 매우 빠른 속도로 수렴하는 장점이 있는 대신에 매 반복시에 Jacobian $J(X_n)$을 구하고, 즉 편도함수를 구해야 하고 일차연립방정식을 풀어야 하는 두 가지 복잡함이 있다. 식 (2.56)에서 X_{n+1}을 계산하려면 $J(X_n)^{-1}$을 구해야 하지만 실제의 경우 직접 역행렬을 구하는 대신에 일차연립방정식

$$J(X_n) Y = -F(X_n)$$

을 Y에 관하여 풀고 $X_{n+1} = X_n + Y$을 구하는 것이 훨씬 더 효율적이다(3장 참조). 이 경우 Jacobian $J(X_n)$이 불량조건의 행렬이면, 즉 거의 비정칙 행렬(singular matrix)이면

상당한 어려움을 마주치게 되어 다른 적절한 일차연립방정식의 근사해를 이용해야 할 수도 있다.

Newton 방법의 수렴성을 조사하려면 벡터 수열의 수렴을 정의해야 하는데 이를 위하여 먼저 벡터의 노름(norm)을 정의하자. 이에 대한 자세한 정의는 3장을 참고하고 여기서는 가장 흔히 사용되는 n차원 벡터 $X=(x_i)$에 대한 노름 $\|X\|$을 소개한다.

$$\|X\|_1 = |x_1| + |x_2| + \cdots + |x_n|$$

$$\|X\|_2 = (|x_1|^2 + |x_2|^2 + \cdots + |x_n|^2)^{1/2}$$

$$\|X\|_\infty = \max\{|x_1|,\ |x_2|,\ \ldots,\ |x_n|\}$$

만약 임의 실수 $\epsilon > 0$에 대하여

$$k \ge K \Rightarrow \|X^* - X_k\| \le \epsilon$$

을 만족하는 자연수 $K = K(\epsilon)$이 존재하면, 즉

$$\lim_{k\to\infty} \|X^* - X_k\| = 0$$

이면 벡터수열 $\{X_n\}$은 벡터 X^*로 수렴한다고 한다.

▌알고리즘 2.9 Newton 방법 비선형연립방정식 $F(X)=0$의 근을 구하는 방법

```
input : X_0, xtol, ftol, kmax
For k = 0 : kmax
    Solve for Y : J(X_n) Y = - F(X_n)
    X_{k+1} = X_k + Y
    If ||X_{k+1} - X_k|| < xtol*||X_{k+1}|| or ||F(X_{k+1})|| < ftol, then stop
end
```

예제 2.17 다음 비선형 연립방정식의 해를 Newton 반복식 (2.56)을 이용하여 구하여라.

$$\begin{cases} x^2 + y^2 - 1 = 0 \\ x^2 - y^2 + 1 = 0 \end{cases}$$

풀이 변수변환 $x_1 = x,\ x_2 = y$을 하고 $f_1(x_1, x_2) = x_1^2 + x_2^2 - 1,\ f_2(x_1, x_2) = x_1^2 - x_2^2 + 1$ 라고 하면 $X = (x_1,\ x_2)^T$에서의 함수 $F(X) = \begin{pmatrix} x^2 + y^2 - 1 \\ x^2 - y^2 + 1 \end{pmatrix}$의 Jacobian 행렬은

$$J(X)=\begin{pmatrix}2x_1 & 2x_2\\ 2x_1 & -2x_2\end{pmatrix}$$

이다. 초기벡터를 $X_0=(1,\ 1)^T$이라면

$$J(X_0)=\begin{pmatrix}2 & 2\\ 2 & -2\end{pmatrix},\quad F(X_0)=\begin{pmatrix}1\\1\end{pmatrix}$$

이다. 따라서 새로운 근사벡터

$$X_1=\begin{pmatrix}1\\1\end{pmatrix}-\begin{pmatrix}2 & 2\\ 2 & -2\end{pmatrix}^{-1}\begin{pmatrix}1\\1\end{pmatrix}=\begin{pmatrix}\frac{1}{2}\\ 1\end{pmatrix}$$

이다. 같은 방법으로 반복하면

$$X_2=\begin{pmatrix}\frac{1}{2}\\ 1\end{pmatrix}-\begin{pmatrix}1 & 2\\ 1 & -2\end{pmatrix}^{-1}\begin{pmatrix}\frac{1}{4}\\ \frac{1}{4}\end{pmatrix}=\begin{pmatrix}\frac{1}{4}\\ 1\end{pmatrix}$$

이고 n번째 근사벡터는

$$X_n=\begin{pmatrix}\frac{1}{2^n}\\ 1\end{pmatrix}$$

임을 쉽게 보일 수 있는데 참값 $(0,\ 1)^T$로 수렴함을 알 수 있다. ■

비선형연립방정식에 대한 Newton 방법의 matlab 프로그램 newton_nonlinear_ system.m

```
f1 = @(x,y) x^2 + y^2 -1                    % 함수의 정의
f2 = @(x,y) x^2 - y^2 +1
kmax=100;      tol=1.0e-10;   x=1; y=1;  % 초깃값

for k = 1: kmax
    J=[2*x, 2*y; 2*x, -2*y];
    dX= inv(J)* [f1(x, y); f2(x, y)];  % 연립방정식의 해법 대신 역행렬이용
    x = x- dX(1);  y = y- dX(2);
   froot=[f1(x,y); f2(x,y)];    error=norm(dX);
   fprintf('k=%3d  root=[%10.8f %10.8f]   froot=[%+8.7e %+8.7e] error=%+8.7e \n',...
           k, [x;y], froot, error)

   if(error<tol*norm([x;y]) | norm(froot) < tol)
       return
    end
end
error(' 주어진  반복회 내에서는 근을 찾을 수 없습니다.')
```

실행결과

```
k= 1  root=[0.50000000 1.00000000]  froot=[+2.5000000e-01 +2.5000000e-01] error=+5.0000000e-01
k= 2  root=[0.25000000 1.00000000]  froot=[+6.2500000e-02 +6.2500000e-02] error=+2.5000000e-01
k= 3  root=[0.12500000 1.00000000]  froot=[+1.5625000e-02 +1.5625000e-02] error=+1.2500000e-01
k= 4  root=[0.06250000 1.00000000]  froot=[+3.9062500e-03 +3.9062500e-03] error=+6.2500000e-02
k= 5  root=[0.03125000 1.00000000]  froot=[+9.7656250e-04 +9.7656250e-04] error=+3.1250000e-02
k= 6  root=[0.01562500 1.00000000]  froot=[+2.4414063e-04 +2.4414063e-04] error=+1.5625000e-02
k= 7  root=[0.00781250 1.00000000]  froot=[+6.1035156e-05 +6.1035156e-05] error=+7.8125000e-03
k= 8  root=[0.00390625 1.00000000]  froot=[+1.5258789e-05 +1.5258789e-05] error=+3.9062500e-03
k= 9  root=[0.00195313 1.00000000]  froot=[+3.8146973e-06 +3.8146973e-06] error=+1.9531250e-03
k=10  root=[0.00097656 1.00000000]  froot=[+9.5367432e-07 +9.5367432e-07] error=+9.7656250e-04
k=11  root=[0.00048828 1.00000000]  froot=[+2.3841858e-07 +2.3841858e-07] error=+4.8828125e-04
k=12  root=[0.00024414 1.00000000]  froot=[+5.9604645e-08 +5.9604645e-08] error=+2.4414063e-04
k=13  root=[0.00012207 1.00000000]  froot=[+1.4901161e-08 +1.4901161e-08] error=+1.2207031e-04
k=14  root=[0.00006104 1.00000000]  froot=[+3.7252903e-09 +3.7252903e-09] error=+6.1035156e-05
k=15  root=[0.00003052 1.00000000]  froot=[+9.3132257e-10 +9.3132257e-10] error=+3.0517578e-05
k=16  root=[0.00001526 1.00000000]  froot=[+2.3283064e-10 +2.3283064e-10] error=+1.5258789e-05
k=17  root=[0.00000763 1.00000000]  froot=[+5.8207661e-11 +5.8207661e-11] error=+7.6293945e-06
```

E·X·E·R·C·I·S·E

연습문제 2.7

1. 다음 함수의 Jacobian을 $(1,\ \pi,\ 3)^T$에서 구하여라.

$$F(X)=\begin{pmatrix} x_1\cos x_3-x_3 \\ x_1^2+x_3 \\ e^{x_1+x_3}\sin(x_2/2)+x_3 \end{pmatrix}$$

2. 문제 1의 함수 F에 대하여 $(1,\ \pi,\ 3)^T$의 근방에서 일차 근사식을 구하여라.

3. 문제 1의 함수 F에 대하여 $(1,\ \pi,\ 3)^T$에서 Hessian을 구하여라.

4. 다음의 함수에 Newton 방법을 실행할 때 X_1을 구하여라.

1) $F(X)=\begin{pmatrix} x_1+x_2-3 \\ x_1^2+x_2^2-9 \end{pmatrix}$ 2) $F(X)=\begin{pmatrix} -x_1(x_1+1)+2x_2-18 \\ (x_1-1)^2+(x_2-6)^2-25 \end{pmatrix}$

5. 벡터 $X=(-1,\ 2,\ -3)^T$의 $\|X\|_1$, $\|X\|_2$와 $\|X\|_\infty$을 각각 구하여라.

6. 다음 방정식의 근을 Newton 방법으로 구할 때 X_2를 구하고 계속하면 수렴할 수 있는지에 대하여 답하여라. 단, $X_0=(-10,\ -10)$을 사용하여라.

$$F(X)=\begin{pmatrix} x_1+x_2-3 \\ x_1^2+x_2^2-9 \end{pmatrix}$$

제 3 장

선형 연립 방정식의 해법

3.1 행렬

큰 규모의 n개의 일차식을 만족하는 n개의 미지수를 구하는 선형연립방정식은 자연과학이나 공학뿐만 아니라 수학적 문제를 해결해야 하는 대부분의 분야에서 반드시 등장하는 중요한 문제이다. 규모가 커지면 컴퓨터를 활용하여 체계적으로 해를 구할 수밖에 없고 많은 수를 포함하는 행렬을 다루게 되어 누적되는 오차를 유발하므로 좀 더 정확한 근사해를 구하기 위한 수치적 알고리즘을 개발해야 한다. 여러 가지 알고리즘에 대한 소개에 앞서 이 절에서는 행렬의 기본 연산 및 성질에 관해 알아본다.

정방행렬 A의 i행 j열의 성분을 a_{ij}라 하면 행렬 A는 간단히 $A=(a_{ij})$로 나타낸다. 모든 $i>j$에 대하여 $a_{ij}=0$일 때, A를 **상삼각행렬**(upper triangular matrix)이라 하고, 모든 $i<j$에 대하여 $a_{ij}=0$일 때, A를 **하삼각행렬**(lower triangular matrix)이라 한다. 대각성분이 모두 1이고 나머지 성분이 모두 0인 정방행렬을 **단위행렬**(identity matrix)이라 하고 I로 나타낸다.

모든 정방행렬 A에 대하여 $A \cdot I = I \cdot A = A$이 성립한다. 정방행렬 $A=(a_{ij})$와 $B=(b_{ij})$ 사이에 $b_{ij}=a_{ji}$인 관계가 성립할 때, B를 A의 **전치행렬**(transpose matrix)이라 하고 $B=A^T$로 나타낸다. $A^T=A$일 때 A를 **대칭행렬**(symmetric matrix)이라 하고, $A^T=-A$일 때, A를 **교대행렬**(skew-symmetric matrix)이라 부른다. 정방행렬 A에 대하여 $AB=BA=I$인 행렬 B가 존재할 때, A를 **정칙행렬**(nonsingular matrix)이라 하고, B를 A의 **역행렬**(inverse matrix)이라 하며 $B=A^{-1}$로 나타낸다. 즉 $A \cdot A^{-1} = A^{-1} \cdot A = I$이다. 정방행렬 A의 **행렬식**을 $|A|$ 또는 $\det(A)$로 나타낸다.

정리 3.1

정방행렬 A, B와 임의의 상수 α에 대하여 다음이 성립한다.

(1) $(A^T)^T = A$ (2) $(A+B)^T = A^T + B^T$

(3) $(AB)^T = B^T A^T$ (4) $(\alpha A)^T = \alpha A^T$

(5) $(A^{-1})^{-1} = A$ (6) $(A^T)^{-1} = (A^{-1})^T$

(7) $(AB)^{-1} = B^{-1}A^{-1}$ (8) $|A^T| = |A|$

(9) $|AB| = |A| \cdot |B|$ (10) $|A^{-1}| = \dfrac{1}{|A|}$

단, 역행렬에 대한 성질은 정칙행렬에 대해서만 정의된다.

정리 3.2

정방행렬 A에 대하여 다음은 서로 동치이다.

(1) A가 정칙행렬이다.

(2) $Ax=0$은 단 하나의 해 $x=0$을 갖는다.

(3) $|A| \neq 0$이다.

정의 3.3 벡터 v_1, v_2, ..., v_n의 상수 곱의 합 $\alpha_1 v_1 + \alpha_2 v_2 + \cdots + \alpha_n v_n$을 벡터들의 **일차결합**(linear combination)이라고 한다. 만약 $\alpha_1 v_1 + \alpha_2 v_2 + \cdots + \alpha_n v_n = 0$일 때 $\alpha_1 = \alpha_2 = \cdots = \alpha_n = 0$이 성립하면 v_1, v_2, ..., v_n을 **일차독립**(linearly independent)인 벡터라 하고 일차독립이 아닌 벡터들을 **일차종속**(linearly dependent)이라 한다.

정의 3.4 정방행렬 A에 대하여 A의 열들의 일차결합으로 이루어지는 벡터공간을 A의 **열공간**(column vector space)이라 부르며 일차독립인 열벡터의 개수를 열공간의 차원 또는 A의 차원이라고 하고 rank(A)로 나타낸다.

$\mathrm{null}(A) = \{x \in \mathrm{R}^n | Ax = 0\}$를 A의 **영공간**(null vector space)이라 한다.

정리 3.5

$n \times n$ 정방행렬 A에 대하여 다음은 동치이다.

(1) A가 정칙행렬이다.

(2) $\mathrm{rank}(A) = n$

(3) $\mathrm{rank}(\mathrm{null}(\mathrm{A})) = 0$

(4) A가 일차독립인 n개의 열들을 가진다.

(5) A가 일차독립인 n개의 행들을 가진다.

정의 3.6 $n \times n$ 행렬 A에 대하여 $Ax = \lambda x$를 만족하는 0이 아닌 벡터 x와 스칼라 λ가 존재할 때 λ를 A의 **고유치**(eigenvalue), x를 λ에 대응하는 A의 **고유벡터**(eigenvector)라 부른다.

정리 3.7

λ가 A의 고유치가 될 필요충분조건은 $\det(A-\lambda I)=0$이다.

연습문제 3.1

1. $Ax=0$을 만족하는 0 아닌 행렬 A와 0 아닌 벡터 x를 구하여라.

2. A와 M이 대칭행렬일 때, MAM^T도 대칭행렬임을 보여라.

3. $H=I-2\cdot\dfrac{xx^T}{x^Tx}$라면 다음이 성립함을 보여라.

(1) H가 대칭행렬이다.

(2) $H^2=I$이다.

(3) $H^TH=I$이다.

4. 정리 3.2를 증명하여라.

5. R^n에 속하는 0 아닌 두 벡터 x, y에 대하여 $A=xy^T$일 때, $\mathrm{rank}(A)=1$이 됨을 보여리.

6. A가 정칙이고 $\lambda\neq 0$이면 $(\lambda A)^{-1}=\lambda^{-1}A^{-1}$임을 보여라.

7. 정리 3.5를 증명하여라.

8. 정방행렬 A에 대하여 $\mathrm{rank}(A)=\mathrm{rank}(A^T)$임을 보여라.

9. 정리 3.7을 증명하여라.

10. 다음 행렬 A의 고유치와 고유벡터를 구하여라.

$$A=\begin{pmatrix} 2 & -1 & 0 \\ -1 & 2 & 1 \\ 0 & -1 & 2 \end{pmatrix}.$$

3.2 가우스 소거법

연립방정식 $Ax=b$의 계수 행렬 A를 변환하여 상삼각행렬이 되게 하면서 $Ax=b$와 같은 해를 갖는 동치인 연립방정식을 만들어 해를 구하는 수치적 방법을 **가우스 소거법** (Gauss Elimination)이라고 한다. 이 방법을 다음의 예제를 통하여 설명해 보자.

예제 3.1 다음의 연립방정식을 가우스 소거법으로 풀어라.

$$\begin{cases} 2x_1 + 4x_2 - 2x_3 = 6 \\ x_1 - x_2 + 5x_3 = 0 \\ 4x_1 + x_2 - 2x_3 = 2 \end{cases} \tag{3.1}$$

풀이 첫 번째 식의 양변에 $\left(-\dfrac{1}{2}\right)$을 곱하여 두 번째 식에 더하고, 첫 번째 식의 양변에 (-2)를 곱하여 세 번째 식에 더하면

$$\begin{cases} 2x_1 + 4x_2 - 2x_3 = 6 \\ \quad -3x_2 + 6x_3 = -3 \\ \quad -7x_2 + 2x_3 = -10. \end{cases} \tag{3.2}$$

또 위의 두 번째 식의 양변에 $\left(-\dfrac{7}{3}\right)$을 곱하여 세 번째 식에 더하면, 상삼각행렬을 갖는 다음의 연립방정식을 얻으며 원래의 연립방정식 (3.1)과 같은 해를 갖는다.

$$\begin{cases} 2x_1 + 4x_2 - 2x_3 = 6 \\ \quad -3x_2 + 6x_3 = -3 \\ \quad\quad -12x_3 = -3. \end{cases} \tag{3.3}$$

위의 연립방정식의 해는 다음과 같이 3 → 2 → 1번째 방정식 순으로 풀면서 해 $x_3 \to x_2 \to x_1$ 순서로 구하면 된다.

$$x_3 = \frac{1}{4}$$

$$x_2 = \frac{-3-6x_3}{-3} = \frac{3}{2}$$

$$x_1 = \frac{6-4x_2+2x_3}{2} = \frac{1}{4}.$$

■

위와 같이 계수행렬이 상삼각행렬인 모든 연립방정식은 마지막 식에서 처음 식까지의 순서로 해 x의 마지막 성분부터 첫 성분까지 구하는 방법을 **후진대입법**(backward substitution)이라고 한다. 이는 역행렬을 구하여 해를 찾는 방법보다 계산양이 월등하게 적으므로 유용하게 활용된다. 구체적인 알고리즘은 이 절의 후반에서 소개한다.

예제 3.1의 연립방정식 (3.1), (3.2), (3.3)에 대응되는 행렬을 각각 $A = A_1$, A_2, A_3라 하자. 즉,

$$A_1 = \begin{pmatrix} 2 & 4 & -2 \\ 1 & -1 & 5 \\ 4 & 1 & -2 \end{pmatrix}, \quad A_2 = \begin{pmatrix} 2 & 4 & -2 \\ 0 & -3 & 6 \\ 0 & -7 & 2 \end{pmatrix}, \quad A_3 = \begin{pmatrix} 2 & 4 & -2 \\ 0 & -3 & 6 \\ 0 & 0 & -12 \end{pmatrix}$$

이다. 그리고 다음이 성립함을 쉽게 보일 수 있다.

$$A_2 = M_1 A_1, \quad M_1 = \begin{pmatrix} 1 & 0 & 0 \\ -1/2 & 1 & 0 \\ -2 & 0 & 1 \end{pmatrix} \tag{3.4}$$

같은 방법으로

$$A_3 = M_2 A_2, \quad M_2 = \begin{pmatrix} 1 & 0 & 0 \\ 0 & 1 & 0 \\ 0 & -7/3 & 1 \end{pmatrix}. \tag{3.5}$$

식 (3.4)와 (3.5)를 결합하면

$$A_3 = M_2 M_1 A_1 = M_2 M_1 A \tag{3.6}$$

이고, $Ax = b$의 해를 구하기 위하여 양변에 $M_2 M_1$을 곱하면

$$M_2 M_1 A x = M_2 M_1 b \tag{3.7}$$

이 되므로 식 (3.6)과 (3.7)에 의하여 다음의 동치인 두 식을 얻는다.

$$Ax = b \iff A_3 x = M_2 M_1 b$$

따라서 $Ax = b$의 해를 구하기 위하여 $\bar{b} = M_2 M_1 b$을 계산한 다음 상삼각행렬 A_3을 갖는 연립방정식 $A_3 x = \bar{b}$를 후진대입법으로 풀면 된다. 위에서 언급한 M_1, M_2을 **기본 하삼각행렬**(elementary lower triangular matrix)이라 하고 다음과 같이 정의한다.

정의 3.8 벡터 $m_k \in R^n$의 k번째 성분까지 모두 0일 때 $n \times n$ 행렬

$$M_k = I - m_k e_k^T$$

을 k**번째 기본하삼각행렬**(elementary lower triangular matrix of index k)이라 한다. 단, $e_k \in R^n$은 k번째 성분만이 1이고 나머지는 모두 0인 단위 벡터를 뜻한다. 즉, $m_k = (0, \cdots, 0, l_{k+1}, k, \cdots, l_{nk})^T$일 때

$$M_k = \begin{pmatrix} 1 & 0 & \cdots & 0 & 0 & \cdots & 0 \\ 0 & 1 & \cdots & 0 & 0 & \cdots & 0 \\ \vdots & \vdots & \vdots & & \vdots & & \vdots \\ 0 & 0 & \cdots & 1 & 0 & \cdots & 0 \\ 0 & 0 & \cdots & -l_{k+1,\,k} & 1 & \cdots & 0 \\ \vdots & \vdots & & \vdots & \vdots & \cdots & \vdots \\ 0 & 0 & \cdots & -l_{nk} & 0 & \cdots & 1 \end{pmatrix}.$$

정리 3.9

$M_k = I - m_k e_k^T$이 k번째 기본하삼각행렬일 때

$$M_k^{-1} = I + m_k e_k^T.$$

증명 $M_k(I + m_k e_k^T) = (I - m_k e_k^T)(I + m_k e_k^T)$

$$= I - m_k e_k^T + m_k e_k^T - m_k e_k^T m_k e_k^T$$

$$= I - m_k (e_k^T m_k) e_k^T.$$

$e_k^T m = 0$이므로

$$M_k(I + m e_k^T) = I.$$

따라서,

$$M_k^{-1} = I + m e_k^T$$ ■

예제 3.2 다음 행렬 A의 역행렬을 구하여라.

$$A = \begin{pmatrix} 1 & 0 & 0 & 0 \\ 0 & 1 & 0 & 0 \\ 0 & -2 & 1 & 0 \\ 0 & 3 & 0 & 1 \end{pmatrix}$$

풀이 행렬 A가 2번째 기본하삼각행렬이므로 정리 3.9에 의하여

$$A^{-1} = \begin{pmatrix} 1 & 0 & 0 & 0 \\ 0 & 1 & 0 & 0 \\ 0 & 2 & 1 & 0 \\ 0 & -3 & 0 & 1 \end{pmatrix}.$$ ■

정리 3.10

벡터 $a = (a_i) \in R^n$의 k번째 성분 $a_k \neq 0$이라 가정하자. 그러면

$$m_k = \left(0,\ 0,\ \ldots,\ \frac{a_{k+1}}{a_k},\ \frac{a_{k+2}}{a_k},\ \ldots,\ \frac{a_n}{a_k}\right)^T \in R^n \text{이고 } M_k = I - m_k e_k^T \text{일 때,}$$

$$M_k a = (a_1,\ a_2,\ \ldots,\ a_k,\ 0,\ 0,\ \ldots,\ 0)^T.$$

미지수의 개수가 n인 선형연립방정식 $Ax = b$에 대한 가우스 소거법을 설명하기 위해 $A = A_1 = (a_{ij}^{(1)})$라 하자. 만약 $a_{11}^{(1)} \neq 0$이면, 벡터 $m_1 = \left(0,\ \frac{a_{21}^{(1)}}{a_{11}^{(1)}},\ \ldots,\ \frac{a_{n1}^{(1)}}{a_{11}^{(1)}}\right)^T$에 대하여 $M_1 = I - m_1 e_1^T$이 1번째 기본하삼각행렬이다. 이때 성분 $\frac{a_{i1}^{(1)}}{a_{11}^{(1)}}$ $(2 \le i \le n)$을 **승수**(multiplier)라고 하고 벡터 m_1을 **승수벡터**(multiplier vactor)라고 하며 기본하삼각행렬 M_1을 **승수행렬**(multiplier matrix)라고 한다. 가우스 소거법의 모든 과정에서 나타나는 이러한 형태의 성분, 벡터, 행렬도 같이 부른다. 따라서 정리 3.10에 의하여

$$A_2 = M_1 A_1 = \begin{pmatrix} a_{11}^{(1)} & a_{12}^{(1)} & a_{13}^{(1)} & \cdots & a_{1n}^{(1)} \\ 0 & a_{22}^{(2)} & a_{23}^{(2)} & \cdots & a_{24}^{(2)} \\ 0 & a_{32}^{(2)} & a_{33}^{(2)} & \cdots & a_{3n}^{(2)} \\ \vdots & \vdots & \vdots & & \vdots \\ 0 & a_{n2}^{(2)} & a_{n3}^{(2)} & \cdots & a_{nn(2)} \end{pmatrix}$$

단, $a_{ij}^{(2)} = a_{ij}^{(1)} - \frac{a_{i1}^{(1)}}{a_{11}^{(1)}} a_{1j}^{(1)}$ $(2 \le i,\ j \le n)$이다.

행렬 A_2의 1행은 행렬 $A_1 = A$의 1행과 같음에 유의하여라. 만약 $a_{22}^{(2)} \neq 0$이면, 벡터 $m_2 = \left(0,\ \ldots,\ 0,\ \frac{a_{32}^{(2)}}{a_{22}^{(2)}},\ \ldots,\ \frac{a_{n2}^{(2)}}{a_{22}^{(2)}}\right)$에 대하여 $M_2 = I - m_2 e_2^T$는 두 번째 기본하삼각행렬이 된다. 따라서

$$A_3 = M_2 A_2 = \begin{pmatrix} a_{11}^{(1)} & a_{12}^{(1)} & a_{13}^{(1)} & \cdots & a_{1n}^{(1)} \\ 0 & a_{22}^{(2)} & a_{23}^{(2)} & \cdots & a_{2n}^{(2)} \\ 0 & 0 & a_{33}^{(3)} & \cdots & a_{3n}^{(3)} \\ \vdots & \vdots & \vdots & & \vdots \\ 0 & 0 & a_{n3}^{(3)} & \cdots & a_{nn}^{(3)} \end{pmatrix}$$

단, $a_{ij}^{(3)} = a_{ij}^{(2)} - \frac{a_{i2}^{(2)}}{a_{22}^{(2)}} a_{2j}^{(2)}$ $(3 \le i,\ j \le n)$이다.

상삼각행렬이 얻어질 때까지 위의 과정을 되풀이하면

$$M_{n-1} \cdots M_2 M_1 = A_n$$

이 된다. 여기서 k번째 기본하삼각행렬 M_k는 $a_{kk}^{(k)} \neq 0$일 때 구성될 수 있음에 유의하자.

따라서 $Ax = b$의 해를 구하는 가우스 소거법은

$$A_n x = M_{n-1} \cdots M_2 M_1 b \tag{3.8}$$

의 해를 구하는 문제로 귀착된다. A_n이 상삼각행렬이므로 (3.8)의 해는 후진대입법을 통하여 쉽게 얻는다. 식 (3.8)에서 $M_{n-1} \cdots M_2 M_1 b$을 먼저 계산해야 하므로, 행렬 A에 벡터 b를 덧붙인 행렬 $(A|b)$에 가우스 소거법을 적용함으로써 $M_{n-1} \cdots M_2 M_1 b$가 자연스럽게 계산될 수 있다. 여기서 행렬 $(A|b)$는 다음과 같이 정의한다.

$$(A\,|\,b) = \begin{pmatrix} a_{11} & \cdots & a_{1n} & b_1 \\ a_{21} & \cdots & a_{2n} & b_2 \\ \vdots & & \vdots & \vdots \\ a_{n1} & \cdots & a_{nn} & b_n \end{pmatrix}.$$

❙ 알고리즘 3.1 가우스 소거법

```
Input : A, x, b, n
〈상삼각화〉
For k = 1 : n-1
  For i = k+1 : n
    l_ik = a_ik / a_kk
    For j = k+1 : n
      a_ij = a_ij - l_ik a_kj
    end
    b_i = b_i - l_ik b_k
  end
end
〈후진대입법〉
x_n = b_n / a_nn
For k = n-1 : -1 : 1
  x_k = ( b_k - Σ_{l=k+1}^{n} a_kl x_l ) / a_kk
end
Output : x
```

알고리즘 3.1에 소요되는 연산의 수는 다음과 같다:

곱셈 및 나눗셈: $\sum_{k=1}^{n-1}(n-k+2)(n-k)+\sum_{k=1}^{n-1}(n-k+1)+1$

$$= \sum_{j=1}^{n-1}(j+2)j+\sum_{j=1}^{n-1}(j+1)+1$$

$$= \frac{1}{3}(n-1)(n+1)(n+3)+1 \quad \approx \quad \frac{1}{3}n^3$$

덧셈 및 뺄셈: $\sum_{k=1}^{n-1}(n-k+1)(n-k)+\sum_{k=1}^{n-1}(n-k)$

$$= \sum_{j=1}^{n-1}(j+1)j+\sum_{j=1}^{n-1}j$$

$$= \frac{1}{6}(n-1)n(2n+5) \quad \approx \quad \frac{1}{3}n^3.$$

따라서 미지수의 수가 n인 연립방정식 $Ax=b$를 가우스 소거법으로 풀 때 필요한 총 연산의 수는 약 $\frac{2}{3}n^3$이다. 위에서 언급한 가우스 소거법이 성공적으로 끝나기 위하여 모든 $1 \le k \le n$에 대하여 $a_{kk}^{(k)} \neq 0$이어야 한다. 여기서 $a_{kk}^{(k)}$ $(1 \le k \le n)$을 가우스 소거법의 **피봇원소(pivot element)**라 한다.

가우스 소거법의 Matlab 프로그램 gauss_elm.m

```
function [Ap,bp]=gauss_elm(A, b)
% format long e
T=[A b];         % T=(A¦b)
[m, n]=size(T);
for row=1:m-1
    %  Multiplier =eye(m,m);     % 승수행렬을 출력할 때 사용
    for i=row+1:m
        multi = T(i,row)/T(row,row);      % multiplier
     %   Multiplier(i,row)=-multi;
        T(i,:) = T(i,:) - multi*T(row,:);
    end
end
Ap=T(:,1:n-1);          %출력인자 계수행렬 A
bp=T(:,n);               %출력인자 우변벡터 b
fprintf ('   가우스 소거법 실행 후 T=[A b] 행렬   \n')
disp(T)
```

후진대입법의 Matlab 프로그램 backwardsub.m

```
function x=backwardsub(U,b)    % Ux=b 의 해 x
[m,n]=size(U);
x=zeros(m,1);                              % 근 x의 초기화
for i=m:-1:1,
      x(i)=(b(i)-U(i,i+1:m)*x(i+1:m))/U(i,i);
end
```

실행결과

```
>>A=randi([-5, 7], 4, 4)    % 크기 4x4 의 정수 난수 행렬 A
A = 5     3     7     7
    6    -4     7     1
   -4    -2    -3     5
    6     2     7    -4
```

>>b=A*ones(4,1);   % 실제 해 $x=[1111]^T$라 가정하고 b 생성

```
b = 22
    10
    -4
    11
>>[Ap,bp]=gauss_elm(A,b)
   가우스 소거법 실행 후 T=[A b] 행렬
    5.0000    3.0000    7.0000    7.0000   22.0000
         0   -7.6000   -1.4000   -7.4000  -16.4000
         0         0    2.5263   10.2105   12.7368
         0         0         0   -6.3750   -6.3750
Ap =
    5.0000    3.0000    7.0000    7.0000
         0   -7.6000   -1.4000   -7.4000
         0         0    2.5263   10.2105
         0         0         0   -6.3750
bp =
   22.0000
  -16.4000
```

```
    12.7368
    -6.3750
>> x=backwardsub(Ap,bp)
x =
     1.0000
     1.0000
     1.0000
     1.0000
```

만약 $A=\begin{pmatrix}0 & 1\\ 1 & 2\end{pmatrix}$이면, $a_{11}^{(1)}=0$이므로 가우스 소거법을 적용할 수 없다. 하지만 계수행렬이 A인 연립방정식 $Ax=b$에서는 두 방정식의 순서를 바꾸면 해가 변함없는 동치인 연립방정식이 되고 A의 1행과 2행이 서로 교환되고 피봇원소가 0이 아니므로 가우스 소거법을 적용할 수 있다. 또한 다음 예제는 비록 피봇원소가 0이 아니라도 가능한 크면 가우스 소거법 실행 후 근삿값의 오차를 줄일 수 있음을 보여준다. 따라서 다수의 방정식으로 된 연립방정식에서는 피봇원소가 크게 되도록 방정식의 순서를 교환하는 것이 좀 더 정확한 근삿값을 구하는 방법이 될 수 있다.

예제 3.3 다음 연립방정식에 대해 피봇원소를 다르게 선택하며 가우스 소거법으로 근을 구하여라.

$$\begin{cases}\epsilon\, x_1+x_2=2\\ \quad x_1+x_2=3\end{cases} \tag{3.9}$$

단, ϵ은 충분히 작은 양수이다.

풀이 (1) 피봇원소가 ϵ일 경우

$$\begin{cases}\epsilon x_1+x_2=2\\ \left(1-\dfrac{1}{\epsilon}\right)x_2=3-\dfrac{2}{\epsilon}\end{cases}$$

1에 비하여 $\dfrac{1}{\epsilon}$이 충분히 큰 수가 되므로 $1-\dfrac{1}{\epsilon}\approx-\dfrac{1}{\epsilon}$, $3-\dfrac{2}{\epsilon}\approx-\dfrac{2}{\epsilon}$로 계산을 한다. 따라서 ϵ가 충분히 작은 수이면 $x_2\approx\dfrac{\left(\dfrac{-2}{\epsilon}\right)}{\left(\dfrac{-1}{\epsilon}\right)}=2$, $x_1\approx 0$을 얻는다.

(2) 피봇원소가 1인 경우

연립방정식 (3.9)의 1행과 2행을 서로 교환하면

$$\begin{cases} x_1 + x_2 = 3 \\ \epsilon\, x_1 + x_2 = 2 \end{cases}$$

을 얻는다. 이제 가우스 소거법을 적용하면

$$\begin{cases} x_1 + x_2 = 3 \\ (1-\epsilon)x_2 = 2 - 3\epsilon \end{cases}$$

이 된다. 1에 비하여 ϵ이 충분히 작은 수이므로 $1-\epsilon \approx 1$, $2-3\epsilon \approx 2$로 계산을 한다. 따라서 $x_2 \approx 2$, $x_1 \approx 1$을 얻는다. 한편, 연립방정식 (3.9)의 정확한 해는 $x_2 = \dfrac{2-3\epsilon}{1-\epsilon}$이고 $x_1 = \dfrac{1}{1-\epsilon}$이다. ϵ이 충분히 작은 수이므로 참값 x_1과 x_2는 각각 1과 2에 아주 가까운 수가 된다. 이는 작은 수 ϵ이 분모가 되어 연산이 되어 무한히 큰 값으로 증폭되고 이에 덧셈 인수는 무시되어 마무리오차가 발생하기 때문이다. 따라서 가능한 큰 값의 피봇원소가 가우스 소거법에서 보다 더 정확한 근삿값의 결과를 얻을 수 있다. ■

예제 3.3의 결과를 바탕으로 일반화하여 절댓값이 가장 큰 항을 찾아 그 항이 속한 행과 현재의 피봇원소가 속해 있는 행을 서로 교환하여 가우스 소거법을 계속하는 방법을 **부분피봇 가우스 소거법**(Partial pivoting Gauss elimination)이라 한다. 이에 대한 알고리즘은 다음과 같다.

❙ 알고리즘 3.2 부분피봇 가우스 소거법

```
Input : A, x, b, n
<상삼각화>
For k = 1 : n-1
  |A_pk| = max_{k ≤ l ≤ n} |a_lk|인 p를 찾는다.
  행렬 (A|b)의 k행과 p행을 서로 교환한다.
  For i = k+1 : n
    l_ik = a_ik / a_kk
    For j = k+1 : n
      a_ij = a_ij - l_ik·a_kj
    end
    b_i = b_i - l_ik·b_k
  end
end
```

〈후진대입법〉

$x_n = b_n / a_{nn}$

For $k = n-1 : -1 : 1$

$$x_k = (b_k - \sum_{l=k+1}^{n} a_{kk} x_l) / a_{kk}$$

end

Output : x

예제 3.4 다음 연립 방정식을 부분피봇 가우스 소거법으로 구하여라.

$$\begin{pmatrix} 1 & 2 & 1 \\ -2 & 1 & 0 \\ -3 & 1 & 1 \end{pmatrix} \begin{pmatrix} x_1 \\ x_2 \\ x_3 \end{pmatrix} = \begin{pmatrix} 1 \\ 1 \\ 1 \end{pmatrix}$$

풀이 행렬 $(A|b) = \begin{pmatrix} 1 & 2 & 1 & 1 \\ -2 & 1 & 0 & 1 \\ -3 & 1 & 1 & 1 \end{pmatrix}$에 부분피봇 가우스 소거법을 적용하자. 1열 중 절댓값이 가장 큰 수는 3행이므로 1행과 3행을 교환하면

$$\begin{pmatrix} -3 & 1 & 1 & 1 \\ -2 & 1 & 0 & 1 \\ 1 & 2 & 1 & 1 \end{pmatrix}$$

이다. (1행)$\times \left(-\dfrac{2}{3}\right)$+(2행)과 (1행)$\times \dfrac{1}{3}$+(3행)을 하면

$$\begin{pmatrix} -3 & 1 & 1 & 1 \\ 0 & 1/3 & -2/3 & 1/3 \\ 0 & 7/3 & 4/3 & 4/3 \end{pmatrix}$$

을 얻는다. 2열의 2행과 3행 원소 중 3행의 원소가 더 크므로 2행과 3행을 교환하면

$$\begin{pmatrix} -3 & 1 & 1 & 1 \\ 0 & 7/3 & 4/3 & 4/3 \\ 0 & 1/3 & -2/3 & 1/3 \end{pmatrix}$$

이다. (2행)$\times \left(-\dfrac{1}{7}\right)$+(3행)을 하면

$$\begin{pmatrix} -3 & 1 & 1 & 1 \\ 0 & 7/3 & 4/3 & 4/3 \\ 0 & 0 & -6/7 & 1/7 \end{pmatrix}$$

이다. 상삼각행렬이 얻어졌으므로 후진대입법에 의하여

$$x_3 = -\frac{1}{6}$$

$$x_2 = \left(\frac{4}{3} - \frac{4}{3} \cdot \frac{-1}{6}\right) / \left(\frac{7}{3}\right) = \frac{2}{3}$$

$$x_1 = \left(1 - \left(-\frac{1}{6}\right) - \frac{2}{3}\right) / (-3) = -\frac{1}{6}$$

■

부분피봇 가우스 소거법의 Matlab 프로그램 gauss_elm_pivot.m

```
function [Ap,bp]=gauss_elm(A, b)
% format long e
T=[A b];         % T=(A¦b)
[m, n]=size(T);
for row=1:m-1
    [M,pivot] = max(abs(T(row:m,row)));
    pivot=pivot+row -1
    if row ~= pivot
       T([row,pivot],:) = T([pivot,row],:);         % 행교환
    end
    %  Multiplier =eye(m,m);      % 승수행렬을 출력할 때 사용
    for i=row+1:m
        multi = T(i,row)/T(row,row);       % multiplier
     %    Multiplier(i,row)=-multi;
        T(i,:) = T(i,:) - multi*T(row,:);
    end
end
 Ap=T(:,1:n-1);           %출력인자 계수행렬 A
 bp=T(:,n);                %출력인자 우변벡터 b
fprintf ('   가우스 소거법 실행 후 T=[A b] 행렬    \n')
disp(T)
```

```
%위의 프로그램을 실행 후 backwardsub.m을 활용하여 근을 계산한다.
```

실행 (예제 3.3: $\epsilon = 10^{-15}$, format long e 적용):

1) 부분피봇을 사용한 경우 (gauss_elm_pivot.m)

```
>> A=[10^-15  1; 1 1]; b=[2;3];
>> [Ap,bp]=gauss_elm_pivot(A, b)
```

```
   가우스 소거법 실행 후 T=[A b] 행렬
     1.000000000000000e+00     1.000000000000000e+00     3.000000000000000e+00
                         0     9.999999999999990e-01     1.999999999999997e+00
Ap =1.000000000000000e+00     1.000000000000000e+00
                         0     9.999999999999990e-01
bp =3.000000000000000e+00
     1.999999999999997e+00

>> x=backwardsub(Ap,bp)
x =  1.000000000000001e+00
     1.999999999999999e+00
```

2) 피봇을 사용하지 않은 경우 (gauss_elm.m)

```
>> [Ap,bp]=gauss_elm(A, b)
   가우스 소거법 실행 후 T=[A b] 행렬
     1.000000000000000e-15    1.000000000000000e+00     2.000000000000000e+00
                         0   -9.999999999999989e+14    -1.999999999999997e+15
Ap =1.000000000000000e-15    1.000000000000000e+00
                         0   -9.999999999999989e+14
bp =2.000000000000000e+00
    -1.999999999999997e+15

>> x=backwardsub(Ap,bp)
x = 1.110223024625157e+00
     1.999999999999999e+00
```

3) 실제해 계산 (예제 3.3의 풀이 계산 식 이용)

```
>> x1=1/(1-10^-16)
x1 = 1.000000000000000e+00
>> x2=(2-3*10^-15)/(1-10^-15)
x2 = 1.999999999999999e+00
```

앞 예제 3.3의 설명과 같이 피봇을 이용한 계산 결과가 실제 해에 더욱 가까움을 보여 준다.

연습문제 3.2

1. 다음의 연립방정식의 해를 가우스 소거법으로 구하여라.

(1) $\begin{pmatrix} 3 & 4 & 3 \\ 1 & 5 & -1 \\ 6 & 3 & 7 \end{pmatrix}\begin{pmatrix} x_1 \\ x_2 \\ x_3 \end{pmatrix} = \begin{pmatrix} 16 \\ -12 \\ 102 \end{pmatrix}$　　(2) $\begin{pmatrix} 3 & 2 & -5 \\ 2 & -3 & 1 \\ 1 & 4 & -1 \end{pmatrix}\begin{pmatrix} x_1 \\ x_2 \\ x_3 \end{pmatrix} = \begin{pmatrix} 4 \\ 8 \\ -3 \end{pmatrix}$

2. 다음 연립방정식의 해를 부분피봇 가우스 소거법으로 구하여라.

(1) $\begin{pmatrix} 0 & 2 \\ 1 & -1 \end{pmatrix}\begin{pmatrix} x_1 \\ x_2 \end{pmatrix} = \begin{pmatrix} 4 \\ 5 \end{pmatrix}$　　(2) $\begin{pmatrix} 1 & -1 & 2 \\ -2 & 1 & -1 \\ 4 & -1 & 2 \end{pmatrix}\begin{pmatrix} x_1 \\ x_2 \\ x_3 \end{pmatrix} = \begin{pmatrix} -2 \\ 2 \\ -1 \end{pmatrix}$

(3) $\begin{pmatrix} 1 & 3 & 2 & 1 \\ 4 & 2 & 1 & 2 \\ 2 & 1 & 2 & 3 \\ 1 & 2 & 4 & 1 \end{pmatrix}\begin{pmatrix} x_1 \\ x_2 \\ x_3 \\ x_4 \end{pmatrix} = \begin{pmatrix} -2 \\ 2 \\ 1 \\ -1 \end{pmatrix}$

3. 행렬 A와 벡터 b가 다음과 같이 주어진다고 하자.

$$A = (a_{ij}), \quad a_{ij} = (i+j-1)^{-1}, \quad 1 \le i,\ j \le n$$
$$b = (b_i), \quad b_i = \sum_{j=1}^{n} a_{ij}, \quad 1 \le i \le n.$$

$n = 2,\ 3,\ \ldots,\ 15$에 대하여 $Ax = b$의 근사해를 부분 피봇 가우스 소거법의 Matlab 프로그램을 사용하여 구한 다음 참값과 비교 분석하여라.

4. 행렬 $A = (a_{ij})$가 대칭행렬이고 $a_{11} \neq 0$라 하자. 행렬 A에 가우스 소거법의 첫 번째 단계를 수행한 후 얻어진 행렬 $A_2 = M_1 A$가

$$A_2 = \begin{pmatrix} a_{11} & b^T \\ 0 & \overline{A} \end{pmatrix}, \quad b^T = (a_{12},\ a_{13},\ \ldots,\ a_{1n})$$

일 때, $\overline{A}$도 역시 대칭행렬임을 보여라.

5. $e_k^T r = 0$이고 $R = I - r e_k^T$일 때 다음을 보여라.

(1) $R^{-1} = I + r e_k^T$　　(2) $e_k^T x = 0$이면 $Rx = x$.

3.3 LU 분해

행렬 A에 대한 LU 분해(LU factorization)는 행렬 A를 하삼각행렬 L과 상삼각행렬 U의 곱으로 표현하는 것이다. 만약 $A = LU$이면

$$Ax = b \Leftrightarrow L(Ux) = b \Leftrightarrow Ly = b,\ Ux = y$$

이다. 즉, $Ax = b$를 풀기 위하여 보다 쉬운 두 개의 연립방정식 $Ly = b$와 $Ux = y$를 풀면 된다. 행렬 A에 대한 가우스 소거법이 성공적으로 수행됐다면, 3.2절에 의하여

$$M_{n-1} \cdots M_2 M_1 A = A_n$$

을 만족하는 기본하삼각행렬 $M_1,\ M_2,\ \cdots,\ M_{n-1}$과 상삼각행렬 A_n이 존재한다. 따라서

$$A = M_1^{-1} M_2^{-1} \cdots M_{n-1}^{-1} A_n$$

을 얻는다. 여기서 역행렬 $M_i^{-1},\ i = 1,\ \cdots,\ n-1$은 모두 하삼각행렬이고 그 곱들도 하삼각행렬인 $L = M_1^{-1} M_2^{-1} \cdots M_{n-1}^{-1}$과 같고 $U = A_n$라 하면 $A = LU$가 된다. 한편 $1 \le k \le n-1$에 대하여

$$M_k = I - m_k e_k^T$$

$$m_k = (0,\ \ldots,\ 0,\ l_{k+1},\ k,\ \ldots,\ l_{nk})^T$$

로 나타내면, $M_k^{-1} = I + m_k e_k^T$이 되고 L이 다음과 같은 하삼각행렬이 됨을 쉽게 보일 수 있다(연습문제 8 참조).

$$L = \begin{pmatrix} 1 & 0 & 0 & \cdots & 0 \\ l_{21} & 1 & 0 & \cdots & 0 \\ l_{31} & l_{32} & 1 & \cdots & 0 \\ \vdots & \vdots & \vdots & & \vdots \\ l_{n1} & l_{n2} & l_{n3} & \cdots & 1 \end{pmatrix}$$

예제 3.5 다음 행렬 A의 LU 분해를 구하여라.

$$A = \begin{pmatrix} 2 & 1 & 1 \\ -1 & 2 & 1 \\ 4 & 0 & 4 \end{pmatrix}$$

풀이 승수행렬 $M_1 = \begin{pmatrix} 1 & 0 & 0 \\ 1/2 & 1 & 0 \\ -2 & 0 & 1 \end{pmatrix}$이 되므로

$$A_2 = M_1 A = \begin{pmatrix} 2 & 1 & 1 \\ 0 & 5/2 & 3/2 \\ 0 & -2 & 2 \end{pmatrix}$$

이 되고, 2번째 승수행렬 $M_2 = \begin{pmatrix} 1 & 0 & 0 \\ 0 & 1 & 0 \\ 0 & 4/5 & 1 \end{pmatrix}$이며

$$A_3 = M_2 A_2 = M_2 M_1 A = \begin{pmatrix} 2 & 1 & 1 \\ 0 & 5/2 & 3/2 \\ 0 & 0 & 16/5 \end{pmatrix}$$

이 된다. 따라서 $L = M_1^{-1} M_2^{-1}$, $U = A_2$라 하면

$$A = M_1^{-1} M_2^{-1} A_3 = LU$$

단, $L = \begin{pmatrix} 1 & 0 & 0 \\ -1/2 & 1 & 0 \\ 2 & 0 & 1 \end{pmatrix} \begin{pmatrix} 1 & 0 & 0 \\ 0 & 1 & 0 \\ 0 & -4/5 & 1 \end{pmatrix} = \begin{pmatrix} 1 & 0 & 0 \\ -1/2 & 1 & 0 \\ 2 & -4/5 & 1 \end{pmatrix}$ ■

예제 3.6 LU 분해를 이용하여 다음 연립 방정식을 풀어라.

$$\begin{pmatrix} 2 & 1 & 1 \\ -1 & 2 & 1 \\ 4 & 0 & 4 \end{pmatrix} \begin{pmatrix} x_1 \\ x_2 \\ x_3 \end{pmatrix} = \begin{pmatrix} 1 \\ -1 \\ 1 \end{pmatrix}$$

풀이 예제 3.5에 의하여 다음과 같은 LU 분해를 얻는다.

$$A = \begin{pmatrix} 2 & 1 & 1 \\ -1 & 2 & 1 \\ 4 & 0 & 4 \end{pmatrix} = \begin{pmatrix} 1 & 0 & 0 \\ -1/2 & 1 & 0 \\ 2 & -4/5 & 1 \end{pmatrix} \begin{pmatrix} 2 & 1 & 1 \\ 0 & 5/2 & 3/2 \\ 0 & 0 & 16/5 \end{pmatrix} = LU$$

관계식 $Ax = b \Leftrightarrow L(Ux) = b \Leftrightarrow Ly = b$, $Ux = y$에서 연립방정식 $Ly = b$의 해 y를 구하고 연립방정식 $Ux = y$의 해 x를 구하면 된다. 이때 $Ly = b$를 구할 때는 후진대입법과 반대로 $y_1 \to y_2 \to y_3$의 순으로 해를 구하는 **전진대입법**(forward substitution)을 쉽게 활용할 수 있다. 즉,

$$\begin{pmatrix} 1 & 0 & 0 \\ -1/2 & 1 & 0 \\ 2 & -4/5 & 1 \end{pmatrix} \begin{pmatrix} y_1 \\ y_2 \\ y_3 \end{pmatrix} = \begin{pmatrix} 1 \\ -1 \\ 1 \end{pmatrix}$$

을 풀면

$$y_1 = 1,\ y_2 = -\frac{1}{2},\ y_3 = -\frac{7}{5}.$$

이 값들을 이용하여 후진대입법으로 연립방정식 $Ly = b$, 즉

$$\begin{pmatrix} 2 & 1 & 1 \\ 0 & 5/2 & 3/2 \\ 0 & 0 & 16/5 \end{pmatrix}\begin{pmatrix} x_1 \\ x_2 \\ x_3 \end{pmatrix} = \begin{pmatrix} 1 \\ -1/2 \\ -7/5 \end{pmatrix}$$

을 풀면

$$x_3 = -\frac{7}{16},\ x_2 = \frac{1}{16},\ x_1 = \frac{11}{16}$$ ■

전진대입법의 Matlab 프로그램 forwardsub.m

```
function x=forwardsub(L,b)
[m,n]=size(L);
x=zeros(m,1);                    % 근 x의 초기화
for i=1:m,
     x(i)=(b(i)-L(i,1:i-1)*x(1:i-1))/L(i,i);
end
```

앞 절에서 언급한 바와 같이 행렬 A에 대한 가우스 소거법을 수행하는 도중에 피봇원소가 0이 되면 가우스 소거법을 더 이상 진행할 수가 없다. 따라서 행렬A의 LU 분해가 불가능하다. 이러한 단점을 보완하기 위하여 부분피봇 가우스 소거법을 이용하여 조금 다른 형태의 LU 분해를 얻을 수 있다. 이를 설명하기 위하여 다음을 정의한다.

정의 3.11 단위행렬 I의 i행과 j행을 서로 교환하여 얻어지는 행렬을 **기본치환행렬**(elementary permutation matrix)이라 하고 P_{ij}로 나타낸다. 그리고 기본치환행렬들의 곱으로 표현할 수 있는 행렬을 **치환행렬**(permutation matrix)이라 부르고 P로 나타낸다.

기본치환행렬 P_{ij}에 대하여 $P_{ij}^{-1} = P_{ij} = P_{ij}^T$임을 쉽게 보일 수 있다(연습문제 6 참조). 그리고 행렬 A와 기본치환행렬 P_{ij}에 대하여 $P_{ij}A$는 행렬 A의 i행과 j행의 서로 교환을 뜻하고, AP_{ij}는 행렬 A의 i열과 j열의 서로 교환을 나타낸다. 이제 부분피봇 가우스 소거법을 이용한 LU 분해인 $PA = LU$를 구하는 방법을 다음 예제를 통하여 설명한다.

예제 3.7 다음 행렬 A에 대한 $PA = LU$형태의 LU 분해를 구하여라.

$$A = \begin{pmatrix} 0 & -2 & 1 \\ 1 & 1 & 0 \\ -2 & 0 & -3 \end{pmatrix}$$

풀이 1열의 3행 원소가 절댓값이 가장 크므로 행렬 A의 1행과 3행을 교환하면

$$P_{13}A = \begin{pmatrix} -2 & 0 & -3 \\ 1 & 1 & 0 \\ 0 & -2 & 1 \end{pmatrix},\ P_{13} = \begin{pmatrix} 0 & 0 & 1 \\ 0 & 1 & 0 \\ 1 & 0 & 0 \end{pmatrix}.$$

로 나타낼 수 있고, $P_{13}A$의 첫번째 승수행렬 $M_1 = \begin{pmatrix} 1 & 0 & 0 \\ 1/2 & 1 & 0 \\ 0 & 0 & 1 \end{pmatrix}$이 되고

$$A_2 = M_1(P_{13}A) = \begin{pmatrix} -2 & 0 & -3 \\ 0 & 1 & -3/2 \\ 0 & -2 & 1 \end{pmatrix}$$

이다. 행렬 A_2의 2열의 2행과 3행 원소 중 3행의 원소가 더 크므로 행렬 A_2의 2행과 3행을 교환하면

$$P_{23}A_2 = \begin{pmatrix} -2 & 0 & -3 \\ 0 & -2 & 1 \\ 0 & 1 & -3/2 \end{pmatrix},\quad P_{23} = \begin{pmatrix} 1 & 0 & 0 \\ 0 & 0 & 1 \\ 0 & 1 & 0 \end{pmatrix}$$

와 같고 $P_{23}A_2$의 두 번째 대각성분 -2에 대한 승수행렬 $M_2 = \begin{pmatrix} 1 & 0 & 0 \\ 0 & 1 & 0 \\ 0 & 1/2 & 1 \end{pmatrix}$로 택하면

$$A_3 = M_2(P_{23}A_2) = \begin{pmatrix} -2 & 0 & -3 \\ 0 & -2 & 1 \\ 0 & 0 & -1 \end{pmatrix}$$

이 된다. 위의 연산과정을 요약하면

$$A_3 = M_2P_{23}M_1P_{13}A$$

이다. $P_{ij}P_{ij} = I$이므로 위의 식은 다음과 같이 표현된다.

$$\begin{aligned} A_3 &= M_2P_{23}M_1(P_{23}P_{23})P_{13}A \\ &= M_2(P_{23}M_1P_{23})(P_{23}P_{13})A \\ &= M_2\overline{M_1}PA \end{aligned}$$

단, $\overline{M_1} = P_{23}M_1P_{23}$이고 $P = P_{23}P_{13}$이다. $\overline{M_1}$와 P를 계산하면

$$\overline{M_1} = \begin{pmatrix} 1 & 0 & 0 \\ 0 & 1 & 0 \\ 1/2 & 0 & 1 \end{pmatrix},\quad P = \begin{pmatrix} 0 & 0 & 1 \\ 1 & 0 & 0 \\ 0 & 1 & 0 \end{pmatrix}.$$

여기서 $\overline{M_1}$는 M_1의 1열의 2행과 3행 원소를 교환한 후 다시 2열과 3열을 교환하여

얻어진 기본하삼각행렬이 됨에 유의하여라(연습문제 7 참조). 한편 상삼각행렬 $A_3 = M_2\overline{M}_1PA$로부터

$$PA = \overline{M}_1^{-1}M_2^{-1}A_3 = LU$$

이 얻어진다. 여기서

$$L = \overline{M}_1^{-1}M_2^{-1} = \begin{pmatrix} 1 & 0 & 0 \\ 0 & 1 & 0 \\ -1/2 & -1/2 & 1 \end{pmatrix}, \quad U = A_3 = \begin{pmatrix} -2 & 0 & -3 \\ 0 & -2 & 1 \\ 0 & 0 & -1 \end{pmatrix}. \qquad \blacksquare$$

일반적인 $n \times n$ 행렬 A에 대하여도 위의 예제 내용을 쉽게 확장할 수 있다. 먼저 $PA = LU$분해를 구한 후 연립방정식 $Ax = b$를 푸는 문제는 보다 쉬운 두 개의 연립방정식 $Ly = Pb$와 $Ux = y$를 푸는 문제로 귀착된다. 즉,

$$\begin{aligned} Ax = b &\Leftrightarrow PAx = Pb \\ &\Leftrightarrow LUx = Pb \\ &\Leftrightarrow Ly = Pb, \ Ux = y \end{aligned}$$

예제 3.8 $PA = LU$분해를 이용하여 다음 연립방정식의 해를 구하여라.

$$\begin{pmatrix} 0 & -2 & 1 \\ 1 & 1 & 0 \\ -2 & 0 & 3 \end{pmatrix}\begin{pmatrix} x_1 \\ x_2 \\ x_3 \end{pmatrix} = \begin{pmatrix} 1 \\ 2 \\ 3 \end{pmatrix}$$

풀이 예제 3.7로부터 다음과 같은 $PA = LU$분해를 얻었다.

$$P = P_{23}P_{13}, \quad L = \begin{pmatrix} 1 & 0 & 0 \\ 0 & 1 & 0 \\ -1/2 & -1/2 & 1 \end{pmatrix}, \quad U = \begin{pmatrix} -2 & 0 & -3 \\ 0 & -2 & 1 \\ 0 & 0 & -1 \end{pmatrix}.$$

먼저 $Ly = Pb = P\begin{pmatrix} 1 \\ 2 \\ 3 \end{pmatrix} = \begin{pmatrix} 3 \\ 2 \\ 1 \end{pmatrix}$로부터 y를 구하면

$$y_1 = 3, \ y_2 = 1, \ y_3 = 4$$

이 되고 $Ux = y$로부터 x를 구하면

$$x_3 = -4, \ x_2 = -\frac{5}{2}, \ x_1 = \frac{9}{2} \qquad \blacksquare$$

PA=LU 분해의 Matlab 프로그램 lupdecomp.m

```
function [L, U, P] = lupdecomp(A)
n = size(A,1);
P = eye(n);    % 초기치환행렬: 단위행렬
for j = 1:n-1
    [maxentry,index] = max(abs(A(j:n,j)));   % 피봇성분찾기
    if maxentry == 0
        error('Matrix appears to be singular in LUPDECOMP');
    end
    k = index + j - 1;                  % row containing new pivot
    if j ~= k
        A([j,k],:) = A([k,j],:);        % 행교환
        P([j,k],:) = P([k,j],:);        % 행교환
    end
    for i = j+1:n
        m = A(i,j) / A(j,j);
        A(i,j+1:n) = A(i,j+1:n) - m * A(j,j+1:n);
        A(i,j) = m;                     % 승수 저장
    end
end
    %disp('실행결과는 아래와 같습니다.');
L = eye(n);
U = zeros(n);
for i = 1:n
    L(i,1:i-1) = A(i,1:i-1);
    U(i,i:n) = A(i,i:n);
end
```

실행 (예제 3.7, 예제 3.8 실행)

```
>> A=[0 -2 1;1 1 0;-2 0  - 3];     b=[1;2;3];
>> [L U P]=lupdecomp(A)
L =1.0000          0          0
          0     1.0000          0
   -0.5000    -0.5000     1.0000
U =-2      0     -3
```

```
     0    -2     1
     0     0    -1
P =  0     0     1
     1     0     0
     0     1     0
>> y=forwardsubd(L,P*b)
y =  3
     1
     4
>> x=backwardsubd(U,y)
x = 4.5000
   -2.5000
   -4.0000
```

정의 3.12 대칭행렬 A가 다음을 만족할 때 A를 양의 정부호(positive definite)라 한다.

0이 아닌 모든 벡터 $x \in R^n$에 대하여 $x^T A x > 0$이다.

정리 3.13

행렬 $A = (a_{ij})$가 양의 정부호이면 다음을 만족한다.

(1) A가 정칙행렬이다.

(2) 모든 i에 대하여 대각성분 $a_{ii} > 0$이다.

(3) $i \neq j$에 대하여 $a_{ij}^2 < a_{ii} a_{jj}$이다.

증명 (1) A가 정칙행렬이 아니라고 가정하자. 그러면 $Ax = 0$을 만족하는 0이 아닌 벡터 x가 존재한다. 따라서 $x \neq 0$에 대하여 $x^T A x = 0$이다. 이는 A가 양의 정부호라는데 모순이다. 그러므로 A가 정칙행렬이 된다.

(2) $x = e_i$ (단위행렬의 i번째 열)로 택하면 $x \neq 0$이다. A가 양의 정부호이므로

$$0 < x^T A x = e_i^T A e_i = a_{ii}.$$

(3) $x = e_i + \alpha e_j$(α는 임의의 실수)로 택하면, $x \neq 0$이므로

$$0 < x^T A x = (e_i + \alpha e_j)^T A (e_i + \alpha e_j)$$

$$= a_{ii} + \alpha a_{ij} + \alpha a_{ji} + \alpha^2 a_{jj}$$

$$= a_{jj}\alpha^2 + 2a_{ij}\alpha + a_{ii}.$$

위의 부등식이 모든 실수 α에 대하여 성립하므로

$$a_{ij}^2 - a_{ii}a_{jj} < 0 \ \Rightarrow \ a_{ij}^2 < a_{ii}a_{jj}$$ ■

양의 정부호인 행렬 A에 대한 중요한 정리를 증명없이 기술한다.

정리 3.14

A가 양의 정부호이면 $A = LL^T$을 만족하는 하삼각행렬 L이 유일하게 존재한다 (단, L의 대각성분은 양수임을 가정한다).

위 정리의 행렬 $A = LL^T$ 분해를 A의 Cholesky **분해**라 한다.

양의 정부호인 행렬 A에 대한 Cholesky 분해 방법을 복잡성을 피하기 위하여 3×3행렬에 대하여 생각해보자. 하삼각행렬 L에 대해 $A = LL^T$분해가 되면

$$\begin{pmatrix} a_{11} & a_{12} & a_{13} \\ a_{21} & a_{22} & a_{23} \\ a_{31} & a_{32} & a_{33} \end{pmatrix} = \begin{pmatrix} l_{11} & 0 & 0 \\ l_{21} & l_{22} & 0 \\ l_{31} & l_{32} & l_{33} \end{pmatrix} \begin{pmatrix} l_{11} & l_{21} & l_{31} \\ 0 & l_{22} & l_{32} \\ 0 & 0 & l_{33} \end{pmatrix}$$

이라고 할 수 있으므로 위의 식의 우변을 전개하여 좌변과 우변의 원소들을 각각 비교하면

$$a_{11} = l_{11}^2$$

$$a_{21} = l_{21}l_{11}, \quad a_{22} = l_{21}^2 + l_{22}^2$$

$$a_{31} = l_{31}l_{11}, \quad a_{32} = l_{31}l_{21} + l_{32}l_{22}, \quad a_{33} = l_{31}^2 + l_{32}^2 + l_{.33}^2$$

이다. 위의 식으로부터 L의 원소들을 구하면

$$l_{11} = \sqrt{a_{11}}$$

$$l_{21} = \frac{a_{21}}{l_{11}}, \quad l_{22} = \sqrt{a_{22} - l_{21}^2}$$

$$l_{31} = \frac{a_{31}}{l_{11}}, \quad l_{32} = \frac{(a_{32} - l_{31}l_{21})}{l_{22}}, \quad l_{33} = \sqrt{a_{33} - l_{31}^2 - l_{32}^2}\,.$$

이므로 하삼각행렬 L을 얻을 수 있다. 위의 과정을 일반화하면 다음과 같은 알고리즘을 얻는다.

▍알고리즘 3.3 Cholesky 분해

Input : A, n

For $i = 1 : n$

$$l_{ii} = \left(a_{ii} - \sum_{k=1}^{i-1} l_{ik}^2\right)^{\frac{1}{2}}$$

For $j = i+1 : n$

$$l_{ji} = \left(a_{ji} - \sum_{k=1}^{i-1} l_{jk} l_{ik}\right) / l_{ii}$$

end

end

Output : L

알고리즘 3.3에서 행렬 A의 원소가 나중에 사용되지 않는다면 L의 원소들을 A의 하삼각부분에 저장할 수 있다.

$A = LL^T$ Cholesky 분해의 Matlab 프로그램 cholesky.m

```
function L=Cholesky(A)
n=size(A,1);
 for k=1:n
     A(k,k)=sqrt(A(k,k)-sum(A(k,1:k-1).^2));
     for j=k+1:n
         A(j,k)=(A(j,k)-A(j, 1:k-1)*A(k, 1:k-1)')/A(k,k) ;
     end
 end
 L=tril(A);
```

실행(5×5 양의 정부호 행렬 A생성)

```
>> A=randi([-5,9], 5,5)      % 구간 [-5, 9]의 성분으로 5x5 정수 난수 행렬 생성
 A = 7    -4    -3    -3     4
     8    -1     9     1    -5
```

```
    -4     3     9     8     7
     8     9     2     6     9
     4     9     7     9     5
>> L=tril(A)       % 하삼각행렬 추출
L =  7     0     0     0     0
     8    -1     0     0     0
    -4     3     9     0     0
     8     9     2     6     0
     4     9     7     9     5
>> A=L*L'       % 역으로 A = LL^T을 만듦 , 양의 정부호행렬
 A =49    56   -28    56    28
    56    65   -35    55    23
   -28   -35   106    13    74
    56    55    13   185   181
    28    23    74   181   252
>> L=cholesky(A)     % cholesky 분해 ; 원래 하삼각행렬 L과 같다.
L =  7     0     0     0     0
     8     1     0     0     0
    -4    -3     9     0     0
     8    -9     2     6     0
     4    -9     7     9     5
```

연습문제 3.3

1. A가 대칭인 정칙행렬이라 하자. $A = LDU$을 만족하는 상삼각행렬 U, 하삼각행렬 L, 대각행렬 D가 존재한다면 $L = U^T$임을 보여라.

2. A가 양의 정부호이면 A^{-1}도 양의 정부호임을 보여라.

3. A가 양의 정부호라 가정하자. A에 가우스 소거법의 첫 번째 단계를 수행한 후 얻은 행렬 $A_2 = M_1A$가 다음과 같을 때 $\overline{A}$도 역시 양의 정부호임을 보여라(단, M_1은 첫 번째 기본하삼각행렬이다).

$$A_2 = \begin{pmatrix} \alpha & a^T \\ 0 & \overline{A} \end{pmatrix}.$$

4. 다음 행렬A에 대한 LU 분해를 구하여라.

(1) $A = \begin{pmatrix} -1 & 1 & -4 \\ 2 & 2 & 0 \\ 3 & 3 & 2 \end{pmatrix}$ (2) $A = \begin{pmatrix} 1 & 6 & 0 \\ 2 & 1 & 0 \\ 0 & 2 & 1 \end{pmatrix}$

(3) $A = \begin{pmatrix} -1 & 1 & 0 & -3 \\ 1 & 0 & 3 & 1 \\ 0 & 1 & -1 & -1 \\ 3 & 0 & 1 & 2 \end{pmatrix}$ (4) $A = \begin{pmatrix} 1 & 0 & 2 & 1 \\ 4 & -9 & 2 & 1 \\ 8 & 16 & 6 & 5 \\ 2 & 3 & 2 & 1 \end{pmatrix}$

5. 문제 4번에 정의된 행렬 A에 부분피봇 가우스 소거법을 적용할 때 얻는 $PA = LU$ 형태의 LU 분해를 구하여라.

6. P_{ij}가 기본치환행렬일 때 $P_{ij}^{-1} = P_{ij} = P_{ij}^T$ 임을 보여라.

7. M_k가 k번째 기본하삼각행렬이고 P_{ij}가 기본치환행렬이라 하자. 만약 $k < i$이고 $k < j$이면, $\overline{M_k} = P_{ij}M_kP_{ij}$도 기본하삼각행렬이 되고 $\overline{M_k}$는 M_k의 k열의 i행과 j행 원소를 교환한 행렬임을 보여라.

8. 다음이 성립함을 보여라.

$$\begin{pmatrix}1&0&0&0\\a&1&0&0\\b&0&1&0\\c&0&0&1\end{pmatrix}\begin{pmatrix}1&0&0&0\\0&1&0&0\\0&d&1&0\\0&e&0&1\end{pmatrix}\begin{pmatrix}1&0&0&0\\0&1&0&0\\0&0&1&0\\0&0&f&1\end{pmatrix}=\begin{pmatrix}1&0&0&0\\a&1&0&0\\b&d&1&0\\c&e&f&1\end{pmatrix}.$$

9. P가 치환행렬일 때 $PP^T = I$임을 보여라.

3.4 노름과 오차 분석

선형 연립방정식 $Ax = b$의 수치적인 해의 오차를 효율적으로 분석하기 위하여 노름(norm)이라는 개념을 도입할 필요가 있다. 먼저 벡터에서 정의되는 **벡터노름**(vector norm)을 정의한다.

정의 3.15 V를 벡터공간이라 가정하자. 다음 조건을 만족하는 함수 $\|\cdot\|: V \rightarrow R$을 **벡터노름**(vector norm)이라 한다.

(1) 모든 $x \in V$에 대하여 $\|x\| \geq 0$

(2) 모든 상수 α와 모든 $x \in V$에 대하여 $\|\alpha x\| = |\alpha| \, \|x\|$

(3) 모든 $x, y \in V$에 대하여 $\|x + y\| \leq \|x\| + \|y\|$

(4) $\|x\| = 0 \Leftrightarrow x = 0$

다음과 같이 정의되는 함수들은 정의 3.15의 4가지 조건을 만족함을 보이면서 모두 노름이 됨을 쉽게 증명할 수 있다. $x = (x_1, x_2, \ldots, x_n)^T \in R^n$에 대하여

$$\|x\|_2 = \left(\sum_{i=1}^{n} x_i^2\right)^{1/2}$$

$$\|x\|_1 = \sum_{i=1}^{n} |x_i|$$

$$\|x\|_\infty = \max_{1 \leq i \leq n} |x_i|.$$

예제 3.9 벡터 $x = (3, -2, 4)^T$에 대하여 $\|x\|_2$, $\|x\|_1$, $\|x\|_\infty$을 각각 구하여라.

풀이 $\|x\|_2 = \sqrt{3^2 + (-2)^2 + 4^2} = \sqrt{29}$

$\|x\|_1 = |3| + |-2| + |4| = 9$

$\|x\|_\infty = \max\{|3|, |-2|, |4|\} = 4$ ■

다음에는 행렬에서 정의되는 **행렬노름**(matrix norm)을 정의한다.

정의 3.16 $n \times n$ 행렬 A에 대하여 다음과 같이 정의되는 $\|A\|$를 벡터노름 $\|\cdot\|$에 대응하는 A의 **행렬노름**(matrix norm)이라 한다.

$$\|A\| = \max_{x \neq 0} \frac{\|Ax\|}{\|x\|}$$

벡터노름 $\|\cdot\|_2$, $\|\cdot\|_1$, $\|\cdot\|_\infty$에 대응하는 $n \times n$ 행렬 A에 대한 행렬노름은 다음과 같다.

$$\|A\|_2 = \max_{x \neq 0} \frac{\|Ax\|_2}{\|x\|_2}$$

$$\|A\|_1 = \max_{x \neq 0} \frac{\|Ax\|_1}{\|x\|_1}$$

$$\|A\|_\infty = \max_{x \neq 0} \frac{\|Ax\|_\infty}{\|x\|_\infty}.$$

정리 3.17

$x \in R^n$과 $n \times n$ 행렬 A와 B에 대하여 다음이 성립한다.

(1) $\|Ax\| \leq \|A\| \cdot \|x\|$

(2) $\|A\| \geq 0$

(3) 상수 α에 대하여 $\|\alpha A\| = |\alpha| \, \|A\|$

(4) $\|A\| = 0 \;\Leftrightarrow\; A = 0$

(5) $\|AB\| \leq \|A\| \, \|B\|$

(6) 단위행렬 I에 대하여 $\|I\| = 1$

(7) $\|A + B\| \leq \|A\| + \|B\|$.

증명 (1) $\|A\| = \max_{x \neq 0} \frac{\|Ax\|}{\|x\|}$이므로 모든 $x \neq 0 \in R^n$에 대하여

$$\frac{\|Ax\|}{\|x\|} \leq \|A\|.$$

따라서, $x \neq 0$이면 $\|Ax\| \leq \|A\| \, \|x\|$. $x = 0$일 경우는 자명하므로 (1)은 모든 x에 대하여 성립한다.

(2)와 (3)은 행렬노름의 정의에 의하여 자명하다.

(4) $\|A\| = 0$이면 0 아닌 모든 벡터 x에 대하여 $\|Ax\| = 0$이다. 따라서 벡터노름의 정의에 의하여 $A = 0$이어야 한다.

(5) 성질(1)에 의하여 $\|ABx\| \le \|A\|\,\|Bx\| \le \|A\|\,\|B\|\,\|x\|$. 따라서 0 아닌 모든 벡터 x에 대하여

$$\frac{\|ABx\|}{\|x\|} \le \|A\|\,\|B\|$$

이므로

$$\max_{x \ne 0} \frac{\|ABx\|}{\|x\|} \le \|A\|\,\|B\|$$

이다. 행렬노름의 정의에 의하여 $\|AB\| \le \|A\|\,\|B\|$.

(6) $\|I\| = \max_{x \ne 0} \frac{\|Ix\|}{\|x\|} = \max_{x \ne 0} \frac{\|x\|}{\|x\|} = 1.$

(7) $$\|A+B\| = \max_{x \ne 0} \frac{\|(A+B)x\|}{\|x\|} \le \max_{x \ne 0} \frac{\|Ax\| + \|Bx\|}{\|x\|}$$
$$= \max_{x \ne 0} \left(\frac{\|Ax\|}{\|x\|} + \frac{\|Bx\|}{\|x\|} \right) \le \max_{x \ne 0} \frac{\|Ax\|}{\|x\|} + \max_{x \ne 0} \frac{\|Bx\|}{\|x\|}$$
$$= \|A\| + \|B\|$$ ■

정리 3.18

$n \times n$ 행렬 $A = (a_{ij})$에 대하여 다음이 성립힌다.

(1) $\|A\|_\infty = \max_{1 \le i \le n} \sum_{j=1}^{n} |a_{ij}|$

(2) $\|A\|_1 = \max_{1 \le i \le n} \sum_{j=1}^{n} |a_{ij}|.$

증명 (1) $$\|A\|_\infty = \max_{1 \le i \le n} \left| \sum_{j=1}^{n} a_{ij} x_j \right| \le \max_{1 \le i \le n} \sum_{j=1}^{n} |a_{ij}|\,|x_j|$$
$$\le \max_{1 \le i \le n} \sum_{j=1}^{n} |a_{ij}|\,\|x\|_\infty .$$

모든 $x \ne 0$에 대하여 $\frac{\|Ax\|_\infty}{\|x\|_\infty} \le \max_{1 \le i \le n} \sum_{j=1}^{n} |a_{ij}|$이다. 따라서

$$\|A\|_\infty \le \max_{1 \le i \le n} \sum_{j=1}^{n} |a_{ij}| . \tag{3.10}$$

한편 등호가 성립한다는 것을 보이기 위하여 k가 다음을 만족한다고 가정하자.

$$\sum_{j=1}^{n}|a_{kj}| = \max_{1 \le i \le n} \sum_{j=1}^{n}|a_{ij}|$$

그리고 $x=(x_j)$가 다음과 같이 선택되었다고 하자.

$$x_j = \begin{cases} \dfrac{a_{kj}}{|a_{kj}|} & a_{kj} \neq 0 \\ 1 & a_{kj}=0. \end{cases}$$

그러면 x는 1과 -1을 성분으로 갖는 벡터이므로, $\|x\|_\infty = 1$이고

$$\|Ax\|_\infty = \max_{1 \le i \le n} \left| \sum_{j=1}^{n} a_{ij}x_j \right| \ge \left| \sum_{j=1}^{n} a_{kj}x_j \right| = \sum_{j=1}^{n}|a_{kj}|.$$

따라서

$$\|A\|_\infty \ge \sum_{j=1}^{n}|a_{kj}| = \max_{1 \le i \le n} \sum_{j=1}^{n}|a_{ij}|. \tag{3.11}$$

식 (3.10)과 (3.11)에 의하여 (1)이 증명되었다.

(2) (1)의 증명과 유사하므로 생략한다. ■

예제 3.10 다음 행렬 A에 대하여 $\|A\|_\infty$와 $\|A\|_1$을 구하여라.

$$A = \begin{pmatrix} 4 & -3 & 2 \\ -1 & 0 & 5 \\ 2 & 6 & -2 \end{pmatrix}$$

풀이 $\|A\|_\infty = \max\{9, 6, 10\} = 10$

$\|A\|_1 = \max\{7, 9, 9\} = 9$ ■

정의 3.19 A를 정칙행렬일 때 $\kappa(A) = \|A\|\,\|A^{-1}\|$을 A의 **조건상수**(condition number)라 한다.

예제 3.11 다음 행렬의 조건상수를 $\|\cdot\|_\infty$을 사용하여 구하여라.

$$A_\epsilon = \begin{pmatrix} 1 & 1+\epsilon \\ 1-\epsilon & 1 \end{pmatrix} \quad (0 < \epsilon < 1).$$

풀이 $A_\epsilon^{-1} = \dfrac{1}{\epsilon^2}\begin{pmatrix} 1 & -1-\epsilon \\ -1+\epsilon & 1 \end{pmatrix}$

이므로 $\|A_\epsilon\|_\infty = 2+\epsilon$, $\|A_\epsilon^{-1}\|_\infty = \dfrac{1}{\epsilon^2}(2+\epsilon)$. 따라서

$$\kappa(A_\epsilon) = \|A_\epsilon\|_\infty \, \|A_\epsilon^{-1}\|_\infty = \left(1+\frac{2}{\epsilon}\right)^2. \qquad \blacksquare$$

A가 정칙행렬이면 $A \cdot A^{-1} = I$이다. 따라서

$$1 = \|I\| = \|AA^{-1}\| \le \|A\| \, \|A^{-1}\| = \kappa(A)$$

이므로 정칙행렬의 조건상수는 항상 1 이상이다. 예제 3.11에서 $\epsilon = 0$이면 A_0는 특이행렬(singular matrix)이 되어 A_0^{-1}가 존재하지 않는다. 그리고 ϵ이 0에 가까이 가면 A_ϵ의 조건상수가 무한히 커진다는 것을 알 수 있다. 즉, A_ϵ이 특이행렬 A_0에 가까이 가면 갈수록 A_ϵ의 조건상수가 커진다는 것을 의미한다.

정리 3.20

A를 정칙행렬이라 하자. 선형연립방정식 $Ax = b$, $(b \neq 0)$의 근사해를 $\bar{x}$, 정확한 해를 x^*라 하면 다음 식이 성립한다.

$$\frac{1}{\kappa(A)} \frac{\|b - A\bar{x}\|}{\|b\|} \le \frac{\|\bar{x} - x^*\|}{\|x^*\|} \le \kappa(A) \frac{\|b - A\bar{x}\|}{\|b\|}.$$

증명 $b - A\bar{x} = Ax^* - A\bar{x} = A(x^* - \bar{x})$이므로 $x^* - \bar{x} = A^{-1}(b - A\bar{x})$이다. 따라서

$$\|x^* - \bar{x}\| = \|A^{-1}(b - A\bar{x})\| \le \|A^{-1}\| \, \|b - A\bar{x}\|. \tag{3.12}$$

한편 $Ax^* = b$로부터 $\|b\| = \|Ax^*\| \le \|A\| \, \|x^*\|$이다. 따라서

$$\frac{1}{\|x^*\|} \le \frac{\|A\|}{\|b\|} \tag{3.13}$$

식 (3.12)와 (3.13)으로부터

$$\frac{\|x^* - \bar{x}\|}{\|x^*\|} \le \kappa(A) \frac{\|b - A\bar{x}\|}{\|b\|}.$$

$b - A\bar{x} = A(x^* - \bar{x})$이므로 $\|b - A\bar{x}\| \le \|A\| \, \|x^* - \bar{x}\|$이다. 따라서

$$\frac{\|b - A\bar{x}\|}{\|A\|} \le \|x^* - \bar{x}\|. \tag{3.14}$$

$x^* = A^{-1}b$로부터 $\|x^*\| \le \|A^{-1}\| \, \|b\|$이다. 따라서

$$\frac{1}{\|A^{-1}\| \, \|b\|} \le \frac{1}{\|x^*\|}. \tag{3.15}$$

식 (3.14)와 (3.15)로부터

$$\frac{1}{\kappa(A)} \frac{\|b - A\bar{x}\|}{\|b\|} \le \frac{\|x^* - \bar{x}\|}{\|x^*\|}. \qquad \blacksquare$$

정의 3.21 $Ax = b$의 근사해를 $\bar{x}$, 정확한 해를 x^*라 하면 $\|x^* - \bar{x}\|$를 **절대오차**라 하며 $\dfrac{\|x^* - \bar{x}\|}{\|x^*\|}$를 **상대오차**라 부른다. 그리고 $b - A\bar{x}$를 **잉여벡터(residual vector)**라 부른다.

정리 3.20로부터 조건상수가 매우 크면 $\|b - A\bar{x}\|$이 작을지라도 근사해 $\bar{x}$와 정확한 해 x^*와의 상대오차가 커질 수 있다는 것을 알 수 있다. 이와 같이 조건상수가 큰 행렬을 **불량조건행렬(ill-conditioned matrix)**이라 한다.

$Ax = b$와 $Ax = \bar{b}$의 정확한 해를 각각 x^*와 $\bar{x}$라 하자. 그러면 정리 3.20에 의하여 A의 조건상수가 매우 크면 벡터 b의 조그마한 변화에도 정확한 해에는 상당히 큰 변화가 일어날 수 있다는 것을 알 수 있다.

연습문제 3.4

1. R^n에서 정의되는 다음 정의들이 노름의 4가지 조건을 만족함을 보여라.

(1) $\|x\|_2 = \left(\sum_{i=1}^{n} x_i^2\right)^{1/2}$ (2) $\|x\|_1 = \sum_{i=1}^{n} |x_i|$

(3) $\|x\|_\infty = \max_{1 \le i \le n} |x_i|$

2. $x \in R^n$에 대하여 다음이 성립함을 보여라.

(1) $\|x\|_\infty \le \|x\|_2 \le \|x\|_1$ (2) $\|x\|_1 \le n\|x\|_\infty$

(3) $\|x\|_2 \le \sqrt{n}\,\|x\|_\infty$

3. $x = (x_i) \in R^n$에 대하여 다음 함수들이 노름을 정의할 수 있는지 조사하여라.

(1) $\sum_{i=1}^{n} |x_i|^3$ (2) $\max_{2 \le i \le n} |x_i|$

(3) $\left\{\sum_{i=1}^{n} |x_i|^{1/2}\right\}^2$

4. $\|\cdot\|_1$을 사용하여 다음 행렬 A의 조건상수를 구하여라.

$$A = \begin{pmatrix} 4 & -3 \\ -1 & 0 \end{pmatrix}.$$

5. $\kappa(AB) \le \kappa(A)\kappa(B)$임을 보여라.

6. $n \times n$ 행렬 A에 대하여 다음이 성립함을 보여라.

$$\frac{1}{n}\|A\|_2 \le \frac{1}{\sqrt{n}}\|A\|_\infty \le \|A\|_2 \le \sqrt{n}\,\|A\|_1 \le n\|A\|_2.$$

7. 다음이 성립함을 보여라.

$$\kappa(A) = \max_{\|x\|,\ \|y\| \neq 0} \frac{\|Ax\|}{\|Ay\|}.$$

8. $\|A\| < 1$이면 $I - A$가 정칙행렬임을 보여라.

9. 정리 3.18의 (2)번을 증명하여라.

3.5 반복법

선형연립방정식 $Ax=b$의 행렬 A의 차수가 매우 크고 행렬 A의 원소들의 많은 부분이 0일 경우 앞에서 배운 가우스 소거법과 LU분해 방법과 같은 직접적인 방법(direct method)은 연산량과 기억용량을 많이 필요로 하여 잘 사용하지 않는다. 이러한 문제를 극복하기 위하여 **반복법**(iterative method)이 많이 사용된다. 반복법은 행렬 A가 가지고 있는 데이터의 구조를 그대로 보존할 수 있기 때문에 직접법과 비교하여 적은 연산량과 기억용량을 필요로 한다. $A=M-N$ (단, M은 정칙행렬)일 때 $M-N$을 행렬 A의 **분할**(splitting)이라 부른다. 반복법의 기본적인 사고는 행렬 A의 분할에 기초를 둔다. 그러면 행렬 $A=M-N$의 분할에 대응하는 $Ax=b$의 근사해를 구하는 일반적인 형태의 반복법은 임의의 초기벡터 $x^{(0)}$에 대하여

$$Mx^{(k+1)}=Nx^{(k)}+b,\quad k=0,\ 1,\ 2,\ \cdots$$

을 만족하는 수열 $\{x^{(k)}\}$을 구하는 것이다.

정리 3.22

$A=M-N$이 행렬 A의 분할일 때 $\|M^{-1}N\|\le\alpha<1$이면 임의의 초기벡터 $x^{(0)}$에 대하여 반복법 $Mx^{(k+1)}=Nx^{(k)}+b$에 의하여 얻는 수열 $\{x^{(k)}\}$는 $Ax=b$의 정확한 해 x^*에 수렴한다. 또한 다음 부등식이 성립한다.

$$\|x^{(k)}-x^*\|\le\alpha^k\|x^{(0)}-x^*\|$$

$$\|x^{(k)}-x^*\|\le\frac{\alpha^k}{1-\alpha}\|x^{(0)}-x^{(1)}\|$$

증명 $Ax^*=b$이므로 $Mx^*=Nx^*+b$이다. 따라서

$$\begin{aligned}M\left(x^{(k)}-x^*\right)&=Mx^{(k)}-Mx^*\\&=Nx^{(k-1)}+b-Nx^*-b\\&=N\left(x^{(k-1)}-x^*\right).\end{aligned}$$

위의 식으로부터 $\left(x^{(k)}-x^*\right)=M^{-1}N\left(x^{(k-1)}-x^*\right)$이고

$$\begin{aligned}\|x^{(k)}-x^*\|&=\|M^{-1}N\left(x^{(k-1)}-x^*\right)\|\\&\le\|M^{-1}N\|\,\|x^{(k-1)}-x^*\|\end{aligned}$$

$$
\begin{aligned}
&\le \alpha \,\|x^{(k-1)} - x^*\| \\
&\vdots \\
&\le \alpha^k \,\|x^{(0)} - x^*\|
\end{aligned}
$$

이다. $\alpha < 1$이므로 $\lim_{k\to\infty}\alpha^k = 0$이 되어 $\lim_{k\to\infty}\|x^{(k)} - x^*\| = 0$.

한편

$$
\begin{aligned}
\|x^{(0)} - x^*\| &\le \|x^{(1)} - x^*\| + \|x^{(0)} - x^{(1)}\| \\
&\le \alpha\|x^{(0)} - x^*\| + \|x^{(0)} - x^{(1)}\|
\end{aligned}
$$

이므로

$$
\|x^{(0)} - x^*\| \le \frac{1}{1-\alpha}\|x^{(0)} - x^{(1)}\|.
$$

따라서

$$
\|x^{(k)} - x^*\| \le \alpha^k \,\|x^{(0)} - x^*\| \le \frac{\alpha^k}{1-\alpha}\|x^{(0)} - x^{(1)}\|
$$

■

정리 3.22로부터 반복법이 수렴하기 위한 충분조건으로 $\|M^{-1}N\| \le 1$인 분할 $A = M - N$을 찾아야 한다. 그리고 M을 계수로 갖는 연립방정식을 쉽게 풀 수 있어야 효율적인 반복법이 될 수 있다. M의 선택에 따라 여러 종류의 반복법이 만들어진다. 가장 간단한 반복법으로 $M = I$를 선택하여 임의의 초기벡터 $x^{(0)}$에 대하여

$$
x^{(k+1)} = (I - A)x^{(k)} + b
$$

을 만족하는 수열 $\{x^{(k)}\}$을 구하는 방법을 Richardson **방법**이라고 한다.

D를 행렬 A의 대각성분들로 구성된 대각행렬이라 하고, $-L$을 행렬 A의 대각성분들을 포함하지 않는 순하삼각 부분에 있는 성분들로 구성된 순하삼각행렬이라 하고, $-U$를 행렬 A의 순상삼각 부분에 있는 성분들로 구성된 순상삼각행렬이라 하자. 그러면 $A = D - L - U$이 성립한다. $M = D,\ N = L + U$을 갖는 분할 $A = M - N$을 활용한 반복법을 Jacobi **방법**이라 하고, $M = D - L,\ N = U$를 갖는 분할 $A = M - N$을 사용한 반복법을 Gauss–Seidel **방법**이라 한다.

정의 3.23 $n \times n$ 행렬 $A = (A_{i_j})$가 다음의 조건

$$
\text{모든 } 1 \le i \le n\text{에 대하여 } \sum_{j=1,\ j\ne i}^{n} |a_{i_j}| \ < \ |a_{i_i}|
$$

을 만족할 때 행렬 A를 **강대각 지배행렬**(Diagonal dominant matrix)이라 한다.

정리 3.24

$n \times n$ 행렬 $A = (A_{i_j})$가 강대각 지배행렬이면 임의의 초기벡터 $x^{(0)}$에 대하여도 Jacobi 방법은 항상 $Ax = b$의 해에 수렴한다.

증명 $M = D$, $N = L + U$이므로 정리 3.22에 의하여 $\|D^{-1}(L+U)\| < 1$임을 보이면 된다. 여기에 사용되는 노름은 임의로 선택할 수 있기 때문에 $\|D^{-1}(L+U)\|_\infty < 1$임을 보이면 충분하다. $\|\cdot\|_\infty$의 정의에 의하여

$$\|D^{-1}(L+U)\|_\infty = \max_{1 \le i \le n} \sum_{j=1,\ j \ne i}^{n} \left| \frac{a_{i_j}}{a_{i_i}} \right| \tag{3.16}$$

로 나타낼 수 있고, 행렬 A가 강대각 지배행렬이기 때문에 모든 $1 \le i \le n$에 대하여

$$\sum_{j=1,\ j \ne i}^{n} \left| \frac{a_{i_j}}{a_{i_i}} \right| < 1 \tag{3.17}$$

이다. 따라서 식 (3.16)과 (3.17)에 의하여 $\|D^{-1}(L+U)\|_\infty < 1$이다. ■

정의 3.25

$n \times n$ 행렬 A의 고유치를 $\lambda_1, \lambda_2, \ldots, \lambda_n$이라 할 때

$$\rho(A) = \max_{1 \le i \le n} |\lambda_i|$$

를 A의 스팩트럼 반경(spectral radius)이라고 한다.

정리 3.26

$n \times n$ 행렬 A에 대하여 $\rho(A) \le \|A\|$이다.

증명 A의 고유치를 λ라 하고 이에 대응하는 고유벡터를 x라 하자. 즉, $Ax = \lambda x$, $(x \ne 0)$이다. 노름의 성질에 의하여

$$|\lambda|\ \|x\| = \|\lambda x\| = \|Ax\| \le \|A\|\ \|x\|.$$

따라서 $|\lambda| \le \|A\|$이고 이 부등식은 A의 모든 고유치에 대하여도 성립하므로 $\rho(A) \le \|A\|$이다. ■

다음에 나오는 정리 3.27과 정리 3.28은 연습문제로 남긴다.

정리 3.27

임의의 $\epsilon > 0$에 대하여 다음을 만족하는 어떤 노름 $\|\cdot\|_\epsilon$이 존재한다.

$$\|A\|_\epsilon \le \rho(A) + \epsilon$$

여기서 $\|\cdot\|_\epsilon$는 ϵ에 따라 다른 노름을 의미한다.

정리 3.28

$A = M - N$이 A의 분할일 때 임의의 초기벡터 $x^{(0)}$에 대하여 $Mx^{(k+1)} = Nx^{(k)} + b$에 의하여 얻는 수열 $\{x^{(k)}\}$가 $Ax = b$의 해에 수렴할 필요충분조건은 $\rho(M^{-1}N) < 1$이다.

정리 3.29

A가 강대각 지배행렬이면 임의의 초기벡터 $x^{(0)}$에 대하여도 Gauss-Seidel 방법은 항상 $Ax = b$의 해에 수렴한다.

증명 $M = D - L$, $N = U$이므로 정리 3.28에 의하여 $\rho\left((D-L)^{-1}U\right) < 1$임을 보이면 충분하다. $(D-L)^{-1}U$의 고유치를 λ라 하고 이에 대응하는 고유벡터 x가 $\|x\|_\infty = 1$을 만족한다고 가정하자. 즉,

$$(D-L)^{-1}Ux = \lambda x \quad \Leftrightarrow \quad Ux = \lambda(D-L)x$$

이다. 따라서 모든 $1 \le i \le n$에 대하여

$$-\sum_{j=i+1}^{n} a_{ij}x_j = \lambda\sum_{j=1}^{i} a_{ij}x_j$$

$$-\sum_{j=i+1}^{n} a_{ij}x_j - \lambda\sum_{j=1}^{i-1} a_{ij}x_j = \lambda a_{ii}x_i.$$

$|x_k| = \|x\|_\infty = 1$을 만족하는 k를 선택하자. 그러면

$$|\lambda||a_{kk}| \le |\lambda|\sum_{j=1}^{k-1}|a_{kj}| + \sum_{j=k+1}^{n}|a_{kj}|$$

의 관계식을 얻을 수 있고 이 부등식을 $|\lambda|$에 관하여 풀면

$$|\lambda| \le \left(\sum_{j=k+1}^{n} |a_{kj}|\right)\left(|a_{kk}| - \sum_{j=1}^{k-1} |a_{kj}|\right)^{-1} \tag{3.18}$$

이다. 한편 A가 강대각 지배행렬이므로

$$\sum_{j=k+1}^{n} |a_{kj}| < \left(|a_{kk}| - \sum_{j=1}^{k-1} |a_{kj}|\right) \tag{3.19}$$

식 (3.18)과 (3.19)에 의하여 $|\lambda| < 1$이다. 이 부등식은 $(D-L)^{-1}U$의 모든 고유치 λ에 대하여도 성립하므로 $\rho\left((D-L)^{-1}U\right) < 1$이다. ■

▌알고리즘 3.4 Jacobi 방법

```
Input  :  A, b, x0, imax
M=diag(diag(A);
N=M-A;                      % N=L+U
For k = 1 : imax
  x= M\(N*x0  - b) ;        % 연립방정식 Mx = Nx0+ b의 해
  x0=x ;
end
Output : x
```

▌알고리즘 3.5 Gauss-Seidel 방법

```
Input  :  A, b, x0, imax
M=tril(A);                 % 하삼각행렬 M 선택
N=M-A;
For k = 1 : imax
  x= M\(N*x0  - b) ;        % 연립방정식 Mx = Nx0+ b의 해
  x0=x ;
end
Output : x
```

A가 강대각 지배행렬이면 Jacobi 방법과 Gauss-Seidel 방법 모두가 $Ax=b$의 해에 수렴한다는 것을 정리 3.24와 정리 3.29에서 각각 보였다. 그리고 A가 강대각 지배행렬이면 Gauss-Seidel 방법이 Jacobi 방법보다 더 빨리 수렴한다는 것을 보일 수 있다(이에 대한 증명은 이 책의 수준을 능가하므로 생략한다).

마지막으로 행렬 A의 대각성분에 부분적으로 가중치를 주어 분할 행렬 $A=M-N$을 구성하여 반복하는 방법을 알아보자. 행렬 A의 대각행렬 $D=\frac{1}{\omega}D-\left(\frac{1}{\omega}-1\right)D$이므로 분할행렬

$$A=D-L-U=\left(\frac{1}{\omega}D-L\right)-\left(\left(\frac{1}{\omega}-1\right)D-U\right)=M-N$$

로부터 M, N이 각각 $M=\left(\frac{1}{\omega}D-L\right)$, $N=\left(\frac{1}{\omega}-1\right)D+U$을 갖는 반복적인 방법

$$Mx^{(k+1)}=Nx^{(k)}+b$$

을 SOR(ω) **방법**이라고 한다. 여기서 ω는 **완화변수**(relaxation parameter)라고 하는 양의 상수이다. 그러면

$$M^{-1}N=(D-\omega L)^{-1}((1-\omega)D+\omega U) \tag{3.20}$$

가 되고, 이때 $\omega=1$인 경우 즉 SOR(1)은 Gauss-Seidel 방법이 된다.

정리 3.30

$A=(a_{ij})$가 $n\times n$ 행렬일 때 임의의 초기벡터 $x^{(0)}$에 대하여 SOR(ω) 방법이 $Ax=b$의 해에 수렴할 필요조건은 $0<\omega<2$이다.

증명 SOR(ω) 방법의 $M^{-1}N$의 특성다항식을 $P(\lambda)=\det(M^{-1}N-\lambda I)$라 하자. 만약 $M^{-1}N$의 고유치를 $\lambda_1, \lambda_2, \ldots, \lambda_n$이라 하면 $P(0)=\prod_{i=1}^{n}\lambda_i$임을 쉽게 알 수 있다. 식 (3.20)에 의하여

$$\begin{aligned}P(0)&=\det\left((D-\omega L)^{-1}\right)\det((1-\omega)D+\omega U)\\&=\left(\prod_{i=1}^{n}a_{ii}\right)^{-1}\prod_{i=1}^{n}(1-\omega)a_{ii}\\&=(1-\omega)^n.\end{aligned}$$

위의 식으로부터

$$\left|(1-\omega)^n\right|=|1-\omega|^n=\left|\prod_{i=1}^{n}\lambda_i\right|=\prod_{i=1}^{n}|\lambda_i|\le\left(\rho(M^{-1}N)\right)^n$$

이므로 관계식

$$\rho(M^{-1}N)\ge|1-\omega|$$

을 얻는다. 따라서 만약 SOR(ω) 방법이 수렴한다면 정리 3.28에 의하여 $\rho(M^{-1}N)<1$이 되어 $0<\omega<2$이 성립한다. ■

아래의 정의는 정리 3.34에서 적절한 완화변수 ω를 구하는 방법을 설명하기 위해 소개한다.

정의 3.31 다음 조건을 만족하는 적당한 치환행렬 P가 존재할 때 행렬 A가 Property A를 갖는다고 한다. 단, D_1, D_2는 정방인 대각행렬이다.

$$PAP^T = \begin{pmatrix} D_1 & M_1 \\ M_2 & D_2 \end{pmatrix}$$

정리 3.32

행렬 A가 Property A를 가지며 $A = D - L - U$, $J = D^{-1}(L + U)$이라면 λ가 J의 고유치일 때 $-\lambda$도 J의 고유치이다. 단, D, L, U는 각각 대각행렬, 순하삼각행렬, 순상삼각행렬이다.

증명 $|J - \lambda I| = 0$이면 $|J + \lambda I| = 0$임을 보이면 충분하다. 가정으로부터 다음을 만족하는 치환행렬 P가 존재한다.

$$PAP^T = \begin{pmatrix} D_1 & M_1 \\ M_2 & D_2 \end{pmatrix} PAP^T = \begin{pmatrix} D_1 & M_1 \\ M_2 & D_2 \end{pmatrix}.$$

$PP^T = I$이므로

$$\begin{aligned} |J - \lambda I| &= |P||J - \lambda I||P^T| \\ &= |PJP^T - \lambda I| \\ &= \begin{vmatrix} -\lambda I & -D_1^{-1}M_1 \\ -D_2^{-1}M_2 & -\lambda I_2 \end{vmatrix} \\ &= \begin{vmatrix} I_1 & 0 \\ 0 & -I_2 \end{vmatrix} \begin{vmatrix} -\lambda I & -D_1^{-1}M_1 \\ -D_2^{-1}M_2 & -\lambda I_2 \end{vmatrix} \begin{vmatrix} I_1 & 0 \\ 0 & -I_2 \end{vmatrix} \\ &= \begin{vmatrix} -\lambda I & D_1^{-1}M_1 \\ D_2^{-1}M_2 & -\lambda I_2 \end{vmatrix} \\ &= |-PJP^T - \lambda I| \\ &= |-J - \lambda I| \\ &= \pm |J + \lambda I| \end{aligned}$$

그러므로 $|J - \lambda I| = 0$이면 $|J + \lambda I| = 0$이다. ■

정리 3.33

양의 정부호 행렬 A가 Property A를 가지며 $A = D - L - U$, $J = D^{-1}(L+U)$이라면 J의 모든 고유치는 실수이고 $\rho(J) < 1$이다. 단, D는 A의 대각행렬이고 L은 순하삼각 행렬이다.

증명 $\overline{J} = D^{\frac{1}{2}} J D^{-\frac{1}{2}} = D^{-\frac{1}{2}}(L + L^T)D^{-\frac{1}{2}}$이므로 J와 $\overline{J}$는 유사행렬(정의 4.1 참조)이다. 따라서 J와 $\overline{J}$의 고유치는 서로 같다 (연습문제 8 참조). 한편 $\overline{J}$는 대칭행렬이므로 고유치는 모두 실수이다(연습문제 9 참조). 따라서 J의 고유치도 모두 실수이다. J의 고유치와 고유벡터를 각각 λ와 x라 하면 $D^{-1}(L+L^T)x = \lambda x$, $x \neq 0$이다. 그러면

$$(L+U)x = \lambda Dx$$

$$x^T(L+U)x = \lambda x^T Dx. \tag{3.21}$$

한편 $A = D - L - U$이고 $x^T Ax > 0$ (양의 정부호)이므로

$$x^T Dx > x^T(L+U)x \tag{3.22}$$

이 된다. 따라서 식 (3.21)과 (3.22)에 의하여

$$x^T Dx > \lambda x^T Dx. \tag{3.23}$$

A가 양의 정부호이므로 D도 양의 정부호이다. 즉, $x^T Dx > 0$이다. 따라서 식 (3.23)에 의하여 $\lambda < 1$이다. 한편 정리 3.32에 의하여 λ도 J의 고유치가 되므로 $-\lambda < 1$이다. 따라서 $|\lambda| < 1$이고 λ는 $J = D^{-1}(L+U)$의 임의의 고유치이므로 $\rho(J) = \rho(D^{-1}(L+U)) < 1$이다. ■

정리 3.34

양의 정부호 행렬 A가 Property A를 가지며 $A = D - L - U$, $\alpha = \rho(D^{-1}(L+U))$라면 SOR($\omega$) 방법은 모든 $0 < \omega < 2$에 대하여 $Ax = b$의 해에 수렴하고 수렴속도를 가장 빠르게 하는 최적완화변수 ω는

$$\omega = \frac{2}{1 + \sqrt{1 - \alpha^2}}$$

이다.

증명 A는 양의 정부호인 대칭행렬이므로 $U = L^T$이고 정리 3.33에 의해 $\alpha < 1$이므로 위의

식에서 $\sqrt{1-\alpha^2}>0$이다. 자세한 증명은 이 책의 수준을 능가하므로 생략한다. ■

SOR(ω) 방법에 대한 효율적인 알고리즘을 만들기 위하여 SOR(ω) 방법의 연산을 다음과 같이 재구성하여 성분별로 계산할 수 있다.

$$\left(\frac{1}{\omega}D-L\right)x^{(k+1)}=\left(\left(\frac{1}{\omega}-1\right)D+U\right)x^{(k)}+b$$

$$(D-\omega L)x^{(k+1)}=((1-\omega)D+\omega U)x^{(k)}+\omega b$$

$$x^{(k+1)}=x^{(k)}-\omega D^{-1}\left(-Lx^{(k+1)}+(D-U)x^{(k)}-b\right). \tag{3.24}$$

하지만 Matlab에서는 간략한 명령문들의 사용이 가능하므로 위 (3.24)의 성분별 계산은 필요로 하지 않는다. SOR(ω) 방법의 알고리즘은 다음과 같다.

▍알고리즘 3.6 SOR(ω) 방법

```
Input  :  A, b, x0, imax, w
 D=diag(diag(A));  L=-tril(A,-1);
 M=D/w-L;               % 하삼각행렬 M 선택
 N=M-A;
 For k=1:imax
   x= M\(N*x0  - b) ;          % 연립방정식 Mx = Nx0+b의 해
   x0=x ;
 end
 Output : x
```

예제 3.12 다음 연립방정식을 주어진 초기벡터를 이용하여 Jacobi 방법, Gauss-Seidel 방법, SOR(ω) 방법에 의하여 각각 matlab 프로그램을 작성하여 해를 구한 다음 그 결과들을 비교하여라.(단, ω는 정리 3.34에 의하여 얻어진 최적치를 사용하여라.)

$$\begin{pmatrix}2&-1&0\\-1&2&-1\\0&-1&2\end{pmatrix}\begin{pmatrix}x_1\\x_2\\x_3\end{pmatrix}=\begin{pmatrix}1\\0\\1\end{pmatrix},\quad x^{(0)}=\begin{pmatrix}0\\0\\0\end{pmatrix}$$

풀이 위의 계수행렬은 정리 3.34의 모든 조건을 만족한다. 또한 위의 연립방정식의 정확한 해 $x^*=(1,\ 1,\ 1)^T$이고

$$D^{-1}(L+U)=\begin{pmatrix} 0 & 1/2 & 0 \\ 1/2 & 0 & 1/2 \\ 0 & 1/2 & 0 \end{pmatrix}.$$

$D^{-1}(L+U)$의 고유치는 0, $\frac{\sqrt{2}}{2}$, $-\frac{\sqrt{2}}{2}$이므로 $\rho(D^{-1}(L+U))=\frac{\sqrt{2}}{2}$이다. 그러면 정리 3.34에 의하여 최적치 $\omega=4-2\sqrt{2}$이고, Matlab 프로그램으로 근삿값들을 구하여 보면 다음과 같다.

Jacobi 방법의 Matlab **프로그램** jacobi.m

```
A=[2 -1 0;-1 2 -1;0 -1 2]; b=[1;0;1];
x0=[0;0;0]; tol=10^-7; kmax=100;
% input  A, b, x0 (초기벡터), kmax(최대반복횟수), tol(허용오차)
% output  x (해), error (오차),  iter (반복횟수)
  iter = 0; x=x0;     % 반복회 시작
  bnrm2 = norm( b );
  if  ( bnrm2 == 0.0 ), bnrm2 = 1.0; end
  r = b - A*x;                % 잉여벡터
  error = norm( r ) / bnrm2;
  if ( error < tol ) return, end

  M=diag(diag(A));
  N=M-A ;              % 행렬분할
  for iter = 1: kmax      % 반복회 시작
     x_1 = x;
     x   = M \ (N*x + b);          % 반복법 M* x_k+1 =N* x_k +b
     error = norm( x - x_1 ) / norm( x );          % 오차(error)계산
     fprintf('k=%3d  x=',iter), fprintf('%6.5f ', x)
     fprintf(' error= %10.8e \n', error)
     if ( error <= tol ), break, end                % 수렴 체크
  end
```

실행결과

```
>> jacobi
k=  1  x=0.50000 0.00000 0.50000  error= 1.00000000e+00
k=  2  x=0.50000 0.50000 0.50000  error= 5.77350269e-01
k=  3  x=0.75000 0.50000 0.75000  error= 3.01511345e-01
.......
```

```
k= 37  x=1.00000 1.00000 1.00000  error= 1.55734760e-06
k= 38  x=1.00000 1.00000 1.00000  error= 1.10121035e-06
k= 39  x=1.00000 1.00000 1.00000  error= 7.78672809e-07
k= 40  x=1.00000 1.00000 1.00000  error= 5.50604648e-07
k= 41  x=1.00000 1.00000 1.00000  error= 3.89336157e-07
k= 42  x=1.00000 1.00000 1.00000  error= 2.75302193e-07
k= 43  x=1.00000 1.00000 1.00000  error= 1.94668017e-07
k= 44  x=1.00000 1.00000 1.00000  error= 1.37651064e-07
k= 45  x=1.00000 1.00000 1.00000  error= 9.73339928e-08
```

Gauss Seidel 방법의 Matlab 프로그램 gauss_seidel.m

```
%% Gauss Seidel Method
A=[2 -1 0;-1 2 -1;0 -1 2]; b=[1;0;1];
x0=[0;0;0]; tol=10^-7; kmax=100;
% input  A, b, x0 (초기벡터), kmax(최대반복횟수), tol(허용오차)
% output  x (해), error (오차),  iter (반복횟수)
  iter = 0; x=x0;    % 반복회 시작
  bnrm2 = norm( b );
  if  ( bnrm2 == 0.0 ), bnrm2 = 1.0; end
  r = b - A*x;              % 잉여벡터
  error = norm( r ) / bnrm2;
  if ( error < tol ) return, end

  M=tril(A);
  N=M-A ;              % 행렬분할
  for iter = 1: kmax     % 반복회 시작
     x_1 = x;
     x   = M \ (N*x + b);          % 반복법 M* x_k+1 =N* x_k +b
     error = norm( x - x_1 ) / norm( x );         % 오차(error)계산
     fprintf('k=%3d  x=',iter), fprintf('%6.5f ', x)
     fprintf(' error= %10.8e \n', error)
     if ( error <= tol ), break, end                % 수렴 체크
  end
```

실행결과

```
>> gauss_seidel
k=  1  x=0.50000 0.25000 0.62500  error= 1.00000000e+00
k=  2  x=0.62500 0.62500 0.81250  error= 3.64405444e-01
k=  3  x=0.81250 0.81250 0.90625  error= 1.92186640e-01
k=  4  x=0.90625 0.90625 0.95313  error= 8.80450906e-02
........
k= 20  x=1.00000 1.00000 1.00000  error= 1.23886075e-06
k= 21  x=1.00000 1.00000 1.00000  error= 6.19430008e-07
k= 22  x=1.00000 1.00000 1.00000  error= 3.09714912e-07
k= 23  x=1.00000 1.00000 1.00000  error= 1.54857433e-07
k= 24  x=1.00000 1.00000 1.00000  error= 7.74287106e-08
```

SOR(ω) 방법의 Matlab 프로그램 sor.m

```
%% SOR(ω) Method
A=[2 -1 0;-1 2 -1;0 -1 2]; b=[1;0;1];
x0=[0;0;0]; tol=10^-7; kmax=100;
% input  A, b, x0 (초기벡터), kmax(최대반복횟수), tol(허용오차)
% output  x (해), error (오차),  iter (반복횟수)
  iter = 0; x=x0;     % 반복회 시작
  bnrm2 = norm( b );
  if  ( bnrm2 == 0.0 ), bnrm2 = 1.0; end
  r = b - A*x;                 % 잉여벡터
  error = norm( r ) / bnrm2;
  if ( error < tol ) return, end

  D=diag(diag(A));
  L=-tril(A,-1);
  U=-triu(A,+1);
  alpha=max(abs(eig(inv(D)*(L+U))));
  w=2/(1+sqrt(1-alpha^2))                          % w 계산

  M=D/w-L;              % 하삼각행렬 M 선택
  N=M-A ;               % 행렬분할

  for iter = 1: kmax      % 반복회 시작
     x_1 = x;
```

```
    x   = M \ (N*x + b);            % 반복법 M* x_k+1 =N* x_k +b
    error = norm( x - x_1 ) / norm( x );          % 오차(error)계산
    fprintf('k=%3d  x=',iter), fprintf('%6.5f ', x)
    fprintf(' error= %10.8e \n', error)
    if ( error <= tol ), break, end                 % 수렴 체크
end
```

실행결과

```
>> sor
k=  1  x=0.58579 0.34315 0.78680  error= 1.00000000e+00
k=  2  x=0.68629 0.80404 0.92179  error= 3.49832671e-01
k=  3  x=0.93903 0.95209 0.98536  error= 1.80443415e-01
k=  4  x=0.98240 0.98933 0.99626  error= 3.39568708e-02
k=  5  x=0.99677 0.99775 0.99932  error= 9.79792832e-03
k=  6  x=0.99924 0.99954 0.99985  error= 1.78696200e-03
k=  7  x=0.99986 0.99991 0.99997  error= 4.25847452e-04
k=  8  x=0.99997 0.99998 0.99999  error= 7.61814735e-05
k=  9  x=0.99999 1.00000 1.00000  error= 1.65973007e-05
k= 10  x=1.00000 1.00000 1.00000  error= 2.93842909e-06
k= 11  x=1.00000 1.00000 1.00000  error= 6.08177106e-07
k= 12  x=1.00000 1.00000 1.00000  error= 1.06998779e-07
k= 13  x=1.00000 1.00000 1.00000  error= 2.14238931e-08
```

위의 결과로부터 세 방법 모두 해로 수렴하며 SOR(ω) 방법이 가장 빠르고 Jacobi 방법이 가장 느리게 해 x^*에 수렴함을 알 수 있다. ■

연습문제 3.5

1. $\|M\| < 1$이면 $(I-M)^{-1} = \sum_{k=0}^{\infty} M^k$이고 $\|(I-M)^{-1}\| \le \dfrac{1}{1-\|M\|}$임을 보여라.

2. 정리 3.27를 증명하여라.

3. $\rho(A) < 1$이면 $\|A\| < 1$인 노름 $\|\cdot\|$가 존재함을 보여라.

4. A가 양의 정부호이면 A의 대각성분들로 구성된 대각행렬 D도 양의 정부호임을 증명하여라.

5. 정리 3.28을 증명하여라.

6. 다음 연립방정식의 근사해를 주어진 초기벡터 $x^{(0)}$을 이용하여 Jacobi 방법과 Gauss-Seidel 방법(Matlab 프로그램)으로 각각 구하여라.

(1) $\begin{pmatrix} 4 & 1 & -2 \\ -1 & 4 & 1 \\ 3 & 0 & 4 \end{pmatrix}\begin{pmatrix} x_1 \\ x_2 \\ x_3 \end{pmatrix} = \begin{pmatrix} 1 \\ -4 \\ 7 \end{pmatrix}, \quad x^{(0)} = \begin{pmatrix} 0 \\ 0 \\ 0 \end{pmatrix}$

(2) $\begin{pmatrix} -4 & 0 & 1 & -2 \\ 1 & 3 & 0 & -1 \\ -2 & -1 & -5 & 0 \\ 1 & 0 & 0 & 2 \end{pmatrix}\begin{pmatrix} x_1 \\ x_2 \\ x_3 \\ x_4 \end{pmatrix} = \begin{pmatrix} -5 \\ -5 \\ -2 \\ 1 \end{pmatrix}, \quad x^{(0)} = \begin{pmatrix} 0 \\ 0 \\ 0 \\ 0 \end{pmatrix}$

7. 다음 연립방정식의 근사해를 초기벡터 $x^{(0)} = (0,\ 0,\ 0,\ 0)^T$을 이용하여 SOR($\omega$) 방법(Matlab 프로그램)으로 구하여라. ($\omega = 0.4,\ 0.8,\ 1.2,\ 1.6$ 각각에 대하여 근사해를 구하여 비교하여라.) 또, 정리 3.31을 이용하여 최적완화변수 ω를 구하고, 이 값에 대응하는 SOR(ω) 방법으로 근사해를 구하여 위의 결과들과 비교하여라.

$$\begin{pmatrix} 4 & -1 & 0 & -2 \\ -1 & 4 & -1 & 0 \\ 0 & -1 & 4 & -1 \\ -2 & 0 & -1 & 4 \end{pmatrix}\begin{pmatrix} x_1 \\ x_2 \\ x_3 \\ x_4 \end{pmatrix} = \begin{pmatrix} 1 \\ 2 \\ 2 \\ 1 \end{pmatrix}$$

제 4 장

행렬의 고유치 문제

4.1 개요

제3장(정의 3.6)에서 정의한 바와 같이 크기가 $n \times n$인 정방행렬 A와 상수 λ에 대하여 연립방정식

$$Ax = \lambda x$$

를 만족하는 0이 아닌 벡터 $x \in C^n$가 존재할 때 상수 λ를 행렬 A의 **고유치**(eigenvalue)라고 하고 x를 고유치 λ에 대응하는 **고유벡터**(eigenvector)라고 한다. 또 위의 연립방정식 $Ax = \lambda x$을 **고유방정식**(eigenequation)이라고 한다. 이 고유방정식에서 $n \times n$ 단위행렬 I에 대해 $x = Ix$이므로 λx의 x에 대입하면 고유방정식은

$$(A - \lambda I)\, x = 0 \tag{4.1}$$

가 된다. 한편 0이 아닌 벡터 x가 위의 연립방정식의 해가 되기 위한 필요충분조건은 **특성방정식**(Characteristic equation)

$$\det(A - \lambda I) = 0 \tag{4.2}$$

이 되며 행렬 A의 고유치 λ는 위의 특성방정식의 해와 같다. 따라서 정방행렬 A의 크기가 $n \times n$일 때 위의 특성방정식은 λ에 관한 n차 방정식이고 이 n차 방정식은 최대 n개의 해를 갖게 되므로 행렬 $A \in C^{n \times n}$는 1개 이상, n개 이하의 서로 다른 고유치를 가질 수 있다. 이때 크기가 $n \times n$인 행렬 A의 모든 고유치의 집합 $\{\lambda_1, \lambda_2, \ldots, \lambda_n\}$을 A의 **스펙트럼**(Spectrum)이라 부른다.

위의 특성방정식의 해를 구함으로써 행렬 A의 모든 고유치를 이론적으로는 구할 수 있다고 할 수 있으나 고차의 특성방정식은 계수의 작은 오차에도 근의 근삿값에 큰 오차가 유발될 수 있는 불량조건의 문제이므로 일반적으로 특성방정식을 이용하여 행렬의 고유치를 구하는 것은 권장할 만한 방법이 못된다. 또한 5차 이상의 다항식의 근을 구하는 대수적방법이 없으므로 크기가 5×5 이상인 정방행렬의 고유치를 구하는 간단한 공식이 존재하지 않는다. 따라서 크기가 큰 정방행렬의 고유치문제는 모두 반복법에 의해 해결되어야 한다.

행렬 A의 고유벡터 x의 k배인 벡터 kx는 다시 고유방정식

$$A(kx) = kAx = k\lambda x = \lambda kx$$

을 만족하므로 행렬 A의 고유벡터가 된다. 일반적으로 복잡성을 피하기 위해 같은 방향의 크기가 다른 모든 λ의 고유벡터들을 대표하여 크기가 1인, 즉 $\sqrt{x^T x} = 1$인 벡터 x를 고유치 λ의 고유벡터라고 하기도 한다.

행렬 A의 서로 다른 고유치에 대응하는 고유벡터들은 서로 일차독립이 된다(연습문제 참조). 그러나 정방행렬의 서로 다른 고유치의 수와 일차독립인 고유벡터의 수는 언제나 일치하지는 않는다. 다음 예제를 살펴보기로 하자.

예제 4.1 행렬 $A=\begin{pmatrix}0 & 1\\0 & 0\end{pmatrix}$의 고유치 λ_1, λ_2는 모두 0이지만 그때의 고유벡터는 $\boldsymbol{x}=\begin{pmatrix}1\\0\end{pmatrix}$ 뿐이다. 한편 행렬 $B=\begin{pmatrix}1 & 0\\0 & 1\end{pmatrix}$의 고유치 λ_1, λ_2는 모두 1이지만 그때의 고유벡터는 $\boldsymbol{x}_1=\begin{pmatrix}1\\0\end{pmatrix}$와 $\boldsymbol{x}_2=\begin{pmatrix}0\\1\end{pmatrix}$이다. ■

위의 예제에서 보듯이 행렬의 고유치에 대응하는 일차독립인 고유벡터는 기껏해야 특성방정식의 근, 즉 고유치의 중복되는 수만큼 존재한다. 이러한 일차독립인 고유벡터의 중복되는 수는 행렬 A에 따라 상당히 불안정하게 변화하기 때문에 일반적으로 고유벡터를 구하는 문제에는 어려움이 따르고 오차의 입출력에 많은 주의가 요구된다(연습문제 참조).

행렬의 고유치와 고유벡터의 근삿값을 구하는 데는 대칭행렬과 비대칭행렬에 따라 방법이 다르며 또한 행렬의 구조(0이 아닌 성분의 위치 구성)에 따라 여러 가지의 방법이 나타날 수가 있다. 행렬의 고유치들 중 원하는 몇 개의 고유치의 근삿값을 구하는 방법과 모든 고유치를 계산하는 방법 또한 다르다.

이 장에서는 한 개의 고유치의 근삿값을 계산하는 거듭제곱 방법을 먼저 소개한 후 두 개 이상의 고유치의 근삿값을 계산하는 방법과 모든 고유치를 한꺼번에 계산하는 일반적인 방법을 알아본다. 특히 대칭행렬일 경우에 보다 간단히 고유치의 근삿값을 구하는 방법이 있는지를 조사한다. 거듭제곱 방법을 제외하고는 일반적으로 주어진 행렬의 고유치의 근삿값을 먼저 구하고 그 고유치의 근삿값을 이용하여 대응하는 근사 고유벡터를 계산하게 된다.

행렬의 고유치의 근삿값을 쉽게 구하기 위해 먼저 주어진 행렬과 같은 고유치를 가질 뿐 아니라 고유치를 구하기 쉬운 유사행렬로 변환하는 방법을 알아보고 삼중대각행렬의 고유치를 계산하는 방법으로 Sturm 수열과 QR 방법을 소개한다.

이 절 이후부터 정확한 언급을 요구하지 않는 부분이나 독자에게 혼돈을 주지 않는 부분에서는 복잡성을 피하기 위해 고유치의 근삿값과 고유벡터의 근사벡터를 근사고유치, 근사고유벡터 또는 간단히 고유치와 고유벡터로 혼용하여 쓰기로 한다.

연습문제 4.1

1. 다음 행렬의 고유치와 고유벡터를 특성방정식과 고유방정식을 이용하여 구하여라.

1) $A = \begin{pmatrix} 3 & -1 & 2 \\ 4 & -2 & 9 \\ 12 & -3 & 6 \end{pmatrix}$ 2) $A = \begin{pmatrix} -10 & 4 \\ 4 & -4 \end{pmatrix}$

3) $A = \begin{pmatrix} 1 & 0 \\ 0 & 1 \end{pmatrix}$ 4) $B = \begin{pmatrix} 1 & 1 \\ 0 & 1 \end{pmatrix}$

2. 다음 행렬에 대한 아래 물음에 답하여라.

$$A = \begin{pmatrix} 2 & 1 & 0 \\ 1 & 3 & 1 \\ 0 & 1 & 2 \end{pmatrix}$$

1) 위의 행렬의 고유치를 모두 구하고 각각의 고유치에 대응하는 고유벡터를 모두 구하여라.

2) 위 1)에서 구한 고유벡터는 서로 일차독립임을 보여라.

3. 다음 행렬

$$A = \begin{pmatrix} 1 & 0 & 0 \\ 0 & 1 & 0 \\ 0 & 0 & 1 \end{pmatrix}$$

의 고유치를 구하고 크기가 1이고 일차독립인 고유벡터를 모두 구하여라.

4. 위의 2번과 3번에서와 같이 행렬의 고유치의 수와 일차독립인 고유벡터의 수는 행렬에 따라 다름을 알 수 있다. 고유치의 **대수적 중복도**(algebraic multiplicity)는 고유치, 즉 특성방정식의 근의 중복도를 말하고 **기하적 중복도**(geometric multiplicity)는 고유치들에 대응하는 일차독립인 모든 고유벡터의 수를 말한다. 따라서 행렬의 대수적 중복도와 기하적 중복도는 위의 2번과 3번과 같이 행렬에 따라 다를 수가 있다. 다음 행렬의 고유치는 유일하며 그 고유치의 대수적 중복도와 대응하는 고유벡터의 기하적 중복도를 각각 1임을 보여라.

$$A=\begin{pmatrix}1 & 1 & 0\\ 0 & 1 & 1\\ 0 & 0 & 1\end{pmatrix}$$

[참고] $n\times n$행렬 A의 작은 변화에 따라 대수적 중복도의 합은 n으로 일정하지만 기하적 중복도의 합은 일정하지 않고 변화된 양에 따라 많은 변화가 있다. 이는 고유벡터를 구하는 데 많은 어려움을 주는 원인이 된다.

5. 다음과 같이 두 개의 추가 달려 있는 스프링의 자유 진동문제를 살펴보면서 고유방정식이 어떻게 응용되는지 알아보자.

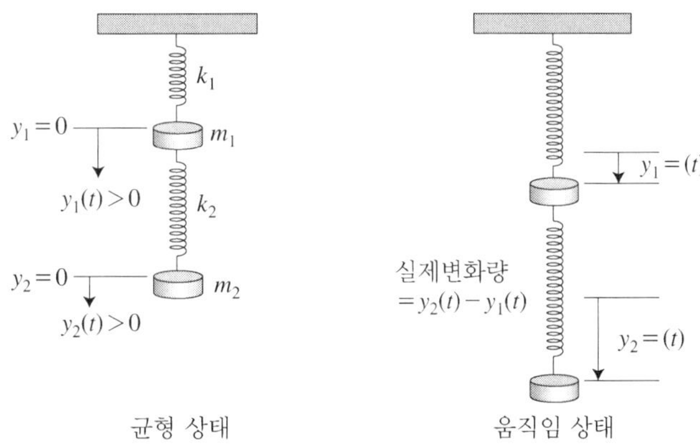

그림 4.1 스프링의 자유 진동

이 문제의 수학적 모형인 방정식은 다음과 같다. 여기서 $y_1=y_1(t)$, $y_2=y_2(t)$는 각각 시간에 따른 추 m_1, m_2의 위치를 나타내며 k_1, k_2는 각 스프링의 탄성계수를 나타낸다.

$$m_1y_1''=-k_1y_1+k_2(y_2-y_1)$$

$$m_2y_2''=-k_2(y_2-y_1)$$

여기서 $m_1=m_2=1$, $k_1=6$ 그리고 $k_2=4$라고 하자. 그러면 위 연립방정식의 행렬방정식은 다음과 같다.

$$\begin{pmatrix}y_1''\\ y_2''\end{pmatrix}=\begin{pmatrix}-10 & 4\\ 4 & -4\end{pmatrix}\begin{pmatrix}y_1\\ y_2\end{pmatrix}$$

1) $\boldsymbol{y}=\begin{pmatrix}y_1\\ y_2\end{pmatrix}$, $\boldsymbol{x}=\begin{pmatrix}x_1\\ x_2\end{pmatrix}$, $A=\begin{pmatrix}-10 & 4\\ 4 & -4\end{pmatrix}$이라 하고, $\boldsymbol{y}=\boldsymbol{x}e^{\omega t}$을 위 식에 대입하여 고

유방정식$A\boldsymbol{x}=\lambda\boldsymbol{x}$의 형태로 나타내고 이때의 λ를 w의 식으로 나타내어라.

2) 행렬A의 고유치와 위의 1)에서 얻은 λ를 이용하여 w를 구하여라.

3) 행렬A의 고유벡터와 위의 w를 이용하여 위의 방정식의 해 y를 구하여라.

6. 다음 $n\times n$ 삼중대각행렬의 행렬식

$$f_n(x)=\det\begin{pmatrix} x & 1 & 0 & \cdots & \cdots & 0 \\ 1 & x & 1 & 0 & & 0 \\ 0 & 1 & x & 1 & 0 & 0 \\ \vdots & \ddots & \ddots & \ddots & \ddots & \vdots \\ \vdots & \ddots & \ddots & \ddots & \ddots & 0 \\ \vdots & \ddots & \ddots & \ddots & \ddots & 1 \\ 0 & \cdots & \cdots & 0 & 1 & x \end{pmatrix}$$

이라 하고 $f_0(x)=1$이라 하면 $f_{n+1}(x)=xf_n(x)-f_{n-1}(x)$, $n\geq 1$의 관계식을 증명하여라.

4.2 고유치 이론

행렬의 고유치에 대한 여러 방법을 서술하기 전에 고유치에 관련된 몇 가지 정의와 고유치를 구하는 과정에서 필요한 Schur 정리와 고유치가 위치하는 범위, 즉 상한과 하한을 결정해 줄 수 있는 Gerschgorin 정리를 소개하고자 한다. 이 장에서 고유치를 구하기 위해 주어진 행렬의 모든 성분은 실수라고 가정한다.

정의 4.1 크기가 $n \times n$인 두 행렬 A와 B에 대하여

$$A = S^{-1}BS \tag{4.3}$$

가 되는 정칙행렬 S가 존재하면 행렬 A와 B는 **유사**(similar)**행렬**이라 한다. 이때 행렬의 곱 $S^{-1}BS$를 A의 **유사변환**(similarity transformation)이라 한다.

행렬 A의 고유치를 λ, 고유벡터를 $\boldsymbol{x}$라 하면 고유방정식 $A\boldsymbol{x} = \lambda\boldsymbol{x}$의 행렬 A에 유사변환 $S^{-1}BS$를 대입하면 $S^{-1}BS\boldsymbol{x} = \lambda\boldsymbol{x}$이고 행렬 S를 양변에 곱하여 $B(S\boldsymbol{x}) = \lambda(S\boldsymbol{x})$의 방정식을 얻는다. 따라서 행렬 A와 유사행렬인 B는 A와 같은 고유치 λ를 갖고 A의 고유벡터 $\boldsymbol{x}$에 대응하는 행렬 B의 고유벡터는 $S\boldsymbol{x}$이다. 위에서 언급한 내용을 요약하면 다음의 정리를 얻는다.

정리 4.2

두 행렬 A와 B가 $A = S^{-1}BS$를 만족하는 유사행렬이고 A의 고유치는 λ, 고유벡터가 $\boldsymbol{x}$이면 λ는 B의 고유치도 되며 벡터 $S\boldsymbol{x}$는 λ에 대응하는 B의 고유벡터가 된다.

위의 정리는 주어진 행렬의 고유치를 구하는 데 용이한 방법을 제공하고 있는 데 만약 행렬 A보다 고유치를 구하기 쉬운 유사행렬 B를 찾을 수 있다면 두 유사행렬은 같은 고유치를 갖고 있으므로 A 대신 구하기 쉬운 행렬 B의 고유치를 구하면 된다. 특히 A의 유사행렬 B가 상삼각행렬이나 하삼각행렬 또는 대각행렬이 되면 그 행렬들의 모든 대각성분이 고유치가 되므로 아주 쉽게 행렬 A의 고유치의 근삿값을 얻을 수 있다. 모든 행

렬이 삼각행렬과 유사행렬이 될 수 있음을 보여 주는 널리 알려진 정리를 증명 없이 소개한다.

정리 4.3 Schur 정리

임의의 $n \times n$ 행렬 A는 삼각행렬과 유사행렬이 된다.

위의 Schur 정리는 $n \times n$ 행렬 A에 대하여

$$A = U^{-1}TU \tag{4.4}$$

를 만족하는 정칙행렬 U와 삼각행렬 T의 존재성을 밝히고 정리 4.3을 뒷받침하여 삼각행렬 T의 대각성분이 행렬A의 고유치가 됨을 알 수 있는 이론적인 정리가 되지만 삼각행렬 T를 구하는 방법을 제공하지는 않는다. 대부분의 경우 행렬 A를 삼각행렬로 유사변환하기에는 어려움이 있다. 따라서 위의 Schur 정리는 일반적인 이론적 도구로 사용한다. 다행히 행렬 A가 대칭행렬일 때는 아래 정리 4.5에서도 알 수 있듯이 유사변환행렬을 구하는 데는 다소 난이함이 줄어들지만 여전히 실질적인 방법은 되지 못한다.

정의 4.4 i) 두 벡터 $\boldsymbol{x}$, $\boldsymbol{y}$가 $\boldsymbol{x}^T\boldsymbol{y} = 0$을 만족할 때, 벡터 $\boldsymbol{x}$, $\boldsymbol{y}$는 서로 **직교**(orthogonal)한다고 한다.

ii) 정방행렬 Q가 $Q^TQ = QQ^T = I$을 만족할 때, 행렬 Q를 **직교행렬**(orthogonal matrix)이라 한다.

대칭행렬은 많은 응용분야에서 자주 나타나는 행렬로써 고유치 문제를 해결하는 데는 비대칭행렬만큼 아주 복잡한 편은 아니다. 대칭행렬의 고유치를 구하는 방법을 알아보기에 앞서 대칭행렬에 대한 중요한 이론적 결과를 소개한다.

정리 4.5

정방행렬 A가 대칭행렬

i) 행렬 A의 고유치 λ_1, λ_2, ..., λ_n는 모두 실수이다.

ii) n개의 고유벡터 $v^{(i)}$, $1 \le i \le n$가 존재하며 이 고유벡터들은 서로 직교한다.

iii) 임의의 벡터 $\boldsymbol{x}=(x_1, x_2, \dots, x_n)^T$는 고유벡터 $\boldsymbol{v}^{(i)}$의 일차결합

$$\boldsymbol{x} = c_1\boldsymbol{v}^{(1)}+c_2\boldsymbol{v}^{(2)}+\cdots+c_n\boldsymbol{v}^{(n)},$$

$$c_i = \sum_{j=1}^{n} x_j v_j^{(i)}, \ 1 \le i \le n, \quad \boldsymbol{v}^{(i)}=(v_j^{(i)}) \tag{4.5}$$

으로 나타낼 수 있는 유일한 c_i, $1 \le i \le n$가 존재한다.

iv) 대각행렬 $D=diag(\lambda_1, \lambda_2, \dots, \lambda_n)$에 대하여

$$D=Q^{-1}AQ=Q^TAQ \tag{4.6}$$

인 직교행렬 Q가 존재한다.

v) 행렬 A가 **양의 정부호**(positive definite)(정의 3.12 참조)이면 고유치는 모두 양수이다.

위의 정리의 iv)에서 $D=Q^TAQ$를 $A=QDQ^T$로 나타내어 행렬 A를 QDQ^T분해(factorization)한다고 표현하기도 한다.

예제 4.2 대칭행렬

$$A=\begin{bmatrix}5 & 3\\ 3 & 5\end{bmatrix}$$

의 고유치와 크기가 1인 고유벡터는

$$\lambda_1=2, \qquad v^{(1)}=\begin{bmatrix}-\dfrac{\sqrt{2}}{2}\\ \dfrac{\sqrt{2}}{2}\end{bmatrix}$$

$$\lambda_2=8, \qquad v^{(2)}=\begin{bmatrix}\dfrac{\sqrt{2}}{2}\\ \dfrac{\sqrt{2}}{2}\end{bmatrix}$$

이다. 이때 두 고유벡터는 서로 직교, 즉 $v^{(1)T}v^{(2)}=0$이며 정리 4.5의 (iii)으로부터 임의의 벡터 $\boldsymbol{x}=\begin{bmatrix}3\\1\end{bmatrix}$에 대하여 상수 $c_1=3\cdot\left(-\dfrac{\sqrt{2}}{2}\right)+1\cdot\left(\dfrac{\sqrt{2}}{2}\right)=-\sqrt{2}$와 $c_2=3\cdot\left(\dfrac{\sqrt{2}}{2}\right)+1\cdot\left(\dfrac{\sqrt{2}}{2}\right)=2\sqrt{2}$가 유일하게 존재하여 벡터 $\boldsymbol{x}$는 두 고유벡터 $v^{(1)}$과 $v^{(2)}$의 일차결합

$$x = c_1 v^{(1)} + c_2 v^{(2)} = -\sqrt{2}\begin{pmatrix} -\dfrac{\sqrt{2}}{2} \\ \dfrac{\sqrt{2}}{2} \end{pmatrix} + 2\sqrt{2}\begin{pmatrix} \dfrac{\sqrt{2}}{2} \\ \dfrac{\sqrt{2}}{2} \end{pmatrix} = \begin{pmatrix} 3 \\ 1 \end{pmatrix}$$

으로 표현된다. 또한 행렬 Q를

$$Q = (v^{(1)},\ v^{(2)}) = \begin{pmatrix} -\dfrac{\sqrt{2}}{2} & \dfrac{\sqrt{2}}{2} \\ \dfrac{\sqrt{2}}{2} & \dfrac{\sqrt{2}}{2} \end{pmatrix}$$

이라 하면 Q는 $Q^T Q = I$를 만족하는 직교행렬이 되고

$$Q^T A Q = \begin{bmatrix} -\dfrac{\sqrt{2}}{2} & \dfrac{\sqrt{2}}{2} \\ \dfrac{\sqrt{2}}{2} & \dfrac{\sqrt{2}}{2} \end{bmatrix}\begin{bmatrix} 5 & 3 \\ 3 & 5 \end{bmatrix}\begin{bmatrix} -\dfrac{\sqrt{2}}{2} & \dfrac{\sqrt{2}}{2} \\ \dfrac{\sqrt{2}}{2} & \dfrac{\sqrt{2}}{2} \end{bmatrix}$$

$$= \begin{bmatrix} 2 & 0 \\ 0 & 8 \end{bmatrix}$$

인 대각행렬이 된다. ■

비대칭행렬의 고유치, 즉 특성방정식의 근들은 복소수가 될 수 있고 이에 따라 고유벡터의 성분도 복소수가 될 수 있다. 또한 특성방정식이 중복근을 갖는 경우에는 대칭인 때의 결과(정리 4.5의 iii)와는 달리 임의의 벡터 x를 고유벡터들의 일차결합으로 나타낼 수 없는 경우도 있다.

위에서 나열한 모든 정리의 내용은 앞으로 소개할 여러 가지의 방법들을 이론적으로 뒷받침하게 된다.

행렬의 고유치를 구하는 많은 방법 중 이차원 평면, 즉 복소수평면에서 고유치의 위치를 개략적으로 알아낼 수 있는 널리 알려진 Gerschgorin 정리를 소개한다. 이 정리는 다음 절에서 다루게 되는 여러 반복법을 이용하는 데 많은 도움이 된다.

행렬 $A = [a_{ij}]_{n \times n}$의 성분은 실수 또는 복소수이므로 평면 위의 점으로 표시될 수 있다. 평면상에서 행렬 A에 대한 집합 R_i를 중심이 a_{ii}이고 반경이 행렬 A의 i번째 행의 성분 중 a_{ii}를 제외한 모든 성분의 절댓값의 합이 되는 원판 안의 점의 집합이라고 하면 Gerschgorin 정리는 다음과 같다.

정리 4.8 Gerschgorin 정리

행렬 $A=[a_{ij}]_{n\times n}$에 대해

$$R_i=\left\{z\in C \;\middle|\; |z-a_{ii}|\le\sum_{j=1,\ j\ne i}^{n}|a_{ij}|\right\} \tag{4.7}$$

이면 A의 모든 고유치는 $R=\bigcup_{i=1}^{n}R_i$ 안에 있고, 만약 k개의 원판의 합집합이 다른 원판들과 공통부분을 만들지 않는다면 그 k개의 원판의 합집합 안에는 정확히 k개의 고유치(중복포함)가 포함된다.

위의 정리에서 $\det(A-\lambda I)=\det(A-\lambda I)^T=\det(A^T-\lambda I)$이므로 행렬 A의 전치행렬 A^T의 고유치는 A의 고유치와 같다. 따라서 위의 정리를 A^T에 적용하더라도 그 내용이 성립해야 하므로 행뿐만 아니라 열의 성분의 합으로도 정의한 R_i를 구하면 고유치의 위치를 좀 더 구체화할 수 있다.

증명 행렬 A의 고유치를 λ, 대응하는 고유벡터를 $\boldsymbol{x}$라 하고 벡터 $\boldsymbol{x}$의 성분 중 절댓값이 가장 큰 성분을 m번째의 성분 x_m이라 하자. 고유방정식인 연립방정식 $A\boldsymbol{x}=\lambda\boldsymbol{x}$의 m번째의 방정식은

$$\sum_{i=1}^{n}a_{mi}x_i=\lambda x_m$$

이고 이 방정식을 다시 쓰면

$$\lambda-a_{mm}=\sum_{i=1,\ i\ne m}^{n}a_{mi}\frac{x_i}{x_m}$$

이 된다. 양변에 절댓값을 취하여 삼각부등식을 적용하면 $|x_m|\ge|x_i|,\ 1\le i\le n$이므로

$$|\lambda-a_{mm}|\le\sum_{i=1,\ i\ne m}^{n}|a_{mi}|\frac{|x_i|}{|x_m|}\le\sum_{i=1,\ i\ne m}^{n}|a_{mi}| \tag{4.8}$$

의 관계식을 갖는다. 즉, 행렬 A의 고유치 λ는 원판 R_m 안에 있고 또한 $\bigcup_{i=1}^{n}R_i$에 포함된다. 정리의 나머지 부분을 증명하기 위해 행렬 $D=diag[a_{11},\ a_{22},\ \ldots,\ a_{nn}]$, $E=A-D$라 하고 $A(\epsilon)=D+\epsilon E$라 하자. 그러면 $A(0)=D$, $A(1)=A$가 되며 $A(0)$의 고유치는 $a_{ii},\ 1\le i\le n$이며 $A(1)$의 고유치는 $\lambda_i,\ 1\le i\le n$임을 알 수 있다.

또한 행렬 $A(\epsilon)$의 고유치를 $\lambda_1(\epsilon)$, $\lambda_2(\epsilon)$, ..., $\lambda_n(\epsilon)$라 하면 이들은 특성방정식 $\det(A(\epsilon)-\lambda I)=0$의 근이다. 뿐만 아니라 특성다항식 $\det(A(\epsilon)-\lambda I)$의 모든 계수가 ϵ에 관한 연속인 함수이고 그 근 $\lambda_i(\epsilon)$들은 계수들의 연속함수, 즉 ϵ의 연속함수이다. 특히 $\epsilon=0$일 때는 원판들은 점 하나로만 된 a_{11}, a_{22}, ..., a_{nn}이고 각 원판들은 고유치 하나를 포함하고 있다. ϵ이 연속적으로 증가할 때 원판들은 연속적으로 커지고 고유치도 연속적으로 변하지만 하나의 원판의 합집합에서 다른 합집합으로 갑자기 옮겨지지는 않는다. 따라서 $\epsilon=1$일 때까지, 즉 행렬 $A(1)=A$이 될 때까지 k개의 원판의 합집합이 다른 원판들과 공통부분이 없다면 그 합집합 안에는 정확히 k개의 고유치만을 포함하게 된다. ■

예제 4.3 다음의 3×3 행렬

$$A=\begin{bmatrix}4 & 1 & 0\\ 1 & 0 & -1\\ 1 & 1.5 & -4\end{bmatrix}$$

에 대하여 Gerschgorin 정리의 원판은 그림과 같이

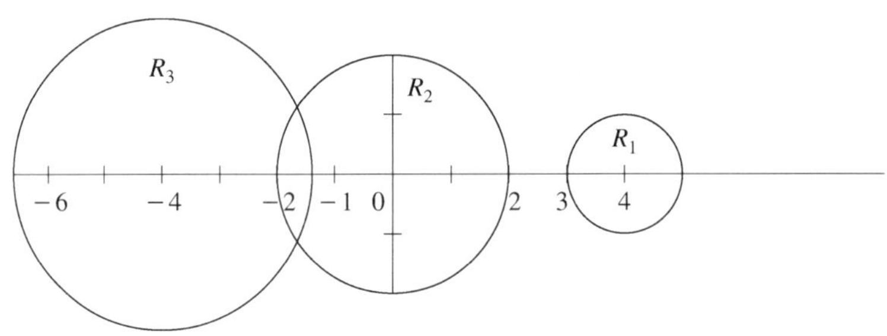

$$R_1=\{z\in C \mid |z-4|\le 1\}$$

$$R_2=\{z\in C \mid |z-0|\le 2\}$$

$$R_3=\{z\in C \mid |z+4|\le 2.5\}$$

이므로 고유치 하나는 원판 R_1 내에 포함되고 나머지 고유치 두 개는 $R_2\bigcup R_3$ 내에 포함된다. 한편 실계수 다항식인 특성방정식은 서로 복소수 쌍을 근으로 갖게 되고 그 복소수 쌍은 실수 축에 관해 대칭으로 위치하므로 R_1에 포함되는 고유치 하나는 실수이다. 따라서 고유치 λ_1의 위치는 원판 R_1의 반경으로부터 $3\le\lambda_1\le 5$임을 알 수 있다. 한편 행렬 A의 전치행렬 A^T에 Gerschgorin 정리를 적용하면 원판들은 그림과 같이

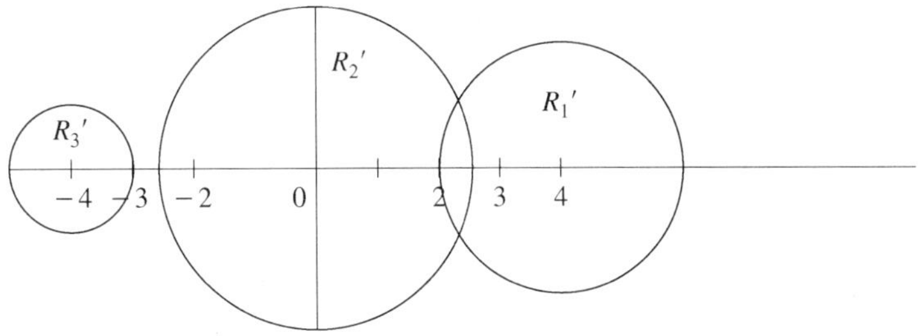

$$R_1' = \{z \in C \mid |z-4| \le 2\}$$

$$R_2' = \{z \in C \mid |z-0| \le 2.5\}$$

$$R_3' = \{z \in C \mid |z+4| \le 1\}$$

이므로 R_3' 내에 고유치 하나를 포함하며 위에서 언급한 같은 이유로부터 그 고유치 λ_3는 실수임을 알 수 있다. 또한 고유치 λ_3의 위치는 원판 R_3'의 반경으로부터 $-5 \le \lambda_3 \le -3$이 된다. 따라서 나머지 하나의 고유치 λ_2는 실수가 될 수밖에 없고 원판 $R_2 \cup R_3$ 그리고 $R_2' \cup R_3'$ 내에 포함되는 실수이므로 $-2.5 \le \lambda_2 \le 2$이다. ■

E·X·E·R·C·I·S·E

연습문제 4.2

1. 행렬 A, B가 서로 유사행렬이라면 $\det(A)=\det(B)$을 보여라.

2. $n\times n$ 행렬 $A=[a_{ij}]$에 대하여

$$trace(A)=a_{11}+a_{22}+\cdots+a_{nn}$$

라 정의하고 행렬 A, B가 서로 유사행렬이라면 $trace(A)=trace(B)$을 증명하여라.

3. 다음 물음에 답하여라.

1) 임의의 n차 벡터는 n개의 일차독립인 고유벡터의 일차결합으로 만들 수 있음을 증명하여라.

2) 벡터 $\boldsymbol{u}_1=\begin{pmatrix}1\\2\end{pmatrix}$, $\boldsymbol{u}_2=\begin{pmatrix}-2\\1\end{pmatrix}$는 행렬 $A=\begin{pmatrix}-10 & 4\\ 4 & -4\end{pmatrix}$의 일차독립이며 직교인 고유벡터임을 보여라.

3) 임의의 벡터 $\boldsymbol{w}=\begin{pmatrix}a\\b\end{pmatrix}$를 벡터 $\boldsymbol{u}_1$, $\boldsymbol{u}_2$의 일차결합으로 나타내어라.

4. Gerschgorin 정리를 이용하여 다음 행렬

1) $A=\begin{bmatrix}-2 & 1 & 1\\ 1 & 3 & 1\\ 1 & -1 & 3\end{bmatrix}$ 2) $A=\begin{bmatrix}1 & -1 & 0\\ 1 & 5 & 1\\ -2 & -1 & 9\end{bmatrix}$

의 고유치가 위치하는 범위를 구하여라. 또 그 범위를 이용하여 고유치들이 실수 또는 복소수가 되는지를 판단하여라.

5. 다음의 $n\times n$ 대칭행렬에 대하여 물음에 답하여라.

$$A=\begin{pmatrix}4 & 1 & 0 & \cdots & \cdots & \cdots & 0\\ 1 & 4 & 1 & 0 & \cdots & \cdots & 0\\ 0 & 1 & 4 & 1 & 0 & \cdots & 0\\ \vdots & \ddots & \ddots & \ddots & \ddots & \cdots & \vdots\\ 0 & \cdots & 0 & 1 & 4 & 1 & 0\\ 0 & \cdots & \cdots & 0 & 1 & 4 & 1\\ 0 & 0 & \cdots & 0 & 0 & 1 & 4\end{pmatrix}$$

1) Gershgorin 정리를 이용하여 모든 고유치가 포함되는 범위를 구하여라.

2) 역행렬 A^{-1}의 모든 고유치를 포함하는 범위를 구하여라.

3) Spectrum 반경(Spectral radius) $\rho(A)$를 행렬 A의 가장 큰 고유치 절댓값이라고 한다면 행렬 A^{-1}의 Spectrum 반경에 대한 상한계를 구하여라.

6. (Cayley-Hamilton 정리) $p(\lambda) = \lambda^n + a_1\lambda^{n-1} + \cdots + a_{n-1}\lambda + a_n$을 행렬 A의 특성다항식이라고 하면 $A^n + a_1A^{n-1} + \cdots + a_{n-1}A + a_nI = 0$ 됨을 보여라.

7. 다음의 행렬

$$J_n(\lambda) = \begin{pmatrix} \lambda & 1 & 0 & \cdots & \cdots & 0 \\ 0 & \lambda & 1 & 0 & \cdots & 0 \\ 0 & 0 & \lambda & 1 & 0 & 0 \\ \vdots & & & \ddots & & \vdots \\ 0 & & \cdots & 0 & \lambda & 1 \\ 0 & & \cdots & & 0 & \lambda \end{pmatrix}$$

은 유일한 고유치를 갖고 있음을 보여라. 또 그 고유치에 대응하는 일차독립인 고유벡터도 유일함을 보여라. (위의 행렬 $J_n(\lambda)$을 Jordan 블록이라고 한다.)

8. $n \times n$ 행렬A에 대하여

$$P^{-1}AP = \begin{pmatrix} J_{n_1}(\lambda_1) & & & 0 \\ & J_{n_2}(\lambda_2) & & \\ & & \ddots & \\ 0 & & & J_{n_k}(\lambda_k) \end{pmatrix}$$

가 되는 정칙행렬 P가 존재함을 보여라. 또 A가 대칭행렬이면 $n_1 = n_2 = \cdots = n_k = 1$임을 증명하여라.

9. 정방행렬A에 대하여 다음의 무한수열

$$1 + A + \frac{A^2}{2!} + \frac{A^3}{3!} + \cdots + \frac{A^n}{n!} + \cdots$$

을 정의하고 물음에 답하여라.

1) 위의 무한수열은 항상 수렴함을 보여라.

2) 그 수렴값을 e^A라 할 때 $A = P^{-1}BP$이면 $e^A = P^{-1}e^BP$가 됨을 증명하여라.

3) λ_i, $1 \le i \le n$를 A의 고유치라 하면 e^A의 고유치는 e^{λ_i}, $1 \le i \le n$임을 보여라.

4.3 거듭제곱 방법

이 절에서는 주어진 행렬 A의 고유치 중 절댓값이 가장 큰 고유치(dominant eigenvalue)와 대응하는 고유벡터를 구하기 위해 주로 사용하는 거듭제곱방법을 소개한다. 일반적으로 크기가 큰 행렬로써 특수한 모양이나 행렬의 성분이 0이 많은 경우에 이 방법을 사용하면 컴퓨터의 적은 메모리를 사용하여 고유치와 고유벡터를 구할 수 있다. 이 효과적인 방법을 위해 $n \times n$ 실수 행렬 A가 $\lambda_1, \ldots, \lambda_n$의 고유치와 일차독립인 고유벡터 $\boldsymbol{v}_1, \boldsymbol{v}_2, \ldots, \boldsymbol{v}_n$를 가지며

$$|\lambda_1| > |\lambda_2| \geq |\lambda_3| \geq \cdots \geq |\lambda_n| \geq 0 \tag{4.9}$$

을 만족한다고 가정한다. 임의의 초기벡터 $\boldsymbol{x}_0$에 대해 다음의 반복법

$$\boldsymbol{x}_k = A^k \boldsymbol{x}_0, \ k = 1, 2, \cdots \tag{4.10}$$

을 **거듭제곱방법**(power method)이라고 한다. (4.10) 대신 $\boldsymbol{x}^{\text{new}} = A\boldsymbol{x}^{\text{old}}$로 표현할 수 있다. 특수한 경우의 초기 벡터 $\boldsymbol{x}_0$를 제외하고 이 방법은 행렬 A의 고유치 중 절댓값이 가장 큰 고유치에 대응하는 고유벡터로 수렴한다.

임의의 $n-$벡터 $\boldsymbol{x}_0$는 일차독립인 고유벡터 $\boldsymbol{v}_1, \boldsymbol{v}_2, \ldots, \boldsymbol{v}_n$의 일차결합으로 나타낼 수 있다. 즉, 상수 $c_1, c_2, \ldots, c_n$에 대하여 $\boldsymbol{x}_0$는

$$\boldsymbol{x}_0 = c_1\boldsymbol{v}_1 + c_2\boldsymbol{v}_2 + \cdots + c_n\boldsymbol{v}_n \tag{4.11}$$

와 같이 표현할 수 있다. 이제 거듭제곱방법을 k번 실행하여 얻게된 벡터 $\boldsymbol{x}_k$는 위의 등식과 고유방정식 $A^k\boldsymbol{v}_i = \lambda_i^k \boldsymbol{v}_i$에 의하여

$$\begin{aligned}
\boldsymbol{x}_k &= A^k \boldsymbol{x}_0 \\
&= A^k(c_1\boldsymbol{v}_1 + c_2\boldsymbol{v}_2 + \cdots + c_n\boldsymbol{v}_n) \\
&= c_1A^k\boldsymbol{v}_1 + c_2A^k\boldsymbol{v}_2 + \cdots + c_nA^k\boldsymbol{v}_n \\
&= c_1\lambda_1^k\boldsymbol{v}_1 + c_2\lambda_2^k\boldsymbol{v}_2 + \cdots + c_n\lambda_n^k\boldsymbol{v}_n \\
&= \lambda_1^k\left(c_1\boldsymbol{v}_1 + c_2\left(\frac{\lambda_2}{\lambda_1}\right)^k\boldsymbol{v}_2 + \cdots + c_n\left(\frac{\lambda_n}{\lambda_1}\right)^k\boldsymbol{v}_n\right)
\end{aligned} \tag{4.12}$$

이 된다. 이때 가정에 의해 $\left|\frac{\lambda_2}{\lambda_1}\right|, \left|\frac{\lambda_3}{\lambda_1}\right|, \ldots, \left|\frac{\lambda_n}{\lambda_1}\right| < 1$이므로 충분히 큰 k에 대하여 식 (4.12)는 $\boldsymbol{x}_k \approx (\lambda_1^k c_1)\boldsymbol{v}_1$이 된다. 따라서 거듭제곱방법을 계속 실행하여 얻는 벡터 $\boldsymbol{x}_k$는 절댓값이 가장 큰 고유치 λ_1에 대응하는 고유벡터(고유벡터 $\boldsymbol{v}_1$와 방향은 같고 크기가

다른 고유벡터)로 수렴함을 알 수 있다.

가정 (4.9)에 의해 $1 > \left|\frac{\lambda_2}{\lambda_1}\right| \geq \left|\frac{\lambda_3}{\lambda_1}\right| \geq \cdots \geq \left|\frac{\lambda_n}{\lambda_1}\right|$이므로 거듭제곱방법의 수렴속도는 $\left|\frac{\lambda_2}{\lambda_1}\right|$이 0으로 수렴하는 속도 만큼 빨리 고유벡터에 수렴한다. $\left|\frac{\lambda_2}{\lambda_1}\right|$이 1에 가까우면 느리게, 0에 가까울수록 빨리 수렴한다.

거듭제곱방법은 절댓값이 가장 큰 고유치가 중복되는 경우, 즉 $|\lambda_1| = |\lambda_2|$의 경우에도 적용할 수 있으나 그 수렴속도가 매우 느릴 뿐 아니라(연습문제 참조) 그 고유치에 대응하는 한 개 이상의 고유벡터들이 생성하는 공간의 한 벡터로 수렴한다.

거듭제곱방법에 의해 얻은 반복벡터 $\boldsymbol{x}_k$의 성분은 벡터 $\lambda_1 c_1 \boldsymbol{v}_1$의 성분의 값으로 가까워지는데 이때 $c_1 \neq 0$이면 k가 증가할 때 벡터 $\boldsymbol{x}_k$는 $|\lambda_1| > 1$이면 무한대로, $|\lambda_1| < 1$이면 0으로 접근하게 되어 컴퓨터의 연산 가능 최대수보다 크거나(overflow) 또는 최소수보다 작거나(underflow) 하는 오류가 발생할 수 있으므로 벡터 $\boldsymbol{x}_k$의 성분이 유한값을 갖고 0 벡터가 되지 않도록 정규화(normalize)하는 과정이 필요하다. 이를테면, 매회에서 얻은 벡터 $\boldsymbol{x}_k$의 성분 중 절댓값이 가장 큰 성분으로 나누어 항상 $\|\boldsymbol{x}_k\|_\infty = 1$이 되도록 한다. 따라서 절댓값이 가장 큰 성분이 1이 되는 근사고유벡터를 구할 수 있다.

예제 4.4 다음 행렬에 초기벡터 $\boldsymbol{x}_0 = \begin{pmatrix} 2 \\ 5 \end{pmatrix}$를 이용하여 거듭제곱방법을 실행하여라.

$$A = \begin{bmatrix} 2 & 5 \\ -1 & -4 \end{bmatrix}$$

풀이 거듭제곱방법

$$\boldsymbol{x}_k = A^k \boldsymbol{x}_0, \quad \boldsymbol{x}_0 = \begin{pmatrix} 2 \\ 5 \end{pmatrix}$$

를 아래의 matlab 프로그램으로 실행한다.

고유벡터를 구하는 거듭제곱방법(power method)의 matlab 프로그램 powerev.m

```
%% power Method
A=[2 5;-1 -4];
x0=[2;5]; tol=10^-7; kmax=100;
% input  A, b, x0 (초기벡터), kmax(최대반복횟수), tol(허용오차)
% output  x (해), error (오차),  iter (반복횟수)
  iter = 0;  x=x0/(sign(x0(1))*norm(x0,inf));    % 반복회 시작
                                              % 두 고유벡터 x와 -x 중 하나만으로 통일
```

```
for iter = 1: kmax        % 반복회 시작
   y    = A*x ;           % 반복법 Ax
   x1=x;
   x= y/ (sign(y(1))*norm(y, inf));     % x와 -x 중 하나만으로 통일
   error = norm( x - x1) ;         % 오차(error)계산
   fprintf('k=%3d  eig_vector=',iter), fprintf('%8.5f  ', x)
   fprintf('error= %10.8e \n', error)
   if ( error <= tol ), break, end                % 수렴 체크
end
```

실행결과

```
>> powerev
k=  1  eig_vector= 1.00000  -0.75862  error= 1.85815681e+00
k=  2  eig_vector= 0.88136  -1.00000  error= 2.68961682e-01
k=  3  eig_vector= 1.00000  -0.96335  error= 1.24175600e-01
k=  4  eig_vector= 0.98716  -1.00000  error= 3.88347037e-02
k=  5  eig_vector= 1.00000  -0.99576  error= 1.35273530e-02
k=  6  eig_vector= 0.99858  -1.00000  error= 4.47717326e-03
k=  7  eig_vector= 1.00000  -0.99953  error= 1.49988795e-03
k=  8  eig_vector= 0.99984  -1.00000  error= 4.99567703e-04
k=  9  eig_vector= 1.00000  -0.99995  error= 1.66615561e-04
k= 10  eig_vector= 0.99998  -1.00000  error= 5.55336437e-05
k= 11  eig_vector= 1.00000  -0.99999  error= 1.85123633e-05
k= 12  eig_vector= 1.00000  -1.00000  error= 6.17072755e-06
```

위 행렬 A의 고유치는 $\lambda_1=-3$, $\lambda_2=1$이며 대응하는 정규화된 고유벡터는 $v_1=\begin{pmatrix}1\\-1\end{pmatrix}$, $v_2=\begin{pmatrix}1\\-0.2\end{pmatrix}$이다. 따라서 위 행렬에 거듭제곱방법을 사용하여 구한 벡터 x_k는 절대값이 가장 큰 고유치 $\lambda_1=-3$에 대응하는 고유벡터 $v_1=\begin{pmatrix}1\\-1\end{pmatrix}$에 수렴함을 알 수 있다. ■

거듭제곱방법에 의해 구한 고유벡터의 근사벡터 x_k를 이용하여 대응하는 고유치의 근삿값을 구해보자. 충분히 큰 k에 대하여 벡터 x_k는 고유치 λ_1에 대응하는 고유벡터 v_1에 수렴하고 있으므로

$$Ax_k \approx \lambda_1 x_k$$

이 되고 거듭제곱방법의 정의에 의하여 $\boldsymbol{x}_{k+1} = A\boldsymbol{x}_k$이므로

$$\boldsymbol{x}_{k+1} \approx \lambda_1 \boldsymbol{x}_k$$

의 관계를 갖는다. 따라서 다음 연립방정식

$$\boldsymbol{x}_{k+1} = \mu_k \boldsymbol{x}_k$$

의 해 μ_k, 즉

$$\mu_k = \frac{\boldsymbol{x}_k{}^T \boldsymbol{x}_{k+1}}{\boldsymbol{x}_k{}^T \boldsymbol{x}_k} = \frac{\boldsymbol{x}_k{}^T A \boldsymbol{x}_k}{\boldsymbol{x}_k{}^T \boldsymbol{x}_k} \tag{4.13}$$

는 고유치 λ_1의 근삿값이 된다. 이때 μ_k를 Rayleigh quotient라 한다. 또한 식 (4.12)에 의하여 위의 식을

$$\mu_k = \lambda_1 \frac{c_1 r_1 + c_2 \left(\frac{\lambda_2}{\lambda_1}\right)^{k+1} r_2 + \cdots + c_n \left(\frac{\lambda_n}{\lambda_1}\right)^{k+1} r_n}{c_1 r_1 + c_2 \left(\frac{\lambda_2}{\lambda_1}\right)^{k} r_2 + \cdots + c_n \left(\frac{\lambda_n}{\lambda_1}\right)^{k} r_n}, \tag{4.14}$$

$\boldsymbol{x}_k{}^T \boldsymbol{v}_i = r_i,\ i = 1,\ \ldots,\ n$로 나타낼 수 있으므로 이 식에서 μ_k는 $\left(\frac{\lambda_2}{\lambda_1}\right)^k$가 0으로 수렴하는 속도만큼 빨리 λ_1으로 수렴한다. 즉, $\mu_k - \lambda_1 = O\left(\left(\frac{\lambda_2}{\lambda_1}\right)^k\right)$이다.

거듭제곱방법의 알고리즘은 다음과 같다.

▌알고리즘 4.1 거듭제곱방법

입력: A, $\boldsymbol{x}_0$, Max

출력: 고유치 λ_1의 근삿값 μ, 고유벡터 $\boldsymbol{v}_1$의 근사벡터 $\boldsymbol{x}_k$

1. $\|\boldsymbol{x}_0\|_\infty = 1$인 벡터 $\boldsymbol{x}_0$를 선택한다.
2. $k = 1, 2, \ldots, Max$일 때 다음을 수행한다.
   (1) $\boldsymbol{y} = A\boldsymbol{x}_{k-1}$
   (2) $\mu = \dfrac{\boldsymbol{x}_{k-1}^T \boldsymbol{y}}{\boldsymbol{x}_{k-1}^T \boldsymbol{x}_{k-1}}$
   (3) $\boldsymbol{x}_k = \dfrac{\boldsymbol{y}}{\pm \|\boldsymbol{y}\|_\infty}$

예제 4.4에 주어진 행렬 A의 거듭제곱방법에 대한 Rayleigh quotient를 사용한 프로그

램과 결과는 다음과 같다.

거듭제곱방법(power method)의 matlab 프로그램 powerm.m

```
%% power Method
A=[2 5;-1 -4];
x0=[2;5]; tol=10^-7; kmax=100;
% input  A, b, x0 (초기벡터), kmax(최대반복횟수), tol(허용오차)
% output  x (해), error (오차),  iter (반복횟수)
  iter = 0; x=x0/(sign(x0(1))*norm(x0,inf));    % 반복회 시작
                                  % 두 고유벡터 x와 -x 중 하나만으로 통일

  for iter = 1: kmax      % 반복회 시작
     y   = A*x ;          % 반복법 Ax
     eigv = (x'*y) / (x'*x) ;
     x= y/ (sign(y(1))*norm(y, inf));     % x와 -x 중 하나만으로 통일
     error = norm( A*x - eigv*x ) ;          % 오차(error)계산
     fprintf('k=%3d  eig_vector=',iter), fprintf('%6.5f ', x)
     fprintf('eig_val=%6.5f , error= %10.8e \n',eigv, error)
     if ( error <= tol ), break, end                 % 수렴 체크
  end
```

실행결과

```
>> powerm
k=  1  eig_vector=1.00000 -0.75862 eig_val=-1.79310 , error= 6.74197384e-01
k=  2  eig_vector=0.88136 -1.00000 eig_val=-2.11774 , error= 1.69733167e+00
k=  3  eig_vector=1.00000 -0.96335 eig_val=-3.36103 , error= 6.66367185e-01
k=  4  eig_vector=0.98716 -1.00000 eig_val=-2.88665 , error= 2.16665074e-01
k=  5  eig_vector=1.00000 -0.99576 eig_val=-3.03861 , error= 7.35068365e-02
k=  6  eig_vector=0.99858 -1.00000 eig_val=-2.98722 , error= 2.44301669e-02
k=  7  eig_vector=1.00000 -0.99953 eig_val=-3.00427 , error= 8.15918754e-03
k=  8  eig_vector=0.99984 -1.00000 eig_val=-2.99858 , error= 2.71883511e-03
k=  9  eig_vector=1.00000 -0.99995 eig_val=-3.00047 , error= 9.06473294e-04
k= 10  eig_vector=0.99998 -1.00000 eig_val=-2.99984 , error= 3.02146722e-04
k= 11  eig_vector=1.00000 -0.99999 eig_val=-3.00005 , error= 1.00717980e-04
k= 12  eig_vector=1.00000 -1.00000 eig_val=-2.99998 , error= 3.35725237e-05
```

```
k= 13  eig_vector=1.00000 -1.00000 eig_val=-3.00001 , error= 1.11908710e-05
k= 14  eig_vector=1.00000 -1.00000 eig_val=-3.00000 , error= 3.73028863e-06
k= 15  eig_vector=1.00000 -1.00000 eig_val=-3.00000 , error= 1.24342991e-06
k= 16  eig_vector=1.00000 -1.00000 eig_val=-3.00000 , error= 4.14476616e-07
k= 17  eig_vector=1.00000 -1.00000 eig_val=-3.00000 , error= 1.38158876e-07
k= 18  eig_vector=1.00000 -1.00000 eig_val=-3.00000 , error= 4.60529581e-08
```

위의 알고리즘에서 행렬 A의 모든 성분이 실수이고 초기벡터 x_0가 실수벡터이면 벡터 x_k는 모두 실수 벡터이다. 따라서 행렬 A의 고유벡터가 복소수일 경우에는 결코 그 고유벡터로 수렴할 수가 없다. 즉,

$$A = \begin{bmatrix} 4 & -1 \\ 2 & 2 \end{bmatrix}, \quad x_0 = \begin{pmatrix} 1 \\ 10 \end{pmatrix}$$

을 이용하여 거듭제곱방법을 실행하면 다음의 표와 같이 수렴하지 않는다.

```
>> powerm
k=  1  eig_vector=0.27273 -1.00000 eig_val=2.11881 , error= 1.65244490e+00
k=  2  eig_vector=1.00000 -0.69565 eig_val=1.88462 , error= 3.40401241e+00
k=  3  eig_vector=1.00000 0.12963 eig_val=2.87898 , error= 2.13074353e+00
k=  4  eig_vector=1.00000 0.58373 eig_val=4.09444 , error= 1.03163883e+00
k=  5  eig_vector=1.00000 0.92717 eig_val=3.92709 , error= 8.80477229e-01
       ......
k= 97  eig_vector=0.24689 1.00000 eig_val=2.66783 , error= 6.93310480e-01
k= 98  eig_vector=0.00500 -1.00000 eig_val=2.34760 , error= 1.06979002e+00
k= 99  eig_vector=0.51255 -1.00000 eig_val=1.99505 , error= 2.26980928e+00
k=100  eig_vector=1.00000 -0.31962 eig_val=2.01019 , error= 3.05720343e+00
```

행렬 A는 복소수인 고유벡터 v_1과 v_2를 갖고 그 고유치는 복소수 쌍인 λ_1, λ_2를 갖는다. 즉, $|\lambda_1| = |\lambda_2|$이다. 이는 가정 (4.9)의 $|\lambda_1| > |\lambda_2|$에 어긋나지만 굳이 거듭제곱방법을 실행한다면 얻게 되는 벡터 v_k는 고유벡터 v_1과 v_2로 생성되는 공간의 한 벡터로 접근하게 된다. 일반적으로 행렬 A가 절댓값이 가장 큰 하나의 실수 고유치 λ_1과 대응하는 실수인 고유벡터 v_1을 갖는 경우에 거듭제곱방법을 주로 사용한다.

연습문제 4.3

1. 행렬 A가 대칭일 때 서로 직교인 고유벡터가 존재한다. 이를 이용하여 β_k는 λ_1에 $\left(\dfrac{\lambda_2}{\lambda_1}\right)^{2k}$가 0에 수렴하는 만큼 빨리 수렴함을 설명하여라.

2. 다음의 물음에 답하여라.

1) 특성방정식을 이용하여 행렬 $A = \begin{bmatrix} 1 & 1 \\ 0 & 1 \end{bmatrix}$의 고유치와 고유벡터를 구하여라.

2) 초기벡터 $\boldsymbol{x}_0 = \begin{pmatrix} 0 \\ 1 \end{pmatrix}$을 이용하여 위의 1)의 행렬에 거듭제곱방법을 k번 실행한 후의 정규화된 근사고유벡터 $\boldsymbol{x}_k$를 구하여라.

3) 고유치에 대응하는 고유벡터와 근사고유벡터와의 오차가 10^{-6}이 되기 위해서는 거듭제곱방법을 몇 번 실행하여야 하는가?

3. 거듭제곱방법을 행렬 A에 적용하는 대신 적당한 상수 σ에 대하여 행렬 $A - \sigma\boldsymbol{I}$에 적용하는 방법을 **조정거듭제곱방법(shifted power method)**이라고 한다. 다음 물음에 답하여라.

1) 행렬 A의 고유치와 고유벡터를 λ, v라 할 때 행렬 $A - \sigma\boldsymbol{I}$의 고유치와 고유벡터를 구하여라.

2) 행렬 A의 모든 고유치가 실수일 때 위의 조정거듭제곱방법을 이용하여 행렬 A의 가장 큰 고유치를 구하기 위해 사용할 수 있는 σ를 구하여라. 또, 가장 작은 고유치를 구하기 위한 σ를 구하여라.

4. 다음의 행렬

1) $A = \begin{bmatrix} 7 & 13 & -16 \\ 13 & -10 & 13 \\ -16 & 13 & 7 \end{bmatrix}$ 2) $A = \begin{pmatrix} 2 & 1 & 3 & 4 \\ 1 & -3 & 1 & 5 \\ 3 & 1 & 6 & -2 \\ 4 & 5 & -2 & -1 \end{pmatrix}$

의 절댓값이 가장 큰 고유치(dominant eigenvalue)와 고유벡터를 거듭제곱방법을 이용하여 구하고자 한다. 임의의 초기의 벡터(예: 1)에 대한 초기벡터 $\boldsymbol{x}^{(0)} = [1,\ 0,\ 1]^T$)에 대하여 각 회마다 구한 $\boldsymbol{x}^{(k)}$, $\lambda^{(k)}$을 나열하고 수렴속도를 측정하기

위해 각 회마다

$$R_k = \frac{\lambda^{(k)} - \lambda^{(k-1)}}{\lambda^{(k-1)} - \lambda^{(k-2)}} \ , \ k \geq 2$$

을 계산해보고 R_k가 점점 상수에 가까워지는지 조사하여라.

4.4 역거듭제곱 방법

거듭제곱 방법을 이용하여 주어진 정방행렬 A의 고유치 중 절댓값이 가장 큰 고유치의 근삿값과 대응하는 고유벡터의 근사벡터만을 구할 수 있었다. 그러나 이 거듭제곱 방법을 약간 수정하여 이용하면 필요한 특정의 고유치와 고유벡터의 근삿값들을 구할 수 있다. 정칙행렬 A의 하나의 고유치를 $\lambda_i \neq 0$라 하고 대응하는 고유벡터를 $\boldsymbol{v}_i$라 하면 고유방정식 $A\boldsymbol{v}_i = \lambda_i \boldsymbol{v}_i$이 성립하고 양변에 A의 역행렬 A^{-1}를 곱하고 $\frac{1}{\lambda_i}$를 곱하면

$$A^{-1}\boldsymbol{v}_i = \frac{1}{\lambda_i}\boldsymbol{v}_i \tag{4.15}$$

이 된다. 따라서 $\frac{1}{\lambda_i}$는 역행렬 A^{-1}의 고유치이며 대응하는 고유벡터는 A의 고유벡터 $\boldsymbol{v}_i$와 같다. 이러한 결과로부터 거듭제곱방법을 역행렬 A^{-1}에 적용하면 A^{-1}의 고유치 중 절댓값이 가장 큰 고유치의 근삿값, 즉 행렬 A의 고유치 중 절댓값이 가장 작은 고유치의 근삿값을 구할 수 있고 대응하는 고유벡터를 얻을 수 있다. 또한 A의 고유치가 아닌 특정한 상수 α에 대하여 등식 $\alpha \boldsymbol{I}\boldsymbol{v}_i = \alpha \boldsymbol{v}_i$를 위의 고유방정식 $A\boldsymbol{v}_i = \lambda_i \boldsymbol{v}_i$의 양변에서 각각 빼면

$$(A - \alpha \boldsymbol{I})\boldsymbol{v}_i = (\lambda_i - \alpha)\boldsymbol{v}_i$$

이므로 $\lambda_i - \alpha$는 행렬 $(A - \alpha \boldsymbol{I})$의 고유치이고 대응하는 고유벡터는 A의 고유벡터 $\boldsymbol{v}_i$와 같다. 특히 $\lambda_i - \alpha \neq 0$이므로 행렬 $(A - \alpha I)$는 정칙행렬이고 위의 고유방정식으로부터

$$(A - \alpha \boldsymbol{I})^{-1}\boldsymbol{v}_i = \frac{1}{(\lambda_i - \alpha)}\boldsymbol{v}_i \tag{4.16}$$

의 고유방정식이 성립되고 $\frac{1}{\lambda_i - \alpha}$는 행렬 $(A - \alpha \boldsymbol{I})^{-1}$의 고유치이며 대응하는 고유벡터는 A의 고유벡터 $\boldsymbol{v}_i$와 같다. 따라서 거듭제곱방법을 역행렬 $(A - \alpha \boldsymbol{I})^{-1}$에 적용하면 $(A - \alpha \boldsymbol{I})^{-1}$의 고유치

$$\frac{1}{\lambda_1 - \alpha},\ \frac{1}{\lambda_2 - \alpha},\ \ldots,\ \frac{1}{\lambda_n - \alpha}$$

중 절댓값이 가장 큰 고유치 $\frac{1}{\lambda_k - \alpha}$와 대응하는 고유벡터 $\boldsymbol{v}_k$를 얻을 수 있다. 이때 절대값 $\left|\frac{1}{\lambda_k - \alpha}\right|$이 가장 크다는 의미는 $|\lambda_i - \alpha|$, $i = 1, \ldots, n$ 중 절댓값 $|\lambda_k - \alpha|$이 가장 작다는 의미와 같고, 이 의미는 행렬 A의 고유치 λ_i, $i = 1, \ldots, n$ 중 λ_k가 상수 α에 가장

가까이 있음을 뜻한다. 이와 같이 특정한 상수 α에 가장 가까운 (행렬 A의) 고유치를 구하기 위해 거듭제곱방법을 역행렬 $(A-\alpha \boldsymbol{I})^{-1}$에 적용하는 방법을 **역거듭제곱방법**(Inverse power mwthod)이라 한다. 즉, 역거듭제곱방법은 초기의 고유근사벡터 $\boldsymbol{x}_0$에 대하여

$$\boldsymbol{y}_m = (A-\alpha \boldsymbol{I})^{-1}\boldsymbol{x}_{m-1}, \quad m=1,\ 2,\ \ldots$$

$$\boldsymbol{x}_m = \frac{\boldsymbol{y}_m}{\|\boldsymbol{y}_m\|_\infty} \tag{4.17}$$

이다. 위에서 벡터를 정규화할 때 $\|\boldsymbol{y}_m\|_\infty$ 대신에 $\|\boldsymbol{y}_m\|_2$ 또는 $\|\boldsymbol{y}_m\|_1$을 사용할 수도 있다.

정수 k에 대하여

$$\mu = \frac{1}{\lambda_k-\alpha}\left[\frac{c_k\boldsymbol{v}_k + \sum_{j=1,\ j\neq k}^{n} c_j\left(\frac{\lambda_k-\alpha}{\lambda_j-\alpha}\right)^m \boldsymbol{v}_j}{c_k\boldsymbol{v}_k + \sum_{j=1,\ j\neq k}^{n} c_j\left(\frac{\lambda_k-\alpha}{\lambda_j-\alpha}\right)^{(m-1)} \boldsymbol{v}_j}\right] \tag{4.18}$$

이므로 $\frac{1}{\lambda_k-\alpha}$가 절댓값이 가장 큰 행렬 $(A-\alpha \boldsymbol{I})^{-1}$의 중복되지 않는 고유치일 때 역거듭제곱방법의 수렴속도는 상수 α에 의해 좌우되고 α가 λ_k에 가까울수록 속도는 빨라진다. 특히 위의 식에서 μ가 $\frac{1}{\lambda_k-\alpha}$에 수렴하는 속도는 α에 두 번째로 가까운 고유치 λ에 대해 $\left(\frac{\lambda_k-\alpha}{\lambda-\alpha}\right)^m$이 0으로 가까이 가는 속도만큼 빠르므로 역거듭제곱방법의 수렴속도는 $O\left(\left|\frac{\lambda_k-\alpha}{\lambda-\alpha}\right|^m\right)$가 된다.

역거듭제곱방법 $\boldsymbol{y}_m = (A-\alpha \boldsymbol{I})^{-1}\boldsymbol{x}_{m-1},\ m=1,\ 2,\ \ldots$에서 $\boldsymbol{y}_m$은 연립방정식

$$(A-\alpha \boldsymbol{I})\boldsymbol{y}_m = \boldsymbol{x}_{m-1}, \quad m=1,\ 2,\ \ldots$$

의 해 $\boldsymbol{y}_m$를 구하여 얻을 수 있다. 이때 행렬 $A-\alpha \boldsymbol{I}$의 LU분해를 구한 뒤 저장해 놓으면 모든 m(반복회)에 대해

$$(LU)\boldsymbol{y}_m = \boldsymbol{x}_{m-1}$$

이므로 상삼각행렬과 아래삼각행렬의 연립방정식의 해를 구함(후진대입법과 전진대입법)으로써 해 $\boldsymbol{y}_m$를 계산량을 줄이며 쉽게 얻을 수 있다. 알고리즘을 요약하면 다음과 같다.

❙ 알고리즘 4.2 역거듭제곱방법

1. 주어진 $\alpha,\ A,\ \epsilon,\ kmax$와 크기가 1인 단위벡터 $\boldsymbol{x}_0$를 택한다.

   즉, $\boldsymbol{x}_0^T\boldsymbol{x}_0 = 1$.

2. $k=1,\ 2,\ \cdots,\ kmax$에 대하여 다음을 수행한다.

(1) 방정식 $(A-\alpha I)\boldsymbol{y}=A\boldsymbol{x}_{k-1}$을 $\boldsymbol{y}$에 관하여 푼다.

(2) $\beta=\boldsymbol{x}_{k-1}\boldsymbol{y}^T$

(3) $\eta=\sqrt{\boldsymbol{y}^T\boldsymbol{y}}$

(4) $x_k=\dfrac{\boldsymbol{y}}{\eta}$, $\text{eigval}_k=\dfrac{1}{\beta}+\alpha$

(5) $|\text{eigval}_k-\text{eigval}_{k-1}|<\epsilon$이면 중단한다.

k가 커짐에 따라 eigval_k는 α에 가장 가까운 A의 고유치 λ에 수렴하고 x_k는 λ에 대응하는 고유벡터에 수렴한다. 또한 상수 α가 복소수이면 그에 가까운 복소고유치를 구하는데 매우 효과적이다. 거듭제곱방법에서 이미 설명한 것처럼 α가 고유치 λ에 가까울수록 더욱 빨리 수렴한다.

상수 α는 앞 절에서 다룬 Gerschgorin 정리에 의해 선택할 수도 있고 초기의 고유근사벡터 $\boldsymbol{x}_0$를 이용하여 구한 Rayleigh quotient

$$\alpha=\frac{\boldsymbol{x}_0{}^T A\boldsymbol{x}_0}{\boldsymbol{x}_0{}^T\boldsymbol{x}_0}$$

의 값을 선택할 수도 있다.

예제 4.5 다음의 행렬 A와 초기의 벡터

$$A=\begin{bmatrix}-4 & 14 & 0\\ -5 & 13 & 0\\ -1 & 0 & 2\end{bmatrix},\quad \boldsymbol{x}_0=\begin{bmatrix}1\\1\\1\end{bmatrix}$$

에 대하여 역거듭제곱방법을 이용하여 $\alpha=4$에 가장 가까운 A의 근사고유치와 근사고유벡터를 구하고자 실행한 matlab 프로그램과 결과는 다음과 같다.

역거듭제곱방법의 Matlab 프로그램 inverse_power.m

```
A=[-4 14 0; -5 13 0; -1 0 2]; x0=[1;1;1]; kmax=100; tol=10^-7;
alpha=4 ;
% Outputs : x=고유근사벡터 , eigv=alpha에 가장 가까운 근사고유치
m = size (A ,1); % A의 크기 결정
x=x0;
[ L U P ] = lu( A-alpha*eye(m) ); % P(A-αI)=LU 분해
```

```
for k = 1: kmax
    px = P * x ;            % 반복법 y=(A-αI)^{-1}x,
    z = L \ px ;            % 전진대입법
    y = U \ z ;             % 후진대입법

    beta = (x'*y) / (x'*x) ;
    eigv = 1/beta+ alpha;
    x= y/ (sign(y(1))*norm(y));      % x와 -x 중 하나만으로 통일
    error = norm( A*x - eigv*x ) ;          % 오차(error)계산
    fprintf('k=%3d  eig_vector=',k), fprintf('%6.5f ', x)
    fprintf('eig_val=%6.5f , error= %10.8e \n',eigv, error)
    if ( error <= tol ), break, end                % 수렴 체크
end
```

실행결과

```
>> inverse_power
k=  1  eig_vector=0.73521 0.44113 -0.51465 eig_val=5.33333 , error= 1.23220060e+00
k=  2  eig_vector=0.50709 0.16903 -0.84515 eig_val=1.39437 , error= 1.22621908e+00
k=  3  eig_vector=0.69463 0.37403 -0.61448 eig_val=3.32367 , error= 2.40220219e-01
k=  4  eig_vector=0.63940 0.30287 -0.70671 eig_val=2.72983 , error= 1.63404703e-01
k=  5  eig_vector=0.67486 0.34493 -0.65237 eig_val=3.10605 , error= 6.90718808e-02
k=  6  eig_vector=0.66042 0.32623 -0.67633 eig_val=2.93827 , error= 3.57264995e-02
.......
k= 17  eig_vector=0.66667 0.33334 -0.66666 eig_val=3.00003 , error= 1.80831978e-05
k= 18  eig_vector=0.66667 0.33333 -0.66667 eig_val=2.99999 , error= 8.36250271e-06
k= 19  eig_vector=0.66667 0.33333 -0.66667 eig_val=3.00001 , error= 4.52086078e-06
k= 20  eig_vector=0.66667 0.33333 -0.66667 eig_val=3.00000 , error= 2.09060982e-06
k= 21  eig_vector=0.66667 0.33333 -0.66667 eig_val=3.00000 , error= 1.13021903e-06
k= 22  eig_vector=0.66667 0.33333 -0.66667 eig_val=3.00000 , error= 5.22651464e-07
k= 23  eig_vector=0.66667 0.33333 -0.66667 eig_val=3.00000 , error= 2.82554997e-07
k= 24  eig_vector=0.66667 0.33333 -0.66667 eig_val=3.00000 , error= 1.30662804e-07
k= 25  eig_vector=0.66667 0.33333 -0.66667 eig_val=3.00000 , error= 7.06387642e-08
```

실제 행렬 A의 고유치는 2, 3, 6이고 4에 가장 가까운 고유치는 3이다. 위의 결과와 같다. ■

E·X·E·R·C·I·S·E

연습문제 4.4

1. 다음의 주어진 초기벡터와 역거듭제곱방법을 이용하여 A의 고유치 중 절댓값이 가장 작은 근사고유치 β_3와 그에 대응하는 근사고유벡터 $\boldsymbol{x_3}$를 구하여라.

1) $A=\begin{bmatrix}-4 & 14 & 0\\ -5 & 13 & 0\\ -1 & 0 & 2\end{bmatrix},\ x_0=\begin{bmatrix}1\\1\\1\end{bmatrix}$　　2) $A=\begin{bmatrix}4 & 6 & 2\\ 5 & 10 & 0\\ 1 & 0 & 2\end{bmatrix},\ x_0=\begin{bmatrix}1\\0\\1\end{bmatrix}$

3) $A=\begin{bmatrix}4 & 2 & 2\\ 2 & 4 & 0\\ 2 & 0 & 4\end{bmatrix},\ x_0=\begin{bmatrix}1\\0\\1\end{bmatrix}$　　4) $A=\begin{bmatrix}1 & 5 & 2\\ 5 & 1 & 2\\ 2 & 2 & 1\end{bmatrix},\ x_0=\begin{bmatrix}1\\0\\0\end{bmatrix}$

2. 다음의 행렬 A에 대하여 역거듭제곱방법을 이용하여 행렬 $(A-7\boldsymbol{I})^{-1}$의 고유치를 구하여라.

$$A=\begin{bmatrix}6 & -1 & 1\\ -1 & 5 & -2\\ 1 & -2 & 5\end{bmatrix}$$

4.5 Householder 변환과 수축방법

주어진 $n \times n$행렬 A의 고유치 중에서 절댓값이 가장 큰 2개, 또는 가장 작은 2개, 또는 어떤 상수에 가까운 고유치를 2개 이상 구하기를 원한다면 우선 앞 절에서 소개한 거듭제곱방법, 역거듭제곱방법을 이용하여 원하는 고유치의 근삿값 하나를 구한 후, 원래의 행렬을 다음 고유치의 근삿값을 구하기 쉽게 변환한다. 즉, 이미 구한 고유치는 제외하고 나머지 다른 고유치를 모두 포함하는 $(n-1) \times (n-1)$행렬 B로 수축(deflate)하여 같은 방법으로 다른 고유치의 근삿값을 구할 수 있도록 하는 데 이 방법을 **수축방법**(deflation)이라고 한다. 이 수축방법은 여러 가지의 방법에 의해 만들 수 있으나 다음의 Householder 변환행렬을 자주 이용하고 있다. Householder 변환을 먼저 알아본다.

4.5.1 Householder 변환

행렬 A의 유사변환(Similarity transformation)행렬 B는 어떤 정칙행렬 S에 대하여

$$A = S^{-1}BS \tag{4.19}$$

을 만족하며 두 유사행렬 A와 B는 같은 고유치를 갖는다. 따라서 행렬 A의 고유치를 구하고자 할 때 유사변환을 이용하여 고유치를 쉽게 구할 수 있는 A의 유사행렬 B를 먼저 찾는 것이 중요하다. 이때 정칙행렬 S가 직교행렬(orthogonal matrix)이 되도록 하면 행렬 A의 고유치를 얻는 데 안정성을 기할 수 있고 불량조건에 관한 심각한 문제의 발생을 줄일 수 있다. 행렬 A의 유사행렬 B를 찾을 때 식 (4.19)에서 S가 직교행렬이 되도록 하는 방법은 여러 가지가 있으나 특히 널리 사용되는 Householder 행렬을 소개하고 그 응용을 살펴본다.

크기가 1인 $n-$벡터 $\boldsymbol{u}$, 즉 $\| \boldsymbol{u} \|_2 = 1$인 $n-$벡터 $\boldsymbol{u}$에 대하여 $n \times n$행렬

$$H = \boldsymbol{I} - 2uu^T \tag{4.20}$$

을 Householder **변환행렬**(Householder transformation matrix)이라 한다. Householder 행렬은 위에서 언급한 내용 이외에도 많은 곳에서 이용되고 있다. 특히 이 장의 뒷부분에서 다루게 될 행렬 A의 QR분해(QR factorization)는 Householder 변환의 중요한 응용으로써 연립방정식의 해를 구하는 데 이용되는 $A = LU$ 분해보다 계산량은 많지만 안정성 있는 방법중 하나이다. 또한 QR 분해를 사용하여 행렬의 모든 고유치들을 구할 수 있는 방법도 널리 이용되고 있다.

Householder 행렬 $H = \boldsymbol{I} - 2uu^T$는 대칭행렬 $(H^T = H)$이며 $\| \boldsymbol{u} \|_2^2 = \boldsymbol{u}^T\boldsymbol{u} = 1$으로부터

$$H^T H = (\boldsymbol{I} - 2uu^T)^T(\boldsymbol{I} - 2uu^T) = \boldsymbol{I} - 4uu^T + 4uu^T uu^T = \boldsymbol{I}$$

이므로 직교행렬이 된다. 따라서 $H^{-1} = H^T = H$ 이며

$$\boldsymbol{I} = H^T H = HH = H^2$$

임을 알 수 있다.

Householder 행렬은 벡터 $\boldsymbol{u}$의 선택에 따라 필요한 행렬 H로 얻게 되는 데, 특히 크기가 같은 두 $n-$벡터 $\boldsymbol{x}$와 $\boldsymbol{y}$에 대해 $H\boldsymbol{x} = \boldsymbol{y}$가 되는 Householder 변환행렬 H를 만들 수 있다. Householder 행렬 $H = \boldsymbol{I} - 2uu^T$의 벡터 u를

$$u = \frac{\boldsymbol{x} - \boldsymbol{y}}{\| \boldsymbol{x} - \boldsymbol{y} \|_2} \tag{4.21}$$

이라 하면

$$H\boldsymbol{x} = (\boldsymbol{I} - 2uu^T)\boldsymbol{x} = \boldsymbol{x} - 2(\boldsymbol{u}^T\boldsymbol{x})\boldsymbol{u} \tag{4.22}$$

이고

$$2\boldsymbol{u}^T\boldsymbol{x} = 2\frac{(\boldsymbol{x} - \boldsymbol{y})^T\boldsymbol{x}}{\| \boldsymbol{x} - \boldsymbol{y} \|_2} = \frac{(\boldsymbol{x} - \boldsymbol{y})^T(\boldsymbol{x} - \boldsymbol{y})}{\| \boldsymbol{x} - \boldsymbol{y} \|_2} = \| \boldsymbol{x} - \boldsymbol{y} \|_2$$

이므로 식 (4.22)로부터

$$H\boldsymbol{x} = \boldsymbol{x} - \| \boldsymbol{x} - \boldsymbol{y} \|_2 \frac{(\boldsymbol{x} - \boldsymbol{y})}{\| \boldsymbol{x} - \boldsymbol{y} \|_2} = \boldsymbol{y}$$

가 된다.

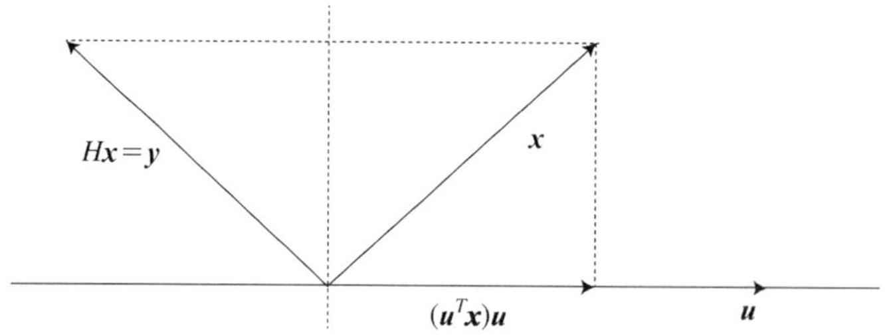

그림 4.2 벡터 x와 Householder 행렬 H의 변환 Hx

그림 4.2에서 $(\boldsymbol{u}^T\boldsymbol{x})\boldsymbol{u}$는 벡터 $\boldsymbol{x}$의 $\boldsymbol{u}$위로의 사영(projection)이고 $H\boldsymbol{x}$는 식 (4.22)으로부터 $\boldsymbol{x} - 2(\boldsymbol{u}^T\boldsymbol{x})\boldsymbol{u}$와 같으므로 그림에서 보는 바와 같이 $H\boldsymbol{x}$는 벡터 $\boldsymbol{u}$에 수직인 면에 관하여 벡터 $\boldsymbol{x}$와 대칭이 되는 벡터이다.

위에서 언급한 Householder 행렬이 일반적으로 벡터 $\boldsymbol{x}$를 크기가 같은 $H\boldsymbol{x}$로 변환할 때 $H\boldsymbol{x}$의 성분 중 몇 개를 제외하고 모두 0이 되도록 반환하는 행렬 H를 만들어 이용하는 경우가 많다. 즉, 크기가 같고 아래와 같은 두 벡터 $\boldsymbol{x}$, $\boldsymbol{y}$

$$\begin{aligned} \boldsymbol{x}^T &= (x_1,\ x_2,\ \ldots,\ x_{k-1},\ x_k,\ \ldots,\ x_n) \\ \boldsymbol{y}^T &= (x_1,\ x_2,\ \ldots,\ x_{k-1},\ \pm\alpha,\ 0,\ \ldots,\ 0) \\ \alpha &= \sqrt{x_k^2 + x_{k+1}^2 + \cdots + x_n^2} \end{aligned} \tag{4.23}$$

에 대하여 $H\boldsymbol{x} = \boldsymbol{y}$가 되도록 하는 Householder 변환행렬을 주로 이용한다. 여기에서 $H\boldsymbol{x} = \boldsymbol{y}$가 되는 H와 $\boldsymbol{u}$는 정의와 (4.21)에서

$$H = \boldsymbol{I} - 2\boldsymbol{u}\boldsymbol{u}^T$$

$$\boldsymbol{u} = \frac{\boldsymbol{x} - \boldsymbol{y}}{\| \boldsymbol{x} - \boldsymbol{y} \|_2} = \frac{1}{\| \boldsymbol{x} - \boldsymbol{y} \|_2} \begin{pmatrix} 0 \\ 0 \\ \vdots \\ 0 \\ x_k + sign(x_k)\alpha \\ x_{k+1} \\ \vdots \\ x_n \end{pmatrix} \tag{4.24}$$

와 같이 선택할 수 있는 데 여기에서 $x_k + sign(x_k)\alpha$의 $sign(x_k)$는 x_k의 부호를 따른다는 의미이다. 이는 두 가지의 경우의 벡터 $\boldsymbol{y}$ 중에서 벡터 $\boldsymbol{x} - \boldsymbol{y}$를 계산할 때 오차가 커질 수 있는 비슷한 두 수의 뺄셈이 일어나지 않도록 하기 위함이다. 즉, x_k가 나머지 성분보다 상당히 큰 양(또는 음)의 수일 때 $\boldsymbol{x} - \boldsymbol{y}$의 k번째의 성분에서 $x_k - \alpha$ (또는 $x_k + \alpha$)가 계산되는 경우를 회피하여 가급적 오차가 유발하는 곳을 없애기 위한 목적이다. 따라서 (4.24)에서 벡터 u를 만들기 위해 사용된 정확한 벡터 $\boldsymbol{y}$는

$$\boldsymbol{y}^T = (x_1,\ \ldots,\ x_{k-1},\ -sign(x_k)\alpha,\ 0,\ \ldots,\ 0) \tag{4.25}$$

이다. 다음 예제를 통하여 이해를 하도록 하자.

예제 4.6 벡터 $\boldsymbol{x}^T = (4,\ 1,\ -2,\ 2)$를 크기가 같고 세 번째와 네 번째 성분을 모두 0으로 변환하는 Householder 행렬을 찾아라.

풀이 벡터 $\boldsymbol{x}$와 크기가 같고 세 번째와 네 번째 성분이 0이 되는 벡터 $\boldsymbol{y}$는 식 (4.23)에서 $k = 2$이므로

$$\alpha = \sqrt{1^2 + (-2)^2 + 2^2} = 3$$

에 대해 (4.24)로부터

$$y = \begin{pmatrix} 4 \\ -sign(1)3 \\ 0 \\ 0 \end{pmatrix}, \quad x - y = \begin{pmatrix} 4 \\ 1 \\ -2 \\ 2 \end{pmatrix} - \begin{pmatrix} 4 \\ -3 \\ 0 \\ 0 \end{pmatrix} = \begin{pmatrix} 0 \\ 4 \\ -2 \\ 2 \end{pmatrix}$$

이므로

$$u = \frac{1}{\| x - y \|_2}(x - y) = \frac{1}{\sqrt{24}}\begin{pmatrix} 0 \\ 4 \\ -2 \\ 2 \end{pmatrix}$$

이며 Householder 행렬

$$H = I - 2uu^T = \begin{pmatrix} 1 & 0 & 0 & 0 \\ 0 & -\frac{1}{3} & \frac{2}{3} & -\frac{2}{3} \\ 0 & \frac{2}{3} & \frac{2}{3} & \frac{1}{3} \\ 0 & -\frac{2}{3} & \frac{1}{3} & \frac{2}{3} \end{pmatrix}$$

이 된다. 위의 Householder 행렬 H는 $Hx = y$를 만족함을 알 수 있다. ■

일반적으로 행렬 $H = I - 2uu^T$를 직접 구하는 경우는 거의 없고 주로 임의의 벡터 w와의 곱 Hw을 계산하는 때가 많다. 이때는

$$Hw = (I - 2uu^T)w = w - 2(u^T w)u \tag{4.26}$$

이므로 내적 $u^T w$를 계산한 후 벡터의 차를 구함으로써 쉽게 벡터 Hw를 얻을 수 있다.

4.5.2 수축방법(deflation)

주어진 $n \times n$행렬 A의 고유치와 대응하는 고유벡터를 λ_*와 v라 할 때 고유치 λ_*를 제외한 A의 모든 고유치와 같은 고유치를 갖는 $(n-1)\times(n-1)$행렬 B를 만들어 λ_*가 아닌 다른 고유치의 근삿값을 구할 수 있도록 하는 방법을 **수축방법(deflation)**이라고 한다. 행렬 B에 앞 절에서 배운 여러 가지의 방법을 적용하면 행렬 B의 원하는 고유치, 즉 행렬 A의 λ_*가 아닌 또 다른 고유치와 고유벡터를 구할 수 있다. 행과 열이 하나씩 적은 행렬 B를 만드는 수축방법으로 Householder 변환행렬을 자주 이용하는 데 그 방법은 다음과 같다.

앞 절의 (4.23), (4.24), (4.25)와 같이 A의 고유벡터 $v^T = (v_1, v_2, \ldots, v_n)$를 두 번째 성분부터 n번째 성분까지 모두 0이 되고 크기가 v와 같은

$$Hv=\begin{bmatrix} -sign(v_1)\sqrt{v_1^2+v_2^2+\cdots+v_n^2} \\ 0 \\ 0 \\ \vdots \\ 0 \end{bmatrix}=-sign(v_1)\parallel v\parallel_2 e_1,\quad e_1=\begin{bmatrix}1\\0\\\vdots\\0\end{bmatrix} \tag{4.27}$$

로 변환하는 Householder $n\times n$행렬 $H=\boldsymbol{I}-2uu^T$의 벡터 u를 구할 수 있다. 행렬 A의 고유치 λ_*와 고유벡터 v에 대한 고유방정식 $Av=\lambda_* v$의 양변에 행렬 H를 곱하여 등식 (4.27)을 이용하면

$$HAv=\lambda_* Hv=-sign(v_1)\lambda_*\parallel v\parallel_2 e_1=(-sign(v_1)\parallel v\parallel_2)\lambda_* e_1$$

을 얻고 또한 $HH=\boldsymbol{I}$이므로 위의 등식은

$$HAv=HAHHv=(HAH)(-sign(v_1)\parallel v\parallel_2)e_1=(-sign(v_1)\parallel v\parallel_2)(HAH)e_1$$

이 된다. 따라서 위의 두 등식으로부터

$$(HAH)e_1=\lambda_* e_1 \tag{4.28}$$

즉,

$$(HAH)\begin{bmatrix}1\\0\\\vdots\\0\end{bmatrix}=\begin{bmatrix}\lambda_*\\0\\\vdots\\0\end{bmatrix}$$

이므로 행렬 HAH의 첫째 열을 쉽게 얻는다. 그러므로 $n\times n$행렬 HAH의 모양은

$$HAH=\begin{bmatrix}\lambda_* & * & \cdots & * \\ 0 & & & \\ \vdots & & B & \\ 0 & & & \end{bmatrix} \tag{4.29}$$

과 같다. 위의 $(n-1)\times(n-1)$부분행렬 B는 행렬 H를 이용하여 A를 수축시킨 행렬로써 다음의 성질을 갖는다.

정리 4.7

행렬A의 고유치 λ_*에 대응하는 고유벡터 v를 두 번째부터 n 번째 성분까지 모두 0이 되고 크기가 v와 같게 변환하는 Householder 행렬이 H라면 (4.29)의 행렬 HAH의 $(n-1)\times(n-1)$부분행렬 B는 λ_*를 제외하고 A와 같은 고유치를 갖는다.

증명 행렬 A의 고유치를 λ, 고유벡터를 v라 하면 고유방정식 $Av=\lambda v$을 만족하며 Householder 행렬 H을 이 식의 양변에 곱하고 $HH=\boldsymbol{I}$을 이용하면

$$HAH(Hv)=\lambda(Hv)$$

이 되므로 상수 λ와 벡터 Hv는 행렬 HAH의 고유치와 고유벡터가 된다. 따라서 행렬 A와 행렬 HAH는 같은 고유치를 갖는다. 한편 (4.29)에서 행렬 HAH의 고유치는 다음의 특성방정식

$$\det(HAH-\lambda \boldsymbol{I})=(\lambda_*-\lambda)\det(B-\lambda \boldsymbol{I})=0$$

의 근이고 그 근들은 λ_*와 특성방정식 $\det(B-\lambda \boldsymbol{I})=0$의 근들이다. 즉, 행렬 HAH의 고유치는 λ_*와 행렬 B의 고유치와 같다. 따라서 A의 고유치는 행렬 HAH의 고유치와 같으므로 λ_*를 제외한 A의 고유치는 B의 모든 고유치와 같다. ■

예제 4.7 다음 행렬

$$A=\begin{bmatrix} 4 & 1 & 1 \\ -2 & 3 & 0 \\ 2 & 0 & 3 \end{bmatrix}$$

는 고유치 $\lambda_1=4$와 고유벡터 $v_1^T=(1,\ -2,\ 2)$을 갖는다. 수축방법을 실행하기위해 먼저 고유벡터 v_1의 두 번째와 세 번째 성분이 0이 되게 하는 즉,

$$Hv_1=\begin{bmatrix} -sign(1)\sqrt{1^2+(-2)^2+2^2} \\ 0 \\ 0 \end{bmatrix}=\begin{bmatrix} -3 \\ 0 \\ 0 \end{bmatrix}$$

이 되는 Householder 행렬 $H=\boldsymbol{I}-2uu^T$의 벡터 u는 식 (4.24)로부터

$$u=\frac{1}{\sqrt{24}}\left(v_1-\begin{bmatrix} 3 \\ 0 \\ 0 \end{bmatrix}\right)=\frac{1}{\sqrt{24}}\begin{bmatrix} 4 \\ -2 \\ 2 \end{bmatrix}$$

이다. 따라서

$$H=\frac{1}{3}\begin{bmatrix} -1 & 2 & -2 \\ 2 & 2 & 1 \\ -2 & 1 & 2 \end{bmatrix}$$

이며

$$HAH=\begin{bmatrix} 4 & -\frac{7}{3} & \frac{5}{3} \\ 0 & \frac{11}{3} & \frac{2}{3} \\ 0 & -\frac{2}{3} & \frac{7}{3} \end{bmatrix}$$

이다. 이때 수축행렬 $B=\begin{bmatrix} \frac{11}{3} & \frac{2}{3} \\ -\frac{2}{3} & \frac{7}{3} \end{bmatrix}$이며 2×2행렬 B의 특성방정식으로부터 고유치

는 3이 된다. 따라서 행렬 A의 또 다른 고유치 λ_2는 3임을 알 수 있다. ■

위에서와 같이 고유치 λ_*와 고유벡터 v를 이용하여 행렬 A의 수축행렬 B를 구한 다음 행렬 B에 거듭제곱방법($w^{\text{new}} = Bw^{\text{old}}$) 등의 방법을 적용하면 B, 즉 A의 새로운 고유치 λ_1을 얻을 수 있다. 그러나 $(n-1)\times(n-1)$행렬 B에 방법을 적용하였으므로 그 결과로 얻은 고유벡터 $w \in R^{n-1}$는 B의 고유벡터이다. 따라서 새로운 고유치 λ_1에 대응하는 행렬 A의 고유벡터 $v_1 \in R^n$는 행렬 B의 고유벡터 w를 이용하여 구해야 한다. 먼저 HAH의 고유벡터 $\boldsymbol{x}^T = (x_1,\ x_2,\ \dots,\ x_n)$를 구해보자. 식 (4.29)의 행렬 HAH를 좀 더 자세히 표현해서

$$HAH = \begin{bmatrix} \lambda_* & r_1 & \dots & r_{n-1} \\ 0 & & & \\ \vdots & & B & \\ 0 & & & \end{bmatrix}, \quad \boldsymbol{r} = \begin{bmatrix} r_1 \\ r_2 \\ \vdots \\ r_{n-1} \end{bmatrix} \tag{4.30}$$

라고 하자. 정리 4.7에 의하여 새로이 구한 근사고유치 λ_1은 행렬 B, A의 고유치일 뿐 아니라 행렬 HAH의 고유치이므로 HAH의 고유벡터 $\boldsymbol{x}^T = (x_1,\ x_2,\ \dots,\ x_n)$와 B의 고유벡터 $\boldsymbol{w} \in R^{n-1}$에 대해

$$HAH\boldsymbol{x} = \lambda_1 \boldsymbol{x}, \quad B\boldsymbol{w} = \lambda_1 \boldsymbol{w} \tag{4.31}$$

이 만족한다. 식 (4.30)을 식 (4.31)에 대입하면

$$\lambda_1 \begin{bmatrix} x_1 \\ x_2 \\ \vdots \\ x_n \end{bmatrix} = HAH\boldsymbol{x} = \begin{bmatrix} \lambda_* & r_1 & \dots & r_{n-1} \\ 0 & & & \\ \vdots & & B & \\ 0 & & & \end{bmatrix} \begin{bmatrix} x_1 \\ x_2 \\ \vdots \\ x_n \end{bmatrix} \tag{4.32}$$

이 되고 위 연립방정식의 두 번째에서 n번째 식으로부터

$$\lambda_1 \begin{bmatrix} x_2 \\ \vdots \\ x_n \end{bmatrix} = B \begin{bmatrix} x_2 \\ \vdots \\ x_n \end{bmatrix}$$

이다. 한편 (4.31)에서 $B\boldsymbol{w} = \lambda_1 \boldsymbol{w}$이므로 $\boldsymbol{x}$의 부분벡터 $(x_2,\ \dots,\ x_n) = \boldsymbol{w}^T$로 놓을 수 있다. 따라서 이 식을 식 (4.32)의 첫 번째 식에 대입하여 나머지 x_1을 구하면

$$x_1 = \frac{\boldsymbol{r}^T \boldsymbol{w}}{\lambda_1 - \lambda_*}$$

이므로 행렬 HAH의 근사고유치 λ_1에 대응하는 고유벡터 $\boldsymbol{x}$는

$$x = \begin{bmatrix} \dfrac{r^T w}{\lambda_1 - \lambda_*} \\ x_2 \\ \vdots \\ x_n \end{bmatrix} = \begin{bmatrix} \dfrac{r^T w}{\lambda_1 - \lambda_*} \\ w \end{bmatrix} \tag{4.33}$$

이 된다. 그러므로 행렬 A의 고유치 λ_1에 대응하는 고유벡터 v_1는 고유방정식 $HAHx = \lambda_1 x$의 양변에 H를 곱하고 $HH = I$를 이용하면 $A(Hx) = \lambda_1(Hx)$이 되어

$$v_1 = Hx \tag{4.34}$$

임을 알 수 있다. 위에서 언급한 내용을 요약하면 다음과 같다. 주어진 $n \times n$행렬 A의 고유치와 대응하는 고유벡터를 λ_*와 v라 할 때 수축방법을 이용하여 고유치 λ_* 외의 다른 고유치 λ_1와 고유벡터 v_1를 구하기 위해서는 다음과 같이 실행한다.

1) (4.27)을 만족하는 Householder 행렬 H의 벡터 u를 구한다.

2) 초기 벡터 $x_0 \in R^n$을 선택하여 거듭제곱방법

$$x^{\text{new}} = HAHx^{\text{old}}$$

를 실행하여(등식의 첫째 성분을 무시하면 $x^{\text{new}} = Bx^{\text{old}}$를 샐행함과 같다.) B의 근사고유벡터 w와 근사고유치 λ_1을 구한다. 이때 $HAHx^{\text{old}}$의 계산은 H를 직접 구하여 계산하지 않고 식 (4.26)과 같이 벡터와 벡터의 차로 구한다.

3) 식 (4.33)에서 HAH의 고유벡터 x를 구한다.

4) $v_1 = Hx$를 계산하여 행렬 A의 근사고유벡터를 구한다.

위의 수축방법을 반복 수행하여 행렬의 모든 고유치와 고유벡터를 구할 수 있다. 모든 고유치와 고유벡터를 구하는 방법으로써는 다음 절에서 소개할 방법(QR방법)보다는 효과적이지 못하지만 몇 개의 고유치와 고유벡터를 구하기 위해서는 거듭제곱방법과 수축방법을 사용하는 것이 매우 효과적이며 안정된 방법이다.

연습문제 4.5

1. 모든 2×2 Householder 행렬은 $H=\begin{bmatrix} a & b \\ b & -a \end{bmatrix}$, $a^2+b^2=1$을 만족함을 보여라.

2. Householder 행렬 $H=\boldsymbol{I}-2\boldsymbol{u}\boldsymbol{u}^T$과 벡터 $\boldsymbol{x}$의 곱은 항상 $H\boldsymbol{x}=\boldsymbol{x}-\alpha\boldsymbol{u}$로 나타남을 보이고 이때의 α를 구하여라.

3. 식 (4.27)이 되는 Householder 변환행렬 $H=\boldsymbol{I}-2\boldsymbol{u}\boldsymbol{u}^T$의 벡터 $\boldsymbol{u}$를 구하여라.

4. 다음의 행렬

$$A=\begin{bmatrix} 23 & 36 \\ 36 & 2 \end{bmatrix}$$

의 고유치와 고유벡터는 $\lambda=50$과 $\boldsymbol{x}=\begin{pmatrix} 4 \\ 3 \end{pmatrix}$일 때

1) 고유벡터 $\boldsymbol{x}$의 두 번째 성분이 0이 되고 크기가 $\boldsymbol{x}$와 같은 벡터로 변환하는 Householder 행렬 H를 구하여라.

2) 수축방법을 이용하여 다른 고유치를 구하여라.

5. 벡터 $b=\begin{pmatrix} 2 \\ 2 \\ 1 \end{pmatrix}$를 두 번째와 세 번째 성분이 0이 되고 크기가 같은 벡터로 변환하는 Householder 행렬 H를 구하여라.

6. 대칭이고 실수인 정칙행렬 A의 고유치 $\{\lambda_1, \lambda_2, \ldots, \lambda_n\}$과 고유벡터 $\{v_1, v_2, \ldots, v_n\}$에 대하여 행렬 A는

$$Q^{-1}AQ=D$$

가 됨을 보여라. 단, 대각행렬 $D=diag(\lambda_1, \lambda_2, \ldots, \lambda_n)$, 직교행렬 $Q=(v_1, v_2, \ldots, v_n)$이다.

7. Householder 행렬을 이용하여 수축방법을 $n\times n$행렬 A에 $n-1$번 반복 적용할 때

생성하는 Householder 행렬 $H_1,\ H_2,\ \ldots,\ H_{n-1}$에 대하여

$$H_{n-1} \cdots H_2 H_1 A H_1 H_2 \cdots H_{n-1} = U$$

인 상삼각행렬 U가 존재함을 보여라. 즉, $P = H_1 \cdots H_{n-1}$인 직교행렬에 대하여 A의 Schur 분해(Schur decomposition)

$$A = PUP^{-1}$$

가 존재함을 보여라.

8. 다음의 벡터 $\boldsymbol{x}$에 대하여 물음에 답하여라.

$$\boldsymbol{x} = \begin{pmatrix} 12 \\ 5 \\ 12 \end{pmatrix}$$

1) 벡터 $\boldsymbol{x}$의 첫째 성분은 그대로 셋째 성분을 0으로 변환하는 Householder 행렬을 구하여라.
2) 벡터 $\boldsymbol{x}$의 첫째 성분과 셋째 성분을 0으로 변환하는 Householder 행렬을 구하여라.
3) 일반적으로 벡터 $\boldsymbol{x} \in R^n$의 처음 $k-1$개의 성분을 0으로 변환하고 마지막 $n-k$개의 성분은 변함이 없도록 변환하는 Householder 행렬 $H = \boldsymbol{I} - 2\boldsymbol{u}\boldsymbol{u}^T$의 벡터 $\boldsymbol{u}$를 구하여라.

9. 다음 행렬

$$\begin{pmatrix} 4 & -1 & 1 \\ -1 & 3 & -2 \\ 1 & -2 & 3 \end{pmatrix}$$

의 고유치와 그에 대응하는 고유벡터 중 하나는 $\lambda = 3,\ \boldsymbol{u} = (2,\ 1,\ -1)^T$이다. 수축 방법을 이용하여 나머지 고유치와 그에 대응하는 고유벡터를 구하여라.

10. 다음 행렬

$$A = \begin{pmatrix} 3 & -2 & 2 \\ -2 & 1 & -4 \\ 2 & -4 & 1 \end{pmatrix}$$

의 고유치는 $\lambda_1 = 7,\ \lambda_2 = -3,\ \lambda_3 = 1$이고, 7에 대응하는 단위고유벡터는

$$\boldsymbol{u}_1 = \frac{1}{\sqrt{3}} \begin{pmatrix} 1 \\ -1 \\ 1 \end{pmatrix}$$

일 때 수축방법을 이용하여 (4.30)의 행렬 B를 구하고 행렬 B의 고유벡터를 이용하여 나머지 고유치에 대응하는 행렬 A의 고유벡터를 구하여라.

11. n차 대칭행렬 A가 고유치 $\lambda_1,\ \lambda_2,\ \cdots,\ \lambda_n$을 갖는다고 하자. $\boldsymbol{u}_1$을 고유치 λ_1에 대응하는 A의 단위고유벡터라고 하자. 즉, $\boldsymbol{u}_1^T\boldsymbol{u}_1 = 1$이면 다음을 증명하여라.

1) 행렬 $B \equiv A - \lambda_1 \boldsymbol{u}_1 \boldsymbol{u}_1^T$은 고유치 $0,\ \lambda_2,\ \cdots,\ \lambda_n$을 갖는다.

2) $\boldsymbol{u}$가 고유치 $\lambda_2,\ \cdots,\ \lambda_n$ 중 어떤 하나에 대응하는 B의 고유벡터라면 $\boldsymbol{u}$는 그 고유치에 대응하는 A의 고유벡터이다.

(힌트: $B\boldsymbol{u}_k = \begin{cases} 0\boldsymbol{u}_1, & k=1 \\ \lambda_k \boldsymbol{u}_k, & k \neq 1 \end{cases}$와 $B\boldsymbol{u} = A\boldsymbol{u}$를 보여라.)

12. 다음 행렬 $A = \begin{pmatrix} 3 & -2 & 2 \\ -2 & 1 & -4 \\ 2 & -4 & 1 \end{pmatrix}$의 고유치는 $\lambda_1 = 7,\ \lambda_2 = -3,\ \lambda_3 = 1$이고, 각각에 대응하는 단위고유벡터는 $\boldsymbol{u}_1 = \frac{1}{\sqrt{3}}\begin{pmatrix} 1 \\ -1 \\ 1 \end{pmatrix},\ \boldsymbol{u}_2 = \frac{1}{\sqrt{2}}\begin{pmatrix} 0 \\ 1 \\ 1 \end{pmatrix},\ \boldsymbol{u}_3 = \frac{1}{\sqrt{6}}\begin{pmatrix} -2 \\ -1 \\ 1 \end{pmatrix}$이다. 위의 연습문제 11에서의 행렬 B를 구하고 그 고유치와 고유벡터를 구하여라.

4.6 QR 분해와 QR 방법

4.6.1 QR 분해

앞 4.5절에서 배운 Householder 변환을 이용하여 임의의 행렬 $A_{m\times n}$를 직교행렬 $Q_{m\times m}$와 상삼각행렬을 포함하는 행렬 $R_{m\times n}$의 곱으로 표현, 즉 $A=QR$을 행렬 A의 QR 분해(QR factorization)라고 한다. QR 분해는 다른 방법에 비해 계산량은 약간 많지만 작은 오차와 안정성(stability)의 장점 때문에 연립방정식의 해를 구할 때, 벡터집합의 정규직교(orthonormal)인 기저(basis)를 찾을 때, 또는 행렬의 고유치를 구할 때 등 많은 곳에서 자주 응용되고 있다.

$n\times n$ 행렬 A 앞에 적당한 Householder 행렬들을 곱하여 $n\times n$ 상삼각행렬 R이 되도록 만들어보자. 식 (4.27)에서의 벡터 $\boldsymbol{v}$를 행렬 A의 첫 번째 열벡터 A_1이라 하면 식 (4.24)와 (4.27)과 같이

$$
\begin{aligned}
&s_1 = -sign(A_{11})\sqrt{A_{11}^2+\cdots+A_{n1}^2},\\
&k=\sqrt{(A_{11}-s_1)^2+A_{21}^2+\cdots+A_{n1}^2},\\
&H=\boldsymbol{I}-2\boldsymbol{u}\boldsymbol{u}^T,\ \boldsymbol{u}=\frac{1}{k}(A_{11}-s_1,\ A_{21},\ \ldots,\ A_{n1})^T,\\
&HA_1=(s_1,\ 0,\ \ldots,\ 0)^T
\end{aligned}
\tag{4.35}
$$

가 되는 Householder 행렬 H가 존재한다. 이 첫 번째 Householder 행렬 H를 $H^{(1)}$이라고 하자. 그러면 $H^{(1)}A$는 다음과 같은 형태가 된다.

$$
H^{(1)}A=\begin{bmatrix} s_1 & * & \cdots & * \\ 0 & * & \cdots & * \\ \vdots & \vdots & \ddots & \vdots \\ 0 & * & \cdots & * \end{bmatrix}
\tag{4.36}
$$

같은 방법으로 벡터 $\boldsymbol{v}$를 위의 행렬 $H^{(1)}A$의 두 번째 열벡터라 하고 이 벡터 $\boldsymbol{v}$의 세 번째부터 n번째 성분까지 모두 0이 되고 크기가 $\boldsymbol{v}$와 같게 하는 Householder 변환행렬을 $H^{(2)}$라 하면 $H^{(2)}$는

$$
\begin{aligned}
&s_2=-sign(v_2)\sqrt{v_2^2+\cdots+v_n^2},\\
&k=\sqrt{(v_2-s_2)^2+v_3^2+\cdots+v_n^2},\\
&H^{(2)}=\boldsymbol{I}-2\boldsymbol{u}\boldsymbol{u}^T,\quad \boldsymbol{u}=\frac{1}{k}(0,\ v_2-s_2,\ v_3,\ \ldots,\ v_n)^T
\end{aligned}
$$

$$H^{(2)}\boldsymbol{v} = (v_1,\ s_2,\ 0,\ \ldots,\ 0)^T,$$

를 만족한다. 그러면 $H^{(2)}H^{(1)}A$는 다음과 같은 형태가 된다.

$$H^{(2)}H^{(1)}A = \begin{bmatrix} s_1 & v_1 & * & \cdots & * \\ 0 & s_2 & * & \cdots & * \\ 0 & 0 & * & \cdots & * \\ \vdots & \vdots & \vdots & \ddots & \vdots \\ 0 & 0 & * & \cdots & * \end{bmatrix}$$

이와 같은 방법을 $n-1$번 반복하면 $H^{(1)}$, $H^{(2)}$, ..., $H^{(n-1)}$의 Householder 행렬을 얻고 이 행렬들을 A에 곱하여

$$H^{(n-1)}\cdots H^{(2)}H^{(1)}A = \begin{bmatrix} s_1 & v_1 & * & \cdots & * & * \\ 0 & s_2 & * & \cdots & * & * \\ 0 & 0 & s_3 & \cdots & * & * \\ 0 & 0 & 0 & \ddots & * & * \\ \vdots & \vdots & \vdots & \ddots & \ddots & \vdots \\ 0 & 0 & 0 & \cdots & 0 & s_n \end{bmatrix} \equiv R \tag{4.37}$$

이 되는 상삼각행렬 R을 얻는다. 이때 $Q \equiv H^{(1)}H^{(2)}\cdots H^{(n-1)}$이라 하면 행렬 $H^{(1)}$, $H^{(2)}$, ..., $H^{(n-1)}$는 모두 직교행렬이고 $H^{(i)}$는 대칭행렬이며 $H^{(i)}H^{(i)} = \boldsymbol{I}$이므로

$$\begin{aligned} Q^TQ &= \left(H^{(1)}H^{(2)}\cdots H^{(n-1)}\right)^T H^{(1)}H^{(2)}\cdots H^{(n-1)} \\ &= H^{(n-1)}\cdots H^{(2)}H^{(1)}H^{(1)}H^{(2)}\cdots H^{(n-1)} \\ &= \boldsymbol{I} \end{aligned} \tag{4.38}$$

이 되어 Q도 직교행렬이다. 한편 (4.37)로부터 행렬 A는 직교행렬 A와 상삼각행렬 R의 곱, 즉

$$A = QR \tag{4.39}$$

와 같이 분해됨을 알 수 있다.

앞 절에서 언급한 것처럼 식 (4.37)에서 Householder 행렬을 곱하기 위해 Householder 행렬 $H^{(i)}$를 직접 계산하여 구할 필요가 없고 행렬 $H^{(i)}$를 만드는 벡터 $\boldsymbol{u}$를 이용하면 된다. 행렬 $H^{(i)}$를 다른 행렬과 곱할 때는 행렬 $H^{(i)}$와 다른 행렬의 각 열벡터와의 곱셈을 반복하는 것과 같으므로 행렬 $H^{(i)}$와 벡터의 곱셈의 방법인 식 (4.26)을 이용하여 계산하는 것이 효과적이다. 또한 실제 QR 분해의 응용분야에서 대부분의 경우 행렬 Q를 정확히 구하는 것은 비효율적이다. Householder 행렬들의 곱셈인 Q와 어떤 행렬이나 벡터의 곱을 계산할 경우에는 각 Householder 행렬들 $H = \boldsymbol{I} - 2\boldsymbol{u}\boldsymbol{u}^T$의 벡터 $\boldsymbol{u}$만을 기억해 두었다가 곱셈을 하면 된다. 즉, 행렬 H와 벡터 x의 곱:

$$Hx = (I - 2uu^T)x = x - 2uu^Tx = x - 2(u^Tx)u$$

이므로 두 벡터 x, u의 상수 배의 뺄셈과 같다. 따라서 QR 분해를 하는 과정에서 생성하는 Householder 행렬들의 벡터 u들과 마지막으로 구해지는 상삼각행렬 R만 저장해 두면 행렬 A의 QR 분해를 효과적이고 경제적으로 응용할 수 있다.

예제 4.8 다음의 행렬

$$A = \begin{bmatrix} 10 & 9 & 18 \\ 20 & -15 & -15 \\ 20 & -12 & 51 \end{bmatrix}$$

의 QR 분해를 구하여라.

풀이 행렬 A의 첫 번째 열벡터 $(10,\ 20,\ 20)^T$를

$$(s_1,\ 0,\ 0)^T,\ s_1 = -sign(10)\sqrt{10^2 + 20^2 + 20^2} = -30$$

로 변환하는 Householder 행렬 $H^{(1)}$는 식 (4.24)에서와 같이

$$u = \frac{1}{\sqrt{2400}}((10,\ 20,\ 20)^T - (-30,\ 0,\ 0)^T) = \frac{1}{\sqrt{2400}}(40,\ 20,\ 20)^T,$$

$$H^{(1)} = I - 2uu^T = -\frac{1}{3}\begin{bmatrix} 1 & 2 & 2 \\ 2 & -2 & 1 \\ 2 & 1 & -2 \end{bmatrix}$$

이므로

$$H^{(1)}A = \begin{bmatrix} -30 & 15 & -30 \\ 0 & -12 & -39 \\ 0 & -9 & 27 \end{bmatrix}$$

이 된다. 다시 행렬 $H^{(1)}A$의 두 번째 열벡터 $(15,\ -12,\ -9)^T$를 크기가 같고 세 번째 성분의 값이 0이 되게 하는, 즉

$$(15,\ s_2,\ 0)^T,\quad s_2 = -sign(-12)\sqrt{(-12)^2 + (-9)^2} = 15$$

로 변환하는 Householder 행렬 $H^{(2)}$는

$$u = \frac{1}{\sqrt{810}}((15,\ -12,\ -9)^T - (15,\ 15,\ 0)^T) = \frac{1}{\sqrt{810}}(0,\ -27,\ -9)^T,$$

$$H^{(2)} = I - 2uu^T = \begin{bmatrix} 1 & 0 & 0 \\ 0 & -0.8 & -0.6 \\ 0 & -0.6 & 0.8 \end{bmatrix}$$

이므로 행렬 $H^{(2)}$를 행렬 $H^{(1)}A$에 곱하여

$$H^{(2)}H^{(1)}A = \begin{bmatrix} -30 & 15 & -30 \\ 0 & 15 & 15 \\ 0 & 0 & 45 \end{bmatrix} \equiv R \tag{4.40}$$

이 되는 상삼각행렬 R을 얻게 된다. 이제 $Q \equiv H^{(1)}H^{(2)}$라 하면 $H^{(1)}$, $H^{(2)}$이 직교 행렬이므로 Q도 직교 행렬이 되고 Q는

$$Q = H^{(1)}H^{(2)} = -\frac{1}{15}\begin{bmatrix} 5 & -14 & 2 \\ 10 & 5 & 10 \\ 10 & 2 & -11 \end{bmatrix}$$

이다. 따라서 (4.40)으로부터

$$A = H^{(1)}H^{(2)}R = QR = \left(-\frac{1}{15}\begin{bmatrix} 5 & -14 & 2 \\ 10 & 5 & 10 \\ 10 & 2 & -11 \end{bmatrix}\right)\begin{bmatrix} -30 & 15 & -30 \\ 0 & 15 & 15 \\ 0 & 0 & 45 \end{bmatrix}$$

인 A의 QR 분해를 구할 수 있다. ■

QR 분해법의 Matlab 프로그램 QRfactor.m

```
function [Q,R]=QRfactor(A)
% mxn 행렬 A의 QR 분해를 구하는 프로그램
% Househoder 변환행렬 Hi를 직접 구하지 않고
% 직교행렬 Q와 상삼각행렬 R을 계산한다.
% 계산양은 O(mn^2)

[m,n]=size(A);
R=A;                        % 초기  R=A
Q=eye(m);                  % Q=I로 초기화
for k=1:m-1
  x = R(k:m,k);
  u = x ;
  u(1) = x(1) + sign(x(1))*norm(x) ;
  u = u/norm(u);
  R(k:m, k:n) = R(k:m, k:n) -2*u*(u'*R(k:m, k:n));
                 % R=...H3*H2*H1*A   R의 k행 ~ m행까지 업데이트
  Q(1:m,k:m)=Q(1:m, k:m)-2*Q(1:m, k:m)*u*u';
                % Q=H1*H2*H3*.....  Q의 k열 ~ m열까지 업데이트
end
```

실행결과

```
>> [Q,R]=QRfactor(A)
Q =
   -0.3333    0.9333   -0.1333
   -0.6667   -0.3333   -0.6667
   -0.6667   -0.1333    0.7333
R =
  -30.0000   15.0000  -30.0000
         0   15.0000   15.0000
         0         0   45.0000
```

정칙행렬 A의 QR 분해에서 Q와 R의 유일성을 보이기 위하여 $A = Q_1R_1 = Q_2R_2$라고 하면 R_1, R_2가 정칙이므로

$$Q_2^TQ_1 = R_2R_1^{-1}\text{이고} \quad Q_1^TQ_2 = R_1R_2^{-1}$$

이다. 상삼각행렬의 역행렬은 상삼각행렬이고 상삼각행렬끼리의 곱도 상삼각행렬이므로 행렬 $Q_2^TQ_1$, $Q_1^TQ_2$도 상삼각행렬이다. $Q_2^TQ_1 = (Q_1^TQ_2)^T$이므로 $Q_2^TQ_1 = Q_1^TQ_2 \equiv D$, 즉 대각행렬이고 $(Q_2^TQ_1)(Q_1^TQ_2) = I$이므로 $D = \pm I$이다. 그러므로

$$Q_1 = \pm Q_2, \ R_1 = \pm R_2$$

이다. 따라서 부호를 무시하면 행렬 A가 정칙일 때 $A = QR$이 되는 직교행렬 Q와 상삼각행렬 R은 단 하나 존재함을 알 수 있다.

위에서 소개한 QR 분해는 다음 절에서 고유치의 계산 방법으로 다루게 될 QR 방법에서 사용될 뿐만 아니라 선형연립방정식의 해법(연습문제 참조)으로도 사용되는 데 Householder 행렬이 같은 크기의 벡터로 변환하기 때문에 흔히 오차를 많이 유발하는 원인이 되는 행렬성분의 증폭현상이 중간과정에서 일어나지 않는다. 따라서 LU 분해에서 행렬 성분의 증폭을 막기 위해 도입한 pivoting도 필요로 하지 않는다. 이러한 이유로 불량조건의 행렬에 자주 응용되고 있다.

4.6.2 QR 방법(QR method)

앞 4.5절에서 배운 수축방법은 행렬의 모든 고유치를 구하기에는 누적되는 오차 때문

에 일반적으로 적합하지 않다. 이 절에서는 QR 분해를 이용하여 행렬의 모든 고유치를 구하는 데 매우 효과적이고 널리 사용되고 있는 일반적인 방법인 QR 방법(QR method)을 소개한다. QR 방법은 행렬의 QR 분해를 구한 후 각 행렬 Q와 R을 바꾸어 곱하여 새로운 행렬 RQ를 만들기를 반복하는 방법이다. 즉, $A^{(1)} = A$일 때

$$A^{(k)} = Q^{(k)}R^{(k)}, \quad A^{(k+1)} = R^{(k)}Q^{(k)}, \quad k = 1,\ 2,\ \ldots \tag{4.39}$$

을 실행하여 모든 고유치를 구하는 방법이다.

$Q^{(k)}$는 직교행렬이고 $R^{(k)} = Q^{(k)^T}A^{(k)}$이므로

$$A^{(k+1)} = Q^{(k)^T}A^{(k)}Q^{(k)} \tag{4.40}$$

이다. 즉, $A^{(k+1)}$과 $A^{(k)}$은 서로 유사(similar)행렬이다. 그러므로 모든 행렬 $A^{(k)}$는 주어진 행렬 A와 유사행렬이므로 고유치는 서로 같다. QR 방법에서 k가 증가함에 따라 $A^{(k)}$는 상삼각행렬에 수렴하여 그 행렬의 대각항에 A의 고유치가 절댓값이 큰 순서대로 놓여 있거나 또는 상삼각행렬에 가까운 행렬 또는 대각성분 아래 성분만이 작은 값으로 수렴하지 않는 행렬(예: Hessenberg 행렬 등), 하지만 모든 고유치를 쉽게 구할 수 있는 행렬로 수렴한다. 이러한 행렬로 수렴하는 이유는 A가 실수행렬이면 QR 방법의 모든 과정이 실수로만 만들어지므로 복소수인 고유치를 갖는 행렬에 대해서는 QR 방법에서 상삼각행렬로 수렴할 수 없기 때문이다. 만일 A가 대칭이면 $A^{(k)}$는 대각행렬에 수렴한다. QR 방법을 요약하면 다음과 같다.

❙ 알고리즘 4.3 QR 방법

1. 행렬 A에 대하여, $A^{(1)} = A$라고 하자.
2. $k = 1,\ 2,\ \cdots,\ Max$까지 다음을 한다.
   $A^{(k)} = Q^{(k)}R^{(k)}$가 되는 정규직교행렬 Q와 상삼각행렬 R을 구한다.
   $A^{(k+1)} = R^{(k)}Q^{(k)}$

예제 4.9 다음의 행렬

$$A = \begin{bmatrix} 5 & -8 \\ -4 & 1 \end{bmatrix}$$

의 고유치는 9와 -3이다. QR 방법을 4번 실행하여라.

풀이 각 행렬의 QR 분해는 생략하고 매회에서 구한 새로운 행렬 $A^{(i)}$만 나열한다.

$$A^{(1)} = A = \begin{bmatrix} 5 & -13 \\ 12 & 26 \end{bmatrix} = Q^{(1)}R^{(1)}$$

$$A^{(2)} = R^{(1)}Q^{(1)} = \begin{bmatrix} 9.29 & 1.36 \\ -2.63 & -3.30 \end{bmatrix} = Q^{(2)}R^{(2)}$$

$$A^{(3)} = R^{(2)}Q^{(2)} = \begin{bmatrix} 8.68 & -4.76 \\ -0.76 & -2.68 \end{bmatrix} = Q^{(3)}R^{(3)}$$

$$A^{(4)} = R^{(3)}Q^{(3)} = \begin{bmatrix} 9.09 & 3.73 \\ -0.27 & -3.08 \end{bmatrix} = Q^{(4)}R^{(4)}$$

$$A^{(5)} = R^{(4)}Q^{(4)} = \begin{bmatrix} 8.98 & -4.10 \\ -0.09 & -2.98 \end{bmatrix}$$

위와 같이 고유치 9와 −3이 대각항에 위치하는 상삼각행렬로 접근하고 있음을 알 수 있다. ■

참고로 복소수인 고유치를 포함하는 행렬에 QR 방법을 적용하면 위에서 언급한 바와 같이 복소수 고유치를 쉽게 구할 수 있는 상삼각행렬과 비슷한 모양의 행렬(Hessenberg 행렬: 준대각성분 아래가 모두 0인 행렬, 정의 4.1 참조)로 접근할 수 있다. 다음은 복소수 고유치를 찾는 경우를 고려하여 만든 일반적인 QR 방법의 Matlab 프로그램이다.

QR 방법의 Matlab 프로그램: QRmethod.m

```
function AK=QRmethod(A)
% A의 고유치를 구하는 QR 방법
%input: A 정방행렬
%output: AK:  A_(k+1)=R_k*Q_k

kmax=500; tol=10^-5 ;
k=0;
error=1;
while( error > tol )
    k=k+1;
    [Q R]=QRfactor(A);
    A=R*Q;
    error=max(max(abs(tril(A,-2))));   %준대각성분아래가 0으로 접근 정도
    fprintf('k= %3d, error = %10.5e \n', k, error)
    AK=A;
    if k==kmax, return,  end
end
```

실행결과 (다음의 행렬에 대하여 실행)

```
A = 7   -8   -7   -8    3
    9   -5   10   -2  -10
   -8    1   10    9    7
    9   10    0    6    9
    3   10    6   10    4
```

```
>> AK=QRmethod(A)
k=   1, error = 8.50407e+00
k=   2, error = 5.07969e+00
k=   3, error = 6.46817e+00
....
k= 124, error = 1.04583e-05
k= 125, error = 1.06696e-05
k= 126, error = 6.13179e-06

AK =
   11.5630   -9.6882    0.8620    3.0419   11.1971
    0.9753   17.0333   17.7224    0.7277    0.7340
   -0.0000    0.0000   -3.2879   16.3716   -3.7773
    0.0000    0.0000   -9.4439   -1.6519    6.4854
    0.0000    0.0000   -0.0000   -0.0000   -1.6566
```

위의 결과로 행렬의 고유치는 대각항에 있는 2개의 2×2행렬 $\begin{bmatrix} 11.5630 & -9.6882 \\ 0.9753 & 17.0333 \end{bmatrix}$, $\begin{bmatrix} -3.2879 & 16.3716 \\ -9.4439 & -1.6519 \end{bmatrix}$의 복소수 고유치와 실수 고유치 -1.6566이 됨을 알 수 있다. 이때 2×2 행렬의 특성방정식을 이용하여 쉽게 복소수 고유치 $14.2982\pm1.4026i$, $-2.4699\pm12.4074i$를 구할 수 있다.

QR 방법의 각 회에서 만들어지는 행렬 $A^{(k)}$들은 (4.40)의 관계가 있으므로 모두 한번에 요약하면

$$\begin{aligned} A^{(k+1)} &= Q^{(k)^T} Q^{(k-1)^T} \cdots Q^{(1)^T} A Q^{(1)} \cdots Q^{(k-1)} Q^{(k)} \\ &= \left(Q^{(1)} \cdots Q^{(k-1)} Q^{(k)}\right)^T A \left(Q^{(1)} \cdots Q^{(k-1)} Q^{(k)}\right) \\ &= P^T A P\ , \quad P = Q^{(1)} \cdots Q^{(k)} \end{aligned}$$

의 관계가 있으며 행렬 P는 직교행렬이 된다. 따라서 QR 방법에서 얻은 결과의 행렬 $A^{(k+1)}=P^TAP$의 고유치와 고유벡터가 λ, v라 하면 $APv=\lambda Pv$로부터 행렬 A의 고유치와 고유벡터는 λ, Pv가 된다.

4.6.3 QR 방법의 효과적인 적용방법

QR 방법은 매회마다 $n\times n$행렬에 대해 QR 분해를 실행하므로 시간적 손실과 계산량(약 n^3)이 상당히 큰 편이다. 이러한 느린 속도를 보완하기 위해 QR 방법을 적용하기 전에 먼저 고유치를 구하고자 하는 행렬을 같은 고유치를 가지는 간단한 형태의 행렬로 유사변환(similarity transformation)을 한 후에 QR 방법을 사용하면 QR 분해를 하는 데 시간과 계산량이 줄어 효과적일 수 있다. 유사변환되는 간단한 행렬은 행렬계산의 중요한 역할을 하는 Hessenberg 행렬로써 그 정의는 다음과 같다.

정의 4.8 행렬 $H=[h_{ij}]$에서 준대각성분(대각성분의 아래 첫 성분)의 아래가 모두 0인 행렬을 Hessenberg 행렬이라고 한다. 즉, $h_{ij}=0,\ i\geq j+2$인 행렬 $H=(h_{ij})$로써 그 모양은 다음과 같다.

$$H=\begin{pmatrix} * & * & * & \cdots & \cdots & * \\ * & * & * & \cdots & \cdots & * \\ 0 & * & * & \cdots & \cdots & * \\ \vdots & 0 & \ddots & \ddots & \vdots & * \\ \vdots & \vdots & \ddots & \ddots & * & * \\ 0 & 0 & \cdots & 0 & * & * \end{pmatrix}$$

앞에서 배운 Householder 변환행렬을 이용하면 모든 행렬을 Hessenberg 행렬로 유사변환할 수가 있다. 즉, 행렬 A와 유사행렬인 P^TAP이 Hessenberg 행렬이 되도록 직교행렬 P를 Householder 행렬로 구성할 수가 있다. 예를 들어 설명하기로 하자. 다음의 행렬

$$A=\begin{pmatrix} 4 & 1 & -2 & 2 \\ 1 & 1 & 3 & -2 \\ -2 & 3 & 1 & 1 \\ 2 & -2 & 1 & 5 \end{pmatrix} \tag{4.41}$$

를 Hessenberg 행렬로 유사변환을 하기 위해 첫 번째 열벡터 $(4,\ 1,\ -2,\ 2)^T$의 셋째와 넷째 성분을 0으로 변환하는 Householder 행렬 $H^{(1)}$는

$$H^{(1)} = \boldsymbol{I} - 2uu^T = \begin{pmatrix} 1 & 0 & 0 & 0 \\ 0 & -\frac{1}{3} & \frac{2}{3} & -\frac{2}{3} \\ 0 & \frac{2}{3} & \frac{2}{3} & \frac{1}{3} \\ 0 & -\frac{2}{3} & \frac{1}{3} & \frac{2}{3} \end{pmatrix}$$

이며 이 행렬 $H^{(1)}$을 A의 왼쪽에 곱하면

$$H^{(1)}A = \begin{pmatrix} 4 & 1 & -2 & 2 \\ -3 & 3 & -1 & -2 \\ 0 & 2 & 3 & 1 \\ 0 & -1 & -1 & 5 \end{pmatrix}$$

이고 또 행렬 $H^{(1)}$을 $H^{(1)}A$의 오른쪽에 곱하면

$$H^{(1)}AH^{(1)} = \begin{pmatrix} 4 & -3 & 0 & 0 \\ -3 & -\frac{1}{3} & \frac{2}{3} & -\frac{11}{3} \\ 0 & \frac{2}{3} & \frac{11}{3} & \frac{1}{3} \\ 0 & -\frac{11}{3} & \frac{1}{3} & \frac{11}{3} \end{pmatrix}$$

이 된다. 이때 행렬 $H^{(1)}$의 첫 열벡터가 단위벡터 $(1,\ 0,\ 0,\ 0)^T$이므로 $H^{(1)}$를 $H^{(1)}A$의 오른쪽에 곱할 때 $H^{(1)}A$의 첫 열벡터에는 변함이 없기 때문에 Hessenberg 행렬의 모양을 유지 할 수가 있다. 같은 방법으로 행렬 $H^{(1)}AH^{(1)}$의 두 번째 열벡터 $\left(-3,\ -\frac{1}{3},\ \frac{2}{3},\ -\frac{11}{3}\right)^T$의 넷째 성분을 0으로 변환하는 Householder 행렬 $H^{(2)}$는

$$H^{(2)} = \boldsymbol{I} - 2uu^T = \begin{pmatrix} 1 & 0 & 0 & 0 \\ 0 & 1 & 0 & 0 \\ 0 & 0 & -.18 & .98 \\ 0 & 0 & .98 & .18 \end{pmatrix}$$

이며 이 행렬 $H^{(2)}$를 $H^{(1)}AH^{(1)}$의 왼쪽에 곱하면

$$H^{(2)}H^{(1)}AH^{(1)} = \begin{pmatrix} 4 & -3 & 0 & 0 \\ -3 & -.33 & .66 & -3.67 \\ 0 & -3.73 & -.33 & 3.53 \\ 0 & 0 & 3.65 & .98 \end{pmatrix}$$

이고 다시 행렬 $H^{(2)}$를 $H^{(2)}H^{(1)}AH^{(1)}$의 오른쪽에 곱하면

$$H^{(2)}H^{(1)}AH^{(1)}H^{(2)} = \begin{pmatrix} 4 & -3 & 0 & 0 \\ -3 & -.33 & -3.73 & 0 \\ 0 & -3.73 & 3.52 & -.29 \\ 0 & 0 & -.29 & 3.75 \end{pmatrix} \tag{4.42}$$

이 되어 Hessenberg 행렬이 된다. 이때 Householder 행렬 $H^{(1)}$, $H^{(2)}$는 모두 직교행렬

(orthogonal matrix)이므로 $P = H^{(1)}H^{(2)}$라 하면 P 역시 직교행렬이 된다. 또한 Hessenberg 행렬

$$H^{(2)}H^{(1)}AH^{(1)}H^{(2)} = P^TAP \tag{4.43}$$

이므로 A와 유사행렬이고 같은 고유치를 갖는다. 따라서 행렬 A보다 Hessenberg 행렬이며 유사행렬인 P^TAP에 QR 방법을 적용하면 더욱 계산량과 시간을 줄일 수가 있다.

일반적으로 $n \times n$행렬 A에 위의 예와 같이 유사한 Hessenberg 행렬을 Householder 변환을 이용하여 만들면 (4.43)과 같이

$$H^{(n-2)} \cdots H^{(1)}AH^{(1)} \cdots H^{(n-2)} = P^TAP, \quad P = H^{(1)} \cdots H^{(n-2)} \tag{4.44}$$

이 된다. 이제 이러한 Hessenberg 행렬은 대각항의 바로 밑 항을 제외하고는 모두 0이므로 QR 방법에서 QR 분해가 보다 쉽게 될 수 있음을 다음 절에서 알아본다.

4.6.4 Hessenberg 행렬의 QR 분해

행렬 A가 Hessenberg 행렬일 때 QR 방법을 실행하기 위해 매회마다 QR 분해를 해야 한다. QR 분해를 하기 위해 우선 아래의 Hessenberg 행렬 A를 Householder 행렬을 이용하여 상삼각행렬로 만들어야 한다. 따라서 행렬

$$A = \begin{pmatrix} h_{11} & * & * & \cdots & \cdots & * \\ h_{21} & h_{22} & * & \cdots & \cdots & * \\ 0 & h_{32} & h_{33} & \cdots & \cdots & * \\ \vdots & 0 & \ddots & \ddots & \vdots & * \\ \vdots & \vdots & \ddots & \ddots & * & * \\ 0 & 0 & \cdots & 0 & * & * \end{pmatrix} \tag{4.45}$$

의 첫 열벡터의 성분 h_{21}을 0이 되게 하는 Householder 행렬 $H^{(1)} = \boldsymbol{I} - 2\boldsymbol{u}\boldsymbol{u}^T$을 구해보면 벡터 $\boldsymbol{u}$가 $(*,\ *,\ 0,\ \ldots,\ 0)^T$의 형태이므로 행렬 $H^{(1)}$는

$$H^{(1)} = \begin{pmatrix} * & * & 0 & \cdots & 0 \\ * & * & 0 & \cdots & 0 \\ 0 & 0 & 1 & \cdots & 0 \\ \vdots & \vdots & \vdots & \ddots & \vdots \\ 0 & 0 & 0 & \cdots & 1 \end{pmatrix} \tag{4.46}$$

의 모양으로 (1, 1), (1, 2), (2, 1), (2, 2) 성분을 제외하고 단위행렬과 같음을 알 수 있다. 따라서 행렬 $H^{(1)}A$를 계산할 때는 위의 네 성분만 기억해 두었다가 필요한 계산만 하면 된다. 이때 행렬 $H^{(1)}$의 특이한 구조 때문에 두 행렬의 곱 $H^{(1)}A$도 Hessenberg 행렬을 유지하게 됨을 알 수 있다. 이와 같은 방법을 j-1번 반복하면 Householder 행렬 $H^{(1)}$, $\cdots$, $H^{(j-1)}$을 얻고 행렬 $H^{(j-1)} \cdots H^{(1)}A$는 Hessenberg 행렬의 모양을 유지하면서 상

삼각행렬이 되어간다. 즉,

$$H^{(j-1)}\cdots H^{(1)}A=\begin{pmatrix}U & B\\ 0 & H\end{pmatrix},$$

U: 상삼각행렬, H: Hessenberg 행렬이 된다. 다시 위 행렬의 j번째 열벡터는 $j+2$번째부터 n번째의 성분이 모두 0이므로 $j+1$번째를 0으로 변환하는 Householder 행렬 $H^{(j)}$는 $(j,\ j)$, $(j,\ j+1)$, $(j+1,\ j)$, $(j+1,\ j+1)$성분을 제외하고 모두 단위행렬과 같은 행렬이 된다. 따라서 행렬 $H^{(j)}$를 $H^{(j-1)}\cdots H^{(1)}A$에 곱할 때도 그 네 개의 성분과 곱셈을 하면 상당히 효율적인 QR 분해를 할 수 있다. 위에서와 같이 모든 Householder 행렬 $H^{(i)}$들은 대각항 주위의 네 개의 성분만을 제외하고 모두 단위행렬과 같은 값을 갖고 있으므로 이 행렬들 또한 Hessenberg 행렬이다. 한편 두 Hessenberg 행렬의 곱은 Hessenberg 행렬이 되므로(연습문제참조) QR 분해

$$A=QR=(H^{(1)}\cdots H^{(n-1)})R$$

에서 행렬 Q도 Hessenberg 행렬이 된다. 또한 QR 방법의 새로운 행렬 $A^{\text{new}}=RQ$도 상삼각행렬과 Hessenberg 행렬과의 곱이므로 Hessenberg 행렬이 된다. 따라서 고유치를 구하고자 하는 원래의 행렬 A를 (4.44)와 같이 Hessenberg 행렬로 유사변환하면 QR 방법의 과정에서 얻는 모든 행렬이 위와 같이 Hessenberg 행렬이 되어 매회 마다 쉽게 QR 분해가 가능하여 효율적인 방법이 된다.

행렬 A가 대칭행렬이면 $A^T=A$이므로 (4.44)에서 얻은 Hessenberg 행렬 P^TAP는

$$(P^TAP)^T=P^TA^T(P^T)^T=P^TAP$$

이므로 P^TAP는 대칭행렬이 된다. 따라서 Hessenberg 행렬이면서 대칭행렬이므로 P^TAP는 삼중대각행렬이 된다. (4.41)의 행렬이 (4.42)행렬로 유사변환됨이 좋은 예가 된다. 행렬 A의 고유치를 구하기 위해 A와 유사행렬이며 삼중대각행렬 P^TAP에 QR 방법을 적용하게 되므로 위에서 언급한 비대칭행렬보다 더욱 간단해질 수 있다.

연습문제 4.6

1. 행렬 $A = \begin{bmatrix} 5 & -13 \\ 12 & 26 \end{bmatrix}$의 QR 분해를 구하여라.

2. QR 분해를 선형연립방정식 $Ax = b$에 응용할 때 해를 구하기 위한 방법을 설명해 보아라. (힌트: $Ax = QRx = b \Rightarrow Rx = Q^T b \Rightarrow$ 후진대입법으로 x를 구한다.)

3. 다음의 행렬에 대한 다음의 물음에 답하여라.

$$A = \begin{bmatrix} 1 & 2 & 3 \\ 0 & 0 & 3 \\ 0 & 0 & 4 \end{bmatrix}$$

1) 위의 행렬의 두 번째의 열 벡터에 대하여 예제 4.8에서와 같은 Householder 행렬 $H^{(2)}$는 정의되지 않음을 설명하여라.

2) 위 행렬의 세 번째의 열 벡터와 크기가 같고 세 번째 성분이 0이 되게 하는 Householder 행렬 H를 구하여라.

3) 행렬 HA의 차수(rank)를 이용하여 행렬 A의 차수를 구하여라.

4) 행렬 HA를 이용하여 $\det(A)$를 계산하여라.

4. 다음의 3×2 사각행렬

$$A = \begin{bmatrix} 3 & 0 \\ 4 & 5 \\ 0 & 4 \end{bmatrix}$$

의 QR 분해가 되는 3×3 행렬 Q와 3×2 행렬 R을 구하여라.

5. 본문에서 소개한 $QRfactor.m$을 8×5 난수행렬 A의 QR 분해를 구하여 R의 모양을 확인하고 $A = QR$이 되는지 Matlab을 실행하여라.

6. 다음 행렬 $A^{(1)}$에서 $A^{(2)} = Q^{(2)} R^{(2)}$가 되는 행렬 $Q^{(2)}$, $R^{(2)}$를 구하여라.

(1) $\begin{pmatrix} 4 & 1 & 0 \\ 1 & 2 & 1 \\ 0 & 1 & 1 \end{pmatrix}$ (2) $\begin{pmatrix} 4 & -1 & 0 \\ -1 & 4 & -1 \\ 0 & -1 & 4 \end{pmatrix}$ (3) $\begin{pmatrix} 3 & -1 & 2 \\ 4 & -2 & 9 \\ 12 & -3 & 6 \end{pmatrix}$

7. 행렬의 크기를 나타내는 Euclidean 노름을 아래와 정의할 때

$$\|B\|_2^2 = \max\left\{\boldsymbol{y}^T(B^TB)\boldsymbol{y} \ : \|\boldsymbol{y}\|_2 = 1\right\}$$

행렬 A의 QR 분해에서 A와 R의 Euclidean 노름이 같음을 보여라.

8. QR 방법으로 다음 행렬의 고유치를 구하여라.

(1) $\begin{pmatrix} 6 & 2 \\ 3 & 1 \end{pmatrix}$ (2) $\begin{pmatrix} 2 & 2 \\ 2 & 5 \end{pmatrix}$ (3) $\begin{pmatrix} 3 & 4 \\ 1 & 3 \end{pmatrix}$

9. 행렬 $A^{(1)} \equiv A$와 상수 ρ에 대하여 다음과 같이 정의하자.

$$A^{(k)} - \rho I = Q^{(k)}R^{(k)}, \ A^{(k+1)} = \rho I + R^{(k)}Q^{(k)}$$

임의의 k에 대하여 행렬 $A^{(k)}$는 행렬 A와 유사함(similar)을 보여라.

10. Gauss 소거법을 이용하여 행렬 $A = [a_{ij}]$를 Hessenberg 행렬로 변환하고자 한다. 행렬 L_1를 다음과 같이 정의하자.

$$L_1 = \begin{bmatrix} 1 & 0 & \cdots & \cdots & \cdots & \cdots & \cdots & 0 \\ 0 & 1 & 0 & & & & & \vdots \\ \vdots & m_{31} & 1 & 0 & & & & \vdots \\ \vdots & \vdots & 0 & \ddots & & & & \vdots \\ \vdots & \vdots & \vdots & & \ddots & & & \vdots \\ \vdots & \vdots & \vdots & & & \ddots & & \vdots \\ \vdots & \vdots & \vdots & & & & \ddots & 0 \\ 0 & m_{n1} & 0 & \cdots & \cdots & \cdots & 0 & 1 \end{bmatrix},$$

$$m_{i1} = -\frac{a_{i1}}{a_{21}}, \ 3 \le i \le n.$$

1) L_1^{-1}을 구하여라.

2) 행렬 L_1A와 $L_1AL_1^{-1}$의 형태가 같음을 설명하여라.

3) 행렬 $L_1AL_1^{-1}$은 다음과 같은 모양임을 보여라.

$$L_1AL_1^{-1} = \begin{pmatrix} * & * & * & \cdots & \cdots & * \\ * & * & * & \cdots & \cdots & * \\ 0 & * & * & \cdots & \cdots & * \\ \vdots & * & \ddots & \ddots & \vdots & * \\ \vdots & \vdots & \ddots & \ddots & * & * \\ 0 & * & \cdots & * & * & * \end{pmatrix}$$

4) 행렬 L_j를 다음과 같이 정의할 때

$$L_j = \begin{bmatrix} 1 & 0 & \cdots & 0 & \cdots & \cdots & 0 \\ 0 & \ddots & & \vdots & & \cdots & \vdots \\ \vdots & \vdots & 0 & \vdots & \cdots & \cdots & \vdots \\ \vdots & \vdots & 1 & 0 & \cdots & \cdots & \vdots \\ \vdots & \vdots & m_{j+2,\,j} & 1 & \cdots & \cdots & \vdots \\ \vdots & & \vdots & 0 & 1 & \cdots & \vdots \\ \vdots & & \vdots & \vdots & \vdots & \ddots & \vdots \\ 0 & \cdots & m_{n,\,j} & 0 & 0 & \cdots & 1 \end{bmatrix},$$

$$m_{ij} = -\frac{a_{ij}}{a_{j+1,\,j}},\ 1 \le j \le n-2,\ j+2 \le i \le n$$

L_j^{-1}를 구하여라.

5) 행렬 $L_1AL_1^{-1}$의 양변에 L_j와 L_j^{-1}, $j=2,\ \cdots,\ n-2$을 곱하여 구한 행렬

$$L_{n-2} \cdots L_2L_1AL_1^{-1}L_2^{-1} \cdots L_{n-2}^{-1} = LAL^{-1} = H$$

는 Hessenberg 행렬이 됨을 보여라. 단, $L = L_{n-2}L_{n-3} \cdots L_2L_1$이다.

6) 위 5)의 행렬 H는 행렬 A와 유사함(similar)을 보여라.

7) 위 1)에서 $a_{21}=0$이거나 또는 4)에서 $a_{j+1,\,j}=0$인 경우 L_1 , L_j가 정의되지 않는다. 이때 두 행(또는 열)을 바꾸어 주는 행렬을 P라고 하면 $P^{-1}=P$이므로 행렬 PAP는 역시 A와 유사한 행렬이다. 행렬 P_j와 L_j를 사용하여 A와 비슷한 Hessenberg 행렬 H를 구할 수 있음을 보여라.

8) 위와 같이 Gauss 소거법을 이용하여 다음 행렬을 비슷한 Hessenberg 행렬로 만들어라.

$$A = \begin{pmatrix} 4 & 2 & 1 \\ 2 & 4 & 2 \\ 1 & 2 & 4 \end{pmatrix},\quad B = \begin{pmatrix} 4 & 2 & 1 & 0 \\ 2 & 4 & 2 & 1 \\ 1 & 2 & 4 & 2 \\ 0 & 1 & 2 & 4 \end{pmatrix}$$

11. Cayley-Hamilton정리에 의하면 $p(\lambda) = \lambda^n + a_1\lambda^{n-1} + \cdots + a_{n-1}\lambda + a_n$을 행렬 A의 특성다항식이라고 하면 $A^n + a_1A^{n-1} + \cdots + a_{n-1}A + a_nI = 0$이 된다. 따라서 임의의 벡터 $\boldsymbol{y}$에 대하여

$$a_1A^{n-1}\boldsymbol{y} + \cdots + a_{n-1}A\boldsymbol{y} + a_n\boldsymbol{y} = -A^n\boldsymbol{y}$$

가 성립한다. 벡터 $\boldsymbol{y}$는 알고 있으므로 위 방정식은 미지수가 $a_1,\ a_2,\ \cdots,\ a_n$이고 방정식의 개수가 n개인 일차 연립방정식이다. 초기벡터 $\boldsymbol{y}_0$에 대하여 벡터열 $\boldsymbol{y}_k = A\boldsymbol{y}_{k-1}$을 정의하면 위 방정식은 다음과 같이 된다.

$$a_1\boldsymbol{y}_{n-1}+\cdots+a_{n-1}\boldsymbol{y}_1+a_n\boldsymbol{y}_0=-y_n$$

이 방정식의 해 a_i를 구한 후 방정식 $p(\lambda)=\lambda^n+a_1\lambda^{n-1}+\cdots+a_{n-1}\lambda+a_n=0$의 근을 구하면 그것이 행렬 A의 고유치가 된다. 이러한 방법을 Krylov **방법**이라고 한다. 다음 물음에 답하여라.

1) 행렬 A가 Hessenberg 행렬 $H=[h_{ij}]$일 때 H의 대각성분의 첫 번째 아래 성분 $h_{21}, h_{32}, \cdots, h_{n,n-1}$이 모두 0이 아니라고 가정하고 초기벡터 $\boldsymbol{y}_0=(1, 0, \cdots, 0)^T$을 택하자. 그러면 벡터 $\boldsymbol{y}_k=H\boldsymbol{y}_{k-1}$, $k=1, 2, \cdots n$로 구성된 행렬 $\widetilde{H}=(\boldsymbol{y}_0, \boldsymbol{y}_1, \cdots, \boldsymbol{y}_{n-1})$은 상삼각행렬이 됨을 보여라.
2) 방정식 $\widetilde{H}\boldsymbol{x}=-\boldsymbol{y}_n$은 역대입법에 의하여 쉽게 해 $\boldsymbol{x}$, 즉 a_i, $i=1, \ldots, n$을 구할 수 있다. 만일 행렬 H의 대각성분의 첫번째 아래 성분 중 하나가 0이면 해결할 수 있는 방법을 설명하여라.
3) 문제 10번의 8)에서 구한 Hessenberg 행렬의 특성다항식을 Krylov 방법을 이용하여 구하여라.

12. (4.45)와 (4.46)의 행렬 $H^{(1)}$와 A의 곱이 다시 Hessenberg 행렬이 됨을 보여라.

13. 두 Hessenberg 행렬들의 곱은 Hessenberg 행렬이 됨을 보여라.

4.7 대칭행렬의 고유치 계산방법: 이분법(Bisection Method)

고유치를 구하고자 하는 행렬 A는 (4.44)에서와 같이 Householder 변환을 이용하면 Hessenberg 행렬이며 유사행렬이 되는

$$H^{(n-2)}\cdots H^{(1)}AH^{(1)}\cdots H^{(n-2)}=P^TAP,\quad P=H^{(1)}\cdots H^{(n-2)}$$

와 같은 행렬로 변환이 됨을 배웠다. 그러나 행렬 A가 대칭행렬이면 이 Hessenberg 행렬 P^TAP는 대칭행렬이므로 P^TAP는 삼중대각행렬이 된다. 따라서 행렬 A의 고유치는 이 삼중대각행렬의 고유치와 같으므로 이 절에서는 삼중대각대칭행렬의 근사고유치의 계산 방법을 알아보자. 다음 정리는 삼중대각행렬의 특성다항식을 점화수열에 의해 구하는 방법으로 행렬식을 이용하여 증명할 수 있다(연습문제 참조).

정리 4.9

삼중대각행렬

$$A=\begin{pmatrix} d_1 & s_1 & 0 & \cdots & \cdots & 0 \\ s_1 & d_2 & s_2 & 0 & \cdots & 0 \\ 0 & s_2 & d_3 & \ddots & \cdots & \vdots \\ \vdots & 0 & \ddots & \ddots & \ddots & 0 \\ \vdots & \vdots & \ddots & \ddots & d_{n-1} & s_{n-1} \\ 0 & 0 & \cdots & 0 & s_{n-1} & d_n \end{pmatrix} \tag{4.47}$$

에서 다항식 $p_0(x)=1$, $p_1(x)=d_1-x$라고 하자. 여기서 모든 $s_i\neq 0$이다. 그러면 n차 다항식

$$p_n(x)=(d_n-x)p_{n-1}(x)-s_{n-1}^2p_{n-2}(x)$$

은 행렬 A의 특성다항식이다.

위의 정리에서 어떤 i에 대하여 $s_i=0$인 경우에는 위의 삼중대각행렬 A를 다음의 정리와 같이 부분행렬로 나누어 보면 보다 간단하게 해결할 수 있다.

정리 4.10

$A=\begin{bmatrix} B & C \\ 0 & D\end{bmatrix}$이고 여기서 A, B, D는 정사각행렬이라고 하자. 그러면 행렬 A의 고유

치는 행렬 B의 고유치이거나 또는 행렬 D의 고유치이다. 역으로 행렬 B의 고유치와 행렬 D의 고유치는 행렬 A의 고유치이다.

예를 들어 삼중대각행렬 A가 아래와 같이 $s_3 = 0$이면 A를 3×3인 부분행렬 A_1와 2×2인 부분행렬 A_2으로

$$A = \left(\begin{array}{ccc|cc} 3 & -2 & 0 & 0 & 0 \\ -2 & 1 & -4 & 0 & 0 \\ 0 & -4 & 1 & 0 & 0 \\ \hline 0 & 0 & 0 & -10 & 4 \\ 0 & 0 & 0 & 4 & -4 \end{array}\right) = \begin{bmatrix} A_1 & 0 \\ 0 & A_2 \end{bmatrix}$$

와 같이 나타낼 수 있으므로 위의 정리를 적용할 수 있다. 따라서 각각의 행렬 A_1, A_2에 정리 4.9와 똑같은 방법으로 각각의 특성방정식을 구하여 각각에 근, 즉 고유치를 구하는 방법을 수행하면 된다. 그러므로 삼중대각행렬 A의 대각항의 아래 성분 s_i가 0이 아니라고 가정할 수 있다.

정리 4.9에서 얻은 마지막 특성방정식 $p_n(x) = 0$의 근이 행렬의 고유치이므로 제2장에서 배운 여러 가지의 다항식의 근을 구하는 방법을 이용하여 근, 즉 고유치를 구할 수 있으나 이 절에서는 정리 4.9에서의 특성다항식열 $\{p_k(x) | 0 \le k \le n\}$의 중요한 특성을 이용하여 고유치가 포함되는 구간을 찾는 방법과 그 구간을 줄여나가 고유치에 근접할 수 있는 **이분법**(bisection method)을 소개한다.

다음은 1974년 Henrici에 의해 알려진 특성다항식열 $\{p_k(x) | 0 \le k \le n\}$의 **Sturm 수열특성**(Sturm sequence property)이다 이 특성을 이용하면 주어진 대칭행렬의 고유치가 주어진 구간에 몇 개가 포함되어 있는가 또는 고유치가 하나씩 포함되는 구간을 찾을 수 있다.

▌알고리즘 4.4 Sturm 수열특성(Sturm sequence property)

삼중대각행렬 H의 특성다항식열 $p_0(x)$, $p_1(x)$, $\cdots$, $p_n(x)$을 정리 4.9를 이용하여 계산한다. 다음을 반복한다.

1. 임의의 c를 택한다.
2. $p_0(c)$, $p_1(c)$, $\cdots$, $p_n(c)$을 계산한다.

3. $N(c)$를 2에서 같은 부호가 연이어 나온 횟수라고 하자.
4. 구간 $[c, \infty)$ 안에는 $N(c)$개의 H의 고유치가 있다.

어떤 다항식 $p_k(c)=0$이면 $p_k(c)$의 부호를 $p_{k-1}(c)$의 부호와 같은 것으로 한다. 여기서 연이은 두 개의 다항식은 0이 될 수 없다. 왜냐하면 $p_{k-1}(c)=p_k(c)=0$라고 하면 $p_k(c)=(d_k-c)p_{k-1}(c)-s_{k-1}^2 p_{k-2}(c)$이므로 $p_{k-2}=0$이 된다. 같은 방법으로 $p_1(c)=p_0(c)=0$가 되어야 한다. 그러나 $p_0=1$이므로 0이 될 수 없다.

예제 4.10 다음 행렬

$$H=\begin{pmatrix} 4 & 1 & 0 \\ 1 & 2 & 1 \\ 0 & 1 & 1 \end{pmatrix}$$

에 대하여 고유치가 각각 포함되어 있는 구간을 구하여라.

풀이 $p_0(x)=1,\ p_1(x)=4-x$

$$p_2(x)=(2-x)p_1(x)-1p_0(x)=x^2-6x+7$$

$$p_3(x)=(1-x)p_2(x)-1p_1(x)=-x^3+7x^2-12x+3$$

그러므로 아래의 각 c에 대하여 $p_0(c),\ p_1(c),\ p_2(c),\ p_3(c)$의 부호와 $N(c)$의 값은

$c=0$이면 $+,\ +,\ +,\ +$ 따라서 $N(0)=3$
$c=1$이면 $+,\ +,\ +,\ -$ 따라서 $N(1)=2$
$c=2$이면 $+,\ +,\ -,\ -$ 따라서 $N(2)=2$
$c=3$이면 $+,\ +,\ -,\ +$ 따라서 $N(3)=1$
$c=4$이면 $+,\ 0,\ -,\ +$ 따라서 $N(4)=1$
$c=5$이면 $+,\ -,\ +,\ -$ 따라서 $N(5)=0$

이 된다. 이로부터 구간 [0, 1], [2, 3], [4, 5]에 각각 하나의 고유치가 있음을 알 수 있다. 실제로 행렬 H의 고유치는 4.46, 2.24, 0.30이다. ■

모든 고유치를 포함하는 초기의 구간은 정리 4.6의 Gerschgorin 정리에 의해 구할 수 있다. 즉, (4.47)의 삼중대각행렬 A의 모든 고유치를 포함하는 구간 $[a, b]$는 Gerschgorin 정리에 의해

$$a = \min\{c_i - |d_i| - |d_{i-1}|,\ 1 \le i \le n\}$$
$$b = \max\{c_i + |d_i| + |d_{i-1}|,\ 1 \le i \le n\}$$

로 택할 수 있다. 단, d_0와 d_n은 행렬의 성분이 아니므로 0으로 간주한다. 이제 Sturm 수열특성에 의해 구간 $[a,\ b]$ 안에 모든 고유치를 포함하는지 조사하며 그 구간을 반씩 나누어가며 각 구간에 몇 개의 고유치를 포함하는가를 조사한다. 원하는 정밀도가 만족할 때까지 구간을 반씩 나누어 Sturm 수열특성을 반복하여 적용함으로써 각 고유치가 포함되는 충분히 작은 구간이나 근사고유치를 구하는 방법을 **이분법**(bisection method)이라 한다. 이와 같이 Sturm 수열특성을 이용하여 적어도 하나의 고유치를 포함하는 작은 구간 $I_1,\ I_2,\ \cdots\ I_k,\ k \le n$을 구한 후 각 구간의 중점을 역거듭제곱방법의 상수 α로 하여 그것에 가까운 고유치를 역거듭제곱방법으로 찾는다. 여기서 구간들은 매우 작을 필요는 없으며 각 방정식 $p_i(x)$의 계수도 직접 계산 저장할 필요는 없고 단지 $p_i(c)$의 값이나 부호만 결정하면 된다.

주어진 대칭행렬의 고유치를 구하기 위해 위에서 서술한 방법을 요약하면 다음과 같이 정리할 수 있다.

1. 대칭행렬을 Householder 방법을 이용하여 유사한 삼중대각행렬 A로 변환한다.
2. 삼중대각행렬 A에 Sturm 수열의 특성과 이분법을 이용하여 고유치를 포함하는 작은 구간 $I_1,\ I_2,\ \cdots,\ I_k,\ k \le n$을 구한다.
3. 각 구간의 중점을 역거듭제곱방법을 위한 상수 α로 하여 그 상수에 더 가까운 근사고유치를 구한다.

위와 같은 이분법을 이용하여 대칭행렬의 모든 고유치의 근삿값들을 구할 수는 있으나 일반적으로 앞 절에서 배운 QR 방법보다 빠르고 효과적이지는 못하다. 그러나 매우 큰 규모의 행렬의 몇 개의 특정한 고유치를 구하고자 할 때는 이분법이 보다 용이하다.

연습문제 4.7

※ [1～3] 다음 행렬의 고유치는 1에서 10 사이에 있음을 이용하여 다음에 답하여라.

$$C=\begin{pmatrix}4 & 2 & 1\\ 2 & 4 & 2\\ 1 & 2 & 4\end{pmatrix},\quad D=\begin{pmatrix}4 & 2 & 1 & 0\\ 2 & 4 & 2 & 1\\ 1 & 2 & 4 & 2\\ 0 & 1 & 2 & 4\end{pmatrix}$$

1. Householder 방법으로 행렬 C, D을 비슷한 삼중대각행렬로 변환하여라.

2. 1에서 나온 삼중대각행렬에 이분법을 이용하여 행렬 C, D의 고유치가 하나씩 들어 있는 구간을 각각 구하여라.

3. 각 구간의 중간값을 상수 α로 하여 역거듭제곱방법을 이용하여 행렬 C, D의 좀 더 나은 근사고유치를 구하여라.

4. 삼중대각행렬의 특성다항식의 점화 수열인 정리 4.9를 증명하여라.

5. 정리 4.10을 특성다항식을 이용하여 증명하고 행렬 $A=\begin{bmatrix}B & C\\ 0 & D\end{bmatrix}$에서 고유치 λ_1, λ_2에 대응하는 B, D의 고유벡터를 v_1, v_2라 할 때 λ_1, λ_2에 대응하는 A의 고유벡터를 구하여라.

6. 연습문제 4.6의 11번 3)에서 구한 특성다항식의 해가 각각 들어 있을 구간을 이분법(bisection method)을 이용하여 구하여라.

7. 위 6에서 나온 각 구간의 중점을 상수 α로 하여 역거듭제곱방법을 이용하여 위 1번의 C와 D 행렬의 근사고유치를 구하여라.

제 5 장

근사함수

5.1 소개
5.2 보간다항식
5.3 Newton형 보간다항식
5.4 Hermite 보간법
5.5 스플라인 보간법
5.6 최소제곱 근사함수
5.7 이산 최소제곱 문제 : 이산 푸리에 급수와 FFT
5.8 이산 최소제곱 문제 : 자료 맞추기

5.1 소개

복잡한 함수는 많은 경우에 다루기가 보다 간편한 함수로 대체할 필요가 있다. 예를 들어 2장에서 다른 Newton 방법은 비선형 함수의 Taylor 전개식의 세 번째 항부터 그 이후의 항을 모두 잘라버리고 얻은 일차다항식을 그 비선형함수에 가까운 함수로 대체하여 비선형 방정식의 근을 구하는 방법이다. 이렇게 어떤 함수와 가까운 함수를 대신하여 사용되는 함수를 **근사함수(approximation)**라고 한다. 또 다른 예로 정적분으로 표시된 오차함수(error function)

$$erf(x) = \frac{2}{\sqrt{\pi}} \int_0^x e^{-t^2} dt$$

는 일련의 실험 결과가 표준정규분포에 따른다는 가정하에서 어떤 실험값이 평균의 x배 안에 존재할 확률을 나타내는데 이 함수의 값을 구하는 경우를 보자. 모든 x에 대하여 정적분의 값이 존재하므로 함수 $erf(x)$는 잘 정의 되었지만 함수 e^{-t^2}의 부정적분은 다항식, 지수함수, 삼각함수, 로그함수, 쌍곡선 함수 등과 같은 함수로 구할 수 없으므로 함수 $erf(x)$ 또한 그런 함수로 표시할 수 없고 따라서 함수값을 구하는 것이 쉬운 일이 아니다. 하지만 함수 $f(t) = e^{-t^2}$의 Taylor 전개식은 모든 t에 대하여 절대수렴하고 수렴속도도 빠르므로 모든 $t \in [0, 1]$에 대하여 이를테면 열 번째 항까지의 부분합과 e^{-t^2}의 오차는 매우 작을 것이므로 $f(t)$를 적분이 간편한 다항식

$$p(t) = \sum_{k=0}^{10} \frac{(-t^2)^k}{k!}$$

로 대체하면 함수 $erf(x)$와 가깝고도 간편한 다항식

$$erf(x) = \frac{2}{\sqrt{\pi}} \int_0^x e^{-t^2} dt \approx \frac{2}{\sqrt{\pi}} \int_0^x p(t) dt = \frac{2}{\sqrt{\pi}} \sum_{k=0}^{10} \frac{(-1)^k x^{2k+1}}{k!(2k+1)}$$

을 근사함수로 얻는다. 또 다른 예로 사다리꼴 공식

$$\int_a^b f(x) dx \approx \frac{b-a}{2} [f(a) + f(b)]$$

를 이용하여

$$\begin{aligned} \int_1^3 \frac{1}{x^2} dx &= \int_1^2 \frac{1}{x^2} dx + \int_2^3 \frac{1}{x^2} dx \\ &\approx \frac{2-1}{2}\left(\frac{1}{1^2} + \frac{1}{2^2}\right) + \frac{3-2}{2}\left(\frac{1}{2^2} + \frac{1}{3^2}\right) = \frac{36}{29} \end{aligned}$$

와 같이 근삿값을 구하는데 이는 구간 $[1, 2]$에서는 두 점 $(1, f(1))$, $(2, f(2))$을 지나는 일차다항식 $l_1(x) = -\frac{3}{4}(x-1)$을 근사함수로, 구간 $[2, 3]$에서는 두 점 $(2, f(2))$, $(3, f(3))$을 지나는 일차다항식 $l_2(x) = -\frac{5}{36}(x-2) + \frac{1}{4}$을 근사함수로 대체하여 적분한 값이다. 즉, 일차 스플라인(5절 참조)

$$s(x) = \begin{cases} -\frac{3}{4}(x-1)+1, & [1, 2] \\ \\ -\frac{5}{36}(x-2)+\frac{1}{4}, & [2, 3] \end{cases}$$

을 함수 $f(x) - 1/x^2$의 근사함수로 택하여 적분한 근삿값이다.

지금까지 '간편한 함수', '가깝다'와 같은 비수학적인 용어를 사용하였는데 이런 개념이 수학적으로 무엇인지 정확해야 할 것이다. 지금까지의 모든 예에서는 근사함수로 다항식을 택하였지만 Fourier 급수와 같이 삼각함수를 택할 수도 있고 $ax + be^x$와 같은 형태를 택할 수도 있다. 이와 같이 간편한 함수란 따로 있는 것이 아니고 수학적 이론이나 물리적 현상에 입각하여 가장 적합하다고 판단되는 특성을 갖는 함수들의 집합 중에서 근사함수를 택하는데 이런 집합을 근사함수 집합 또는 그것이 벡터공간이면 근사공간이라고 한다.

예를 들어 구산 $[a, b]$에서 $\sin x$의 근사함수를 $a_1x + a_0$의 형태로 찾으려고 한다면 근사공간은 정의구역이 구간 $[a, b]$이고 차수가 일차 이하인 모든 다항식들의 집합인 Π_1이다. $\sin x$는 근사공간 Π_1에 속하지 않으므로 $p(x) \equiv \sin x$를 만족하는 다항식 p가 Π_1에서 선택되는 기준이 있어야 할 것이다. 이런 선택기준의 하나로 미리 주어진 점들에서 같은 함숫값을 갖는 함수를 택하는 가장 간단한 방법을 **보간법**(Interpolation)이라 한다(2절 참조). 이미 제 2장의 할선법과 Müller방법에서 비선형함수를 각각 두 점과 세 점을 지나는 일차식과 이차식으로 대신한 예를 알고 있다.

또 다른 방법으로 달리 오차 $p(x) - \sin x$를 '적당한 의미에서' 가장 작게 되도록 $p(x)$를 택하는 방법도 있다. 오차를 측정하는 방법으로 함수의 '크기'를 숫자로 나타내는 **노름**(norm)이라 불리는 함수를 사용한다. 구간 $[a, b]$에서 연속인 함수 f의 노름은 여러 가지가 있는데 그중 가장 흔하게 쓰이는 중요한 세 가지를 정의하자.

$$\|f\|_1 \equiv \int_a^b |f(x)| w(x) dx,$$

$$\|f\|_2 \equiv \left(\int_a^b |f(x)|^2 w(x)dx\right)^{1/2}$$

$$\|f\|_\infty \equiv \max\{|f(x)| \ : \ a \le x \le b\}$$

위의 정의에 사용된 $w(x)$는 가중치 함수(weight function)라고 하는데 구간 $[a, b]$에서 연속이고 $w(x) \ge 0$인 함수이다. 위 문장 중의 '적당한 의미에서'란 이런 여러 가지 노름 중에서 어떤 것을 사용하느냐 하는 의미이다. 따라서 위에서 정의한 어느 특정 노름을 사용하는 근사함수 문제는 요약하면 다음과 같다.

> 주어진 함수 $f \in C[a, b]$와 $C[a, b]$의 부분집합 V에 대하여
>
> $$\|f - g^*\| \le \|f - g\|, \quad g \in V$$
>
> 를 만족하는 $g^* \in V$을 찾아라

이 장에서는 위에서 언급한 보간법과 n차 이하의 모든 다항식들의 집합 Π_n에 대하여 오차 노름 $\|f - g^*\|_2$이 최소가 되는 다항식 g^*을 찾는 방법을 주로 다룬다.

5.2 보간다항식

구간 $[a, b]$에 존재하는 서로 다른 $(n+1)$개의 실수를 $x_0, x_1, \cdots, x_n$이라 하고 주어진 데이터 $\{(x_i, y_i) \mid i=0, 1, \cdots, n\}$에 대하여 보간 조건

$$P_n(x_i) = y_i,\ i=0, 1, \cdots, n \tag{5.1}$$

을 만족하는 함수 P_n을 주어진 데이터의 **보간함수(interpolating function)**라 하고 $x_i(0 \le i \le n)$를 **마딧점(node)**이라고 한다. 특히 P_n이 n차 이하의 다항식이면 **보간다항식(interpolating polynomial)**이라고 부른다. 예를 들어 다항식

$$p(x) = \frac{x-x_1}{x_0-x_1}y_0 + \frac{x-x_0}{x_1-x_0}y_1 \tag{5.2}$$

은 데이터 $\{(x_i, y_i) \mid i=0, 1\}$의 보간다항식이다. 특히 함수 f가 구간 $[a, b]$에서 정의되고

$$P_n(x_i) = f(x_i),\ i=0, 1, \cdots, n \tag{5.3}$$

을 만족하면 P_n을 마딧점 $x_0, x_1, \cdots, x_n$에서 함수 f의 보간함수 또는 보간다항식이라 한다. 또는 다항식 P_n은 마딧점 $x_0, x_1, \cdots, x_n$에서 함수 f를 보간한다고 한다. 이 경우 곡선 $y=P_n(x)$는 곡선 $y=f(x)$상의 $n+1$개의 서로 다른 점 $(x_i, f(x_i)),\ 0 \le i \le n$을 지난다.

이 절에서는 이런 보간다항식의 존재성과 유일성을 증명하고 오차에 대하여 논의한다.

정리 5.1

서로 다른 $(n+1)$개의 마딧점 $x_0, x_1, \cdots, x_n$과 임의의 $(n+1)$개의 실수 $y_0, y_1, \cdots, y_n$이 보간 조건 $P_n(x_i) = y_i,\ i=0, 1, \cdots, n$을 만족하는 n차 이하의 다항식은 오직 하나 존재한다.

증명 주어진 $(n+1)$개의 데이터 $\{(x_i, y_i) \mid i=0, 1, \cdots, n\}$를 보간하는 다항식을 직접 만들어서 존재성을 증명하자. 다항식 $l_i(x)$를

$$l_i(x) = \frac{(x-x_0)(x-x_1)\cdots(x-x_{i-1})(x-x_{i+1})\cdots(x-x_n)}{(x_i-x_0)(x_i-x_1)\cdots(x_i-x_{i-1})(x_i-x_{i+1})\cdots(x_i-x_n)}$$

$$= \prod_{\substack{k=0 \\ k \neq i}}^{n} \frac{(x-x_k)}{(x_i - x_k)}, \ i = 0, \ \ldots, \ n \tag{5.4}$$

라고 하면 $x_0, x_1, \cdots, x_n$이 서로 다르므로 모든 n차 다항식 $l_i(x)$는 잘 정의되었으며 $l_i(x_j) = \delta_{ij}$임을 알 수 있다(단, $i = j$이면 $\delta_{ij} = 1$ 그렇지 않으면 $\delta_{ij} = 0$이다). 이제 다항식 $P_n(x)$를

$$P_n(x) = \sum_{i=0}^{n} y_i l_i(x) \tag{5.5}$$

로 정의하면 $P_n(x)$는 n차 다항식 $l_i(x)$들의 일차결합이므로 n차 이하의 다항식이고

$$P_n(x_k) = \sum_{i=0}^{n} y_i l_i(x_k) = \sum_{i=0}^{n} y_i \delta_{ik} = y_k, \ k = 0, \ \ldots, \ n$$

이다. 즉, $P_n(x)$는 $n+1$개의 데이터 $\{(x_i, y_i) : i = 0, 1, \cdots, n\}$를 보간하는 다항식이다. 따라서 $x_0, x_1, \cdots, x_n$이 서로 다르기만 하면 주어진 데이터의 보간다항식이 반드시 존재한다. 이제 유일성을 증명하기 위하여 $Q_n(x)$가 주어진 데이터를 보간하는 n차 이하의 또 다른 다항식이라면 새로운 다항식 $R(x) \equiv P(x) - Q(x)$는 역시 n차 이하의 다항식이고

$$R(x_i) = P(x_i) - Q(x_i) = y_i - y_i = 0, \ 0 \le i \le n$$

이다. 그러나 대수의 기본정리에 의하여 영함수가 아닌 n차 이하의 다항식은 $n+1$개의 서로 다른 근을 가질 수 없으므로 $R(x) \equiv 0$이 되고 $P(x) = Q(x)$이다. 따라서 n차 이하의 보간다항식은 유일하게 존재한다. ■

정리 5.1의 증명과정에서 정의된 (5.4)의 다항식 $l_i(x)$를 Lagrange 다항식(Lagrange polynomial)이라 한다. 정리 5.1에 의하여 그 존재성이 보장된 보간다항식 $P_n(x)$를 식 (5.5)와 같이 Lagrange 다항식 $l_i(x)$의 일차결합으로 표시한 형태를 Lagrange 형(Lagrange form)이라고 한다.

예제 5.1 마딧점 $x_0 = 0, \ x_1 = 1, \ x_2 = 2$에서 함수 $f(x) = e^x - 1$의 2차 Lagrange형 보간다항식을 구하고 $f(1.5)$의 근삿값을 구하여라.

풀이 2차 Lagrange 다항식 $l_0(x), \ l_1(x), \ l_2(x)$는

$$l_0(x) = \frac{(x-1)(x-2)}{(0-1)(0-2)} = \frac{(x-1)(x-2)}{2}$$

$$l_1(x)=\frac{(x-0)(x-2)}{(1-0)(1-2)}=-x(x-2)$$

$$l_2(x)=\frac{(x-0)(x-1)}{(2-0)(2-1)}=\frac{x(x-1)}{2}$$

이므로 2차 Lagrange형 보간다항식은

$$\begin{aligned}P_2(x)&=\sum_{i=0}^{2}f(x_i)L_i(x)\\&=0\times l_0(x)+(e-1)l_1(x)+(e^2-1)l_2(x)\end{aligned}$$

이다. 따라서 $f(1.5)=e^{1.5}-1\approx 3.4817$의 근삿값은

$$P_2(1.5)=0l_0(1.5)+(e-1)l_1(1.5)+(e^2-1)l_2(1.5)\approx 3.6846$$

이다(그림 5.1 참조).

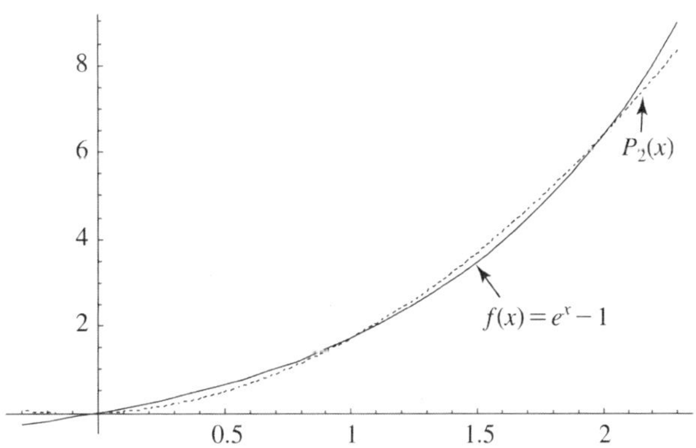

그림 5.1 보간다항식

정리 5.1의 증명 과정과 예제 5.1에서는 보간다항식 $P_n(x)$를 Lagrange형으로 표시하였는데 다른 형으로 이를테면 멱급수형(power form)이나 3절에서 다룰 Newton형으로 표시할 수도 있을 것이다. 하지만 보간다항식의 유일성 때문에 어떤 방법을 사용하여 어떤 형으로 표시하든 결국은 동일한 다항식이다. 따라서 오차가 적고 계산과정이 간단한 알고리즘을 찾아야 할 것이다. 예를 들어 보간다항식 $P_n(x)$를 다항식의 가장 보편적인 표현방식인 멱급수형(power form)

$$P_n(x)=a_0+a_1x+\cdots+a_nx^n$$

으로 표시하려면 보간 조건 (5.1)은

$$a_0+a_1x_i+\cdots+a_nx_i^n=y_i,\ i=0,\ 1,\ \ldots,\ n \tag{5.6}$$

이다. 이 일차연립방정식 (5.6)을 행렬을 이용하여 표현하면 $Va = y$이다. 단, 행렬 V는

$$V = (v_{ij}),\ v_{ij} = (x_{i-1})^{j-1},\ 1 \le i,\ j \le n+1 \tag{5.7}$$

이고 $a = (a_0,\ a_1,\ \cdots,\ a_n)^T$, $y = (y_0,\ y_1,\ \cdots,\ y_n)^T$이다. 이러한 행렬 V를 Vandermonde 행렬이라 한다. 이때 $x_0,\ x_1,\ \cdots,\ x_n$이 서로 다르면 행렬 V는 정칙행렬이다(연습문제 10). 따라서 계수벡터 a는 유일하게 결정될 것이다. 이렇게 연립방정식 $Va = y$의 해를 구하여 보간다항식을 멱급수형으로 표시하는 방법을 **미정계수법**(method of undetermined coefficients)이라고 한다. 하지만 Vandermonde 행렬은 조건상수(condition number)가 큰 불량조건의 행렬(ill-conditioned matrix)로 알려져 있다. 따라서 부정확한 근, 즉 부정확한 계수를 얻게 될 수 있다. 또한 방정식 $Va = y$의 근을 Gauss 소거법으로 구하려면 3장에서 보았듯이 약 $\dfrac{(n+1)^2}{2}$ 만큼의 곱셈과 덧셈의 많은 양의 계산을 해야 하므로 이 방법은 추천할 만한 방법이 아니다.

효율적인 방법은 다음 절에서 다룰 Newton형 보간다항식을 들 수 있다. 하지만 각각의 방법에는 나름대로의 장단점이 있으므로 목적에 따라 어떤 방법을 사용할 것인지 결정해야 하는데, 이를테면 Lagrange형은 제6장에서 다룰 수치미분법과 수치적분법에 사용하기에 매우 적합하여 유용하게 쓰이지만 단점도 있다.

기존 데이터에 점 하나를 추가한 새로운 데이터의 보간다항식을 만들어야 하는 경우 처음부터 다시 시작하기보다는 기존 데이터의 보간다항식에 적당한 보정항(correction term)을 더하여 쉽게 만들 수 있다면 이상적인데 Newton형의 경우에는 이것이 가능하나 Lagrange형의 경우에는 불가능하다. 다음의 Neville 알고리즘이 이런 Lagrange형의 단점을 어느 정도 보완하는 방법으로 보간다항식 자체를 구하지는 않고 특정한 점에서의 근삿값을 반복적으로 구하는 방법이다.

주어진 점 $(x_i,\ y_i)$, $i = 1,\ 2,\ \ldots$의 각 점을 지나는 0차 보간다항식(상수함수)을 $R_{i,\,0}(x)$라 하면 $R_{i,\,0}(x_i) = y_i$이다. 또 두 점 $\{(x_{i-1},\ y_{i-1}),\ (x_i,\ y_i)\}$을 지나는 1차 보간다항식을 $R_{i,\,1}(x)$라 하면 $R_{i,\,1}(x_{i-1}) = y_{i-1}$, $R_{i,\,1}(x_i) = y_i$이므로

$$R_{i,\,1}(x) = \frac{(x - x_{i-1})R_{i,\,0}(x_i) - (x - x_i)R_{i-1,\,0}(x_{i-1})}{x_i - x_{i-1}},\ i = 1,\ 2,\ \ldots$$

이다. 또한 세 점 $\{(x_{i-2},\ y_{i-2}),\ (x_{i-1},\ y_{i-1}),\ (x_i,\ y_i)\}$을 지나는 2차 보간다항식을 $R_{i,\,2}(x)$라 하면 $R_{i,\,2}(x_{i-2}) = y_{i-2}$, $R_{i,\,2}(x_{i-1}) = y_{i-1}$, $R_{i,\,2}(x_i) = y_i$이므로 세 점을 지나는 Lagrange 2차 보간다항식 (5.5)을 이용하면 다음과 같은

$$R_{i,\,2}(x)=\frac{(x-x_{i-2})R_{i,\,1}(x)-(x-x_i)R_{i-1,\,1}(x)}{x_i-x_{i-2}},\ i=2,\ 3,\ \ldots$$

이 된다. 이와 같은 표현을 일반적으로 나타내면 관계 $0 \le j \le i$를 만족하는 모든 정수 $i,\ j$에 대하여 서로 다른 $(j+1)$개의 데이터$\{(x_m,\ y_m)\ :\ i-j \le m \le i\}$의 Lagrange 형 j차 보간다항식을 $R_{i,\,j}(x)$라고 하면 관계식

$$R_{i,\,j}(x)=\frac{(x-x_{i-j})R_{i,\,j-1}(x)-(x-x_i)R_{i-1,\,j-1}(x)}{x_i-x_{i-j}},\ i=j,\ j+1,\ \ldots \tag{5.8}$$

을 쉽게 증명할 수 있다(단, $R_{i,\,0}(x)=y_i$). 이 관계식을 이용한 것이 다음의 Neville 알고리즘이다.

▌알고리즘 5.1 Neville 반복보간법 데이터$\{(x_m,\ y_m)\ :\ m=0,\ 1,\ \ldots,\ N\}$의 보간다항식 $P_N(x)$를 직접 구하지 않고 함수값의 수열 $\{P_i(z)\}$를 계산하여 $f(z)$의 근삿값을 구하는 적합법

```
input : z, N, x_0, ..., x_N, xtol, y_0, y_1, ⋯, y_n
R_{0,0} = y_0
For i = 1 : N
    R_{i,0} = y_i
    For j = N:-1:i
        R_{i,j} = ((z - x_{i-j})R_{i,j-1} - (z - x_i)R_{i-1,j-1}) / (x_i - x_{i-j})
    end
    If |R_{i,i} - R_{i-1,i-1}| < xtol*|R_{i,i}|, then stop  % P_i(z) = R_{i,i} 보간값
end
```

알고리즘 5.1은 소위 말하는 적합법(adaptive method)의 일종으로 허용오차와 적당한 개수의 데이터를 주고 데이터를 모두 사용하기 전이라도 근삿값이 수렴하면, 즉 수열 $\{R_{i,\,i}\}$가 수렴하면 종료하도록 되어 있다. 즉, 모든 $R_{i,\,j}$가 $f(z)$의 근삿값인데 그 중에서 특히 근삿값 $R_{i,\,i}$가 만족스럽지 못하면 한 점 $(x_{i+1},\ f(x_{i+1}))$을 추가하여 식 (5.8)에 의하여 $R_{i+1,\,j},\ 0 \le j \le i+1$를 계산한다. 이를 표로 나타내면 아래의 표 5.1과 같다. 새로운 데이터가 하나 추가될 때마다 마지막에 행이 하나 추가되는 것이다.

표 5.1

$y_0 = R_{0,\,0}$				
$y_1 = R_{1,\,0}$	$R_{1,\,1}$			
$y_2 = R_{2,\,0}$	$R_{2,\,1}$	$R_{2,\,2}$		
$y_3 = R_{3,\,0}$	$R_{3,\,1}$	$R_{3,\,2}$	$R_{3,\,3}$	
$y_4 = R_{4,\,0}$	$R_{4,\,1}$	$R_{4,\,2}$	$R_{4,\,3}$	$R_{4,\,4}$

예제 5.2 마딧점 $x_m = m+1,\ 0 \le m \le k$에서 함수 $f(x) = 1/x$의 보간다항식을 $P_k(x)$라고 하자. Neville 방법을 이용하여 $P_k(2.5),\ 0 \le k \le 3$을 구하여라.

풀이 식 (5.8)의 정의에 의하여 $R_{i,\,0}(2.5) = 1/(i+1)$이고

$$R_{1,\,1}(2.5) = \frac{(2.5-x_0)R_{1,\,0}(2.5)-(2.5-x_1)R_{0,\,0}(2.5)}{x_1-x_0} = \frac{1}{4}$$

$$R_{2,\,1}(2.5) = \frac{(2.5-x_1)R_{2,\,0}(2.5)-(2.5-x_2)R_{1,\,0}(2.5)}{x_2-x_1} = \frac{5}{12}$$

$$R_{2,\,2}(2.5) = \frac{(2.5-x_0)R_{2,\,1}(2.5)-(2.5-x_2)R_{1,\,1}(2.5)}{x_2-x_0} = \frac{3}{8}$$

$$R_{3,\,1}(2.5) = \frac{(2.5-x_2)R_{3,\,0}(2.5)-(2.5-x_3)R_{2,\,0}(2.5)}{x_3-x_2} = \frac{3}{8}$$

$$R_{3,\,2}(2.5) = \frac{(2.5-x_1)R_{3,\,1}(2.5)-(2.5-x_3)R_{2,\,1}(2.5)}{x_3-x_1} = \frac{13}{32}$$

$$R_{3,\,3}(2.5) = \frac{(2.5-x_0)R_{3,\,2}(2.5)-(2.5-x_3)R_{2,\,2}(2.5)}{x_3-x_0} = \frac{25}{64}$$

이므로 $P_0(2.5) = 1$, $P_1(2.5) = 0.25$, $P_2(2.5) = 0.375$, $P_3(2.5) = 25/64 = 0.390625$이다. 예상했던 대로 참값 0.4에 가까워지고 있음을 알 수 있다. ■

Neville 방법의 Matlab 프로그램 neville.m

```
function [Rxx,R]=neville(xx, x, y)
% R의 n번째 행이 n-1차의 보간다항식: P_{n-1}(x) = R(n, 1)+R(n, 2)x+…+R(n, n)x^{n-1}
% Rxx = R(xx) = R_{n-1}(xx)
n=length(x);
R=zeros(n); R(:,1)=y;
```

```
Rval=y;
for i=1: n-1
    for j=n-1:-1:i
        Rval(j+1)=((xx-x(j-i+1))*Rval(j+1)-(xx-x(j+1))*Rval(j)) ...
                /(x(j+1)-x(j-i+1));
        R(j+1,1:i+1)=(conv([1,-x(j-i+1)],R(j+1,1:i)) ...    %참고
            -conv([1,-x(j+1)], R(j,1:i)))/(x(j+1)-x(j-i+1));
    end
end
Rxx=Rval(n);
```

실행결과

```
>> format long        % 예제 5.2에서 k=3인 경우
>> x=1:4 ;
>> y= 1./x ;
>> xx=2.5 ;
>> [Rxx,R]=neville(xx, x, y)
Rxx =
   0.390625000000000
R =
   1.000000000000000                   0                   0                   0
  -0.500000000000000   1.500000000000000                   0                   0
   0.166666666666667  -1.000000000000000   1.833333333333333                   0
  -0.041666666666667   0.416666666666667  -1.458333333333333   2.083333333333333
```

어떤 함수를 보간다항식 $P_n(x)$로 대체함으로써 발생하는 오차에 대하여 논의하자. 다음 정리 5.2는 6장에서 다룰 수치적분의 오차를 이해하는데 필수적이다.

정리 5.2

$f \in C^{n+1}[a, b]$이고 $P_n(x)$는 구간 $[a, b]$안의 서로 다른 마딧점 $x_0, x_1, \ldots, x_n$에서 f의 보간다항식이라고 하면 모든 $x \in [a, b]$에 대하여

$$f(x) = P_n(x) + \frac{f^{(n+1)}(\xi_x)}{(n+1)!} W(x), \quad W(x) \equiv \prod_{i=0}^{n} (x - x_i) \tag{5.9}$$

을 만족하는 $\xi_x \in (a,\ b)$가 존재한다.

증명 만약 $x = x_i (0 \le i \le n)$이면 $P_n(x_i) = f(x_i) (0 \le i \le n)$이므로 식 (5.9)는 성립한다. 따라서 $x \ne x_i (0 \le i \le n)$이라고 가정하고 함수 $g(t)$를 다음과 같이 정의하자.

$$g(t) = f(t) - P_n(t) - (f(x) - P_n(x))\frac{W(t)}{W(x)} \tag{5.10}$$

함수 $P,\ f$는 각각 $C^{\infty}[a,\ b],\ C^{n+1}[a,\ b]$에 속하므로 g도 역시 $C^{n+1}[a,\ b]$에 속하고 또한 $g(x_k) = 0 (0 \le k \le n),\ g(x) = 0$이므로 g는 구간 $[a,\ b]$ 안에 적어도 $n+2$ 개의 서로 다른 실근 $x_0,\ x_1,\ \ldots,\ x_n,\ x$을 갖는다. 따라서 Rolle의 정리에 의하여 g'는 구간 $[a,\ b]$ 안에 $n+1$개의 서로 다른 실근을 갖는다. 그런데 g'는 가정에 의하여 $C^n[a,\ b]$에 속하므로 또 다시 Rolle의 정리에 의하여 g''는 구간 $[a,\ b]$ 안에 n개의 서로 다른 실근을 갖는다. 이런 과정을 반복하면 마침내는 $g^{(n+1)}(\xi_x) = 0$를 만족하는 ξ_x가 구간 $(a,\ b)$ 안에 적어도 하나 이상 존재한다는 사실을 보일 수 있다. P_n은 n차 다항식이므로 $P_n^{(n+1)}(x) \equiv 0$이다. 식 (5.10)의 함수 g를 t에 관하여 $n+1$번 미분하고 ξ_x를 대입하고 $P_n^{(n+1)}(x) \equiv 0$을 이용하면 등식

$$0 = g^{(n+1)}(\xi_x) = f^{(n+1)}(\xi_x) - (f(x) - P_n(x))\frac{(n+1)!}{W(x)}$$

을 얻고 이 식을 $f(x)$에 관하여 정리하면 식 (5.9)를 얻는다. ■

예제 5.3 구간 $[0,\ 1]$에 속하는 임의의 6개의 마딧점에서 함수 $f(x) = \cos x + \sin x$의 보간다항식을 $P_5(x)$라고 할 때 오차 $|f(x) - P_5(x)|$의 한계를 구하여라.
단, $x \in [0,\ 1]$.

풀이 $f^{(6)}(x) = -(\sin x + \cos x)$이므로 오차식 (5.9)는

$$|f(x) - P_5(x)| = \frac{|\sin\xi + \cos\xi|}{6!}\prod_{k=0}^{5}|(x - x_k)|,\ \xi \in (0,\ 1) \tag{5.11}$$

이다. $|\sin\xi + \cos\xi| = |\sqrt{2}\sin(\xi + \pi/4)| \le \sqrt{2}$이고 $\prod_{k=0}^{5}|(x - x_k)| \le 1$, $(0 \le x,\ x_k \le 1)$이므로 식 (5.11)의 오차의 한계는

$$|f(x) - P_5(x)| \le \frac{\sqrt{2}}{6!} \approx 0.001964$$

이다. ■

예제 5.4 구간 [0, 1] 안의 실수 $\left\{x_k = k\,h \;\middle|\; k=0,\ 1,\ \cdots,\ N,\ h = \frac{1}{N}\right\}$에서 $f(x) = e^x$의 함숫값을 구하여 함수표를 만들고 만약 u가 함수표에 없는 실수이면 u와 가장 가까이 이웃한 두 실수, 예를 들어 x_m과 x_{m+1}에서 f의 선형보간다항식 P_1을 구하여 e^u의 근삿값을 구하려고 한다. 이때 오차가 항상 10^{-5}보다 작게 하고 싶다. 간격의 크기 h의 최댓값을 구하여라.

풀이 정리 5.2의 오차식 식 (5.9)에 의하여 $n=1$일 때 오차는

$$|f(u) - P_1(u)| = \frac{|f^{(2)}(\xi)|}{2!}|(u - x_m)(u - x_{m+1})|, \quad \xi \in (x_m,\ x_{m+1})$$

이다. 구간 $[x_m,\ x_{m+1}]$에서 $|(x - x_m)(x - x_{m+1})|$은 구간의 중점 $(x_m + x_{m+1})/2$에서 최댓값을 갖고 $f^{(2)}(x) = e^x$는 증가함수이므로 오차의 한계는

$$|f(u) - P_1(u)| \le \frac{e}{2} \times \frac{h^2}{4} = \frac{eh^2}{8}$$

이다. 오차의 한계가 10^{-5}보다 작으면 즉 $eh^2/8 \le 10^{-5}$이면 되는데 이 부등식을 h에 관하여 풀면 $h \le 0.005439\cdots$이 된다. 그러므로 간격의 크기 h를 $0.005439\cdots$보다 작은 값 예를 들어 $h = 0.005$로 잡으면 오차가 10^{-5}보다 작게 된다. ■

오차식 (5.9)는 수치해석의 여러 가지 방법에 대한 이론적 오차를 유도하는 데 많이 사용된다. 하지만 ξ_x는 Rolle의 정리에 의하여 그 존재성만 알려져 있고 정확한 값을 구할 수가 없으므로 $f^{(n+1)}(\xi_x)$의 정확한 값 또한 구할 수가 없다. 그러나 $f^{(n+1)}$이 폐구간에서 연속이면 최댓값과 최솟값을 가지므로 정리 5.2의 가정하에서 $|f^{(n+1)}(\xi_x)| \le M$을 만족하는 상수 M이 존재한다. 따라서 모든 $x \in [a,\ b]$에 대하여

$$|f(x) - P_n(x)| \le \frac{M}{(n+1)!}|W(x)|, \quad W(x) \equiv \prod_{i=0}^{n}(x - x_i) \tag{5.12}$$

이다. 따라서 x가 결정되면 오차의 한계를 구할 수가 있다.

식 (5.12)의 오차의 한계를 살펴보면 위에서 논의한 바와 같이 M은 작게 만들 수 있는 대상이 아니고 $|W(x)|$은 x의 함수이기도 하지만 서로 다른 $(n+1)$개의 마딧점 x_0, x_1,

$\cdots$, x_n의 함수이기도 하다. 따라서 서로 다른 $(n+1)$개의 마딧점 x_0, x_1, ..., x_n을 적당히 선택하여 구간 $[a, b]$에서의 $|W(x)|$의 최댓값, 즉 $\|W\|_\infty$을 최소화하면 오차의 한계가 작아질 것이다. 지금부터 f는 구간 $[-1, 1]$에서 정의된 것으로 가정한다. 구간 $[-1, 1]$에서 Chebychev 다항식 $T_n(x)$를 $T_n(x) = \cos(n\cos^{-1}x)$, $n = 0, 1, ...$라고 정의하면 $T_{n+1}(x)$는 다음의 성질을 갖는 것을 쉽게 보일 수 있다.

$$T_{n+1}(z_i) = 0,\ z_i = \cos\frac{(2i+1)\pi}{2n+2},\ 0 \le i \le n \tag{5.13}$$

$$T_{n+1}(y_i) = (-1)^i,\ y_i = \cos\frac{i\pi}{n+1},\ 0 \le i \le n+1 \tag{5.14}$$

$$\begin{cases} T_0(x) = 1,\ T_1(x) = x \\ T_{n+1}(x) = 2x\,T_n(x) - T_{n-1}(x),\ n \ge 1 \end{cases} \tag{5.15}$$

$$T_{n+1}(x) = 2^n x^{n+1} + (n\text{차 이하의 다항식}) \tag{5.16}$$

따라서 $T_{n+1}(x) = 2^n \prod_{i=0}^{n},\ (x - z_i)$, $(n \ge 0)$이고 다항식 $Q^*_{n+1}(x) \equiv 2^{-n}T_{n+1}(x)$의 $\infty-$노름은

$$\|Q^*_{n+1}\|_\infty = 2^{-n} \tag{5.17}$$

이다. 최고차항의 계수가 1인 다항식을 모닉다항식(monic polynomial)이라고 한다. 임의의 $(n+1)$차 모닉다항식 Q_{n+1}에 대하여

$$\|Q_{n+1}\|_\infty \ge 2^{-n} = \|Q^*_{n+1}\|_\infty \tag{5.18}$$

임을 증명할 수 있다(연습문제 19). 따라서 구간 $[-1, 1]$에서 정의된 함수 f의 보간다항식 P_n을 구하기 위하여 $(n+1)$차 Chebychev 다항식 T_{n+1}의 서로 다른 실근 $\{z_i\}$를 마딧점으로 택하면 어떤 다른 실수$\{x_i\}$를 마딧점으로 택하는 경우보다 오차식 (5.9)의 다항식 $W(x)$의 노름 $\|W\|_\infty$이 작게 되고 정리 5.2와 같은 가정하에서, 즉 $f \in C^{n+1}[-1, 1]$이면 오차의 한계는

$$|f(x) - P_n(x)| \le \frac{M}{(n+1)!2^n} \tag{5.19}$$

이다. 식 (5.19)에 의하면 M, 즉 $\|f^{(n+1)}\|_\infty$을 구할 수 있으면 아래의 예제 5.5와 같이 모든 $x \in [-1, 1]$에 대하여 오차가 주어진 허용오차보다 작게 되도록 마딧점을 택할 수 있다.

예제 5.5 Chebychev 다항식 $T_{n+1}(x)=0$의 근 $\{z_i\}$를 마딧점으로 하여 구간 $[-1,\ 1]$에서 함수 $f(x)=1/(x+3)$의 보간다항식 P_n을 구하려고 한다. 모든 $x\in[-1,\ 1]$에 대하여 오차가 항상 10^{-7}보다 작게 되도록 n을 결정하여라.

풀이 $f^{(n+1)}(x)=(-1)^{n+1}(n+1)!(x+3)^{-n-2}$이므로
$M=\|f^{(n+1)}\|_\infty=(n+1)!2^{-n-2}$이다. 식 (5.19)의 오차한계는

$$|f(x)-P_n(x)|\le\frac{(n+1)!2^{-n-2}}{(n+1)!2^n}=2^{-2n-2} \tag{5.20}$$

이므로 오차가 항상 10^{-7}보다 작게 되려면 $2^{-2n-2}\le10^{-7}$이면 된다. 따라서 n은

$$n\ge\frac{7}{2\log2}-1\approx10.626\cdots$$

을 만족하면 되므로 $n=11$이면 가능하다. ■

위의 예제 5.5의 경우에는 $n\to\infty$일 때 $\|f-P_n\|_\infty\to0$이지만 일반적으로 마딧점의 개수를 무한히 늘린다 하더라도, 즉 마딧점 사이의 간격을 무한히 좁게 하더라도 오차가 반드시 0으로 수렴하지는 않는다는 사실이 이미 19세기부터 알려져 있다(예: 연습문제 22 참조). 연습문제 22에서 $y=\dfrac{1}{1+x^2}$와 등간격 마딧점에서의 보간다항식 $y=P_n(x)$,

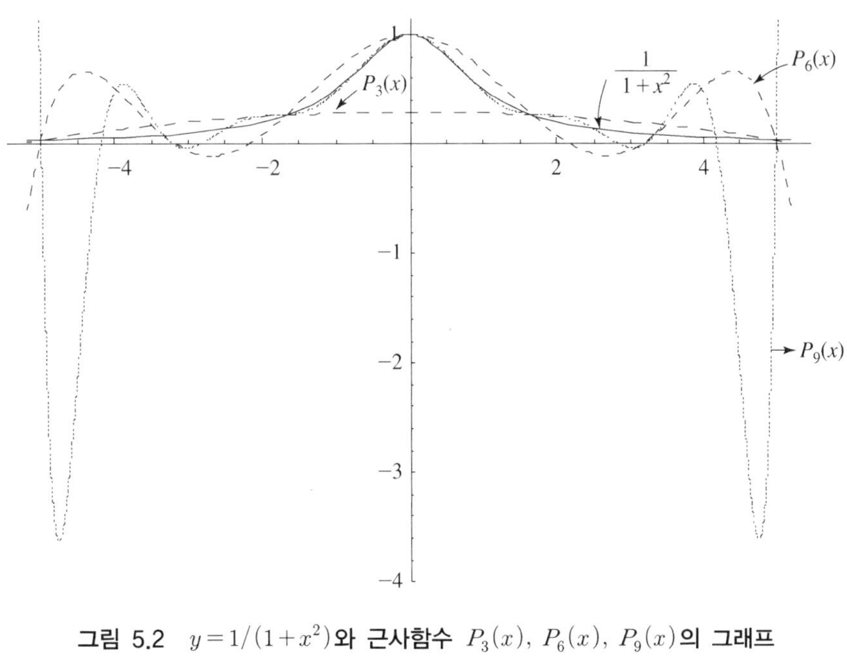

그림 5.2 $y=1/(1+x^2)$**와 근사함수** $P_3(x)$, $P_6(x)$, $P_9(x)$**의 그래프**

$(n=3,\ 6,\ 9)$의 그래프를 함께 그리면 그림 5.2와 같다. n이 증가할수록 구간의 중간에서는 오차가 감소하지만 양 끝점으로 갈수록 보간다항식의 차수와 함께 진폭이 커지고 따라서 오차가 증가하고 있다. 이는 등간격 마딧점에서의 보간 다항식에서 나타나는 전형적인 현상이라 할 수 있다. 따라서 등간격 마딧점에서의 보간 다항식은 가능한한 구간의 중간에서 사용하는 것이 타당하다고 할 수 있다.

또한 보간다항식의 차수가 높아질수록 계산이 복잡해진다는 어려움이 있는데 이런 보간다항식의 단점들을 극복하는 하나의 방법으로 스플라인 보간법을 5장 5절에서 소개한다. 이 방법을 아주 간단하게 설명한다면 전체 구간 $[a,\ b]$에서 보간하는 고차 다항식을 구하는 대신에 n개의 소구간으로 나누고 각 소구간에서의 저차 보간다항식 이를테면 이차 또는 삼차의 보간다항식을 구하되 이런 보간다항식이 각 소구간의 경계를 이루는 마딧점에서 적당한 조건을 만족하도록 부드럽게 연결시키는 방법이다. 정적분의 정의에서는 각 소구간 $[x_i,\ x_{i+1}]$에서 함수 $y=f(x)$를 상수함수 $y=f(s_i)$, $(s_i \in [x_i,\ x_{i+1}])$로 대신하되 마딧점에서의 연결조건은 없는데 이는 스플라인 보간법의 가장 간단한 예이다. 스플라인 보간법은 $n \to \infty$일 때 오차가 0으로 수렴한다.

구간 $[-1,\ 1]$ 내의 마딧점 $\{z_i\}$를 식 (5.13)에서 정의한 $(n+1)$차 Chebychev 다항식의 근이라면 아주 간단한 변수변환 $x_i = \dfrac{[(b-a)z_i+(b+a)]}{2}(0 \le i \le n)$에 의하여 구한 x_i는 모두 구간 $[a,\ b]$에 속하는데 이 $\{x_i\}$를 마딧점으로 택할 때 구간 $[a,\ b]$에서의 보간법 오차가 가장 작다는 사실을 쉽게 증명할 수 있다. 이 경우 오차 한계식 (5.19)는

$$|f(x)-P_n(x)| \le \frac{M}{(n+1)!2^n}\left(\frac{b-a}{2}\right)^{n+1} \tag{5.20}$$

이다(연습문제 24).

연습문제 5.2

1. 다음 데이터의 최소차 Lagrange형 보간다항식을 구하여라.

1) $\{(1,\ 3),\ (2,\ 7)\}$

2) $\{(-1,\ 3),\ (0,\ 1),\ (2,\ 7)\}$

3) $\left\{\left(i,\ \dfrac{1}{i}\right)\ :\ i = 0.5,\ 1.5,\ 2.5,\ 3.5\right\}$

4) $\{(i,\ i))\ :\ i = 0.5,\ 1.5,\ 2.5,\ 3.5,\ 4.5\}$

2. 미정계수법을 이용하여 문제 1을 다시 구하여라.

3. 마딧점 $0,\ 0.25,\ 0.5,\ 1.0$에서 함수 $f(x) = \cos x + \sin x$의 3차 Lagrange형 보간다항식을 구하고 구간 $[0,\ 1]$에서 절대오차의 한계를 구하여라.

4. 마딧점 $0,\ 0.3,\ 0.6$에서 $f(x) = e^{2x}\cos 3x$의 2차 Lagrange형 보간다항식을 구하여라.

5. 함수 $f(x) = 2e^x + 1,\ 0 \le x \le 2$에 대하여 다음의 표를 이용하여 물음에 답하여라.

x	0.0	0.5	1.0	2.0
$f(x)$	3.0	4.29744	6.43656	15.77812

1) 두 점 $x_0 = 0$과 $x_1 = 0.5$에서 f의 일차 보간다항식을 이용하여 $f(0.25)$의 근삿값을 구하여라.

2) 두 점 $x_0 = 0.5$와 $x_1 = 1$에서 f의 일차 보간다항식을 이용하여 $f(0.75)$의 근삿값을 구하여라.

3) 세 점 $x_0 = 0,\ x_1 = 1,\ x_2 = 2$에서 f의 이차 보간다항식을 이용하여 $f(0.25)$와 $f(0.75)$의 근삿값을 구하여라.

4) 세 점 $x_0 = 0,\ x_1 = 0.5,\ x_2 = 2$에서 f의 이차 보간다항식을 이용하여 $f(0.25)$와 $f(0.75)$의 근삿값을 구하여라.

5) 위의 1)~4)에서 얻은 결과를 비교하여 가장 좋은 경우를 선택하여라.

6. 임의의 서로 다른 $(n+1)$개의 실수에서 n차 이하의 다항식 $p(x)$의 보간다항식을 $p_n(x)$라면 $p_n(x) \equiv p(x)$임을 증명하여라.

7. 보간 조건 (5.1)을 만족하는 $(n+1)$차 이상의 다항식은 무수히 많음을 보여라.

8. 만약 $x_0,\ x_1,\ \cdots,\ x_n$이 서로 다른 $(n+1)$개의 실수라면 임의의 $(n-1)$차 이하의 다항식 $Q(x)$에 대하여 다음이 성립함을 보여라.

$$\sum_{k=0}^{n} Q(x_k) \prod_{\substack{j=0 \\ j \neq k}} (x_k - x_j)^{-1} = 0$$

9. 모든 x에 대하여 $\sum_{i=0}^{n} l_i(x) = 1$임을 보여라. 단, $l_i(x)$는 (5.4)에서 정의된 Lagrange 다항식이다.

10. 식 (5.5)의 Lagrange형 보간다항식 $P_n(x)$는 다음과 같이 다르게 표현할 수 있음을 보여라.

$$P_n(x) = \sum_{i=0}^{n} \frac{y_i}{(x-x_i)\omega'(x_i)}\,\omega(x) = \prod_{k=0}^{n}(x - x_k)$$

11. 식 (5.7)의 Vandermonde 행렬 V는 $x_0,\ x_1,\ \cdots,\ x_n$이 서로 다르기만 하면 정칙임을 증명하여라. 귀납법으로 $\det V = \prod_{0 \le i < j \le n} (x_j - x_i)$임을 먼저 보여라.

12. 관계식 (5.8)을 증명하여라.

13. 다음에 주어진 데이터에서 처음 k개를 마딧점으로 사용하는 함수 $\log x$의 보간다항식을 $P_k(x)$라고 하자. Neville 방법으로 $P_k(4.5)$를 차례로 계산하여 $\log 4.5$의 근삿값을 구하여라.

x	4.0	4.2	4.4	4.6	4.8
$\log x$	0.60206	0.62325	0.64345	0.66276	0.68124

14. 마딧점 0, 0.3, 0.6을 써서 Neville 방법으로 $f(0.4)$의 근삿값을 구하되 수렴하지 않으면 적당한 점을 추가하여라. 단, $f(x)=e^{2x}\cos 3x$이다.

15. 역함수 보간법(Inverse Interpolation) 구간 $[a, b]$에서 함수 f의 역함수와 근 s가 존재하며 $x_0, x_1, \cdots$은 구간 안의 서로 다른 실수이고 $y_k=f(x_k)$, $(0 \le k)$라고 하자. 역함수의 정의에 의하여 $s=f^{-1}(0)$이고 $f^{-1}(y_k)=x_k$, $(0 \le k)$이므로 역함수의 보간다항식, 즉 데이터 $\{(y_k, x_k) : k=0, 1, \cdots, n\}$의 보간다항식을 $P_n(x)$라면 $P_n(0)$가 $f^{-1}(0)$ 즉 s의 근삿값이 될 것이다. 따라서 $z=0$과 적당한 N, x_0, $\cdots$, x_N, $xtol$을 사용하여 알고리즘 5.1의 Neville 반복보간법으로 $P_n(0)$를 차례로 계산하여 s의 근삿값을 구할 수 있는데 이 방법을 역함수 보간법이라고 한다. 다음 함수의 근을 역함수 보간법으로 구하여라. 각 함수의 다음에 주어진 구간은 역함수와 근 s가 존재하는 구간이다.

1) $f(x)=x^2+x-10$, $[2, 3]$ 2) $f(x)=x-e^{-x}$, $[0.4, 0.6]$

16. 구간 $[-1, 1]$ 안의 서로 다른 11개의 실수에서 함수 $f(x)=e^{x-3}$의 보간다항식을 구할 때 오차의 한계를 구하여라.

17. 5개의 서로 다른 마딧점 0.2, 0.4, 0.6, 0.8, 1.0에서 함수 $f(x)=\dfrac{1}{(x+1)}$의 보간다항식을 $P(x)$라고 하자. $x=0.1, 0.3, 0.5$에서의 오차의 한계를 각각 구하여 비교하고 또한 실제 오차와 비교하여라.

18. $\log x$의 함수표가 0.01의 간격으로 되어 있고 각 구간 사이의 값은 그 구간에서 일차 보간다항식 $P_1(x)$로 근삿값을 구하려고 한다. 절대오차 $|\log x - P_1(x)|$의 한계를 구하여라. 이 로그함수표로 구한 근삿값은 소숫점 아래 몇 째 자리까지 정확한가?

19. 식 (5.13)~(5.17)을 증명하여라.

20. 식 (5.18)을 부정하고, 즉 $\|Q_{n+1}\|_\infty < 2^{-n} = \|Q^*_{n+1}\|_\infty$이라 가정하고 식 (5.14)에서 정의한 $(n+2)$개의 서로 다른 실수 $\{y_i\}$에서 n차 다항식 $R(x) \equiv Q_{n+1}(x) - Q^*_{n+1}(x)$의 부호를 조사하고 이를 이용하여 식 (5.18)을 증명하여라.

21. Chebychev 다항식 T_{n+1}의 근 $\{z_i\}$를 마딧점으로 하여 구간 $[-1, 1]$에서 함수 f의 보간다항식을 구하려고 한다. 모든 $x \in [-1, 1]$에 대하여 오차가 항상 10^{-7}보다 작게 되도록 n을 정하여라.

1) $f(x) = e^{2x}$ 2) $f(x) = 1/(x+2)$

3) $f(x) = \cos x + \sin x$ 4) $f(x) = \ln(x+2)$

22. 마딧점 $x_i = -5 + ih$, $(0 \le i \le n,\ h = 10/n)$에서 함수 $f(x) = 1/(1+x^2)$의 보간다항식을 $P_n(x)$라 하자. n이 10, 20, 30, 40일 때 함숫값 $\{P_n(y_i) : y_i = -5 + 0.2i,\ 1 \le i \le 49\}$을 비교하여 1) 구간 $[-5, 5]$의 중점에서 멀어질수록 오차는 커지고 2) $n \to \infty$ 일 때 오차는 0으로 수렴하지 않는다는 사실을 수치실험적으로 확인하여라.

23. Chebychev 다항식 T_4의 근을 마딧점으로 사용하여 구간 $[-1, 1]$에서 다음 함수의 보간다항식을 구하여라.

1) $f(x) = \cos x$ 2) $f(x) = x^5$

3) e^{-x} 4) $\sinh x$

24. 구간 $[a, b]$에서 함수 $C_{n+1}(x) \equiv T_{n+1}\left(\dfrac{2(x-a)}{b-a} - 1\right)$를 정의하고 이 함수에 대하여 (5.15), (5.16)과 같은 사실을 찾고 이를 이용하여 오차 한계식 (5.20)을 증명하여라.

25. 문제 23에서 정의한 다항식 C_{n+1}의 근 $\{x_i\}$를 마딧점으로 하여 구간 $[0, 4]$에서 함수 f의 보간다항식을 구하려고 한다. 모든 $x \in [0, 4]$에 대하여 오차가 항상 10^{-7}보다 작게 되도록 n을 정하여라.

1) $f(x) = e^{2x}$ 2) $f(x) = \dfrac{1}{x+2}$

3) $f(x) = \cos x + \sin x$ 4) $f(x) = \ln(x+2)$

26. 문제 23에서 정의한 다항식 C_3의 근을 마딧점으로 하여 주어진 구간에서 함수 f의 보간다항식을 구하여라.

1) $f(x)=\dfrac{1}{x}$, $[0.5,\ 3.5]$

2) $f(x)=\cos x+\sin x$, $[0,\ 1]$

3) $f(x)=x\ln x$, $[1,\ 3]$

27. 식 (5.18)을 이용하여 모든 3차 이하의 다항식 P_3에 대하여 다음을 만족하는 3차 이하의 다항식 P_3^*를 구하여라. 단, $P(x)=3x^4$이고 $\|f\|_\infty \equiv \max\{|f(x)| : -1 \le x \le 1\}$이다.

$$\|P-P_3^*\|_\infty \le \|P-P_3\|_\infty$$

5.3 Newton형 보간다항식

기존 데이터에 새로운 마딧점을 추가하는 경우 기존 데이터의 보간다항식에 적당한 보정항(correction term)을 더하여 새로운 데이터의 보간다항식을 쉽게 만들 수 있는 방법이 바로 이 절에서 설명할 Newton형이다. 또한 마딧점이 등간격이라면 이 특성을 이용하여 보다 효율적으로 보간다항식을 구하는 방법을 소개한다. 등간격 마딧점에서의 보간다항식은 미분방정식의 수치해법의 오차를 구하는데 아주 유용하게 쓰인다.

임의의 정수 $k \geq 0$에 대하여 서로 다른 $k+1$개의 마딧점 $x_0,\ \ldots,\ x_k$에서 함수 f의 보간다항식을 P_k라고 나타내자. 보간다항식 P_n을 Lagrange형 대신

$$P_n(x) = a_0 + a_1(x - x_0) + a_2(x - x_0)(x - x_1) + \cdots \\ + a_n(x - x_0)(x - x_1)\cdots(x - x_{n-1}) \tag{5.21}$$

과 같이 마딧점 $\{x_i\}$를 중심으로 하는 Newton형으로 표시하고 계수 $a_0,\ a_1,\ \ldots,\ a_n$을 효율적으로 계산하는 방법을 찾아본다. 임의의 정수 k, $(0 \leq k \leq n-1)$에 대하여

$$P(x) = P_k(x) + a_{k+1}(x - x_0)(x - x_1)\cdots(x - x_k) \tag{5.22}$$

로 정의된 $(k+1)$차 다항식 P는 상수 a_{k+1}에 관계없이

$$P(x_i) = P_k(x_i) = f(x_i),\ 0 \leq i \leq k$$

을 만족하고, 상수 a_{k+1}이

$$a_{k+1} = \frac{f(x_{k+1}) - P_k(x_{k+1})}{(x_{k+1} - x_0)(x_{k+1} - x_1)\cdots(x_{k+1} - x_k)} \tag{5.23}$$

이면 보간다항식의 유일성에 의하여 서로 다른 마딧점에 대하여 상수 a_{k+1}은 식 (5.23)에 의하여 유일하게 결정되므로 식 (5.22)의 $P(x)$는 $P_{k+1}(x)$와 같다. 즉,

$$P_{k+1}(x) = P_k(x) + a_{k+1}(x - x_0)(x - x_1)\cdots(x - x_k) \tag{5.24}$$

이다. 따라서 식 (5.24)에 의하여 기존의 보간다항식 P_k에 보정항 $a_{k+1}(x - x_0)\cdots(x - x_k)$을 더하여 새로운 보간다항식 P_{k+1}을 순차적으로 구할 수 있다.

식 (5.23)에서와 같이 보간다항식 P_k의 최고차항 x^k의 계수 a_k는 함수 f와 마딧점 $x_0,\ x_1,\ \ldots,\ x_k$에 의하여 결정되는데 기호로

$$a_k \equiv f[x_0,\ x_1,\ \ldots,\ x_k]$$

를 사용하고 $f[x_0,\ x_1,\ \ldots,\ x_k]$를 함수 f의 **분할차분**(divided difference)이라고 한다. 식 (5.21)을 분할차분을 이용하여 표시한 보간다항식

$$P_n(x) = \sum_{k=0}^{n} f[x_0,\ x_1,\ \ldots,\ x_k] \prod_{i=0}^{k-1}(x - x_i) \tag{5.25}$$

을 Newton 분할차분형(Newton's divided difference formula)이라고 한다. 이제 a_k $(0 \le k \le n)$, 즉 분할차분 $f[x_0,\ x_1,\ \ldots,\ x_k]$, $(0 \le k \le n)$을 차례대로 구하는 효율적인 알고리즘을 찾아보자. $k=0$일 때 $P_0(x) = a_0$이므로 $a_0 = f[x_0] = f(x_0)$이다. 또한 임의의 의 마딧점 x_i에 대해서도

$$f[x_i] = f(x_i),\ i = 0,\ 1,\ \cdots,\ n \tag{5.26}$$

이다. $k=1$일 때 $P_1(x) = P_0(x) + a_1(x - x_0) = f[x_0] + a_1(x - x_0)$이므로

$$a_1 = f[x_0,\ x_1] = \frac{f(x_1) - f(x_0)}{x_1 - x_0} = \frac{f[x_1] - f[x_0]}{x_1 - x_0}$$

이다. 또한 임의의 마딧점 x_i, x_{i+1}에 대해서

$$f[x_i,\ x_{i+1}] = \frac{f[x_{i+1}] - f[x_i]}{x_{i+1} - x_i},\ i = 0,\ 1,\ \cdots,\ n-1 \tag{5.27}$$

이다. 임의의 정수 $k \ge 1$에 대하여

$$a_k = f[x_0,\ x_1,\ \ldots,\ x_k] = \frac{f[x_1,\ x_2,\ \ldots,\ x_k] - f[x_0,\ x_1,\ \ldots,\ x_{k-1}]}{x_k - x_0} \tag{5.28}$$

임을 귀납적으로 증명할 수 있다. 따라서 일반적으로 마딧점 x_i, x_{i+1}, $\ldots$, x_{i+k}에 대하여

$$\begin{aligned} &f[x_i,\ x_{i+1},\ \ldots,\ x_{i+k}] \\ &= \frac{f[x_{i+1},\ x_{i+2},\ \ldots,\ x_{i+k}] - f[x_i,\ x_{i+1},\ \ldots,\ x_{i+k-1}]}{x_{i+k} - x_i},\ 0 \le i \le n-k \end{aligned} \tag{5.29}$$

가 된다. 식 (5.29)에 의하여 필요한 모든 분할차분을 체계적으로 아래 표 5.2의 분할차분표를 활용하는 방법을 이용하면 보다 쉽게 계산할 수 있다. 여기에서 측정값 또는 함수값 $(x_i,\ f(x_i))$, $i = 0,\ 1,\ 2,\ 3$는 주어져 있으므로 x_i열과 $f[x_i]$열은 계산할 필요가 없고

표 5.2 분할차분표

x_i	$f[x_i]$	$f[,\ ]$	$f[,\ ,\ ]$	$f[\ ,\ ,\ ,\ ]$	$f[\ ,\ ,\ ,\ ,\ ]^*$
x_0	$f[x_0] = a_0$				
x_1	$f[x_1]$	$f[x_0,\ x_1] = a_1$			
x_2	$f[x_2]$	$f[x_1,\ x_2]$	$f[x_0,\ x_1,\ x_2] = a_2$		
x_3	$f[x_3]$	$f[x_2,\ x_3]$	$f[x_1,\ x_2,\ x_3]$	$f[x_0,\ x_1,\ x_2,\ x_3] = a_3$	
x_4^*	$f[x_4]^*$	$f[x_3,\ x_4]^*$	$f[x_2,\ x_3,\ x_4]^*$	$f[x_1,\ x_2,\ x_3,\ x_4]^*$	$f[x_0,\ x_1,\ x_2,\ x_3,\ x_4]^* = a_4$

첫째 $f[\ ,\ ]$열은 식 (5.29)에서 $k=1$인 경우이므로 $f[x_i]$열을 사용하여 제일 아래의 $f[x_3,\ x_4]$부터 시작하여 맨 위의 $f[x_0,\ x_1]$까지 차례대로 구하고 일반적으로 표 5.2의 주 내부의 k번째 열은 $k-1$번째 열을 사용하여 아래에서부터 위로 차례대로 구하면 된다.

표 5.2의 k번째 행에서 k번째 열의 값이 바로 Newton의 분할차분형 (5.21)과 (5.25)의 계수 $a_k = f[x_0,\ x_1,\ \ldots,\ x_k]$를 나타내고 있다(단, 마딧점 x_i, $f[x_i]$이 있는 열은 0번째 열). 또한 표 5.2는 새로운 점 $(x_4,\ f(x_4))$을 추가하여 한 차수 높은 보간다항식을 구하려면 마딧점 $x_0,\ x_1,\ x_2,\ x_3$만을 사용하는 기존 분할차분표의 마지막 행에 있는 값들을 이용하여 차례로 별표(*)를 한 값을 계산하여 $a_4 = f[x_0,\ x_1,\ x_2,\ x_3,\ x_4]^*$를 간단하게 얻을 수 있음을 보여주고 있다. 분할차분표를 자세히 관찰하면 k번째 열의 값은 $k+1$번째 열을 계산하면 대각 성분을 제외하고는 더 이상 필요가 없다는 것을 알 수 있다. 따라서 새로운 점을 추가할 계획이 없다면 각 열에서 대각성분만을 저장하면 되고 새로운 점을 추가할 계획이 있다면 마지막 행의 값도 추가하여 저장하면 될 것이다.

예제 5.6 다음에 주어진 $f(x)=\sqrt{x}$의 함수표를 보간하는 Newton 분할차분형 다항식 $P_3(x)$를 구하여라. 또한 $f(2.4)=1.549193$을 추가하여 $P_4(x)$를 구하고 $x=2.15$에서 근삿값을 계산하여 참값 $\sqrt{2.15}=1.46628782\cdots$와 비교하여라.

x	2.0	2.1	2.2	2.3
$f(x)$	1.414213	1.449137	1.483239	1.516575

풀이 주어진 함수값에 대하여 표 5-1에서와 같이 분할차분표를 만들면 다음과 같다.

x_i	$f[x_i]$	$f[,\ ]$	$f[,\ ,\ ]$	$f[\ ,\ ,\ ,\ ]$	$f[\ ,\ ,\ ,\ ,\ ]$
2.0	1.414213				
2.1	1.44913	0.34924			
2.2	1.48323	0.34102	−0.0411		
2.3	1.516575	0.33336	−0.0383	0.0093333	
<u>2.4</u>	<u>1.549193</u>	<u>0.32618</u>	<u>−0.0359</u>	<u>0.008</u>	<u>−0.0033333</u>

위의 분할차분표에서 밑줄 친 부분은 $f(2.4)=1.549193$에 의하여 추가로 계산된 항목을 표시한다. 위의 분할차분표에 의하여 본래의 마딧점을 보간하는 Newton 분할차분형 다항식은

$$
\begin{aligned}
P_3(x) = &\ 1.414213 + 0.34924(x-2.0) - 0.0411(x-2.0)(x-2.1) \\
&+ 0.00933333(x-2.0)(x-2.1)(x-2.2)
\end{aligned}
$$

이고 $f(2.15)$의 근삿값은 $P_3(2.15) = 1.4662873$이다. 한 점을 추가하면 P_4는

$$P_4(x) = P_3(x) - 0.0033333(x-2.0)(x-2.1)(x-2.2)(x-2.3)$$

이고 $P_4(2.15) = 1.4662872$로 참값에서 멀어졌는데 보간다항식의 차수가 높아진다고 해서 오차가 반드시 0으로 수렴하지는 않는다는 사실은 이미 5장 2절에서 이야기한 바 있고 수치실험적으로도 확인하였다(5장 2절 연습문제 22). 절대오차는 약 7×10^{-7}이므로 상당히 정확한 근삿값이라고 할 수 있다. ■

Newton 분할차분방법의 Matlab 프로그램 newton_dd.m

```
function [Pxx,P, PP]=newton_dd(xx, x, y)
% P의 성분은 n-1차의 보간다항식의 계수(차분표의 대각 성분)
% Pxx = P(xx)
n=length(x);
P=y;
PP=zeros(n,1); PP(1)=y(n);      %PP는 차분표의 마지막 행, 마딧점 추가시 필요

for i=1: n-1
    for j=n-1:-1:i
        P(j+1)=(P(j+1)-P(j)) /(x(j+1)-x(j-i+1));
    end
    PP(i+1)-P(n);
end
Pxx=P(n);         % P(xx) 계산시작. nested 방법
for k=n:-1:2
    Pxx=P(k-1)+Pxx*(xx-x(k-1)) ;
end
```

실행결과 (예제 5.6)

```
>> x=2.0:0.1:2.3 ;
>> y=[1.414213  1.449137   1.483239   1.516575];
>> xx=2.15;
>> [Pxx, P, PP]=newton_dd(xx, x, y)
Pxx =                    % Pxx=P(xx)
   1.466287250000000
P =                      % n-1차의 보간다항식의 계수(차분표의 대각 성분)
```

```
   1.414213000000000   0.349239999999999  -0.041099999999986   0.009333333333255
PP =                     % PP는 차분표의 마지막 행, 마딧점 추가시 필요
   1.516575000000000
   0.333360000000000
  -0.038300000000010
   0.009333333333255
```

서로 다른 $n+1$개의 실수 $\{x_i\}$에서 함수 f의 분할차분은 n계 도함수 $f^{(n+1)}$과 밀접한 관계가 있음을 보여주는 다음 정리 5.3은 3절에서 Hermite 보간다항식을 논의할 때 필요하다.

정리 5.3

만약 $f \in C^n[a, b]$이고 $x_0, x_1, \cdots, x_n$이 구간 $[a, b]$ 안의 $n+1$개의 서로 다른 실수이면

$$f[x_0, x_1, \ldots, x_n] = \frac{1}{n!} f^{(n)}(\xi) \tag{5.30}$$

를 만족하는 ξ가 (a, b) 안에 존재한다.

증명 마딧점 $\{x_i\}$에서 함수 f의 보간다항식을 P_n이라 하면 함수 $g(x) \equiv f(x) - P_n(x)$는 $n+1$개의 서로 다른 실근 $\{x_i\}$를 갖는다. 따라서 Rolle의 정리에 의하여

$$g^{(n)}(\xi) = f^{(n)}(\xi) - P_n^{(n)}(\xi) = 0$$

를 만족하는 ξ가 (a, b) 안에 존재하고 임의의 x에 대하여

$$P_n^{(n)}(x) = f[x_0, x_1, \ldots, x_n] \cdot n!$$

이므로 식 (5.30)이 성립한다. ■

이제 마딧점을 균등분할한 경우, 즉

$$x_k = a + kh, \; h = \frac{(b-a)}{n}, \; k = 0, 1, \cdots, n$$

과 같이 마딧점 사이의 간격이 일정한 경우에 이 사실을 이용하여 식 (5.25)를 보다 간단하게 나타내는 방법을 논의하자. 임의 실수 s에 대하여 이항정리(binomial theorem)의

계수를 일반화한 기호를 아래와 같이 정의하자.

$$\binom{s}{k} = \begin{cases} \dfrac{s(s-1)\cdots(s-k+1)}{k!} & k=1,\ 2,\ \cdots \\ 1 & k=0 \end{cases} \tag{5.31}$$

임의의 정수 j에 대하여 $f_j \equiv f(x_j)$라 하자. **전향차분**(forward difference) Δ를

$$\{\Delta f_k = f_{k+1} - f_k \quad \begin{cases} \Delta f_j \ = f_{j+1} - f_j \\ \Delta^k f_j = \Delta(\Delta^{k-1} f_j),\ k \ge 2 \end{cases} \tag{5.32}$$

과 같이 정의하면 분할차분과 전향차분의 관계는 간단하게 구할 수 있다. 예를 들어

$$f[x_0,\ x_1] = \frac{f(x_1) - f(x_0)}{x_1 - x_0} = \frac{1}{h}\Delta f(x_0),$$

$$f[x_0,\ x_1,\ x_2] = \frac{f[x_1,\ x_2] - f[x_0,\ x_1]}{x_2 - x_0}$$

$$= \frac{1}{h}\frac{\Delta f(x_1) - \Delta f(x_0)}{2h} = \frac{\Delta^2 f(x_0)}{2h^2}$$

이다. 이를 일반화하면 관계식

$$f[x_j,\ x_{j+1} \ldots,\ x_{j+k}] = \frac{1}{k!h^k}\Delta^k f_j \tag{5.33}$$

을 얻는데 귀납적으로 어렵지 않게 증명할 수 있다. 이제 $x = x_0 + sh$라면

$$\prod_{i=0}^{k-1}(x - x_i) = \prod_{i=0}^{k-1}(x_0 + sh - (x_0 + ih)) = \prod_{i=0}^{k-1}(s-i)h = k!h^k\binom{s}{k} \tag{5.34}$$

이고 이 식 (5.34)와 식 (5.33)을 식 (5.25)에 대입하면 보간다항식 P_n의 **Newton 전진차분형**(Newton's forward difference formula)

$$P_n(x) = P_n(x_0 + sh) = \sum_{k=0}^{n}\binom{s}{k}\Delta^k f_0 \tag{5.35}$$

를 얻는다. 단, 식 (5.35)에서 $\Delta^0 f_0 = f(x_0)$이다. Newton 전진차분형 식 (5.35)에서 필요한 $\Delta^k f_0$, $(0 \le k \le n)$을 효율적으로 구하는 방법은 이미 전진차분의 정의 (5.32)에 제시되어 있다. 즉, 전진차분의 정의 (5.32)에 의하면

$$\Delta^k f_j = \Delta^{k-1} f_{j+1} - \Delta^{k-1} f_j$$

이므로 전진차분의 차를 구하기만 하면 새로운 전진차분을 구할 수 있으므로 전진차분표 5.3는 표 5.2의 분할차분표와 같은 요령으로 만들되 후자와는 달리 전자에서는 각 항을 계산할 때 나눗셈이 필요 없다. 전진차분표 5.3에서 별표(*)를 한 항목은 새로운 데이터

$(x_4,\ f(x_4))$에 의하여 추가되었음을 나타낸다. 분할차분형 (5.25)와 전진차분형 (5.35) 중에 어느 것을 사용하더라도 $P_n(x)$의 계산량은 큰 차이가 없다(연습문제 16). 따라서 균등분할인 경우에는 Newton 전진차분형 식 (5.35)를 이용하는 것이 효율적이다.

표 5.3 전진차분표

x_j	$\Delta^0 f_j$	Δf_j	$\Delta^2 f_j$	$\Delta^3 f_j$	$\Delta^4 f_j$
x_0	$f(x_0)$				
x_1	$f(x_1)$	Δf_0			
x_2	$f(x_2)$	Δf_1	$\Delta^2 f_0$		
x_3	$f(x_3)$	Δf_2	$\Delta^2 f_1$	$\Delta^3 f_0$	
x_4^*	$f(x_4)^*$	Δf_3^*	$\Delta^2 f_2^*$	$\Delta^3 f_1^*$	$\Delta^4 f_0^*$

예제 5.7 예제 5.6에 주어진 $f(x)=\sqrt{x}$의 함수표를 보간하는 다항식 $P_3(x)$의 Newton 전진차분형을 구하고 $P_3(2.15)$를 계산하여 참값 $\sqrt{2.15}=1.46628782\cdots$와 비교하여라.

풀이 $x_0=2.0,\ h=0.1$이고 전진차분표 5.2는 다음과 같다.

x_i	$\Delta^0 f_i$	Δf_i	$\Delta^2 f_i$	$\Delta^3 f_i$
2.0	1.414213			
2.1	1.449137	0.34924		
2.2	1.483239	0.34102	−0.000822	
2.3	1.516575	0.33336	−0.000766	0.000056

따라서 Newton 전진차분형 다항식 $P_3(x)=P_3(x_0+sh)$는

$$P_3(2+0.1s)=1.414213+0.0034924\binom{s}{1}-0.000822\binom{s}{2}+0.000056\binom{s}{3}$$

이고 $2.15=2.0+1.5\times 0.1$이므로 $s=1.5$을 대입하면

$$\begin{aligned}P_3(2.15)&=1.414213+0.034924\binom{1.5}{1}-0.000822\binom{1.5}{2}+0.000056\binom{1.5}{3}\\&=1.4662873.\end{aligned}$$

■

이 값은 예제 5.6에서의 결과 1.46628373과 같다. 계산과정에서 발생하는 오차에 의하여 아주 미세한 차이가 날 수 있지만 분할차분형과 전진차분형은 동일한 다항식을 형태

만 달리하여 표현한 것이므로 이론적으로는 당연히 같아야 한다.

때로는 x_0, ..., x_n과 같이 마딧점을 올림차순으로 사용하기보다는 x_n, x_{n-1}, ⋯, x_{n-k}과 같이 내림차순으로 사용하는 것이 편리한 경우가 종종 있다. 예를 들어 7장에서 논의할 미분방정식의 해법의 일종인 다단계 방법에서는 마딧점 x_n, x_{n-1}, ..., x_{n-k}에서 함수의 보간다항식을 구하는 것이 필요하다. 마딧점 x_0, ..., x_n의 보간다항식 P_n을 식 (5.25)와는 다르게

$$P_n(x) = \sum_{k-0}^{n} f[x_{n-k}, \ \dots, \ x_n] \prod_{i=n-k+1}^{n} (x - x_i) \tag{5.36}$$

과 같이 표현할 수 있다(연습문제 2). 이는 마딧점을 내림차순으로 정리하여 x_n, x_{n-1}, ..., x_0에서 보간다항식을 구한 결과와 동일하지만 새로운 데이터를 추가하여 기존의 다항식에 하나의 보정항을 더하여 새로운 보간다항식을 구하는 알고리즘에는 적합한 형태가 아니다. 이제 (5.35)의 Newton 전진차분형을 유도할 때와 거의 동일한 방법으로 새로운 데이터를 추가하기에 편리한 형태로 식 (5.36)을 나타내자. **후향차분**(backward difference) ∇을

$$\begin{cases} \nabla f_j = f_j - f_{j-1} \\ \nabla^k f_j = \nabla(\nabla^{k-1} f_j), \ k \geq 2 \end{cases} \tag{5.37}$$

과 같이 정의하자. 그러면 관계식

$$f[x_{n-k}, \ \dots, \ x_{n-1}, \ x_n] = \frac{1}{k! h^k} \nabla^k f_n \tag{5.38}$$

$$\prod_{i=n-k+1}^{n} (x - x_i) = (-1)^k k! h^k \binom{-s}{k}, \ x = x_n + sh \tag{5.39}$$

은 귀납적으로 쉽게 증명할 수 있다. 식 (5.38)과 (5.39)를 식 (5.36)에 대입하면 보간다항식 P_n의 Newton **후진차분형**(Newton's backward difference formula)

$$P_n(x) = P_n(x_n + sh) = \sum_{k=0}^{n} (-1)^k \binom{-s}{k} \nabla^k f_n \tag{5.40}$$

를 얻는다.

예제 5.8 예제 5.6에 주어진 $f(x) = \sqrt{x}$의 함수표를 보간하는 다항식 $P_3(x)$의 Newton 후진차분형을 구하고 $P_3(2.15)$를 계산하여라.

풀이 $x_3 = 2.3,\ h = 0.1$이고 후진차분표는 다음과 같다.

x_i	$\Delta^0 f_i$	Δf_i	$\Delta^2 f_i$	$\Delta^3 f_i$
2.0	1.414213*			
2.1	1.449137	0.034924*		
2.2	1.483239	0.034102	−0.000822*	
2.3	1.516575	0.033336	−0.000766	0.000056*

위의 표에서 밑줄 친 값이 순서대로 각각 $\Delta^0 f_3$, Δf_3, $\Delta^2 f_3$, $\Delta^3 f_3$이고 별표(*)를 한 값은 마딧점 2.0이 추가되었다고 가정하였을 때 새로이 만들어졌음을 나타낸다. 표에 의하면 Newton 후진차분형 다항식 $P_3(x) = P_3(x_3 + sh)$는

$$P_3(2+0.1s) = 1.516575 - 0.033336\binom{-s}{1} - 0.000766\binom{-s}{2} - 0.000056\binom{-s}{3}$$

이고 $2.15 = 2.3 + (-1.5) \times 0.1$이므로 $s = -1.5$을 대입하면

$$\begin{aligned} P_3(2.15) &= 1.516575 - 0.033336\binom{1.5}{1} - 0.000766\binom{1.5}{2} - 0.000056\binom{1.5}{3} \\ &= 1.4662873 \end{aligned}$$

이다. ■

연습문제 5.3

1. 분할차분표를 작성하고고 이를 이용하여 Newton 분할차분형 보간다항식 P_n과 각각의 문제 끝에 주어진 근삿값을 구하여라.

1) $\{(1,\ 3),\ (1.5,\ 13/4),\ (0,\ 3),\ (2,\ 3/5)\},\ P_3(0.5)$

2) $\{(4,\ 63),\ (2,\ 13),\ (0,\ 7),\ (5,\ 27)\},\ P_3(3)$

3) $\{(i\pi/8,\ \sin(i\pi/8) : i = 0,\ 1,\ 2,\ 3,\ 4\},\ P_3(3\pi/16)$

4) $\{(2.9,\ 4.8),\ (3.0,\ 4.2),\ (3.1,\ 3.5),\ (3.2,\ 2.6),\ (3.4,\ 0.3)\},\ P_4(3.3)$

2. 1) 마딧점 $\{x_i\}$의 순서를 임의로 뒤섞어 만든 임의의 마딧점$\{w_i\}$에 대하여

$$f[x_0,\ x_1,\ \ldots,\ x_n] = f[w_0,\ x_1,\ \ldots,\ w_n]$$

임을 보여라

2) 문제 1)의 결과를 이용하여 마딧점 $x_0,\ \ldots,\ x_n$에서 f의 보간다항식 P_n은

$$P_n(x) = \sum_{k=0}^{n} f[x_{n-k},\ \ldots,\ x_n] \prod_{i=n-k+1}^{n} (x - x_i)$$

과 같이 표시할 수 있음을 보여라.

3) 문제 1에서 작성한 분할차분표를 이용하여 P_n을 문제 2)와 같이 표시하고 계산 결과가 같음을 확인하여라.

3. 마딧점 $x_k = k,\ (0 \le k \le 4)$에서 다항식 $x,\ x^2,\ x^3$의 보간다항식을 각각 구하고 최고차항의 계수는 0임을 확인하고 일반적으로 서로 다른 마딧점 $x_0,\ x_1,\ \ldots,\ x_n$에 대하여 다항식 P의 차수가 n보다 작으면 $P[x_0,\ x_1,\ \ldots,\ x_n] = 0$임을 보여라.

4. 만약 $f^{(n+1)}$이 연속이면

$$f[x_0,\ x_1,\ \ldots,\ x_n,\ x] = \frac{1}{(n+1)!} f^{(n+1)}(\xi(x))$$

를 만족하는 $\xi(x)$가 존재함을 보여라.

5. 마딧점 1, 2, 3, 4에서 함수 $f(x)=\dfrac{1}{x}$의 Newton 분할차분형 보간다항식을 구하고 $x=2.5$에서의 보간값을 구하여 $f(2.5)$와 비교하여라.

6. 알고리즘 2.7의 조립제법을 변형하여 (5.21) 또는 (5.25)의 Newton 분할차분형 보간다항식의 값을 n번의 곱셈과 $2n$번의 덧셈으로 계산하는 효율적인 Matlab 프로그램을 만들어라.

7. 다음 각 경우에 분할차분표를 계산하는 Matlab 프로그램을 저장장소가 가장 적게 들도록 만들어라.

1) 새로운 점을 추가할 계획 있는 경우

2) 새로운 점을 추가할 계획 없는 경우

8. 함수 $f(x)=\dfrac{1}{x}$의 분할차분은 $f[x_0,\ x_1,\ \ldots,\ x_n]=\dfrac{(-1)^n}{(x_0x_1\cdots x_n)}$임을 증명하여라.

9. 1) 다음의 데이터에 대하여 분할차분표를 만들고 4차의 Newton 분할차분형 보간다항식을 구하여라.

2) 다음의 데이터에 $(1.1,\ 8.0)$을 추가하고 문제 1)의 결과를 이용하여 5차의 보간다항식을 구하여라.

$$\{(0.0,\ 5.0),\ (0.1,\ 5.1),\ (0.3,\ 5.3),\ (0.6,\ 5.8),\ (1.0,\ 6.7)\}$$

10. 제1종 완전 타원 적분(complete elliptic integral of the first kind)은

$$K(m)=\int_0^{\frac{\pi}{2}}\frac{1}{\sqrt{1-m\sin^2 x}}dx$$

으로 정의된다. 다음에 주어진 적분값을 보간하는 Newton 분할차분형 다항식을 구하여 $K(0.05)$의 근삿값을 구하고 소숫점 아래 다섯 번째 자리까지의 참값 1.61244와 비교하여라.

$$K(-1)=1,\ 31103,\quad K(-0.7)=1.36962,\ K(-0.4)=1.44152,$$
$$K(-0.1)=1.53359,\ K(0.2)=1.65962,\quad K(0.5)=1.85407$$

11. 5장 1절에서 정의된 오차함수 $erf(x)$는

$$erf(x) = \frac{2}{\sqrt{\pi}} \int_0^x e^{-t^2} dt$$

이다. 다음 함수표를 보간하는 Newton 분할차분형 다항식을 구하여 $erf(1.3)$의 근삿값을 구하고 소숫점 아래 여섯 번째 자리까지의 참값 0.934008과 비교하여라.

x	0.5	1	1.5	2.0	2.5
$erf(x)$	0.5205	0.842701	0.966105	0.995322	0.99593

12. 어느나라의 인구수의 조사에 의해 아래 표와 같이 밝혀졌다. Newton 분할차분형 다항식을 구하여 1965년과 2000년도의 인구수를 예측하여라.

년도	1940	1950	1960	1970	1980	1990
인구수	32,165	51,326	79,323	103,302	126,542	149,633

13. 구간 $(-1,\ 1)$에서 함수 $f(x) = (1+x)^s$의 Taylor 전개식을 이용하여

$$(1+x)^s = \sum_{k=0}^{\infty} \binom{s}{k} x^k, \ |x| < 1$$

임을 보여라.

14. 다음 관계식을 증명하여라.

$$\triangle^k f_j = \sum_{i=0}^{k} (-1)^i \binom{k}{i} f_{j+k-i}$$

15. 식 (5.28), (5.33)을 증명하여라.

16. 다음은 (5.35)의 전진차분형 $P_n(x)$를 효율적으로 계산하기 위하여 조립제법을 변형한 알고리즘이다. $b_0 = P_n(x)$임을 보이고 균등분할인 경우에 분할차분형 (5.25)와 전진차분형 (5.35)중에서 어느 것이 효율적인지 다음 1)과 2)를 비교하여 판단하여라. 단, $x = a + sh$는 임의로 주어진 값이다.

$b_n = a_n$

For $k = n-1 \ : \ -1 \ : \ 0$

$$b_k = \frac{s-k}{k+1} b_{k+1} + a_k$$

end

1) 분할차분표와 전진차분표를 만드는데 필요한 곱셈의 수를 비교하여라.
2) $P_n(x)$를 분할차분형 (5.25)와 전진차분형 (5.35)에 각각 문제 6번의 프로그램과 위의 알고리즘을 이용하여 계산할 때 필요한 곱셈의 수를 비교하여라.

17. 식 (5.38), (5.39)를 증명하여라.

18. 표 5.2의 전진차분표와 비슷한 후진차분표를 만들어라.

19. 다음에 주어진 함수와 마딧점에 대하여 전진차분표와 후진차분표 및 이를 이용하는 보간다항식을 각각 만들고 문제 끝에 주어진 근삿값을 구하여라.

1) $f(x) = x^3,\ x_k = k,\ (k = 0,\ 1,\ 2,\ 3,\ 4),\ f(1.23)$
2) $f(x) = \sin x,\ x_k = \frac{k\pi}{8},\ (k = 0,\ 1,\ 2,\ 3),\ f(1)$
3) $f(x) = \ln(x+1),\ x_k = k,\ (k = 0,\ 1,\ 2,\ 3,\ 4),\ f(1.23)$

20. 문제 10, 11, 12를 각각 Newton 전진차분형과 Newton 후진차분형을 구하여 다시 하여라.

5.4 Hermite 보간법

각 마딧점에서 함수뿐만 아니라 그 함수의 고계도함수까지도 보간하는 다항식을 Hermite 보간다항식이라고 한다.

함수 f와 서로 다른 마딧점 $x_i (0 \le i \le n)$, 정수 $m_i \ge 0\ (0 \le i \le n)$가 주어졌을 때

$$H^{(j)}(x_i) = f^{(j)}(x_i),\ j = 0,\ 1,\ \cdots,\ m_i - 1,\ i = 0,\ 1,\ \cdots,\ n \tag{5.41}$$

을 만족하는 N차 이하의 다항식 $H(x)$를 구하는 문제를 Hermite **보간문제**라고 한다. 단, $N = m_0 + m_1 + \cdots + m_n - 1$. 이때 문제를 만족하는 다항식 $H(x)$를 마딧점 $x_i\ (0 \le i \le n)$에서 함수 f의 Hermite **보간다항식**(Hermite interpolating polynomial)이라고 한다.

물론 함숫값만을 보간하는 다항식을 이용하는 것보다는 더 많은 계산을 하겠지만 함수 f가 충분히 좋은 함수라면, 예를 들어 $f \in C^m (m = \max\{m_i - 1 : 0 \le i \le n\})$이면, Hermite 보간다항식이 함수 f와 매우 가까운 근사함수로 함숫값뿐만 아니라 도함숫값의 근삿값도 구할 수 있을 것이다. 또한 위의 Hermite 보간문제의 조건식 (5.41)의 개수와 미지수, 즉 다항식 $H(x)$의 계수의 개수는 똑같이 $N+1$이므로 만약 Hermite 보간다항식이 존재한다면 유일할 것이다. 존재성을 증명하기 전에 먼저 이해하기 쉬운 간단한 예를 들어보자.

예제 5.9 다음을 만족하는 3차 Hermite 보간다항식 $H_3(x)$를 구하여라. 단, $x_0 \ne x_1$.

$$H_3(x)(x_j) = f(x_j),\ H_3{}'(x_j) = f'(x_j),\quad j = 0,\ 1 \tag{5.42}$$

풀이 여러 가지 방법 중에서 두 가지 방법만을 소개한다. 방법 1을 일반화하면 Hermite 보간다항식의 존재성과 유일성을 증명할 수 있고(정리 5.4) 방법 2를 일반화하면 n개의 점에서 위의 보간조건을 만족하는 다항식을 찾을 수 있다.

[방법 1] Hermite 보간다항식을 $H_3(x) = a_0 + a_1x + a_2x^2 + a_3x^3$이라면 위의 보간조건은

$$a_0 + x_0a_1 + x_0^2a_2 + x_0^3a_3 = f(x_0)$$

$$a_1 + 2x_0a_2 + 3x_0^2a_3 = f'(x_0)$$

$$a_0 + x_1a_1 + x_1^2a_2 + x_1^3a_3 = f(x_1)$$

$$a_1 + 2x_1a_2 + 3x_1^2a_3 = f'(x_1)$$

이다. 이 일차 연립방정식을 행렬을 이용하여 표시하면 $Ay = b$이다. 단,

$$A = \begin{pmatrix} 1 & x_0 & x_0^2 & x_0^3 \\ 0 & x_0 & 2x_0 & 3x_0^2 \\ 1 & x_1 & x_1^2 & x_1^3 \\ 0 & x_1 & 2x_1 & 3x_1^2 \end{pmatrix},\ y = \begin{pmatrix} a_0 \\ a_1 \\ a_2 \\ a_3 \end{pmatrix},\ b = \begin{pmatrix} f(x_0) \\ f'(x_0) \\ f(x_1) \\ f'(x_1) \end{pmatrix}.$$

만약 $x_0 \neq x_1$이면 계수행렬 A는 정칙이므로 유일한 해 y가 존재한다. 위의 연립방정식의 해를 구하는 것은 앞 장에서 여러 가지의 방법을 다루었으므로 연습문제로 남기겠다. Hermite 보간다항식을 $H_3(x) = a_0 + a_1x + a_2x^2 + a_3x^3$의 꼴보다는 다음의 방법 2의 꼴로 표시하는 것이 더욱 편리하다.

[방법 2] 만약

$$\phi_i(x_j) = \delta_{ij},\ \phi'_i(x_j) = 0,\ i = 0,\ 1,\ j = 0,\ 1 \tag{5.43}$$

$$\psi_i(x_j) = 0,\ \psi'_i(x_j) = \delta_{ij},\ i = 0,\ 1,\ j = 0,\ 1 \tag{5.44}$$

을 만족하는 3차 Hermite 보간다항식 ϕ_0, ϕ_1, ψ_0, ψ_1이 존재한다면 3차 이하의 다항식

$$H_3(x) = f(x_0)\phi_0(x) + f(x_1)\phi_1(x) + f'(x_0)\psi_0(x) + f'(x_1)\psi_1(x) \tag{5.45}$$

는 보간조건을 만족함을 쉽게 알 수 있다. 따라서 ϕ_0, ϕ_1, ψ_0, ψ_1을 구하기만 하면 된다. $\phi_0(x_1) = \phi_0'(x_1) = 0$이므로 x_1은 ϕ_0의 중근이다. 따라서 3차다항식 ϕ_0를

$$\phi_0(x) = (cx + d)(x - x_1)^2$$

과 같이 표시하고 남은 두 조건

$$\phi_0(x_0) = (cx_0 + d)(x_0 - x_1)^2 = 1$$

$$\phi_0'(x_0) = c(x_0 - x_1)^2 + 2(cx_0 + d)(x_0 - x_1) = 0$$

을 사용하여 c와 d를 구할 수 있다. 나머지도 같은 방법으로 구하면 다음과 같다.

$$\phi_0(x) = \frac{(x - x_1)^2}{(x_0 - x_1)^3}[2(x_0 - x) + (x_0 - x_1)]$$

$$\phi_1(x) = \frac{(x - x_0)^2}{(x_1 - x_0)^3}[2(x_1 - x) + (x_1 - x_0)]$$

$$\psi_0(x) = \frac{(x - x_0)(x - x_1)^2}{(x_0 - x_1)^2}$$

$$\psi_1(x) = \frac{(x-x_1)(x-x_0)^2}{(x_1-x_0)^2}$$

이 다항식들은 조각보간다항식(piecewise polynomial interpolant)을 논의할 때 유용하게 사용된다. 예를 들어 $f(x)=\sin x$, $x_0=0$, $x_1=\pi/2$인 경우에는 $f(x_0)=f'(x_1)=0$, $f(x_1)=f'(x_0)=1$이므로

$$H_3(x)=\phi_1(x)+\psi_0(x)=\frac{x^2}{(\pi/2)^3}[2(\pi/2-x)+\pi/2]+\frac{x(x-\pi/2)^2}{(\pi/2)^2} \tag{5.46}$$

이다. 따라서 $f\left(\frac{\pi}{6}\right)=\sin\left(\frac{\pi}{6}\right)=0.5$의 근삿값은 $H_3\left(\frac{\pi}{6}\right)=\frac{7+2\pi}{27}\approx 0.49197$이다. 이 근삿값의 유효숫사는 소숫점 아래 둘 째 자리까지 두 개이고 오차는 약 0.008로 비교적 정확함을 알 수 있다.

식 (5.43)과 (5.44)에 의하여 정의된 Hermite 보간다항식 ϕ_0, ϕ_1, ψ_0, ψ_1은 마딧점이 주어지기만 하면 쉽게 결정되고 또한 함수 f와 무관하므로 어떤 함수를 보간하는가에 관계없이 사용할 수 있다. 따라서 Hermite 보간다항식 $H_3(x)$를 (5.45)처럼 표현하면 보간하는 함수에 따라 ϕ_0, ϕ_1, ψ_0, ψ_1의 계수만 바꾸면 되므로 (5.45)는 매우 효율적인 방법이다. ■

이제 예제 5.9의 방법 1을 일반화하여 일반적인 Hermite 보간다항식의 존재성과 유일싱을 증명하자.

정리 5.4

Hermite 보간문제를 만족하는 다항식은 오직 하나 존재한다. 단, m계 도함수 $f^{(m)}$이 존재한다고 가정하자 $(m=\max\{m_i-1 \mid 0\le i\le n\})$.

증명 보간다항식을 $H(x)=a_0+a_1x+\cdots+a_{N-1}x^{N-1}+a_Nx^N$이라면 보간조건 (5.41)은 예제 5.9에서처럼 일차연립방정식 $Ay=b$로 표시할 수 있다. 단, A는 $(N+1)\times(N+1)$ 행렬이고 $y=(a_0,\ \ldots,\ a_N)^T$, $b=(f(x_0),\ \ldots,\ f^{(m_0-1)}(x_0),\ f(x_1),\ \ldots,\ f^{(m_n-1)}(x_n))^T$이다. 따라서 행렬 A가 정칙(nonsingular)이면 유일한 해를 가지므로 다항식도 오직 하나 존재한다. 행렬 A의 정칙성은 벡터 $y=0$이 연립방정식 $Ay=0$의 유일한 해라는 명제와 동치이다. 이제 $b=0$이라면 보간조건 (5.41)

$$H^{(j)}(x_i)=0,\ j=0,\ 1,\ \cdots,\ m_i-1,\ i=0,\ 1,\ \cdots,\ n$$

에 의하여 각 x_i는 m_i중근이므로 다항식 $H(x)$는

$$H(x) = C(x-x_0)^{m_0}(x-x_1)^{m_1}\cdots(x-x_n)^{m_n}$$

이다(단, C는 상수). 만약 $C \neq 0$이면 다항식 H의 차수는 $m_0 + m_1 + \cdots + m_n = N+1$이 되어 N차 이하의 다항식이라는 사실과 모순이다. 따라서 $H(x) \equiv 0$. 즉 $y = 0$이므로 A는 정칙이다. 그러므로 보간다항식 $H(x)$는 유일하게 존재한다. ■

다음은 Hermite 보간다항식의 오차에 관한 정리이다.

정리 5.5

만약 $f \in C^{N+1}[a, b]$이면 임의의 $x \in [a, b]$에 대하여

$$f(x) - H(x) = \frac{f^{(N+1)}(\xi_x)}{(N+1)!}W(x), \quad W(x) \equiv \prod_{i=0}^{n}(x-x_i)^{m_i} \tag{5.47}$$

를 만족하는 $\xi_x \in (a, b)$가 존재한다. 단, $H(x)$는 위에서 정의한 Hermite 보간문제를 만족하는 Hermite 보간다항식이다.

정리 5.5의 증명은 정리 5.2와 비슷하게 Rolle의 정리를 반복적용하면 가능하므로 연습문제로 남기고 가장 빈번하게 사용되는 3차 Hermite 보간다항식, 즉 위에서 정의한 Hermite 보간문제에서 $n = 1$, $m_0 = m_1 = 2$인 경우의 오차를 다음 예제 5.10에서 구한다.

예제 5.10 만약 $f \in C^4[a, b]$이면 마딧점 a, b에서 함수 f와 f'을 보간하는 3차 Hermite 다항식 $H(x)$의 오차의 한계는

$$\|f - H\|_\infty \le \frac{\|f^{(4)}\|_\infty}{4!2^4}h^4 \tag{5.48}$$

$$\|f' - H'\|_\infty \le \frac{\|f^{(4)}\|_\infty}{3!2^2}h^3 \tag{5.49}$$

임을 보이고 예제 5.9의 함수 $\sin x$의 3차 Hermite 보간다항식 (5.46)을 이용하여 위의 두 식을 확인하여라. 단, $h = b - a$.

풀이 위의 정리 5.5에서 $N=3$일 때 $W(x)=(x-a)^2(x-b)^2$는 $x=\dfrac{a+b}{2}$에서 최댓값 $\dfrac{h^4}{2^4}$을 가지므로 (5.48)은 증명된다. 식 (5.49)를 증명하기 위하여

$$f'(x)-H'(x)=-\frac{f^{(4)}(\xi)}{3!}W(x),\ W(x)\equiv(x-a)(x-b)(x-c) \qquad (5.50)$$

를 만족하는 ξ와 c가 구간 $(a,\ b)$안에 존재함을 보이자. 가정에 의하여 함수 $f-H$는 $C^4[a,\ b]$에 속하고 $a,\ b$에서 함숫값이 0이므로 Rolle의 정리에 의하여 $f'(c)-H'(c)=0$인 c가 구간 $(a,\ b)$안에 존재한다. 새로운 함수

$$g(t)\equiv f'(t)-H'(t)-\frac{f'(x)-H'(x)}{W(x)}W(t)$$

는 $C^3[a,\ b]$에 속하고 $g(a)=g(b)=g(c)=0$이므로 Rolle의 정리를 반복 적용하면 식 (5.50)이 증명된다. 따라서 $|W(x)|\le|(x-a)(x-b)|(b-a)\le\dfrac{h^3}{4}$에 의하여 (5.49)도 증명된다. 예제 5.9에서 $h=b-a=\dfrac{\pi}{2}$, $f^{(4)}(x)=\sin x$이므로 오차의 한계는 각각

$$\frac{(\pi/2)^4}{4!2^4}\approx0.0158543,\quad \frac{(\pi/2)^3}{3!2^2}\approx0.161491$$

이다. 실제의 오차는 각각

$$\left|f\left(\frac{\pi}{6}\right)-H_3\left(\frac{\pi}{6}\right)\right|=\left|\sin\left(\frac{\pi}{6}\right)-\frac{7+2\pi}{27}\right|=\left|\frac{1}{2}-0.49197\right|\approx0.00803$$

$$\left|f'\left(\frac{\pi}{6}\right)-H_3'\left(\frac{\pi}{6}\right)\right|=\left|\cos\left(\frac{\pi}{6}\right)-\frac{8}{3\pi}\right|=\left|\frac{\sqrt{3}}{2}-0.848826\right|\approx0.01799$$

으로 (5.48)과 (5.49)의 이론적인 오차의 한계보다 작음을 알 수 있다. ■

정리 5.4에 의하여 유일한 존재성이 보장된 Hermite 보간다항식을 구하는 효율적인 방법을 찾아보자. Hermite 보간다항식은 Lagrange 보간다항식을 이용하여 구할 수가 있는데 이 경우 후자가 가지는 단점이 역시 전자의 단점이 될 것이다. 예를 들어 모든 정수 m_i가 2인 경우에 Hermite 보간조건

$$H_{2n+1}^{(j)}(x_i)=f^{(j)}(x_i),\ j=0,\ 1,\ i=0,\ 1,\ \ldots,\ n$$

을 만족하는 $2n+1$차 이하의 다항식 $H_{2n+1}(x)$는 예제 5.9의 방법 2와 같이 보간조건

$$\phi_i(x_j)=\delta_{ij},\ \phi'_i(x_j)=0,\ i=0,\ 1,\ \ldots,\ n,\ j=0,\ 1,\ \ldots,\ n$$

$$\psi_i(x_j)=0,\ \psi'_i(x_j)=\delta_{ij},\ i=0,\ 1,\ \ldots,\ n,\ j=0,\ 1,\ \ldots,\ n$$

을 만족하는 Hermite 보간다항식

$$\phi_i(x) = [1 - 2(x - x_i)l_i'(x_i)]l_i^2(x) \tag{5.51}$$

$$\psi_i(x) = (x - x_i)l_i^2(x) \tag{5.52}$$

을 구하고(단, $l_i(x)$는 (5.4)에서 정의한 Lagrange 다항식) 이를 이용하여

$$H_{2n+1}(x) = \sum_{i=0}^{n} f(x_i)\phi_i(x) + \sum_{i=0}^{n} f'(x_i)\psi_i(x)$$

과 같이 나타낼 수 있다. 하지만 이 형태는 계산이 복잡할 뿐만 아니라 Newton형 보간다항식의 장점, 즉 계수의 계산과 새로운 데이터의 추가가 용이하다는 장점이 없다. 이런 장점을 간직하도록 Newton형 보간법을 확장하여 Hermite 보간법에 적용할 수 있다. 우선 5장 2절의 보간다항식의 정의를 확장하자.

수열 $x_0, x_1, \cdots, x_n$의 각 수를 적당히 중복하여 만든 수열을 $y_0, y_1, \ldots, y_N$라 하자. 각 x_i가 새로운 수열에서 나타나는 횟수를 m_i라고 할 때 보간조건

$$P^{(j)}(x_i) = f^{(j)}(x_i),\ j = 0,\ 1,\ \ldots,\ m_i - 1,\ i = 0,\ 1,\ \ldots,\ n \tag{5.53}$$

을 만족하는 N차 이하의 다항식 $P(x)$를 마딧점 $y_0, y_1, \ldots, y_N$에서 함수 f의 보간다항식이라고 한다. 함수 f는 충분히 매끄러운 곡선으로 조건 (5.53)에 나타나는 모든 고계도함수가 존재한다고 가정하자. 확장된 보간문제에서는 마딧점이 서로 다르다는 조건이 없는 대신에 어떤 수 z가 k번 나타난다면 k-1계 도함수까지 z에서 함숫값이 같도록 요구하는 것이다. 예를 들어 다항식 $P_4(x)$가 마딧점 2, 1, 2, 2, 1에서 함수 f의 보간다항식이라면 조건

$$P_4(1) = f(1),\ P_4'(1) = f(1),\ P_4(2) = f(2),\ P_4'(2) = f'(2),\ P_4''(2) = f''(2)$$

을 만족해야 한다. 조건 (5.53)에 의하여 $P(x)$는 $x_0, x_1, \ldots, x_n$에서 함수 f의 Hermite 보간다항식과 같고 정리 5.3에 의하여 그 존재성과 유일성이 증명되었다. 역으로 Hermite 보간문제에서 주어진 마딧점 $\{x_i\}$와 정수$\{m_i\}$를 이용하여 모든 y_i가 규칙

$$y_i = x_k,\quad \left(\sum_{j=0}^{k-1} m_j\right) \le i \le \left(\sum_{j=0}^{k} m_j\right) - 1,\ (\text{단},\ m_{-1} = 0),\quad k = 0,\ \ldots,\ n$$

을 만족하도록 만든 새로운 수열을 $y_0, y_1, \ldots, y_N$이라면 마딧점 $x_0, x_1, \ldots, x_n$에서 함수 f의 Hermite 보간다항식은 마딧점 $y_0, y_1, \ldots, y_N$에서 함수 f의 보간다항식 $P(x)$와 일치한다. 따라서 이제부터는 Hermite 보간다항식을 $y_0, y_1, \ldots, y_N$에서 함수 f의 보간다항식으로 간주하고 논의를 전개한다. 보간다항식 $H(x)$를 Lagrange 다항식을 이용하여 표현하는 대신에

$$H(x) = \sum_{k=0}^{N} a_k \prod_{i=0}^{k-1} (x - y_i) \tag{5.54}$$

과 같이 Newton형으로 나타내면 계수 $a_k(0 \le k \le N)$는 유일하게 결정된다. Hermite 보간다항식의 Newton형 (5.54)의 계수 a_k를 $y_0, y_1, \ldots, y_k$에서 함수 f의 **확장분할차분**(extended divided difference)이라 하고 보통의 분할차분과 같은 기호

$$a_k = f[y_0, y_1, \ldots, y_k]$$

를 사용하는데 특별한 혼란이 예상되지 않는 한 분할차분이라고 한다. 정리 5.3의 보간다항식의 유일성에 의하여 분할차분 $f[y_0, y_1, \ldots, y_k]$는 $y_0, y_1, \ldots, y_k$의 배열순서와 관계가 없다. 따라서 아래와 같이 $y_0, y_1, \ldots, y_k$는 크기에 따른 오름차순으로 배열된 것으로 간주할 것이다.

$$y_0 \le y_1 \le \cdots\cdots \le y_k$$

이제 이해를 돕기 위하여 간단한 예제를 들어 보자.

예제 5.11 조건 $p(x_0) = f(x_0)$, $p'(x_0) = f'(x_0)$, $p(x_1) = f(x_1)$을 만족하는 Hermite 다항식, 즉 마딧점 x_0, x_0, x_1에서 함수 f의 보간다항식 $p(x)$를

$$p(x) = a_0 + a_1(x - x_0) + a_2(x - x_0)(x - x_0)$$

로 표시하고 a_0, a_1, a_2를 구하면

$$f[x_0] \equiv a_0 = f(x_0)$$

$$f[x_0, x_0] \equiv a_1 = f'(x_0)$$

$$f[x_0, x_0, x_1] \equiv a_2 = \frac{\dfrac{f(x_1) - a_0}{x_1 - x_0} - a_1}{x_1 - x_0} = \frac{f[x_0, x_1] - f'(x_0)}{x_1 - x_0}$$

이다. 정리 5.3에 의하여

$$f[x_0, z] = \frac{f(z) - f(x_0)}{z - x_0} = f'(\xi)$$

인 ξ가 x_0와 z 사이에 존재하므로 만약 $f'(x)$가 연속이면

$$\lim_{z \to x_0} f[x_0, z] = \lim_{z \to x_0} \frac{f(z) - f(x_0)}{z - x_0} = f'(x_0)$$

이다. ■

따라서 예제 5.11과 같이 $f[x,\ x]=f'(x)$로 정의하면 $f[x_0,\ x_1]$은 $x_0,\ x_1$의 연속함수이다. 만약 $f^{(k)}(x)$가 연속이면 $f[y_0,\ y_1,\ \ldots,\ y_k]$는 $y_0,\ y_1,\ \ldots,\ y_k$의 연속함수임을 식 (5.55)를 이용하여 증명할 수 있다. 위의 예제를 일반화한 것이 다음의 정리 5.6이다.

정리 5.6

만약 $f\in C^m[a,\ b]$이고 $y_0\le y_1\le\cdots\cdots\le y_k$의 어느 점도 m번 이상 중복하여 나타나지 않는다면 함수 f의 분할차분은 반복식

$$f[y_0,\ y_1,\ \ldots,\ y_k]=\begin{cases}\dfrac{f[y_1,\ y_2,\ \ldots,\ y_k]-f[y_0,\ y_1,\ \ldots,\ y_{k-1}]}{y_k-y_0} & y_0\neq y_k\\ \dfrac{f^{(k)}(y_0)}{k!} & y_0=y_k\end{cases}\tag{5.55}$$

을 만족한다. 단, $y_0,\ y_1,\ \ldots,\ y_k$는 모두 구간 $[a,\ b]$에 존재한다.

정리 5.6의 증명은 연습문제로 남기고 예제 5.9의 Hermite 보간다항식 $H_3(x)$를 분할차분을 이용하여 다시 구해보자.

예제 5.12 예제 5.9의 조건을 만족하는 함수 $f(x)=\sin x$의 Hermite 보간다항식 $H_3(x)$를 분할차분을 이용하여 구하여라.

풀이 마딧점은 $y_0=y_1=0,\ y_2=y_3=\pi/2$이고 $f(0)=f'(\pi/2)=0$ $f(\pi/2)=f'(0)=1$이므로 식 (5.55)에 의하여 분할차분, 분할차분표 그리고 $H_3(x)$는 다음과 같다.

$$f[y_0,\ y_1]=f[0,\ 0]=f'(0)=1,\ f[y_1,\ y_2]=f[0,\ \pi/2]=2/\pi$$

$$f[y_2,\ y_3]=f[\pi/2,\ \pi/2]=f'(\pi/2)=0,$$

$$f[y_0,\ y_1,\ y_2]=\frac{f[y_1,\ y_2]-f[y_0,\ y_1]}{y_2-y_0}=\frac{2/\pi-1}{\pi/2-0}=4/\pi^2-2/\pi$$

$$f[y_1,\ y_2,\ y_3]=\frac{f[y_2,\ y_3]-f[y_1,\ y_2]}{y_3-y_1}=\frac{0-2/\pi}{\pi/2-0}=-4/\pi^2$$

$$f[y_0,\ y_1,\ y_2,\ y_3]=\frac{-4/\pi^2-(4/\pi^2-2/\pi)}{\pi/2-0}=4/\pi^2-16/\pi^3$$

y_i	$f[\ ]$	$f[,]$	$f[,,]$	$f[,,,]$
0	0			
0	0	1		
$\pi/2$	1	$2/\pi$	$4/\pi^2-2/\pi$	
$\pi/2$	1	0	$-4/\pi^2$	$4/\pi^2-16/\pi^3$

위의 분할차분표의 대각성분으로부터 다음의 $H_3(x)$를 얻는다.

$$H_3(x) = x + (4/\pi^2 - 2/\pi)x^2 + (4/\pi^2 - 16/\pi^3)x^2(x - \pi/2)$$ ■

이해를 돕기 위해 다른 예를 들어보자

예제 5.13 분할차분표를 이용하여 다음 조건을 만족하는 Hermite 보간다항식을 구하여라.

x	$f(x)$	$f'(x)$	$f''(x)$
1	2	3	
2	6	7	8

풀이 식 (5-55)에 의하여 분할차분을 구하여 분할차분표를 만들면 다음과 같다.

x	$f(x)$	$f[,]$	$f[,,]$	$f[,,,]$	$f[,,,,]$
1	2				
1	2	$f'(1)=3$			
2	6	$f[x_0, x_1]=4$	1		
2	6	$f'(2)=7$	3	2	
2	6	$f'(2)=7$	$\dfrac{f''(2)}{2!}=4$	1	-1

따라서 조건을 만족하는 4차의 Hermite 보간다항식은

$$H_4(x) = 2 + 3(x-1) + (x-1)^2 + 2(x-1)^2(x-2) - (x-1)^2(x-2)^2$$

이다. ■

연습문제 5.4

1. 예제 5.9 방법 1의 연립방정식을 풀어라. (단, $x_0 = 0,\ x_1 = 1,\ f(x_0) = 1,\ f(x_1) = 10,$ $f'(x_0) = 2,\ f'(x_1) = 20$)

2. 다음을 만족하는 5차 Hermite 보간다항식 $H(x)$를 구하여라. 단, $x_0,\ x_1,\ x_2$는 서로 다른 실수이다.

$$H(x_j) = f(x_j),\ H'(x_j) = f'(x_j), \quad j = 0,\ 1,\ 2$$

3. 다음에 주어진 마딧점에서 예제 5.9의 보간조건을 만족하는 함수 f의 Hermite 다항식을 구하고 각 문제의 주어진 함숫값의 근삿값과 그때의 오차를 구하여라.

1) $f(x) = \cos x,\ x_0 = 0,\ x_1 = \pi/2,\ f(\pi/12),\ f'(\pi/12)$

2) $f(x) = e^x,\ x_0 = 0,\ x_1 = 1,\ f(1/4),\ f'(1/4)$

3) $f(x) = \ln x,\ x_0 = 1,\ x_1 = 2,\ f(1.1),\ f'(1.1)$

4) $f(x) = \cos^2 x + \sin x,\ x_0 = 0,\ x_1 = \pi/2,\ f(\pi/6),\ f'(\pi/12)$

5) $f(x) = x\ln x,\ x_0 = 2,\ x_1 = 2.5,\ f(2.1),\ f'(2.1)$

6) $f(x) = x - (\ln x)^x,\ x_0 = 2,\ x_1 = 2.5,\ f(2.1),\ f'(2.1)$

7) $f(x) = xe^{2x} - 3e^x,\ x_0 = 1,\ x_1 = 1.1,\ f(1.01),\ f'(1.01)$

4. 함수

$$g(t) = f(t) - P(t) - (f(x) - P(x))\frac{W(t)}{W(x)},\quad W(t) \equiv \prod_{i=0}^{n}(t - x_i)^{m_i}$$

에 Rolle의 정리를 반복 적용하여 정리 5.5를 증명하여라.

5. 다음에 주어진 마딧점에서 함수 f의 3차 Hermite 보간다항식 $H(x)$를 구하고 각 문제에 주어진 근삿값을 구하여 실제 오차를 구하고 (5.48), (5.49)의 오차의 한계와 비교하여라.

1) $f(x) = \cos x,\ x_0 = 0,\ x_1 = 1/2,\ H(0.2),\ H'(0.2)$

2) $f(x) = e^x$, $x_0 = 0$, $x_1 = 1.1$, $H(1.02)$, $H'(1.02)$

3) $f(x) = \ln x$, $x_0 = 1$, $x_1 = 1.3$, $H(1.1)$, $H'(1.1)$

6. 식 (5.51), (5.52)를 증명하고 이를 이용하여 다음 각각의 조건을 만족하는 Hermite 보간다항식을 구하여라.

1) $P(x_i) = 1$, $(0 \le i \le 6)$, $P'(x_i) = 0$, $(0 \le i \le 6)$

2) $P(x_i) = 0$, $(0 \le i \le 6)$, $P'(x_i) = 1$, $(0 \le i \le 6)$

7. 정리 5.6을 다음과 같이 귀납법으로 증명하여라. 임의의 정수 i에 대하여 $H_i(x)$와 $Q_i(x)$를 각각 y_0, y_1, ..., y_i와 y_1, y_2, ..., y_{i+1}에서 함수 f의 보간다항식이라고 하자.

1) $y_0 = y_k$인 경우에 임의 k에 대하여 $H_k(x)$는

$$H_k(x) = \sum_{j=0}^{k} \frac{1}{j!} f^{(j)}(y_0)(x - y_0)^j$$

임을 보여라.

2) $y_0 \neq y_k$인 경우에는 다항식

$$H(x) = \frac{x_k - x}{x_k - x_0} H_{k-1}(x) + \frac{x - x_0}{x_k - x_0} Q_{k-1}(x)$$

는 $H_k(x)$와 동치인 다항식임을 증명하고 최고차항의 계수를 비교하여라.

8. $f^{(k)}(x)$가 연속이면 $f[y_0, y_1, ..., y_k]$는 y_0, y_1, ..., y_k의 연속함수임을 식 (5.55)를 이용하여 귀납법으로 증명하여라.

9. 분할차분표를 만들어 이를 이용하여 다음 조건을 만족하는 4차 Hermite 보간다항식 $H_4(x)$를 먼저 구하고 $P(4) = 239$를 추가하여 5차 Hermite 보간다항식 $H_5(x)$를 구하여라.

x	0	1	2
$P(x)$	-4	-3	28
$P'(x)$	-9	5	

10. 자동차가 한 지점을 떠나 계속 달리고 있을 때 주어진 시각에 도착한 지점까지의 거리와 그 지점에서의 속도를 측정한 결과 아래의 표와 같다. 단, 출발시각을 0시로 하였다. Hermite 보간법을 사용하여 2시에서의 속도, 그때까지의 주행거리 그리고 10시 이전의 자동차의 최대 속도를 구하여라.

시	1	3	5	8	10
거리	105	225	383	623	1023
속도	75	77	80	74	70

5.5 스플라인 보간법

다항식은 사용하기가 간편한 함수이지만 차수가 높아질수록 진동이 아주 심할 뿐아니라 진동폭이 매우 큰 경우가 있다. 따라서 비교적 매끈한 함수를 고차의 다항식으로 보간하는 것은 오차를 줄이지도 못할 뿐만 아니라 많은 계산이 필요하므로 적합하지 못하다. 보간다항식의 차수가 높아지더라도, 즉 마딧점 사이의 간격이 상당히 좁아지더라도 오차가 반드시 0으로 수렴하지는 않는다는 사실을 이미 5장 2절에서 언급하고 수치실험적으로 확인한 바 있다(5장 2절 연습문제 22). 다항식 보간법이 가지고 있는 이러한 단점의 해결방법은 의외로 간단하면서도 매우 효율적이다.

전체 구간을 여러 개의 소구간으로 나누고 각 소구간에서 정의된 저차 다항식(예를 들어 1차 또는 3차 다항식)들을 적당한 조건을 만족하도록 매끄럽게 연결하여 만든 **조각다항식**(piecewise polynomials)들을 사용하여 주어진 함수 또는 데이터를 보간하는 방법을 **조각다항식 보간법**(piecewise polynomial interpolation)이라 한다. 보간조건과 매끄러움의 정도(smoothness)에 의하여 다양한 방법이 존재하는데 그 중에서 가장 많이 쓰이는 방법이 **스플라인 보간법**(spline interpolation)과 **Hermite 조각다항식 보간법**(piecewise Hermite interpolation)이다. 전자는 스플라인(spline)이라 불리는 매끄러운 조각다항식을 이용하여 함숫값만을 보간하는 방법이고 후자는 각 소구간에서 함숫값만 아니라 일차도함수의 값까지도 보간하는 방법이다. 따라서 스플라인 보간법은 보간하려는 함수의 도함수를 사용하지 않고도 필요한 만큼 매끄러운 근사함수를 구하는 방법을 이 절에서 논의한다.

스플라인이란 본래 주어진 점들을 지나는 부드러운 곡선을 그리는데 사용되는 가늘고 아주 유연한 자를 말하는데 이로부터 이름이 연유된 **스플라인 함수**(spline function) 또는 스플라인은 각 소구간에서 정의된 다항식을 적당한 조건을 만족하도록 매끄럽게 연결한 함수를 말한다.

마딧점 $x_0, x_1, \ldots, x_n$을 구간 $[a, b]$의 분할

$$a = x_0 < x_1 < \cdots < x_n = b$$

이라고 하자. 구간 $[a, b]$에서 정의된 함수 $S(x)$가 두 조건

$$S \in C^{(k-1)}[a, b] \tag{5.56}$$

$S(x)$는 각 소구간 $[x_{i-1}, x_i]$에서 k차 이하의 다항식이다. (5.57)

을 만족하면 $S(x)$를 분할 $x_0, x_1, \ldots, x_n$에서의 **k차 스플라인**(spline of degree k)이라고 한다. 다시 말하면 각 소구간에서 정의된 k차 이하의 다항식들을 이웃한 두 소구간의 경

계, 즉 마딧점에서 양쪽 다항식의 $k-1$계 도함수까지 값이 같아지도록 연결한 함수를 k차 스플라인이라고 한다. 차후로는 특별한 혼란이 예상되지 않는 한 분할은 편의상 명시하지 않고 k차 스플라인이라고 부르기로 한다.

예제 5.14 다음의 함수 $S(x)$가 3차 스플라인이 되도록 a, b, c, d를 정하여라.

$$S(x)=\begin{cases} x^3+1 & x\in[1,\ 2] \\ a(x-2)^3+b(x-2)^2+c(x-2)+d & x\in[2,\ 3] \end{cases}$$

풀이 구간 $[1,\ 3]$에서 정의된 함수 $S(x)$를 구간 $[1,\ 2]$와 $[2,\ 3]$에 제한하여 만든 함수를 편의상 각각 $S_1(x)=x^3+1$, $S_2(x)=a(x-2)^3+b(x-2)^2+c(x-2)+d$라고 하자. 각 구간에서 $S(x)$는 3차 이하의 다항식이므로 조건 (5.57)은 만족한다. 조건 (5.56)으로부터

$$S_1(2)=S_2(2)\ ;\ 9=d$$
$$S_1'(2)=S_2'(2)\ ;\ 12=c$$
$$S_1''(2)=S_2''(2)\ ;\ 12=2b$$

이므로 a는 임의의 수, $b=6$, $c=12$, $d=9$이면 $S(x)$는 3차 스플라인이다. ■

마딧점 $x_0,\ x_1,\ \ldots,\ x_n$에서의 k차 스플라인 $S(x)$를 각 소구간 $[x_i,\ x_{i+1}]$에 제한하여 만든 함수를 $S_i(x)$라 하자. 또한, 소구간 $[x_i,\ x_{i+1}]$의 크기를 $h_i=x_{i+1}-x_i$라고 표시하자. 각 $S_i(x)$는 k차 이하의 다항식이므로 계수는 $k+1$개이고, 소구간은 n개가 있으므로 k차 스플라인 $S(x)$는 전체적으로 $n(k+1)$개의 계수 즉 미지수를 가지고 있다. 한편 $S(x)$는 $n-1$개의 내부 마딧점 $x_1,\ x_2,\ \ldots,\ x_{n-1}$을 제외한 모든 점에서 조건 (5.56)을 만족하므로 조건 (5.56)은 $k(n-1)$개의 조건식

$$S_{i-1}^{(j)}(x_i)=S_i^{(j)}(x_i),\ 0\le j\le k-1,\ 1\le i\le n-1 \tag{5.58}$$

과 동치이다. 따라서 조건 (5.56)과 (5.57)을 만족하는 k차 스플라인 $S(x)$은 $n+k$개의 적절한 조건이 더 있어야만 유일하게 결정될 것이다. 다시 말하면 조건 (5.56)과 (5.57)을 만족하는 k차 스플라인의 **자유도**(degree of freedom)는 $n+k$이다. 만약 $k\ge 1$이면 항상 $n+1$개의 보간조건 $S(x_i)=f(x_i)$, $(0\le i\le n)$을 추가할 수 있다. 이 조건을 만족하는 $S(x)$를 함수 f의 k차 **스플라인 보간식**(k-th degree of spline interpolant for f)이라고 한다. 이제 $k-1$개의 조건을 더 추가하면 식과 미지수의 개수가 같게 되므로 $S(x)$가 유

일하게 결정될 가능성이 있다. 이와 같이 어떤 경우에 k차 스플라인 보간식이 유일하게 존재하며 또한 존재한다면 이를 구하는 효율적인 방법은 무엇인가에 대하여 알아본다.

일차 스플라인은 각 소구간에서 직선이고 전 구간에서 연속이어야 하므로 그림 5.3의 꺾은선과 같은 모양이 된다. 일차 스플라인 보간식 $S(x)$는 각 소구간 $[x_i,\ x_{i+1}]$에서 두 점$(x_i,\ y_i)$, $(x_{i+1},\ y_{i+1})$을 지나는 직선이므로

$$S_i(x) = y_i + (x - x_i)\frac{y_{i+1} - y_i}{x_{i+1} - x_i}$$

이다. 단, $y_i = f(x_i)$, $(0 \le i \le n)$. 이는 곡선 $y = f(x)$를 그림 5.3과 같이 꺾은선(polygonal line)으로 대신한 것으로 마딧점 사이의 간격이 좁아질수록 꺾은선이 점점 곡선에 접근하리라는 것을, 즉 오차가 0으로 수렴하리라는 것을 직관적으로 알 수 있다. 실제로 $f \in C^2[a,\ b]$이면 f의 일차 스플라인 보간식 $S(x)$의 오차는

$$\|f - S\|_\infty \le \frac{\|f''\|_\infty}{8}h^2, \quad h \equiv \max\{x_{i+1} - x_i : 0 \le i \le n-1\} \tag{5.59}$$

임을 쉽게 증명할 수 있다(연습문제 3). 이런 일차 스플라인 보간식은 6장에서 배울 수치적분 중의 한 방법인 복합사다리꼴 공식에서 사용하는 등 많은 경우에 유용하게 사용된다(연습문제 5).

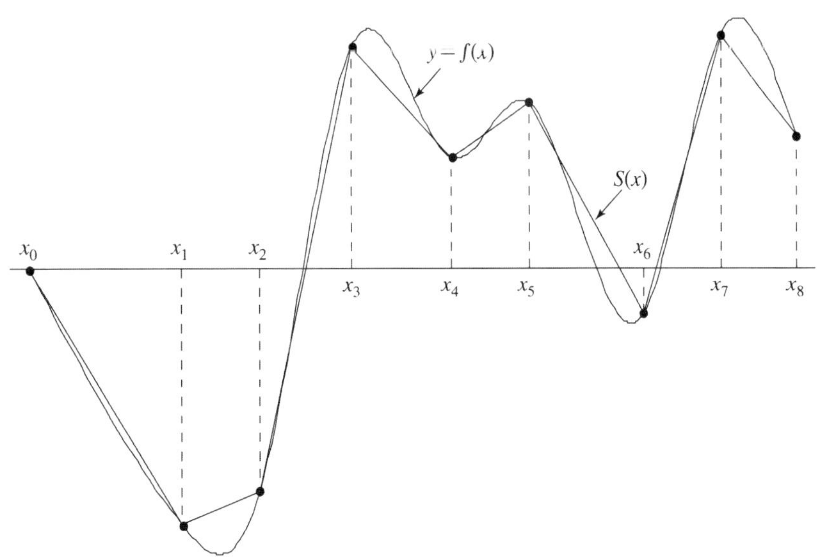

그림 5.3 일차스플라인 보간식

위에서 보았듯이 일차 스플라인은 자유도 $(n+1)$와 보간조건식의 개수 $(S(x_i) = f(x_i)$,

$(0 \leq i \leq n)$)가 같으므로 더 이상의 조건을 추가할 필요없이 $S(x)$가 결정된다.

반면에 이차 스플라인은 다른 조건을 하나 더 추가해야 $S(x)$가 결정되므로 보간하려는 함수의 성질을 더 이용할 수 있다. 하지만 예를 들어 미분방정식에서처럼 양 끝점 a와 b에서 일차나 이차 도함수의 값이 중요한 역할을 하는 경우에는 두 개의 조건을 더 추가할 수 있어야 하므로 하나만으로는 충분하지 못하다. 또한 이차 스플라인 곡선은 일차 도함수가 연속이므로 일차 스플라인보다 훨씬 매끄럽기는 하지만 이차 도함수가 불연속이므로 육안으로 식별이 불가능할 정도로 자연스럽게 매끈하지는 못하다.

이런 단점들을 해결하는 방법이 컴퓨터 그래픽이나 경계치 미분방정식의 수치해법에서 많이 사용되는 삼차 스플라인(cubic spline)이다. 삼차 스플라인 곡선은 이차 도함수가 연속이므로 육안으로 보기에는 아주 자연스러운 매끈한 곡선이다. 일차 스플라인 보간식과 마찬가지로 마딧점 사이의 간격이 좁아질수록 오차가 0으로 수렴함을 보일 수 있다. 차후에 다루는 정리 5.7에 의하면 보간하려는 함수보다도 삼차 스플라인이 오히려 더 부드러운 곡선이다. 바로 이런 점이 그래픽에서 부드러운 곡선을 그리는데 삼차 스플라인을 많이 사용하는 중요한 이유 중의 하나이다. 또한, 많은 수치실험에 의하면 삼차보다 높은 차수의 스플라인을 사용하는 것은 큰 이점이 거의 없다는 사실이 밝혀졌다.

위에서 언급한 바와 같이 삼차 스플라인을 결정하기 위해서는 $n+1$개의 보간조건 $S(x_i) = f(x_i),\ 0 \leq i \leq n$ 이외에 두 개의 조건을 추가로 필요하다. 다양한 추가 조건 중에서 다음의 **자유경계조건**(free boundary conditions) (5.60)과 **고정경계조건**(clamped boundary conditions) (5.61)을 만족하는 삼차 스플라인을 각각 **자연 삼차 스플라인**(natural cubic spline), **고정 삼차 스플라인**(clamped cubic spline)이라고 한다.

$$S''(x_0) = S''(x_n) = 0 \tag{5.60}$$

$$S'(x_0) = f'(x_0),\ S'(x_n) = f'(x_n) \tag{5.61}$$

이제 자연 삼차 스플라인을 직접 구하여 그 존재성과 유일성을 증명하자. 고정 삼차 스플라인에 대하여도 거의 비슷한 방법으로 증명할 수 있으므로 연습문제로 남긴다. 편의상 $f(x_i)$를 y_i로 표시하자. 모든 $i = 1,\ 2,\ \ldots,\ n-1$에 대하여 $S_{i-1}''(x_i) = z_i = S_i''(x_i)$라고 하면 이차 도함수 $S''(x)$는 연속이다. 이제 남은 조건들을 만족하는 $S_i(x)$를 미지수 $z_i,\ (1 \leq i \leq n-1)$를 이용하여 표현한다. $z_0 = S''(x_0) = S_0''(x_0)$, $z_n = S''(x_n) = S_{n-1}''(x_n)$이라면 자유경계조건 (5.60)에 의하여 $z_0 = 0,\ z_n = 0$이다. 각 소구간에서 삼차 스플라인은 3차 다항식이므로 $S_i''(x)$는 두 점(x_i, z_i), (x_{i+1}, z_{i+1})을 지나는 일차식

$$S_i''(x) = \frac{z_{i+1}}{h_i}(x - x_i) + \frac{z_i}{h_i}(x_{i+1} - x),\ i = 0,\ \ldots,\ n-1$$

이고 이를 두 번 적분하면

$$S_i(x) = a_i(x - x_i)^3 + b_i(x_{i+1} - x)^3 + c_i(x - x_i) + d_i(x_{i+1} - x) \tag{5.62}$$

$$\left(a_i = \frac{z_{i+1}}{6h_i},\ b_i = \frac{z_i}{6h_i}\right)\ ,\quad i = 0,\ \ldots,\ n-1$$

이다. 보간조건과 $S \in C[a, b]$를 동시에 만족하도록 조건 $S_i(x_i) = y_i$, , $S_i(x_{i+1}) = y_{i+1}$을 사용하면 식 (5.62)의 c_i와 d_i는

$$c_i = \frac{y_{i+1}}{h_i} - \frac{h_i}{6}z_{i+1},\ d_i = \frac{y_i}{h_i} - \frac{h_i}{6}z_i\ ,\ i = 0,\ \ldots,\ n-1$$

이다. 이제 아직 사용하지 않은 조건인 $S'(x)$의 연속성, 즉 각 내부 마딧점 x_i $(1 \le i \le n-1)$에서 $S_{i-1}'(x_i) = S_i'(x_i)$을 이용해서 $z_1, z_2, \ldots, z_{n-1}$을 구하여 식 (5.62)에 대입하면 $S_i(x)$가 결정된다. 식 (5.62)로 이 연속조건을 만족하도록 하는 등식을 요약하면 $n-1$개의 미지수 $z_1, z_2, \ldots, z_{n-1}$를 갖는 일차연립방정식

$$h_{i-1}z_{i-1} + u_iz_i + h_iz_{i+1} = \beta_i,\ 1 \le i \le n-1 \tag{5.63}$$

을 얻는다(단, $u_i = 2(h_{i-1} + h_i)$, $\beta_i = w_i - w_{i-1}$, $w_i = 6\left(\frac{y_{i+1} - y_i}{h_i}\right)$). 식 (5.63)을 행렬 형태로 쓰면

$$\begin{pmatrix} u_1 & h_1 & 0 & \cdots & \cdots & 0 \\ h_1 & u_2 & h_2 & \ddots & \ddots & \vdots \\ 0 & h_2 & \ddots & \ddots & \ddots & \vdots \\ \vdots & \ddots & \ddots & \ddots & \ddots & 0 \\ \vdots & \ddots & \ddots & h_{n-3} & u_{n-2} & h_{n-2} \\ 0 & \cdots & \cdots & 0 & h_{n-2} & u_{n-1} \end{pmatrix} \begin{pmatrix} z_1 \\ z_2 \\ \vdots \\ \vdots \\ z_{n-2} \\ z_{n-1} \end{pmatrix} = \begin{pmatrix} \beta_1 \\ \beta_2 \\ \vdots \\ \vdots \\ \beta_{n-2} \\ \beta_{n-1} \end{pmatrix} \tag{5.64}$$

이다. 식 (5.64)를 $Az = \beta$라고 하자. 모든 h_i는 양수이고 부등식

$$|u_i| = 2(h_{i-1} + h_i) > \begin{cases} |h_1|, & i = 1 \\ |h_{i-1}| + |h_i|, & 2 \le i \le n-2 \\ |h_{n-2}|, & i = n-1 \end{cases}$$

이 성립하므로, 즉 각 행의 대각성분의 절댓값이 그 행의 나머지 성분들의 절댓값의 합보다 크므로 A는 강대각지배행렬(strongly diagonally dominant)이다. 잘 알려진 대로 강대

각지배행렬은 정칙이므로 $Az=\beta$는 유일한 해를 갖는다. 따라서 보간조건을 만족하는 자연 삼차 스플라인은 오직 하나 존재한다.

참고로 일반적인 계수행렬을 갖는 연립방정식에 대하여 근을 구하는 가우스 소거법을 삼중대각행렬(tridiagonal matrix)을 갖는 연립방정식에 불필요한 계산을 피하면서 변형한 것이 연습문제 15의 알고리즘이다. 이 알고리즘에서 계수행렬이 강대각지배행렬이면 $i-1$번째 열에서 가우스 소거를 하면서 업데이트된 대각성분 $\hat{d}_i$는 0이 되지 않으므로 부분피벗(partial pivot)을 할 필요가 없음을 알 수 있다(연습문제 15). 따라서 강대각지배 계수행렬을 갖는 연립방정식 (5.63)의 근은 언제나 연습문제 15의 알고리즘을 사용하여 효율적으로 구할 수 있다. 다음은 자연 삼차 스플라인 보간식에 대한 알고리즘이다.

▌알고리즘 5.2 자연 삼차 스플라인 보간식

input : $n,\ \{(x_i, y_i) : 0 \le i \le n\}$

for $i = 0$: $n-1$

$$h_i = x_{i+1} - x_i,\quad w_i = \frac{6(y_{i+1} - y_i)}{h_i}$$

end

$u_1 = 2(h_0 + h_1)$

$\beta_1 = w_1 - w_0$

for $i = 2$: $n-1$

$$u_i = 2(h_i + h_{i-1}) - \frac{h_{i-1}^2}{u_{i-1}},\quad \beta_i = w_i - w_{i-1} - \frac{h_{i-1}\beta_{i-1}}{u_{i-1}}$$

end

$z_0 = z_n = 0$

for $i = n-1$: -1 :1

$$z_i = \frac{(\beta_i - h_i z_{i+1})}{u_i}$$

end

for $i = 0$: $n-1$

$$a_i = \frac{z_{i+1}}{6h_i},\quad b_i = \frac{z_i}{6h_i},\quad c_i = \frac{y_{i+1}}{h_i} - \frac{h_i z_{i+1}}{6},\quad d_i = \frac{y_i}{h_i} - \frac{h_i z_i}{6}$$

end

예제 5.15 그림 5.4는 함수 $f(x)=\dfrac{\left(\left(\dfrac{x}{2}+\sin x\right)\sin x+8\right)}{2}$ 와 이를 마딧점

$$\{x_k = kh \mid 0 \le k \le 10,\ h = 4\pi/10\}$$

에서 보간하는 자연 삼차 스플라인의 그래프이다. 자연 삼차 스플라인은 양 끝점에서의 $f'(x)$의 값을 보간하지 않기 때문에 때로는 그림 5.4와 같이 그 곳에서의 모양이 다를 수 있다. 따라서 보다 비슷한 그래프를 얻기 위하여 양 끝점에서의 $f'(x)$의 값을 보간하는 고정 삼차 스플라인을 사용하는 것이 보다 보편적이다(연습문제 25). 알고리즘 5.2를 사용하여 구한 식 (5.62)의 계수 a_i, b_i, c_i, d_i는 다음과 같다.

k	a_i	b_i	c_i	d_i
0	−0.0997121	0.0	2.74455	1.98944
1	−0.0849312	−0.0997121	2.55491	2.74455
2	0.0794716	−0.0849312	1.56057	2.55491
3	0.0500728	0.0794716	1.3192	1.56057
4	0.276843	0.0500728	1.55226	1.3192
5	−0.400502	0.276843	4.40836	1.55226
6	−0.198999	−0.400502	3.46977	4.40836
7	0.193539	−0.198999	0.645708	3.46977
8	0.350863	0.193539	−0.344608	0.645708
9	0.0	0.350863	1.98944	−0.344608

자연 삼차 스플라인 보간법의 Matlab 프로그램 natural_cubic_spline.m

```
function [yy, coefmat ]= natural_cubic_spline(x, y ,xx)
% x, y : 열벡터
    n=length(x);
    h = x(2:n) - x(1:n-1);
    d = (y(2:n) - y(1:n-1))./h;
    lower = h(1:end-1);
    main  = 2*(h(1:end-1) + h(2:end));
    upper = h(2:end);
    T = spdiags([lower main upper], [-1 0 1], n-2, n-2); %3대각행렬 구성
    rhs = 6*(d(2:end)-d(1:end-1));
    z = T\rhs;                          % 연립방정식 Tz=rhs의 해 z
    %    자연 삼차 spline S''(x0)=0, S''(xn)=0
    z = [ 0; z; 0];

% 각 구간에서의 삼차다항식 Si(x)의 s0+s1x+s2 x^2 + s3 x^3
```

```
% 식 (5-62)를 전개하여 각 계수를 구함
  s0 = (-z(2:end).*x(1:end-1).^3+z(1:end-1).*x(2:end).^3)./(6*h)+ ...
              (y(1:end-1).*x(2:end)-y(2:end).*x(1:end-1))./h+ ...
               h.*(z(2:end).*x(1:end-1)-z(1:end-1).*x(2:end))/6;
   s1 = (z(2:end).*x(1:end-1).^2-z(1:end-1).*x(2:end).^2)./(2*h)+ ...
              (y(2:end)-y(1:end-1))./h-(h.*z(2:end)-h.*z(1:end-1))/6;
    s2 = (z(1:end-1).*x(2:end)-z(2:end).*x(1:end-1))./(2*h);
    s3 =(z(2:end)-z(1:end-1))./(6*h);

    coefmat=[s3, s2, s1, s0];   % 각 행이 각 구간의 3차 다항식

    k=length(xx);
    for i=1:k                      %xx 점들에서 Spline 보간값 yy 계산
      for j=1: length(x)-1
        if (x(j)<=xx(i) & xx(i) <= x(j+1))
            yy(i)=polyval(coefmat(j,:), xx(i));

        end
      end
    end
end
```

실행결과

```
>> f=@(x) ((x/2+sin(x)).*sin(x)+8)/2
f =
  다음 값을 갖는 function_handle:
    @(x)((x/2+sin(x)).*sin(x)+8)/2
>> x=0:4*pi/10:4*pi;
>> y=f(x);
>> xx=0:0.05:4*pi ;
    >> [yy, coefmat] = natural_cubic_spline(x', y',xx)
yy = 생략
coefmat =              % 각 행이 각 구간의 3차 다항식
   -0.0997         0     0.7551     4.0000
    0.0148   -0.4316     1.2975     3.7728
    0.1644   -1.5598     4.1328     1.3975
   -0.0294    0.6321    -4.1303    11.7812
```

```
  0.2268   -3.2308   15.2869  -20.7527
 -0.6773   13.8113  -91.7921  203.5131
  0.2015   -6.0677   58.0925 -173.1880
  0.3925  -11.1090  102.4381 -303.2161
  0.1573   -4.0151   31.1223  -64.2345
 -0.3509   13.2272 -163.8840  670.9220
  >> plot(x,y, 'ro' ,xx, f(xx),':k', xx, yy)
% 주어진 점 (x,y) " o " 표시와 실제 함수 f(x)의 그래프(점선) 및 보간점과 값 (xx,yy)
```

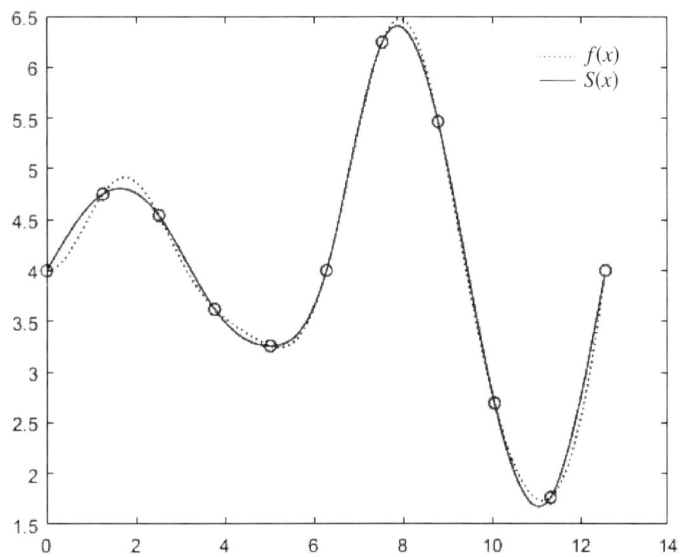

그림 5.4 자연 삼차 스플라인 보간식

Matlab의 내장함수로 spline이라는 명령문이 있다.

```
>> yyy=spline(x,y, xx);      % 위의 결과와 같다.
pp = spline(x, y)는 ppval 및 스플라인 유틸리티 unmkpp와 함께 사용하기 위한 구
    간별 다항식 구조체를 반환한다. 예를 들어
>> pp = spline(x,y);          %구간별 다항식
>> yyyy = ppval(pp, xx);              % yyy와 같은 결과가 나온다.
```

주어진 함수를 보간하는 다양한 함수 중에서 스플라인이 가장 매끄럽다고 할 수 있는데 다음 정리 5.7은 이에 대한 수학적인 해석을 가능하게 한다.

정리 5.7

마딧점 $a = x_0 < x_1 < \cdots < x_n = b$에서 함수 $f \in C^2[a, b]$를 보간하는 임의의 함수 $g \in C^2[a, b]$에 대하여

$$\int_a^b S''(x)^2 dx \le \int_a^b g''(x)^2 dx \tag{5.65}$$

이 성립한다. 단, $S(x)$는 $x_0, x_1, \dots, x_n$에서 f를 보간하는 자연 삼차 스플라인이다.

증명 함수 u를 $u(x) \equiv g(x) - S(x)$로 정의하면 간단한 계산으로 아래의 식을 얻는다.

$$\int_a^b g''(x)^2 dx = \int_a^b S''(x)^2 dx + \int_a^b u''(x)^2 dx + 2\int_a^b S''(x)u''(x)dx$$

각 소구간 $[x_i, x_{i+1}]$에서 $S(x)$는 삼차다항식이므로 $S'''(x)$는 상수이다. 이 값을 c_i라 하자. 위 식의 마지막 항을 부분적분하고 $S''(a) = S''(b) = 0$이라는 사실을 이용하면

$$\begin{aligned}\int_a^b S''(x)u''(x)dx &= S''(x)u'(x)|_a^b - \int_a^b S'''(x)u'(x)dx \\ &= -\int_a^b S'''(x)u'(x)dx \\ &= -\sum_{i=0}^{n-1}\int_{x_i}^{x_{i+1}} S'''(x)u'(x)dx \\ &= -\sum_{i=0}^{n-1} c_i[u(x_{i+1}) - u(x_i)]\end{aligned}$$

을 얻는데 모든 $i = 0, 1, \dots, n$에 대하여 $u(x_i) = 0$이므로 이 적분값은 0이다. 따라서 $u''(x)^2 \ge 0$이므로 부등식 (5.65)가 증명된다. ■

곡선 $y = f(x)$가 매끄럽지 못하면, 예를 들어 진동이 심하면 $f'(x)$의 값이 큰 양수에서 작은 음수로 또는 작은 음수에서 큰 양수로 급격하게 변하는 현상이 자주 일어나므로 많은 점에서 $f''(x)$의 절댓값과 $f''(x)$의 제곱의 적분값이 큰 것을 직관적으로 알 수 있다. 따라서 정리 5.7은 $C^2[a, b]$에 속하는 그 어떤 보간함수 특히 보간하려는 함수보다도 자연 삼차 스플라인이 매끄럽다는 사실을 보여준다(그림 5.3). 실제로 곡선 $y = f(x)$의 곡률(curvature)

$$\frac{|f''(x)|}{[1+f'(x)^2]^{3/2}}$$

은 거의 $|f''(x)|$에 의하여 결정된다고 할 수 있으므로 $C^2[a,\ b]$에 속하는 보간식 중에서 자연 삼차 스플라인의 곡률이 가장 작음을 보여준다. 한편 정리 5.7보다 범위를 좁혀서 $C^2[a,\ b]$에 속하고 또한 주어진 함수와 양 끝점에서 도함수 값이 같은 보간식 중에서 찾아보면 고정 삼차 스플라인이 곡률이 가장 작은 곡선임을 알 수 있다(연습문제 18).

이제 스플라인 보간식의 오차에 대하여 알아보자.

정리 5.8

$S(x)$는 분할$a=x_0<x_1<\cdots<x_n=b$에서 f를 보간하는 고정 삼차 스플라인이다. 만약 $f\in C^4[a,\ b]$이면

$$\|f^{(j)}-S^{(j)}\|_\infty \le C_j\|f^{(4)}\|_\infty h^{4-j},\ j=0,\ 1,\ 2,\ 3 \tag{5.66}$$

을 만족하는 상수 C_j가 존재한다. 단, $h=\max\{x_{i+1}-x_i : 0\le i\le n-1\}$.

증명 먼저 j일 때 오차식 (5.66)을 증명하고 이를 이용하여 $j-1$인 경우를 증명하는 방법을 사용한다. 우선 $j=3$인 경우를 증명하자. 각 소구간에서 $S^{(3)}(x)$는 일차다항식 $S''(x)$의 기울기이다. 따라서 임의의 $x\in[a,\ b]$가 소구간 $[x_i,\ x_{i+1}]$에 속한다면 항등식

$$\begin{aligned}
f^{(3)}(x)-S^{(3)}(x) &= f^{(3)}(x)-\frac{[S''(x_{i+1})-S''(x_i)]}{h_i} \\
&= f^{(3)}(x)-\frac{f''(x_{i+1})-f''(x)-[f''(x_i)-f''(x)]}{h_i} \\
&\quad +\frac{S''(x_i)-f''(x_i)}{h_i}-\frac{S''(x_{i+1})-f''(x_{i+1})}{h_i}
\end{aligned}$$

이 성립한다. x에 관한 $f''(x_k)$, $(k=i,\ i+1)$의 Taylor 전개식

$$f''(x_k)=f''(x)+(x_k-x)f^{(3)}(x)+(x_k-x)^2f^{(4)}(\xi_k)/2,\ \xi_k\in[x_k,\ x_{k+1}]$$

을 위 식의 두 번째 줄에 대입하여 정돈하고 양변에 절댓값을 취한 후에 연습문제 19의 오차식

$$|S''(x_k)-f''(x_k)|\le 0.75h^2\|f^{(4)}\|_\infty$$

을 이용하면 오차의 한계식

$$|S^{(3)}(x)-f^{(3)}(x)| \le \frac{2h^2\|f^{(4)}\|_\infty}{h_i}$$

을 얻는다. 따라서 $\rho = \dfrac{h}{\min\{h_i\}}$ 라면 $C_3 = 2\rho$이다.

임의의 $x \in [a,\ b]$와 가장 가까운 마딧점을 x_k라고 하자. 항등식

$$f''(x)-S''(x) = f''(x_k)-S''(x_k)+\int_{x_k}^{x} f^{(3)}(t)-S^{(3)}(t)dt$$

의 양변에 절댓값을 취하면 부등식

$$|f''(x)-S''(x)| \le |f''(x_k)-S''(x_k)|+|x-x_k|\|f^{(3)}-S^{(3)}\|_\infty$$

을 얻는다. $|x-x_k| \le h/2$이라는 사실을 유념하고 위의 부등식에 다시 연습문제 21의 오차식과 $j=3$인 경우의 결과를 이용하면 $j=2$일 때의 한계식

$$|f''(x)-S''(x)| \le \frac{3\|f^{(4)}\|_\infty}{4}h^2+\frac{h}{2}\cdot 2\rho\|f^{(4)}\|_\infty h \le \frac{7\rho}{4}\|f^{(4)}\|_\infty h^2$$

을 얻는다. 마지막 부등식에서는 $\rho \ge 1$임을 이용하였다. $C_1 = \dfrac{7\rho}{4}$, $C_0 = \dfrac{7\rho}{8}$임을 비슷한 방법으로 증명할 수 있으므로 연습문제로 남긴다. ■

정리 5.7에 의하면 $\rho \ge 1$가 무한대로 발산하지 않는다면, 즉 소구간의 길이의 편차가 극심하지 않게끔 분할한다면 h가 0으로 수렴할 때 스플라인 보간식 S와 그 도함수 S', S'', S'''는 각각 f, f', f'', f'''에 수렴한다는 사실을 보여주고 있다. 예를 들어 균등분할인 경우에는 $\rho=1$이므로 정리 5.7의 오차식 (5.66)에서 상수 C_j는 ρ와 관계가 없다. 따라서 h가 0으로 수렴하면 오차도 0으로 수렴함을 쉽게 알 수 있다. 이런 이유로 스플라인 보간식은 함숫값뿐만 아니라 도함숫값의 근삿값을 구하는데 유용하게 사용된다. 보간다항식은 진동이 심하므로 보간식의 도함수가 f'의 훌륭한 근사함수가 될 수 없음은 이미 언급한 바 있다.

예제 5.16 마딧점 $x_0=0$, $x_1=1/2$, $x_2=1$에서 함수 $f(x)=x^4$를 보간하는 고정 삼차 스플라인 $S(x)$를 구하고 정리 5.8의 오차한계식 (5.66)을 수치실험적으로 확인하여라.

풀이 데이터에 의하면 $h_i=1/2$, $b_1=21/2$, $b_2=75/2$, $u_i=2$이다. $S(x)$는 양 끝점에서 이계 도함수 값이 0이 아니므로 z_0와 z_2는 0이 아니다. 하지만 (5.61)의 조건

$S'(x_0) = f'(x_0)$, $S'(x_2) = f'(x_2)$로부터 얻은 두 개의 식

$$\frac{h_0 z_0}{3} + \frac{h_0 z_1}{6} = w_0 - f'(x_0)$$

$$\frac{h_1 z_1}{6} + \frac{h_1 z_2}{3} = f'(x_2) - w_1$$

을 각각 식 (5.63)의 맨 처음과 맨 나중에 첨가하면 연립방정식

$$\begin{cases} 2z_0 + z_1 = \dfrac{3}{2} \\ z_0 + 4z_1 + z_2 = 21 \\ z_1 + 2z_2 = \dfrac{51}{2} \end{cases}$$

을 얻는다. 이 방정식의 근 $z_0 = -1/2$, $z_1 = 5/2$, $z_2 = 23/2$을 식 (5.62)에 대입하여 정돈하면 고정 삼차 스플라인 보간식

$$S(x) = \begin{cases} x^3 - \dfrac{x^2}{4} & 0 \le x \le 0.5 \\ 3x^3 - \dfrac{13x^2}{4} + \dfrac{3x}{2} - \dfrac{1}{4} & 0.5 \le x \le 1 \end{cases}$$

을 얻는다. 구간 $[0, 1]$에서 f와 f'의 노름은 각각 $\|f\|_\infty = 1$, $\|f'\|_\infty = 4$이고 한편 $C_0 = 7/8$, $C_1 = 7/4$이므로 식 (5.66)의 오차한계는

$$\|f - S\|_\infty \le \frac{7}{8}h^4,$$

$$\|f' - S'\|_\infty \le 7h^3$$

이다. 다음 표에 의하면 실제오차는 이론적 오차한계보다 훨씬 작음을 보여주고 있다.

x	$f(x)$	$S(x)$	$\frac{\lvert f(x)-S(x)\rvert}{h^4}$	$f'(x)$	$S'(x)$	$\frac{\lvert f'(x)-S'(x)\rvert}{h^3}$
0.1	0.0001	−0.0015	0.0256	0.004	−0.02	0.192
0.2	0.0016	−0.002	0.0576	0.032	0.02	0.096
0.3	0.0081	0.0045	0.0576	0.108	0.12	0.096
0.4	0.0256	0.024	0.0256	0.256	0.28	0.192
0.5	0.0625	0.0625	0	0.5	0.5	0

■

연습문제 5.5

1. 다음 함수가 일차 스플라인지 판정하여라.

1) $f(x) = \begin{cases} x & -1 \le x \le 0 \\ 2-x & 0 \le x \le 1 \\ 2x-1 & 1 \le x \le 2 \end{cases}$

2) $f(x) = \begin{cases} x & -1 \le x \le 1 \\ 1+2(x-1) & 1 \le x \le 2 \\ x+1 & 2 \le x \le 4 \end{cases}$

2. 다음의 함수 $S(x)$가 데이터 $\{(1,\ 2),\ (2,\ 9),\ (3,\ 7)\}$을 보간하는 삼차 스플라인이 되도록 상수 $a,\ b,\ c,\ d,\ e,\ f$를 정하여라.

$$S(x) = \begin{cases} ax^3 + b & x \in [1,\ 2] \\ c(x-2)^3 + d(x-2)^2 + e(x-2) + f & x \in [2,\ 3] \end{cases}$$

3. 정리 5.2를 이용하여 $f \in C^2[a,\ b]$이면 f의 일차 스플라인 보간식 $S(x)$의 오차는

$$\|f - S\|_\infty \le \frac{\|f''\|_\infty}{8} h^2, \quad h \equiv \max\{x_{i+1} - x_i : 0 \le i \le n-1\}$$

임을 증명하여라.

4. 구간 $[a,\ b]$의 분할 $x_0,\ x_1,\ \ldots,\ x_n$에서 일차 스플라인 $H_i(x)$는

$$H_i(x_j) = \delta_{ij},\ 0 \le i,\ j \le n$$

를 만족한다.

1) 일차 스플라인 $H_i(x)$, $(0 \le i \le n)$를 구하고 그래프를 그려라.

2) 분할 $x_0,\ x_1,\ \ldots,\ x_n$에서의 임의의 일차 스플라인은 $H_i(x)(0 \le i \le n)$의 일차결합으로 유일하게 표시할 수 있음을 보여라.

3) 다음에 정의된 $S(x)$는 분할 $x_0,\ x_1,\ \ldots,\ x_n$에서 함수 f의 유일한 일차 스플라인 보간식임을 증명하여라.

$$S(x) = \sum_{i=0}^{n} f(x_i) H_i(x)$$

5. 구간 $[a, b]$의 균등분할 $x_0, x_1, \ldots, x_n$에서 함수 f의 일차 스플라인 보간식 $S(x)$를 이용하여 $\int_a^b f(x)dx$의 근삿값을 다음과 같이 구하여라.

1) $\int_a^b S(x)dx$를 구하여라.

2) 1)의 결과를 이용하여 $\int_1^2 \frac{1}{x}dx$의 근삿값을 구하고 참값 ln2와 비교하여라. 단, $n=8$을 사용하여라.

6. 다음 데이터를 보간하는 이차 스플라인을 구하여라.

x	-2	-1	0	1
y	1	2	0	-2

7. 다음 데이터를 보간하는 자연 삼차 스플라인과 고정 삼차 스플라인을 구하여라. 단 양 끝점에서의 일계 도함숫값은 1과 -0.5이다.

1)

x	1	1.5	2	2.5	3
y	1	2	1	-1	0

2)

x	-1	0	1	2
y	0	3	11	24

8. 다음 함수 $S(x)$가 자연 삼차 스플라인이 되도록 a, b, c, d, e의 값을 구하여라.

$$S(x)=\begin{cases} 1+a(x-3)+b(x-3)^2+c(x-3)^3 & 2\le x\le 3 \\ d(x-3)^3+(x-3)^2+e & 3\le x\le 4 \end{cases}$$

9. 다음 함수 $S(x)$가 $S(-1)=0$인 삼차 스플라인이 되도록 a, b, c, d를 구하여라.

$$S(x)=\begin{cases} ax^3-1 & -3\le x\le 1 \\ x^3+bx^2+cx+d & 1\le x\le 5 \end{cases}$$

10. 고정 삼차 스플라인 보간식을 구하고 유일함을 증명하여라. z_0와 z_n는 0이 아닌 미지수이고 따라서 두 개의 조건 $S'(x_0)=f'(x_0)$, $S'(x_n)=f'(x_n)$을 각각 식 (5.63)의 맨 처음과 맨 나중에 첨가하여 식 (5.64)처럼 연립방정식 $Az=b$를 만들고 A가 정칙임을 보이면 될 것이다. 또한 알고리즘 5.2와 유사하게 고정 삼차 스플라인 보간식을 구하는 알고리즘을 만들어라.

11. 다음 함수 $S(x)$가 $S'(2)=5$, $S'(4)=5$를 만족하는 고정 삼차 스플라인이 되도록 a, b, c, d, e의 값을 구하여라.

$$S(x)=\begin{cases} 1+a(x-3)+b(x-3)^2+c(x-3)^3 & 2\le x\le 3 \\ d(x-3)^3+(x-3)^2+e & 3\le x\le 4 \end{cases}$$

12. 함수 $f(x)=\sin\pi x$를 0, 1/4, 1/2, 3/4, 1를 보간하는 자연 삼차 스플라인과 고정 삼차스플라인을 각각 구하고 $f(1/3)$, $f'(1/3)$의 근삿값을 구하고 정리 5.8의 오차 한계와 비교하여라.

13. 식 (5.63)을 확인하여라.

14. 연립방정식 $Ax=b$의 해를 구하려고 한다. 단, 행렬 $A=(a_{ij})$는 삼중대각행렬이다.

1) 아래의 알고리즘은 부분피벗을 하지 않는 가우스 소거법이다. 이를 유도하여라. 단, $a_i=a_{i,\ i-1}$, $d_i=a_{i,\ i}$, $c_i=a_{i,\ i+1}$이다.

$\hat{d}_1=d_1$

for $i=2\ :n$

$\quad \hat{d}_i=d_i-\dfrac{a_i c_{i-1}}{\hat{d}_{i-1}}$

$\quad b_i=b_i-\dfrac{a_i b_{i-1}}{\hat{d}_{i-1}}$

$\quad z_n=\dfrac{b_n}{\hat{d}_n}$

for $i=n-1\ :-1:\ 1$

$\quad z_i=\dfrac{(b_i-c_i z_{i+1})}{\hat{d}_i}$

end

2) A가 강대각지배행렬인 경우에 1)의 알고리즘을 적용하면 중간에 0으로 나누는 경우가 발생하지 않음을 즉 모든 i에 대하여 $\hat{d}_i\neq 0$임을 보여라.

15. 정리 5.7을 이용하여 $f(x)\equiv 0$를 보간하는 자연 삼차 스플라인은 오직 하나 $S(x)\equiv 0$

뿐임을 증명하여라.

16. 문제 16의 결과를 이용하여 자연 삼차 스플라인 보간식은 오직 하나 존재함을 증명하여라. 정리 5.4의 증명방법을 참고하여라.

17. 마딧점 $x_0, x_1, \ldots, x_n$에서 $f \in C^2[a, b]$를 보간하고 $g'(a) = f'(a)$, $g'(b) = f'(b)$를 만족하는 임의의 함수 $g \in C^2[a, b]$에 대하여

$$\int_a^b S''(x)^2 dx \le \int_a^b g''(x)^2 dx$$

이 성립함을 보여라. 단, $S(x)$는 마딧점 $x_0, x_1, \ldots, x_n$에서 f를 보간하는 고정삼차 스플라인이다.

18. $S(x)$는 마딧점 $x_0, x_1, \ldots, x_n$에서 $f \in C^2[a, b]$를 보간하는 고정삼차스플라인이다. 마딧점 $x_0, x_1, \ldots, x_n$에서의 임의의 삼차 스플라인 $u(x)$에 대하여 부등식

$$\int_a^b [f''(x) - S''(x)]^2 dx \le \int_a^b [f''(x) - u''(x)]^2 dx$$

이 성립함을 보여라.

19. 자연 또는 고정 삼차스플라인 $S(x)$가 균등분할 x_i $(0 \le i \le n)$에서 $f \in C^4[a, b]$를 보간하면

$$\max\{|f''(x_i) - S''(x_i)| : 0 \le i \le n\} \le \frac{3\|f^{(4)}\|_\infty}{4} h^2$$

임을 다음과 같이 증명하여라. 단, h는 소구간의 길이이다.

1) 임의의 벡터 b에 대하여 식 (5.64) $Az = b$의 근 z는 $\|z\|_\infty \le (2h)^{-1}\|b\|_\infty$을 만족하므로 $r = b - Av$라면 $\|z - v\|_\infty \le (2h)^{-1}\|r\|_\infty$임을 보여라. 단, v는 i번째 성분이 $f''(x_i)$인 벡터이다.

2) 벡터 r의 i번째 성분 r_i의 Taylor 전개식으로부터 $|r_i| \le 1.5h^3\|f^{(4)}\|_\infty$임을 보여라.

20. 임의의 분할인 경우에 문제 20을 증명하여라.
단, $h = \max\{x_{i+1} - x_i \mid 0 \le i \le n-1\}$.

21. $j=0,\ 1$일 때 정리 5.8을 증명하여라.

22. 마딧점 $0,\ 0.1,\ 0.2,\ 0.3$에서 $f(x)=\sqrt{x}$를 보간하는 고정 삼차스플라인 $S(x)$를 구하고 $S(0.15)$, $S'(0.15)$, $S''(0.15)$, $S'''(0.15)$의 오차를 계산하여 정리 5.8의 오차식 (5.66)을 수치실험적으로 확인하여라. 또한 보간다항식을 구하여 고정 삼차스플라인의 오차와 비교하여라.

23. 마딧점 $0,\ 0.5,\ 1.0,\ 1.5,\ 2.0$에서 $f(x)=|x-1|$을 보간하는 고정 삼차스플라인 $S(x)$를 구하고 $0,\ 0.1,\ 0.2,\ 0.3,\ 0.4,\ 0.5$에서 $S(x)$, $S'(x)$의 오차를 계산하여라.

24. 마딧점 $-5+i/4,\ (i=0,\ 1,\ \ldots,\ 40)$에서 $f(x)=\dfrac{1}{x^2+1}$를 보간하는 자연 삼차 스플라인과 다항식을 각각 $S(x)$, $P(x)$라고 하자. 모든 $x_i=\dfrac{i}{20}\ (0\le i\le 100)$에서 다음의 오차를 비교하여라.

1) $S(x_i)-f(x_i)$와 $P(x_i)-f(x_i)$

2) $S'(x_i)-f'(x_i)$와 $P'(x_i)-f'(x_i)$

25. 함수 $f(x)=\dfrac{\left(\left(\dfrac{x}{2}+\sin x\right)\sin x+8\right)}{2}$를 마딧점

$$\left\{x_k=kh\ \middle|\ 0\le k\le 10,\ h=\frac{4\pi}{10}\right\}$$

에서 보간하는 고정 삼차 스플라인

$$S_i(x)=a_i(x-x_i)^3+b_i(x_{i+1}-x)^3+c_i(x-x_i)+d_i(x_{i+1}-x)$$

을 구하고 $y=f(x)$와 $y=S(x)$의 그래프를 예제 5.15에서처럼 동일 좌표축에 그리고 그림 5.4와 비교하여라.

5.6 최소제곱 근사함수

이 절에서는 함수 $f(x)$의 근사함수를 지금까지 논의한 보간법과 다르게 구하는 방법을 소개한다. 일반적으로 최적근사 문제는 다음과 같다.

주어진 벡터 $v \in V$와 벡터공간 V의 부분공간 U에 대하여

$$\|v-u^*\| \le \|v-u\|,\ u \in U \tag{5.68}$$

를 만족하는 $u^* \in U$을 찾아라

이 문제를 만족하는 u^*를 주어진 노름에 대한 벡터 v의 **최적근사벡터**(best approximation)라고 한다. 근사공간 U가 유한차원이면 u^*가 존재한다는 사실을 증명할 수 있다. 하지만 어떤 종류의 근사공간 U와 노름을 사용하느냐에 따라서 u^*는 다를 것이고 또한 적합한 수치해법도 다를 것이다. 일반적으로 u^*를 찾는 것은 매우 어렵지만 내적 벡터 공간, 즉 내적(inner product)이 정의된 벡터 공간에서의 최적근사문제는 선형연립방정식의 근을 구하는 문제로 귀착되고 이 선형연립방정식의 계수행렬은 근사공간 U의 기저(basis)를 잘 선택하면 아주 특별한 형태를 갖게 되어 쉽게 그 해를 구할 수 있다. 특히 주어진 내적에 의하여 직교하는 기저를 선택하면 계수행렬이 대각행렬이 되어 가장 쉽게 근을 구할 수 있다. 이러한 내용을 구체적으로 알아본다.

임의의 벡터 $u,\ v,\ w \in V$와 임의의 실수 α에 대하여 조건

1. $\langle u,\ u\rangle \ge 0$ 그리고 $\langle u,\ u\rangle = 0 \ \Leftrightarrow u = 0$
2. $\langle u,\ v\rangle = \langle v,\ u\rangle$
3. $\langle u,\ v+w\rangle = \langle u,\ v\rangle + \langle u,\ w\rangle$
4. $\langle \alpha u,\ v\rangle = \alpha\langle u,\ v\rangle$

를 만족하면 $<\cdot,\ \cdot>$는 V에서의 **내적**(inner product)이라 하고 이런 내적이 정의된 벡터공간 V를 **내적공간**(inner product space)이라고 한다. 임의의 $v \in V$에 대하여 $\|v\|$를 $\|v\| = \sqrt{\langle v,\ v\rangle}$라고 정의하면 이는 v의 노름이라는 사실을 쉽게 증명할 수 있다. 이 노름을 조건 (5.68)에 사용하는 최적근사문제를 **최소제곱문제**(least squares problem)라 하고 이를 만족하는 u^*를 **최소제곱근사함수**(least squares approximation)라고 한다. 예를 들어 임의의 연속함수 $f,\ g \in C[a,\ b]$에 대하여 $\langle f,\ g\rangle$와 $\|f\|$를 각각

$$\langle f,\ g\rangle = \int_a^b f(x)g(x)w(x)dx \tag{5.69}$$

$$\|f\| = \sqrt{\langle f,\ f\rangle} = \left(\int_a^b f(x)^2 w(x)dx\right)^{\frac{1}{2}} \tag{5.70}$$

로 정의하면 이는 벡터공간 $C[a,\ b]$에서의 내적과 노름이다. 단, 가중치함수(weight function)라 불리는 $w(x)$는 구간 $[a,\ b]$에서 연속인 양함수이다.

이 절에서는 전체공간을 $V = C[a,\ b]$라 하고 식 (5.70)에서 정의한 노름을 사용하는 최소제곱문제에 한하여 논의 한다. 하지만 전체적인 이해를 돕기 위하여 벡터의 내적과 근사함수에 대한 일반적인 사실을 먼저 고찰한 후에 $C[a,\ b]$의 부분공간을 구체적으로 정하여 u^*를 효율적으로 구하는 방법에 대하여 알아본다.

내적공간 V에 속하는 임의의 벡터 $u,\ v$의 내적이 0이면, 즉 $\langle u,\ v\rangle = 0$이면 벡터 $u,\ v$는 서로 **직교**(orthogonal)한다고 하고 $u \perp v$로 표시한다. 예를 들면

$$\langle x,\ x^2\rangle = \int_{-1}^{1} x \cdot x^2 dx = 0$$

이므로 x와 x^2은 벡터공간 $C[-1,\ 1]$에서 서로 직교하는 벡터 또는 다항식이다. 또한 모든 $i \neq j$에 대하여 $\langle u_i,\ u_j\rangle = 0$을 만족하는 벡터의 집합 $\{u_1,\ u_2,\ \ldots,\ u_n\}$을 **직교집합**(orthogonal set)이라 하고, 특히 $\langle u_i,\ u_j\rangle = \delta_{i,\ j}$, ($i \neq j$이면 0, $i = j$이면 1)이면 **정규 직교집합**(orthonormal set)이라 한다. 0이 아닌 임의의 벡터 u에 대하여 새로운 벡터 $v = \frac{u}{\|u\|}$는 $\|v\| = 1$이므로 직교집합의 각 원소를 자신의 노름으로 나누어주면 정규직교집합을 만들 수 있다. 벡터 $v \in V$가 내적공간 V의 부분집합 W에 속하는 임의의 벡터 w에 대하여 $\langle w,\ v\rangle = 0$이면 벡터 v와 집합 W는 서로 **직교**(orthogonal)한다고 하고 $v \perp W$로 표시한다.

정리 5.9

만약 U가 내적공간 V의 부분공간이고 $v \in V$라면 $u^* \in U$가 v의 최소제곱근사함수일 필요충분조건은 $(v - u^*) \perp U$이다.

증명 임의의 $u \in U$에 대하여 $u^* + u \in U$이므로 부등식

$$\begin{aligned}\|v - u^*\|^2 \le \|v - (u^* + u)\|^2 &= \|(v - u^*) - u\|^2 \\ &= \|v - u^*\|^2 - 2\langle v - u^*,\ u\rangle + \|u\|^2\end{aligned}$$

이 성립하고 이로부터 $2\langle v-u^*,\ u\rangle \le \|u\|^2$을 얻는다. 임의의 $u\in U$와 임의의 실수 r에 대하여 $ru\in U$이므로 $u\in U$ 대신에 $ru\in U$를 대입해도 부등식

$$2r\langle v-u^*,\ u\rangle \le r^2\|u\|^2$$

이 성립한다. 따라서 $r\to 0$이면 $\langle v-u^*,\ u\rangle=0$, 즉 $(v-u^*)\perp U$임을 알 수 있다.

역으로 $(v-u^*)\perp U$라고 하자. 임의의 $u\in U$에 대하여 $(u-u^*)\in U$이므로 $(v-u^*)\perp(u-u^*)$이다. 따라서

$$\begin{aligned}\|v-u\|^2 &= \|(v-u^*)-(u-u^*)\|^2\\ &= \|v-u^*\|^2-2\langle v-u^*,\ u-u^*\rangle+\|u-u^*\|^2\\ &= \|v-u^*\|^2+\|u-u^*\|^2\\ &\ge \|v-u^*\|^2\end{aligned}$$

이다. ■

근사공간 U의 차원을 n, 기저를 $\{u_1,\ u_2,\ \ldots,\ u_n\}$이라고 하면 조건 $(v-u^*)\perp U$은

$$\langle u^*,\ u_i\rangle=\langle v,\ u_i\rangle,\ i=1,\ 2,\ \ldots,\ n \tag{5.71}$$

과 동치임을 쉽게 보일 수 있다(연습문제 4). 최소제곱근사함수 u^*를 기저들의 일차결합

$$u^*=\sum_{j=1}^{n}\alpha_j u_j$$

으로 표시하고 이를 식 (5.71)에 대입하면 **정규방정식**(normal equation)이라 불리는 $\alpha_j(1\le j\le n)$에 관한 일차연립방정식

$$\sum_{j=1}^{n}\langle u_j,\ u_i\rangle\alpha_j=\langle v,\ u_i\rangle,\ i=1,\ 2,\ \ldots,\ n \tag{5.72}$$

을 얻는다. 이를 $Az=b$라고 하자. 단, $A=(a_{i,\,j})$, $z=(\alpha_i)$, $b=(b_i)$, $a_{i,\,j}=\langle u_j,\ u_i\rangle$, $b_i=\langle v,\ u_i\rangle$이다. 행렬 A는 대칭이고 정칙임을 쉽게 보일 수 있다. 따라서 식 (5.72)는 유일한 근을 가지므로 최소제곱근사함수 u^*는 항상 오직 하나 존재한다. 결국 최소제곱근사문제는 연립방정식 $Az=b$의 근을 구하는 문제로 귀착된다. 근사공간 U의 기저 $\{u_1,\ u_2,\ \ldots,\ u_n\}$를 적절히 구성하여 계수행렬 A가 특별한 행렬, 예를 들어 대각행렬 또는 3중대각행렬이 되도록 하면 이 연립방정식의 근을 쉽게 구할 수 있을 것이다. 다음 정리 5.10은 계수행렬 A가 가장 특별한 경우이다.

정리 5.10

내적공간 V의 부분공간 U의 기저 $\{u_1,\ u_2,\ \dots,\ u_n\}$이 정규직교집합이면 $v \in V$의 최소제곱근사함수 $u^* \in U$는 $u^* = \sum_{i=1}^{n} \langle v,\ u_i \rangle u_i$이다.

근사공간 U의 기저가 정규직교집합이면 식 (5.72)의 계수행렬 A가 단위행렬 즉 $\alpha_i = \langle v,\ u_i \rangle$이므로 위의 정리 5.10은 증명된다. 만약 U의 기저가 직교집합이면 최소제곱근사함수는

$$u^* = \sum_{i=1}^{n} \frac{\langle v,\ u_i \rangle}{\langle u_i,\ u_i \rangle} u_i \tag{5.73}$$

임을 알 수 있다. 다음 예제 5.17에서는 정규직교집합이 아닌 기저를 사용하였을 때 계수행렬 A가 특별한 형태를 갖지 않는 예를 제공하고 있다. 이후로는 임의의 자연수 n에 대하여 n차 이하의 모든 다항식들의 집합을 Π_n이라 표시하자.

예제 5.17 구간 $[-1,\ 1]$에 정의된 함수 $\sin x$의 최소제곱근사함수 $p^* \in \Pi_3$를 구하여라. 단, 내적은 $\langle f,\ g \rangle = \int_{-1}^{1} f(x)g(x)dx$와 같다.

풀이 $B_1 = \{1,\ x,\ x^2,\ x^3\}$을 Π_3의 기저로 사용하면 p^*를 $p^*(x) = c_0 + c_1 x + c_2 x^2 + c_3 x^3$과 같이 표시할 수 있고 정규방정식 (5.72)는

$$\sum_{j=0}^{3} \langle x^j,\ x^i \rangle c_j = \langle \sin x,\ x^i \rangle,\ i = 0,\ 1,\ 2,\ 3$$

이다. 내적의 정의

$$\langle x^j,\ x^i \rangle = \int_{-1}^{1} x^{j+i} dx,\quad \langle \sin x,\ x^i \rangle = \int_{-1}^{1} x^i \sin x dx$$

에 따라 계산하여 정돈하면

$$\begin{pmatrix} 2 & 0 & \frac{2}{3} & 0 \\ 0 & \frac{2}{3} & 0 & \frac{2}{5} \\ \frac{2}{3} & 0 & \frac{2}{5} & 0 \\ 0 & \frac{2}{5} & 0 & \frac{2}{7} \end{pmatrix} \begin{pmatrix} c_0 \\ c_1 \\ c_2 \\ c_3 \end{pmatrix} = \begin{pmatrix} 0 \\ 2(s-c) \\ 0 \\ -6s+10c \end{pmatrix}$$

이다(단, $s=\sin 1$, $c=\cos 1$). 근을 구하면

$$c_0=c_2=0,\ c_1=\frac{195}{2}s-150c,\quad c_3=-\frac{315}{2}s+245c$$

이다. 이번에는 정규직교집합인 기저(예제 5.18 참조)

$$B_2=\left\{\frac{1}{\sqrt{2}},\ \sqrt{\frac{3}{2}}x,\ \sqrt{\frac{45}{8}}\left(x^2-\frac{1}{3}\right),\ \sqrt{\frac{175}{8}}\left(x^3-\frac{3x}{5}\right)\right\}$$

를 사용하면, 즉 p^*를 $p^*(x)=b_0p_0(x)+b_1p_1(x)+b_2p_2(x)+b_3p_3(x)$로 표시하면 정규방정식 (5.72)는

$$\sum_{j=0}^{3}\langle p_j,\ p_i\rangle b_j=\langle \sin x,\ p_i\rangle,\ i=0,\ 1,\ 2,\ 3$$

이다. 단, $p_i(x)$는 기저 B_2의 i번째 다항식이다. $\langle p_j,\ p_i\rangle=\delta_{ij}$이므로, 즉 계수행렬이 단위행렬이므로 $b_i=\langle \sin x,\ p_i\rangle(0\le i\le 3)$이다. 구체적으로 이를 계산하면

$$b_0=b_2=0,\ b_1=\sqrt{6}(s-c),\ b_3=\sqrt{14}(-9s+14c)$$

이다. ■

예제 5.17에서 살펴본 바와 같이 B_1보다는 B_2를 기저로 사용하는 것이 훨씬 더 효율적인데 이는 기저의 직교성(orthogonality)에서 기인하는 것임을 알 수 있다. 따라서 직교 또는 정규직교집합을 효율적으로 만드는 방법이 필요하다. 다음에 소개하는 Gram-Schmidt 직교화 정리는 일차독립인 벡터의 집합을 이용하여 정규직교집합을 만드는 효율적인 방법이다.

정리 5.11 Gram-Schmidt 직교화 정리

내적공간에 속하는 일차독립인 임의의 집합 $B=\{v_1,\ v_2,\ \ldots,\ v_n\}$에 대하여

$$\begin{cases} w_1=v_1, \quad u_1=\dfrac{w_1}{\|w_1\|} \\ w_k=v_k-\displaystyle\sum_{j=1}^{k-1}\langle v_k,\ u_j\rangle u_j, \quad u_k=\dfrac{w_k}{\|w_k\|}, \quad (2\le k\le n) \end{cases}$$

이라면 $\{w_1,\ w_2,\ \ldots,\ w_n\}$와 $\{u_1,\ u_2,\ \ldots,\ u_n\}$은 각각 직교집합과 정규직교집합이다.

증명 집합 B는 일차독립이므로 $w_1=v_1\ne 0$이다. 따라서 $\|u_1\|=1$이고 u_1은 v_1의 일차결합이다. 임의의 i에 대하여 $\{w_1,\ w_2,\ \ldots,\ w_i\}$이 직교집합이고 $w_j\ne 0,\ (j\le i)$라고

가정하자. 또한 모든 $j \le i$에 대하여 u_j는 $v_1, v_2, \dots, v_j$의 일차결합으로 유일하게 표시할 수 있다고 가정하자. 만약 $w_{i+1} = 0$이면 $v_{i+1} = \sum_{j=1}^{i} \langle v_k, u_j \rangle u_j$는 위의 귀납법 가정에 의하여 $v_1, v_2, \dots, v_i$의 일차결합이다. 하지만 이는 집합 B가 일차독립이라는 사실에 모순이므로 $w_{i+1} \ne 0$이다. 따라서 u_{i+1}은 잘 정의되었고 $v_1, v_2, \dots, v_{i+1}$의 일차결합으로 유일하게 표시할 수 있다. 모든 $s \le i$에 대하여

$$\begin{aligned}\langle w_s, w_{i+1} \rangle &= \langle w_s, v_{i+1} \rangle - \sum_{j=1}^{i} \langle v_{i+1}, u_j \rangle \langle w_s, u_j \rangle \\ &= \langle w_s, v_{i+1} \rangle - \sum_{j=1}^{i} \frac{\langle v_{i+1}, w_j \rangle \langle w_s, w_j \rangle}{\langle w_j, w_j \rangle} \\ &= \langle w_s, v_{i+1} \rangle - \langle v_{i+1}, w_s \rangle = 0\end{aligned}$$

이 성립하므로 $\{w_1, w_2, \dots, w_{i+1}\}$은 직교집합이다. 따라서 수학적 귀납법에 의하여 증명된다. ■

예제 5.18 2차 이하의 모든 다항식의 집합 Π_2의 정규직교기저를 구하여라. 단, 다음에 주어진 내적을 사용하여라.

$$\langle f, g \rangle = \int_{-1}^{1} f(x) g(x) dx.$$

풀이 모든 $x \in [-1, 1]$에 대하여 $c_0 + c_1 x + c_2 x^2 = 0$이면 $c_i = 0, (0 \le i \le 2)$이므로 $B = \{1, x, x^2\}$는 일차독립이다. Gram-Schmidt 직교화 정리에 의하여 계산하면

$$q_0(x) = 1,\ p_0(x) = \frac{1}{\left(\int_{-1}^{1} 1dx\right)^{\frac{1}{2}}} = \frac{1}{\sqrt{2}}$$

$$q_1(x) = x - \langle x, p_0 \rangle p_0(x) = x - \frac{1}{\sqrt{2}} \int_{-1}^{1} x \cdot \frac{1}{\sqrt{2}} dx = x$$

$$p_1(x) = \frac{x}{\left(\int_{-1}^{1} x^2 dx\right)^{\frac{1}{2}}} = \sqrt{\frac{3}{2}}\, x$$

$$\begin{aligned}q_2(x) &= x^2 - \langle x^2, p_0 \rangle p_0(x) - \langle x^2, p_1 \rangle p_1(x) \\ &= x^2 - \frac{1}{\sqrt{2}} \int_{-1}^{1} x^2 \cdot \frac{1}{\sqrt{2}} dx - \sqrt{\frac{3}{2}}\, x \int_{-1}^{1} x^2 \cdot \sqrt{\frac{3}{2}}\, x dx\end{aligned}$$

$$= x^2 - \frac{1}{3}$$

$$p_2(x) = \frac{x^2 - \frac{1}{3}}{\left(\int_{-1}^{1}\left(x^2 - \frac{1}{3}\right)^2 dx\right)^{1/2}} = \sqrt{\frac{45}{8}}\left(x^2 - \frac{1}{3}\right)$$

이다. ■

일반적으로 일차독립인 다항식의 집합 $\{1, x, x^2, \ldots, x^n\}$에 예제 5.18에서 정의한 내적을 사용하여 Gram-Schmidt 방법으로 만든 정규직교 k차 다항식 $p_k(x)$, $(0 \le k \le n)$를 k차 Legendre 다항식(Legendre polynomial of degree k)이라고 부른다. 이 다항식과 함께 수치적분이나 미분방정식의 수치해법에서 아주 유용하게 사용되는 k차 Chebychev 다항식은 구간 $[-1, 1]$에서

$$T_k(x) = \cos(k\cos^{-1}x)$$

로 이미 5.2절에서 정의한 바 있는데 $\{T_0(x), T_1(x), \ldots, T_n(x)\}$는 내적

$$\langle f, g \rangle = \int_{-1}^{1} f(x)g(x)(1-x^2)^{-\frac{1}{2}}dx$$

에 대하여 직교집합이다. 실제로 $x = \cos\theta$라고 치환하면 간단한 계산에 의하여

$$\begin{aligned}\langle T_k, T_m \rangle &= \int_{-1}^{1} T_k(x)T_m(x)(1-x^2)^{-\frac{1}{2}}dx \\ &= \int_0^{\pi} \cos(k\theta)\cos(m\theta)d\theta \\ &= \begin{cases} 0 & k \ne m \\ \pi & k = m = 0 \\ \frac{\pi}{2} & k = m \ne 0 \end{cases}\end{aligned}$$

임을 보일 수 있다. 따라서 $\left\{\frac{T_0(x)}{\sqrt{\pi}}, \sqrt{\frac{2}{\pi}}T_1(x), \ldots, \sqrt{\frac{2}{\pi}}T_n(x)\right\}$는 정규직교집합이 된다.

예제 5.17에서 보듯이 Gram-Schmidt 방법에 의하여 정규직교다항식을 구하려면 상당히 복잡하고 귀찮은 계산을 해야 한다. $p_k(x)$를 구하려면 $p_j(x)$, $(0 \le j \le k-1)$를 모두 사용해야 하므로 k가 커질수록 계산량이 증가한다. 다항식의 성질을 이용하여 Gram-

Schmidt 방법의 이런 단점을 보완하는 효율적인 방법을 찾아보자.

$\{p_0, p_1, \ldots, p_n\}$을 직교다항식의 집합이라 하자. 임의의 실수 r, s에 대하여 $\langle rp_i, sp_j \rangle = 0$이므로 모든 p_j를 j차의 모닉다항식이라고 가정하여도 일반성을 잃지 않을 것이다. $p_{k-1}(x)$와 $p_k(x)$는 각각 차수가 $k-1$, k인 모닉다항식이므로 $p_k(x) - xp_{k-1}(x)$는 $k-1$차 이하의 다항식이고 따라서 $\{p_0, p_1, \ldots, p_{k-1}\}$의 일차결합

$$p_k(x) - xp_{k-1}(x) = \sum_{j=0}^{k-1} d_j\ p_j(x)$$

으로 유일하게 표시된다(연습문제 6). 따라서 모든 $i < k-2$에 대하여

$$\begin{aligned} 0 &= \langle p_k, p_i \rangle \\ &= \left\langle xp_{k-1} + \sum_{j=0}^{k-1} d_j\, p_j,\ p_i \right\rangle \\ &= \langle xp_{k-1}, p_i \rangle + d_i \langle p_i, p_i \rangle \\ &= \langle p_{k-1}, xp_i \rangle + d_i \langle p_i, p_i \rangle \end{aligned}$$

이 성립한다. 한편 xp_i는 $k-2$차 이하의 다항식이므로 $\langle p_{k-1}, xp_i \rangle = 0$이다(연습문제 6). 따라서 모든 $i < k-2$에 대하여 $d_i = 0$이므로 p_k, p_{k-1}, p_{k-2}에 관한

$$p_k(x) = (x - a_k)p_{k-1}(x) - b_k p_{k-2}(x) \quad k \geq 2$$

과 같은 형식의 삼항점화식을 얻는다. 이때 상수 a_k와 b_k를 계산하기 위해 위의 점화식을 $\langle p_k, p_{k-1} \rangle = 0$와 $\langle p_k, p_{k-2} \rangle = 0$에 대입하여 얻은 식

$$0 = \langle p_k, p_{k-1} \rangle = \langle xp_{k-1}, p_{k-1} \rangle - a_k \langle p_{k-1}, p_{k-1} \rangle$$

$$0 = \langle p_k, p_{k-2} \rangle = \langle xp_{k-1}, p_{k-2} \rangle - b_k \langle p_{k-2}, p_{k-2} \rangle$$

을 이용하면

$$a_k = \frac{\langle xp_{k-1}, p_{k-1} \rangle}{\langle p_{k-1}, p_{k-1} \rangle}, \quad b_k = \frac{\langle xp_{k-1}, p_{k-2} \rangle}{\langle p_{k-2}, p_{k-2} \rangle}$$

가 된다. 한편 $\langle xp_{k-1}, p_{k-2} \rangle = \langle p_{k-1}, xp_{k-2} \rangle$이고 $xp_{k-2} = p_{k-1}(x)$+($k-2$차의 다항식)이므로 $\langle xp_{k-1}, p_{k-2} \rangle = \langle p_{k-1}, p_{k-1} \rangle$이다. 따라서 이 사실을 이용하면 b_k는 한 번의 나눗셈만으로 구할 수 있다. 이상의 논의를 종합하면 직교 모닉다항식 $\{p_0, p_1, \ldots, p_n\}$을 구하는 새로운 방법

$$
\begin{cases} p_0(x) = 1,\ p_1(x) = x - \dfrac{\langle x,\ p_0 \rangle}{\langle p_0,\ p_0 \rangle} \\ p_k(x) = (x - a_k)p_{k-1}(x) - b_k p_{k-2}(x),\ k \geq 2 \\ \quad a_k = \dfrac{\langle xp_{k-1},\ p_{k-1} \rangle}{\langle p_{k-1},\ p_{k-1} \rangle} \\ \quad b_k = \dfrac{\langle p_{k-1},\ p_{k-1} \rangle}{\langle p_{k-2},\ p_{k-2} \rangle} \end{cases} \tag{5.74}
$$

을 얻는다. $p_k(x)$를 구하기 위하여 Gram-Schmidt 방법은 모든 p_j, $(0 \leq j \leq k-1)$를 사용하여 k번의 내적을 계산해야 하는 반면에 새로운 방법 (5.74)는 오직 두 번의 내적 계산($\langle p_{k-1},\ p_{k-1} \rangle$, $\langle xp_{k-1},\ p_{k-1} \rangle$)을 하면 되므로 후자가 훨씬 더 효율적인 방법이다.

예제 5.19 내적

$$
\langle f,\ g \rangle = \int_{-1}^{1} f(x)g(x)(1+x^2)^{-\frac{1}{2}} dx
$$

을 사용하여 직교 모닉다항식 $\{p_0,\ p_1,\ \ldots,\ p_4\}$와 함수 $f(x) = |x|$의 4차 이하의 최소제곱근사다항식을 구하여라.

풀이 가중치함수 $\omega(x) = \dfrac{1}{\sqrt{1+x^2}}$가 우함수이므로 삼항점화식 (5.74)에서 a_k는 항상 0이다(연습문제 6). 삼항점화식 (5.74)에 의하여 직교 모닉다항식은

$$
\begin{aligned}
&p_0(x) = 1, && \langle p_0,\ p_0 \rangle = \pi \\
&p_1(x) = x, && \langle p_1,\ p_1 \rangle = \frac{\pi}{2},\ b_2 = \frac{1}{2} \\
&p_2(x) = xp_1(x) - b_2 p_0(x) = x^2 - \frac{1}{2}, && \langle p_2,\ p_2 \rangle = \frac{\pi}{8},\ b_3 = \frac{1}{4} \\
&p_3(x) = xp_2(x) - b_3 p_1(x) = x^3 - \frac{3x}{4}, && \langle p_3,\ p_3 \rangle = \frac{\pi}{32},\ b_3 = \frac{1}{4} \\
&p_4(x) = xp_3(x) - b_4 p_2(x) = x^4 - x^2 + \frac{1}{8}, && \langle p_4,\ p_4 \rangle = \frac{\pi}{64},\ b_4 = \frac{1}{4}
\end{aligned}
$$

이다. 함수 $f(x) = |x|$가 우함수이고 $p_1(x)$, $p_3(x)$는 기함수이므로 주어진 내적의 정의에 의하여 $\langle f,\ p_1 \rangle = \langle f,\ p_3 \rangle = 0$이고 간단한 계산에 의해 $\langle f,\ p_0 \rangle = 2$, $\langle f,\ p_2 \rangle$

$=\frac{1}{3}$, $\langle f, p_4 \rangle = -\frac{1}{60}$이다. 따라서 주어진 내적에 대한 4차 이하의 최소제곱근사다항식 (그림 5.5)은 식 (5.73)으로부터

$$\begin{aligned} p^*(x) &= \frac{2}{\pi}p_0(x) + \frac{8}{3\pi}p_2(x) - \frac{16}{15\pi}p_4(x) \\ &= \frac{2}{15\pi}(-8x^4 + 28x^2 + 4) \end{aligned}$$

이다. ■

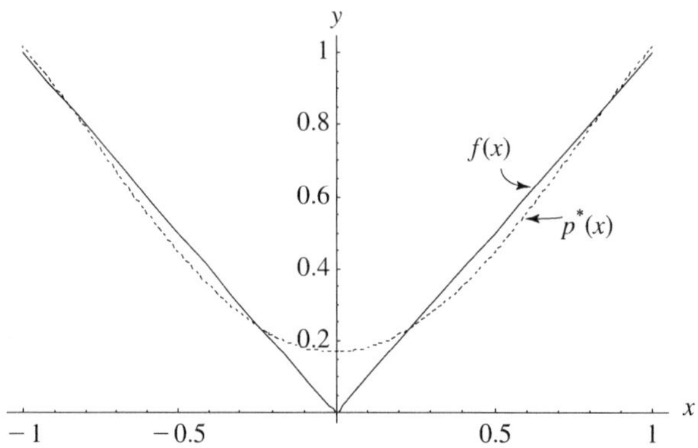

그림 5.5 함수 $f(x) = |x|$의 4차 이하의 최소제곱근사다항식 $p^*(x)$

함수 f가 주기함수라면 다항식보다는 삼각함수를 근사함수로 사용하는 것이 훨씬 더 적절하다. 임의의 자연수 k에 대하여 주기함수의 집합

$$B = \{1, \sin x, \cos x, \sin 2x, \cos 2x, \ldots, \sin kx, \cos kx\}$$

는 내적

$$\langle f, g \rangle = \int_{-\pi}^{\pi} f(x)g(x)dx$$

에 대하여 직교집합이다. 실제로 간단한 계산에 의하여

$$\langle \phi_i, \phi_j \rangle = \begin{cases} 0 & i \neq j \\ 2\pi & i = j = 0 \\ \pi & i = j \neq 0 \end{cases} \tag{5.75}$$

임을 보일 수 있다. 단, $\phi_{2j}(x) = \cos jx$, $(j = 0, 1, \ldots, k)$, $\phi_{2j-1}(x) = \sin jx$, $(j = 1, \ldots, k)$이다. 집합 B를 기저로 하는 근사공간, 즉 ϕ_j, $(0 \le j \le 2k)$의 일차결합으로 이루어진 근사공간을 $\boldsymbol{F}_k$라고 하자. 그러면 주기가 2π인 함수 f의 최소제곱근사함수 $f^* \in \boldsymbol{F}_k$는 식 (5.73)에 의하여

$$f^*(x) = \frac{\langle f,\ \phi_0 \rangle}{2\pi} + \sum_{j=1}^{2k} \frac{\langle f,\ \phi_j \rangle}{\pi} \phi_j(x) \tag{5.76}$$

$$= \frac{a_0}{2} + \sum_{j=1}^{k} [a_j \cos jx + b_j \sin jx]$$

이다. 단 , a_j, b_j는

$$a_j = \frac{\langle f,\ \cos jx \rangle}{\pi} = \frac{1}{\pi}\int_{-\pi}^{\pi} f(x)\cos jx dx, \quad (0 \le j \le k)$$

$$b_j = \frac{\langle f,\ \sin jx \rangle}{\pi} = \frac{1}{\pi}\int_{-\pi}^{\pi} f(x)\sin jx dx, \quad (1 \le j \le k)$$

이다. 식 (5.76)과 같은 함수를 k차 **삼각다항식**(trigonometric polynomial of degree k)이라고 한다. 만약 구간 $[-\pi,\ \pi]$에서 $f'(x)$가 유한개의 점을 제외한 모든 점에서 연속이면 $f(x)$의 **푸리에 급수**(Fourier series of f)

$$\frac{a_0}{2} + \sum_{j=1}^{\infty} [a_j \cos jx + b_j \sin jx]$$

는 $f(x)$에 균등수렴(uniformly convergent)한다는 사실이 알려져 있다. 이때 a_j, b_j를 **푸리에 상수**(Fourier coeffieciets)라고 한다.

예제 5.20 함수 $f(x) = |x|$의 최소제곱근사 삼각다항식 $f_k^* \in F_k$을 구해보자. $f(x) = |x|$가 우함수이므로 $b_j = 0$이고

$$a_j = \frac{1}{\pi}\int_{-\pi}^{\pi} |x| \cos jx dx = \begin{cases} \pi & j = 0 \\ \dfrac{2[(-1)^j - 1]}{\pi j^2} & j \ne 0 \end{cases}$$

이므로

$$f_k^*(x) = \frac{\pi}{2} + \frac{2}{\pi}\sum_{j=1}^{k} \frac{(-1)^j - 1}{j^2} \cos jx$$

이다. 예를 들어 4차 최소제곱근사 삼각다항식($k = 4$)은

$$f_4^*(x) = \frac{\pi}{2} - \frac{4}{\pi}[\cos x + \frac{\cos 3x}{9}]$$

표 5.4 오차

$x(=f(x))$	$f_4^*(x)$	$\lvert f(x)-f_4^*(x)\rvert$
0.000000	0.156086	0.156086
0.392699	0.340338	0.0523613
0.785398	0.770515	0.014883
1.1781	1.21425	0.0361536
1.5708	1.5708	0.000000
1.9635	1.92734	0.0361536
2.35619	2.37108	0.014883
2.74889	2.80125	0.0523613
3.14159	2.98551	0.156086

이다. 표 5.4에 주어진 $f(x)$, $f_4^*(x)$의 함숫값과 오차 $|f(x)-f_4^*(x)|$와 아래의 그림 5.6에 주어진 $y=f(x)$, $y=f_4^*(x)$의 그래프를 살펴보면 수치실험적으로 $f_4^*(x)$는 $f(x)$의 훌륭한 근사함수임을 알 수 있는데 실제로 일계도함수 $f'(x)$는 오직 $x=0$에서 불연속이므로 푸리에 급수는 $f(x)=|x|$로 균등수렴한다. 그림 5.6에서 $y=f_4^*(x)$는 점선으로 표시되어 있다. ■

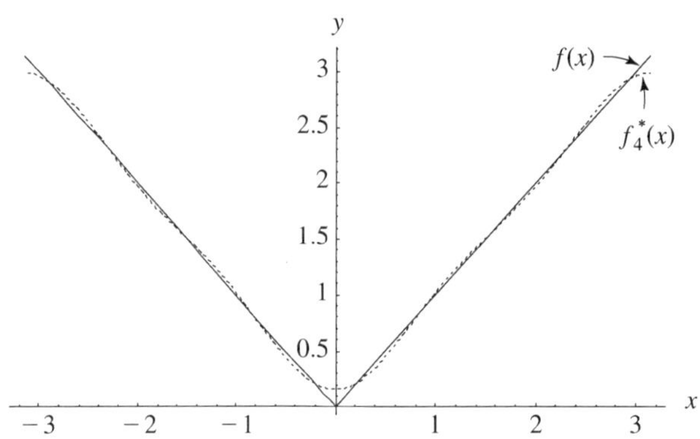

그림 5.6 $f(x)=|x|$의 4차 이하의 최소제곱근사 삼각다항식 $f_4^*(x)$

연습문제 5.6

1. 주어진 구간에서 다음 함수의 최소제곱 이차다항식을 구하여라. 단, 가중치 함수는 $\omega(x) \equiv 1$을 사용하여라.

1) $\cos x,\ [-1,\ 1]$

2) $\frac{1}{x},\ [1,\ 3]$

3) $\frac{1}{x+1},\ [0,\ 2]$

4) $e^x,\ [0,\ 2]$

5) $\ln(2+x),\ [-1,\ 1]$

6) $|x|,\ [-1,\ 1]$

2. 구간 $[-\pi,\ \pi]$에서 함수 $f(x)$의 최소제곱근사 삼각다항식 $f^* \in F_k$을 구하여라.

1) x

2) x^2

3)e^x

4) $f(x) = \begin{cases} -1 & -\pi \le x \le 0 \\ 1 & 0 \le x \le \pi \end{cases}$

3. 내적공간 V에 속하는 임의의 $u,\ v$에 대하여 부등식

$$|\langle u,\ v\rangle| \le \|u\|\,\|v\| \quad \text{(Cauchy-Schwarz 부등식)}$$

$$\|u+v\| \le \|u\| + \|v\| \quad \text{(삼각부등식)}$$

이 성립함을 보여라. 어느 경우에 등호가 성립하는가?

4. n차원 벡터공간 U의 기저를 $\{u_1,\ u_2,\ \ldots,\ u_n\}$이라고 조건 $v - u^* \perp U$은

$$\langle u^*,\ u_i\rangle = \langle v,\ u_i\rangle,\ i = 1,\ 2,\ \ldots,\ n$$

과 동치임을 증명하여라.

5. Gram-Schmidt 방법을 이용하여 연립방정식 (5.72)의 계수행렬은 정칙임을 증명하여라.

6. $\{p_j(x)|j=0, \ \ldots, \ n\}$가 정규직교다항식이라 하자. 단, $p_j(x)$의 차수는 j이다. 그러면 임의의 $i(<n)$차 다항식 $p(x)$에 대하여 $p(x)=\sum_{j=0}^{i}\alpha_j p_j(x)$을 만족하는 α_j들이 유일하게 존재함을 보이고, 이를 이용하여 $\langle p_n, \ p\rangle = 0$임을 증명하여라.

7. 만약 $\{u_1, \ u_2, \ \ldots, \ u_n\}$이 직교집합이면

$$\|\sum_{i=1}^{n} c_i u_i\|^2 = \sum_{i=1}^{n} c_i^2 \|u_i\|^2$$

임을 증명하여라.

8. $\{p_j(x) \mid j=0, \ \ldots, \ n\}$가 정규직교다항식이라 하자. 단, $p_j(x)$의 차수는 j이다. 임의의 $f \in C[a, \ b]$에 대하여 Bessel 부등식

$$\sum_{i=1}^{n} |\langle f, \ p_i\rangle|^2 \le \|f\|^2$$

이 성립함을 보여라.

9. 다항식 $\{1, \ x, \ x^2, \ \ldots\}$에 방법 (5.74)를 적용하여 내적

$$\langle f, \ g\rangle = \int_0^{\infty} f(x)g(x)e^{-x}dx$$

에 대한 직교다항식 $\{q_0(x), \ q_1(x), \ \ldots\}$를 구하여라. 이런 $q_k(x)$를 k차 Laguerre 다항식이라고 한다.

10. Laguerre 다항식을 이용하여 $f(x)=e^{-2x}$의 3차 이하의 최소제곱 근사다항식 $p_3^*(x)$을 구하여라.

11. Legendre 다항식을 이용하여 $f(x)=\cos\pi x$의 5차 이하의 최소제곱 근사다항식 $p_5^*(x)$을 구하여라.

12. Chebyshev 다항식을 이용하여 $f(x)=\sqrt{1-x^2}$의 n차 이하의 최소제곱 근사다항식 $p_n^*(x)$을 구하여라.

13. Chebyshev 다항식을 이용하여 $f(x)=\cos^{-1}(x)$의 3차 이하의 최소제곱 근사다항식 $p_3^*(x)$을 구하여라.

14. 가중치함수 $w(x)$가 우함수라고 하자. 삼항점화식 (5.74)에서 k가 짝수이면 $p_k(x)$는 우함수이고 k가 홀수이면 $p_k(x)$는 기함수이다. 따라서 모든 k에 대하여 $a_k=0$임을 증명하여라.

15. 가중치함수 $w(x)$가 우함수라고 하자. 삼항점화식 (5.74)에 의하여 구한 최소제곱다항식은 함수 f가 우함수이면 우함수이고 f가 기함수이면 기함수임을 증명하여라.

16. $\int_0^{\pi} |\cos(k\theta)|\,d\theta = 2$임을 보여라.

17. 구간 $[a,\ b]$에서 정의된 함수 $f(x)$의 최적최소제곱 k차 삼각함수

$$p^*(x)=\frac{a_0}{2}+\sum_{j=0}^{k}\left[a_j\cos\frac{2j\pi x}{b-a}+b_j\sin\frac{2j\pi x}{b-a}\right]$$

를 구하여라. 단, 내적은

$$\langle f,\ g\rangle=\int_a^b f(x)g(x)dx$$

를 사용하여라.

18. 문제 17의 결과를 이용하여 다음에 주어진 함수의 최적최소제곱 3차 삼각함수를 구하여라. 단, 구간 $[a,\ b]$는 각 함수의 끝에 주어진 것을 사용하여라.

1) $f(x)=|x|,\ [-1,\ 1]$ 2) $f(x)=x^2,\ [-1,\ 1]$

3) $f(x)=\begin{cases}-1 & 0\le x\le 1\\ 1 & 1<x\le 2\end{cases}$

5.7 이산 최소제곱 문제 : 이산 푸리에 급수와 FFT

5.6절의 마지막에 간단히 소개하였던 최소제곱 삼각다항식 또는 푸리에 급수는 전파 또는 디지털 신호처리 그리고 미분방정식의 수치해법 등 많은 분야에서 아주 유용하게 사용되는 방법이다. 그런데 정적분으로 정의되어 있는 푸리에 상수는 대부분의 경우 이를 정확히 구하는 것이 불가능하고 근삿값을 구하려 해도 아주 많은 양의 계산을 해야 한다는 어려움이 있다. 따라서 본 절에서는 이런 어려움을 효율적으로 극복할 수 있는 이산 푸리에 급수(discrete Fourier series)와 빠른 푸리에 변환(fast Fourier transform: FFT)이라 불리는 계산 알고리즘에 대하여 논의한다. 이 절에서는 특별한 언급이 없는 한 i는 복소수 $i=\sqrt{-1}$이다.

연속이고 주기가 2π인 모든 주기함수들의 집합을 S_π라고 하자. 또한 구간 $[0,\ 2\pi]$의 균등분할 $x_t = \dfrac{t\pi}{m}(0 \le t \le N = 2m)$이 주어졌다고 하자. 임의의 $f,\ g \in S_\pi$에 대하여

$$\langle f,\ g \rangle_N = \sum_{t=0}^{N-1} f(x_t)g(x_t)w(x_t) \tag{5.77}$$

라고 정의하면 $\langle \cdot,\ \cdot \rangle_N$은 $\langle f,\ f \rangle_N = 0 \Leftrightarrow f(x) \equiv 0$을 제외한 내적의 모든 조건을 만족한다. 이런 $\langle \cdot,\ \cdot \rangle_N$과 $\|f\|_N = (\langle f,\ f \rangle_N)^{1/2}$을 각각 S_π에 정의된 **준내적**(semi-inner product)과 **준노름**(semi-norm)이라고 한다. 임의의 자연수 $k < m$에 대하여 주기함수인 삼각함수의 집합

$$B_k = \{1,\ \cos x,\ \sin x,\ \ldots,\ \cos kx,\ \sin kx\}$$

를 기저로 하는 공간을 S_k라고 하자. k차 이하의 삼각다항식의 집합 S_k는 S_π의 부분공간인데 앞으로 근사공간으로 사용한다. 만약 $rx_t = r\dfrac{t\pi}{m}$이 2π의 배수가 아니면, 즉 정수 r이 N의 배수가 아니면 오일러 공식 $e^{ix} = \cos x + i\sin x$에 의하여

$$\sum_{t=0}^{N-1}(\cos rx_t + i\sin rx_t) = \sum_{t=0}^{N-1} e^{\frac{rt\pi i}{m}} = \frac{1-e^{2ir\pi}}{1-e^{\frac{r\pi i}{m}}} = 0$$

이고 이로부터 등식

$$\sum_{t=0}^{N-1} \cos rx_t = \sum_{t=0}^{N-1} \sin rx_t = 0 \tag{5.78}$$

을 얻는다. 이 절에서는 가중치 함수 $w(x) \equiv 1$이라 하자. (5.78)의 등식과 삼각함수의 곱, 합차공식을 이용하면

$$\langle \phi_j, \phi_s \rangle_N = \begin{cases} 2m & : j = s = 0 \\ m & : 1 \le j = s \le 2k \\ 0 & : j \ne s \end{cases} \tag{5.79}$$

이 성립함을 쉽게 증명할 수 있다. 단, $\phi_0(x) = 1$, $\phi_{2j-1}(x) = \cos jx$, $\phi_{2j}(x) = \sin jx$. 따라서 S_k의 기저집합 B_k는 (5.77)에 정의된 준내적에 대하여 직교집합이다. 식 (5.79)의 직교성에 의하여 임의의 $f \in S_k$에 대하여

$$\langle f, f \rangle_N = 0 \Leftrightarrow f(x) \equiv 0 \tag{5.80}$$

이 성립하므로 S_π에 정의된 준내적 (5.77)은 부분공간 S_k에서는 내적이다. 이런 경우 $\langle \cdot, \cdot \rangle_N$을 **이산내적**(discrete inner product)이라고 하는데 $\langle f, g \rangle_N$은 연속인 내적

$$\langle f, g \rangle = \int_0^{2\pi} f(x) g(x) w(x) dx$$

의 근삿값으로 f와 g가 주기가 2π인 주기함수이면 실제로 6장에서 논의할 복합사다리꼴 공식으로 구한 근삿값과 완전히 일치한다. 5.6절의 정리 5.9의 증명과정을 살펴보면 내적의 조건 중에서 $\langle u, u \rangle = 0$이면 $u = 0$이라는 조건은 사용하지 않았으므로 준내적과 준노름을 사용하여도 정리 5.9는 성립함을 알 수 있다. 따라서 준내적 $\langle \cdot, \cdot \rangle_N$에 대한 $f \in S_\pi$의 **k차의 이산 최소제곱 삼각다항식** $s_k \in S_k$는

$$s_k(x) = \frac{a_0}{2} + \sum_{j=1}^{k} [a_j \cos jx + b_j \sin jx] \tag{5.81}$$

$$a_j = \frac{\langle f, \cos jx \rangle_N}{\langle \cos jx, \cos jx \rangle_N} = \frac{1}{m} \sum_{t=0}^{N-1} y_t \cos jx_t, \quad (0 \le j \le k) \tag{5.82}$$

$$b_j = \frac{\langle f, \sin jx \rangle_N}{< \sin jx, \sin jx >_N} = \frac{1}{m} \sum_{t=0}^{N-1} y_t \sin jx_t, \quad (1 \le j \le k)$$

이다(단, $y_t = f(x_t)$). 이산 최소제곱 삼각다항식 $s_k \in S_k$는 모든 $s \in S_k$에 대하여

$$\sum_{t=0}^{N-1} [y_t - s_k(x_t)]^2 \le \sum_{t=0}^{N-1} [y_t - s(x_t)]^2 \tag{5.83}$$

을 만족할 뿐만 아니라 $k = m$인 경우에는 **보간 삼각다항식**(interpolated trigonometric polynomial)이다. 우선

$$\frac{\langle f, \cos mx \rangle_N}{\langle \cos mx, \cos mx \rangle_N} = \frac{1}{2m} \sum_{t=0}^{N-1} y_t \cos mx_t$$

이므로 a_m을

$$a_m = \frac{1}{m} \sum_{t=0}^{N-1} y_t \cos mx_t \tag{5.84}$$

이라 정의하고 m차 삼각다항식 $\hat{s}_m(x)$를

$$\hat{s}_m(x) = \frac{a_0 + a_m \cos mx}{2} + \sum_{j=1}^{m-1} [a_j \cos jx + b_j \sin jx] \tag{5.85}$$

이라고 하자. $\hat{S}_m$을 $\sin mx$를 제외한 삼각다항식의 집합

$$\hat{B}_m = \{1,\ \cos x,\ \sin x,\ \ldots,\ \cos(m-1)x,\ \sin(m-1)x,\ \cos mx\}$$

에 의하여 생성된 S_π의 부분공간이라면 식 (5.85)의 $\hat{s}_m \in \hat{S}_m$는 준내적 $\langle \cdot, \cdot \rangle_N$에 대한 $f \in S_\pi$의 이산 최소제곱 삼각다항식이다. 이제 임의의 정수 k, $(0 \le k \le N-1)$에 대하여 $\hat{s}_m(x_k) = f(x_k)$이 성립함을 보이자. 식 (5.82)에서 $j=0,\ m$인 경우에는 b_j를

$$b_j = \frac{1}{m} \sum_{t=0}^{N-1} y_t \sin jx_t,\ (j = 0,\ m) \tag{5.86}$$

라고 하면 $b_0 = b_m = 0$이다 $(mx_t = m\frac{t\pi}{m} = t\pi)$. 따라서 $b_j \sin jx$, $(j=0,\ m)$을 식 (5.85)의 우변에 더한 후에 (5.82), (5.84), (5.86)의 a_j, b_j를 대입하고 정리하면 관계식

$$\begin{aligned}\hat{s}_m(x_k) &= \frac{1}{m} \sum_{t=0}^{N-1} y_t \sum_{j=0}^{m} [\cos jx_t \cos jx_k + \sin jx_t \sin jx_k] - \frac{a_0 + a_m \cos mx_k}{2} \\ &= \frac{1}{m} \sum_{t=0}^{N-1} y_t \left(\sum_{j=0}^{m} \cos((t-k)j\pi/m) - \frac{1 + (-1)^{(t-k)}}{2} \right)\end{aligned}$$

을 얻는다. 위 식에서 괄호 안의 값은 $t=k$이면 m이고 $t \ne k$이면 0이므로(연습문제 1) $\hat{s}_m(x_k) = y_k$이 된다. 식 (5.85)의 $\hat{s}_m(x)$를 함수 $f \in S_\pi$의 **이산 푸리에 급수**(discrete Fourier series)라고 하며 식 (5.82), (5.84)의 a_j, b_j를 **이산 푸리에 상수**(discrete Fourier coefficients) 또는 데이터 $\{y_t : 0 \le t \le N-1\}$의 **이산 푸리에 변환**(dicrete Fourier transform: DFT)이라고 한다.

이제 이산 푸리에 상수 a_j, b_j를 효율적으로 구하는 **빠른 푸리에 변환**(FFT)이라 불리는 계산 알고리즘을 개략적으로 소개하고 자세한 내용은 참고문헌에 있는 Charles Van Loan의 책을 참조하기로 한다. 이산 푸리에 상수 a_j, b_j를 FFT 방법보다 앞선 전통적 방법으로 직접 구하려면 모든 y_k가 복소수일 때 $8N^2$번(실수일 경우에는 $2N^2$번)의 연산(실수 집합에 정의된 사칙연산)을 하여야 하는데 대부분의 실제 상황에서는 N이 무척 큰 수이기에 고성능 컴퓨터를 사용하여도 긴 시간이 소요되고 또한 마무리오차(round-off error)가 커져서 그 유용성에도 불구하고 이산 푸리에 변환(DFT)을 사용하는 경우가 아

주 제한되어 있었다. 이런 어려움을 극복한 방법이 1965년 J.W. Cooley와 J.W. Tukey가 발표한 빠른 푸리에 변환(FFT)이라 불리는 계산 알고리즘이다. FFT는 응용수학 특히 계산 분야(scientific computation)에서 20세기의 가장 위대한 업적 중의 하나로 인정되고 있으며 발표된 이래로 많은 연구로 의하여 다양한 상황에 적합하도록 변형되었고 과학과 공학 분야의 발전에 지대한 공헌을 하였다. 모든 데이터 y_k가 복소수이고 N이 2^n의 형태일 때 FFT로 a_j, b_j를 모두 구하려면 약 $5N\log_2 N$번의 연산이 필요하다. $N = 2^{20}$이라면 이는 이전의 직접 구하는 전통적인 방법의 계산량의 약 $\dfrac{1}{84000}$에 달한다. 즉, FFT로 1초 정도 소요된다면 전통적인 방법으로는 약 24시간이 필요함을 의미한다.

일반적으로 FFT는 데이터의 개수 N이 $N = 2^n 3^p 4^q 5^r 6^s$처럼 다양한 경우에 모두 가능하지만 이 절에서는 FFT에 가장 많이 적용되는 경우인 $N = 2^n$로 제한하여 논의한다. 임의의 $j = 0, 1, \ldots, 2m-1$, $(N = 2m)$에 대하여 복소수 c_j를

$$c_j = \sum_{t=0}^{N-1} y_t e^{\left(\frac{jt\pi}{m}\right)i} \tag{5.87}$$

라고 하면 임의의 $j = 0, 1, \ldots, m$에 대하여

$$c_j = m(a_j + ib_j)$$

로 표현되므로 복소수 c_j를 먼저 구한 다음 $a_j = Re\left(\dfrac{c_j}{m}\right)$, $b_j = Im\left(\dfrac{c_j}{m}\right)$을 계산하면 된다. FFT의 주요 개념은 각각의 c_j를 따로따로 구하지 않고 공통인수를 가지는 여러 개의 c_j를 체계적으로 묶어서 이 공통인수를 한 번만 계산하는 과정을 반복함으로써 시간을 절약하는 이른바 divide and conquer 방법이라고 할 수 있다.

임의의 $j = 0, 1, \ldots, m-1$에 대하여

$$c_j + c_{m+j} = 2\sum_{t=0}^{m-1} y_{2t} e^{\left(\frac{2jt\pi}{m}\right)i}$$

$$c_j - c_{m+j} = 2e^{(j\pi/m)i} \sum_{t=0}^{m-1} y_{2t+1} e^{\left(\frac{2jt\pi}{m}\right)i}$$

이므로 이로부터

$$\begin{cases} c_j &= \displaystyle\sum_{t=0}^{m-1} y_{2t} e^{\left(\frac{2jt\pi}{m}\right)i} + e^{\left(\frac{j\pi}{m}\right)i} \sum_{t=0}^{m-1} y_{2t+1} e^{\left(\frac{2jt\pi}{m}\right)i} \\ c_{m+j} &= \displaystyle\sum_{t=0}^{m-1} y_{2t} e^{\left(\frac{2jt\pi}{m}\right)i} - e^{\left(\frac{j\pi}{m}\right)i} \sum_{t=0}^{m-1} y_{2t+1} e^{\left(\frac{2jt\pi}{m}\right)i} \end{cases} \tag{5.88}$$

을 얻는다. 모든 $e^{\left(\frac{jt\pi}{m}\right)i}$이 계산되어 있다면 c_j, $(j = 0, 1, \ldots, N-1)$를 식 (5.87)을 이

용하여 직접 구하려면 $(8N^2-2N)$번의 연산을 해야 한다. 하지만 식 (5.88)로부터 모든 c_j를 구하려면 데이터 개수가 $\frac{N}{2}$ 경우의 식 (5.87)을 두 번 계산하고 임의의 $j=0,\ 1,\ \ldots,\ m-1$에 대하여 한 번의 복소수곱셈과 두 번의 복소수덧셈이 필요하므로 총 연산횟수는

$$2\times\left(8\left(\frac{N}{2}\right)^2-2\left(\frac{N}{2}\right)\right)+10\times\frac{N}{2}=4N^2+3N$$

이다. 따라서 계산량이 약 반으로 줄게 된다. 다시 FFT는 반복하여 식 (5.88)의 우변을 똑같은 방법으로 되풀이하여 계산한다. 이 방법을 표현하기 위하여 임의의 $j=0,\ 1,\ \ldots,\ m-1$와 $s=0,\ 1$에 대하여

$$c(n-1,\ s,\ j)=\sum_{t=0}^{m-1}y_{2t+s}\omega_{n-1}^{tj}$$

라고 하자. 단, $\omega_k=e^{\frac{2\pi i}{2^k}}$, $(k=0,\ 1,\ 2,\ \ldots,\ n)$이다. 참고로

$$\omega_0=e^{2\pi i},\ \omega_n=e^{\frac{2\pi i}{2^n}}=e^{\frac{2\pi i}{N}}=e^{\frac{2\pi i}{2m}},\ \omega_{n-1}=e^{\frac{2\pi i}{2^{n-1}}}=e^{\frac{2\pi i}{m}}$$

이다. 식 (5.88)을 다시 나타내면 임의의 $j=0,\ 1,\ \ldots,\ m-1$에 대하여

$$\begin{cases} c_j &= c(n-1,\ 0,\ j)+\omega_n^j c(n-1,\ 1,\ j) \\ c_{j+m} &= c(n-1,\ 0,\ j)-\omega_n^j c(n-1,\ 1,\ j) \end{cases} \tag{5.89}$$

이다. c_j와 c_{j+m}에서처럼 공통인수를 묶어내서 한 번 만 계산하여 계산량을 줄이는 방법을 또다시 $c(n-1,\ 0,\ j)$와 $c(n-1,\ 1,\ j)$에 각각 적용하면 임의의 $j=0,\ 1,\ \ldots,\ \frac{N}{4}-1$에 대하여

$$c(n-1,\ 0,\ j)+c\left(n-1,\ 0,\ \frac{N}{4}+j\right)=2\sum_{t=0}^{\frac{N}{4}-1}y_{4t}\omega_{n-2}^{tj}$$

$$c(n-1,\ 0,\ j)-c\left(n-1,\ 0,\ \frac{N}{4}+j\right)=2\omega_{n-1}^{j}\sum_{t=0}^{\frac{N}{4}-1}y_{4t+2}\omega_{n-2}^{tj}$$

$$c(n-1,\ 1,\ j)+c\left(n-1,\ 1,\ \frac{N}{4}+j\right)=2\sum_{t=0}^{\frac{N}{4}-1}y_{4t+1}\omega_{n-2}^{tj}$$

$$c(n-1,\ 1,\ j)-c\left(n-1,\ 1,\ \frac{N}{4}+j\right)=2\omega_{n-1}^{j}\sum_{t=0}^{\frac{N}{4}-1}y_{4t+3}\omega_{n-2}^{tj}$$

이고 이로부터

$$\begin{cases} c(n-1,\ 0,\ j) = & \displaystyle\sum_{t=0}^{\frac{N}{4}-1} y_{4t}\,\omega_{n-2}^{tj} + \omega_{n-1}^{j} \sum_{t=0}^{\frac{N}{4}-1} y_{4t+2}\,\omega_{n-2}^{tj} \\ c\left(n-1,\ 0,\ \dfrac{N}{4}+j\right) = & \displaystyle\sum_{t=0}^{\frac{N}{4}-1} y_{4t}\,\omega_{n-2}^{tj} - \omega_{n-1}^{j} \sum_{t=0}^{\frac{N}{4}-1} y_{4t+2}\,\omega_{n-2}^{tj} \\ c(n-1,\ 1,\ j) = & \displaystyle\sum_{t=0}^{\frac{N}{4}-1} y_{4t+1}\,\omega_{n-2}^{tj} + \omega_{n-1}^{j} \sum_{t=0}^{\frac{N}{4}-1} y_{4t+3}\,\omega_{n-2}^{tj} \\ c\left(n-1,\ 1,\ \dfrac{N}{4}+j\right) = & \displaystyle\sum_{t=0}^{\frac{N}{4}-1} y_{4t+1}\,\omega_{n-2}^{tj} - \omega_{n-1}^{j} \sum_{t=0}^{\frac{N}{4}-1} y_{4t+3}\,\omega_{n-2}^{tj} \end{cases} \tag{5.90}$$

을 얻는다. 식 (5.89)와 (5.90)을 이용하여 모든 c_j를 구할 수 있고 이때 필요한 연산횟수는 N^2+8N임을 쉽게 알 수 있다. 이러한 divide and conquer 과정을 계속하여 반복하는 방법이 FFT이다. 이제 지금까지의 과정을 일반화하여 반복식으로 표시하기 위하여 임의의 $k=0,\ 1,\ 2,\ \dots,\ n$에 대하여 $c(k,\ s,\ j)$를

$$c(k,\ s,\ j) = \sum_{t=0}^{2^k-1} y_{2^{n-k}t+s}\,\omega_k^{tj}, \tag{5.91}$$

$$s = 0,\ 1,\ 2,\ \dots,\ 2^{n-k}-1,\ j=0,\ 1,\ 2,\ \dots,\ 2^k-1$$

라고 하자. $k=0,\ n$일 때 $c(0,\ s,\ 0)$와 $c(n,\ 0,\ j)$는 각각

$$c(0,\ s,\ 0) = y_s,\quad s=0,\ 1,\ \dots,\ N-1 \tag{5.92}$$

$$c(n,\ 0,\ j) = c_j,\quad j=0,\ 1,\ \dots,\ N-1 \tag{5.93}$$

임을 유의하자. 다음의 정리 5.12의 증명은 식 (5.89), (5.90)을 유도하는 것과 같은 방법으로 할 수 있으므로 연습문제로 남긴다.

정리 5.12

모든 정수 $1 \le k \le n,\ 0 \le j \le 2^{k-1}-1,\ 0 \le s \le 2^{n-k}-1$에 대하여 반복식

$$\begin{cases} c(k,\ s,\ j) & = c(k-1,\ s,\ j) + \omega_k^j\, c(k-1,\ s+2^{n-k},\ j) \\ c(k,\ s,\ 2^{k-1}+j) & = c(k-1,\ s,\ j) - \omega_k^j\, c(k-1,\ s+2^{n-k},\ j) \end{cases} \tag{5.94}$$

이 성립한다.

따라서 식 (5.92)에 의하여 초깃값 $c(0,\ s,\ 0)$를 주고 정리 5.12의 반복식 (5.94)를 사용하면 식 (5.93)의 $c_j = c(n,\ 0,\ j),\ j = 0,\ 1,\ \ldots,\ N-1$를 얻는다. 반복식 (5.94)를 사용하려면 각 단계 $k = 1,\ 2,\ \ldots,\ n$에서 $c(k-1,\ s,\ j)$와 $c(k,\ s,\ j)$를 크기가 N인 두 개의 일차원 배열(array) C_o, C에 각각 저장하는데 알고리즘 5.3에서는 가장 일반적인 배열법칙

$$C(2^k s + j) \leftarrow c(k,\ s,\ j),\ s = 0,\ 1,\ 2,\ \ldots,\ 2^{n-k}-1,\ j = 0,\ 1,\ 2,\ \ldots,\ 2^k - 1$$

을 사용하였다. 이 경우에 $k = 0,\ n$일 때 각각

$$C(s) \leftarrow c(0,\ s,\ 0),\quad s = 0,\ 1,\ 2,\ \ldots,\ 2^n - 1$$

$$C(j) \leftarrow c(n,\ 0,\ j),\quad j = 0,\ 1,\ 2,\ \ldots,\ 2^n - 1$$

이므로 모든 $j = 0,\ 1,\ \ldots,\ N-1$에 대하여 시작할 때는 $C(j) = y_j$이고 끝날 때는 $C(j) = c_j$이다.

▌알고리즘 5.3(FFT) 주어진 데이터 $\{y_t \mid 0 \le t \le 2^n - 1\}$의 DFT를 구하는 방법

input : $n,\ \{y = (y_t \mid 0 \le t \le 2^n - 1)\}$

$N = 2^n,\ m = \dfrac{N}{2}$

$C_0 = y$

For $k = 1 : n$

  For $j = 0 : 2^{k-1} - 1$

    $\omega = \omega_k^j$

    For $s = 0 : 2^{n-k} - 1$

      $u = C_o(2^{k-1}s + j)$

      $v = \omega C_o(2^{k-1}s + 2^{n-1} + j)$

      $C(2^k s + j) = u + v$

      $C(2^k s + 2^{k-1} + j) = u - v$

    end

  end

  $C_0 = C$

end

$a(0) = Real(C(0)/m)$, $a(m) = Real(C(m)/m)$

$a(1:m-1) = Real(C(1:m-1)/m)$, $b(1:m-1) = Imag(C(1:m-1)/m)$

예제 5.21 마딧점 $x_j = -\pi + \frac{j\pi}{4}$, $0 \le j \le 7$에서 함수 $f(x) = |x|$의 4차 이산 푸리에 급수(보간 삼각다항식 또는 이산 최소제곱 삼각다항식)를 구하여라.

풀이 먼저 변수변환 $z = x + \pi$를 이용하여 마딧점 $\{z_j \equiv x_j + \pi \mid 0 \le j \le 7\}$에서 함수

$$g(z) \equiv f(z - \pi) = |z - \pi|$$

의 이산 푸리에 급수를

$$\hat{s}_4(z) = \frac{a_0 + a_4 \cos 4z}{2} + \sum_{j=1}^{3} [a_j \cos jz + b_j \sin jz]$$

이라면 구하려는 이산 푸리에 급수는 $s_4(x) \equiv \hat{s}_4(x + \pi)$이다. 데이터

$$\{y_j = g(z_j) = f(x_j) \mid 0 \le j \le 7\}$$

와 $n = 3$을 알고리즘 5.3(FFT)에 입력하여 계산하면

$$a_0 = 3.14159,\ a_1 = 1.34076,\ a_3 = 0.230038,$$

$$a_2 = a_4 = b_1 = b_2 = b_3 = 0$$

이다. 따라서

$$\begin{aligned} s_4(x) &= 1.5708 + 1.34076 \cos(x + \pi) + 0.230038 \cos(3(x + \pi)) \\ &= 1.5708 - 1.34076 \cos x - 0.230038 \cos 3x. \end{aligned}$$

다음의 표 5.5에 주어진 $f(x)$, $s_4(x)$의 함숫값과 오차 $|f(x) - s_4(x)|$ 그리고 아래의 그림 5.3에 주어진 $y = f(x)$, $y = s_4(x)$의 그래프를 살펴보면 수치실험적으로 $s_4(x)$는 $f(x)$의 우수한 근사함수임을 알 수 있다. 그림 5.7에서 matlab에서 계산하고 그린 $y = s_4(x)$는 점선으로 표시되어 있다. ■

표 5.5 이산 푸리에 급수 $s_4(x)$의 오차

$f(x) = \|x\|$	$s_4(x)$	$\|f(x) - s_4(x)\|$
0.392699	0.244065	0.148634
1.1781	1.27024	0.0921402
1.9635	1.87136	0.0921402
2.74889	2.89753	0.148634

FFT Matlab 프로그램 myFFT.m

```
function [a, b, C]=myFFT(y)
% 2^n =length(y)
% C: ci
```

```
n= log10(length(y))/log10(2) ;
m= 2^(n-1) ;
a=zeros(1,m+1); b=zeros(1,m+1);
C0=y;
for k=1:n
   for j=0: 2^(k-1)-1
       w=cos(2*pi*j/2^k)+i*sin(2*pi*j/2^k);
       for s=0: 2^(n-k) -1
           u=C0(2^(k-1)*s+j+1);
           v=w*C0(2^(k-1)*s+2^(n-1)+j+1);
           C(2^k*s+j+1)=u+v ;
           C(2^k*s+2^(k-1)+j+1)= u-v ;
       end
   end
   C0=C;
end
a(1)=real(C(1)/m);
a(m+1)=real(C(m+1)/m);
a(2:m)=real(C(2:m)/m);
b(2:m)=imag(C(2:m)/m);
```

실행결과

```
>> x=-pi : pi/4 : -pi+7*pi/4;
>> x=x+pi
x =    0    0.7854    1.5708    2.3562    3.1416    3.9270    4.7124    5.4978

>> y=abs(x-pi)
y =  3.1416   2.3562    1.5708    0.7854         0    0.7854    1.5708    2.3562

>> [a,b,C]=myFFT(y)
a =     3.1416    1.3408          0       0.2300         0
b =      0           0             0          0           0
C =   12.5664    5.3630    0    0.9202    0    0.9202    0    5.3630
```

그래프 그리기 (그림 5-7)

```
xx=-pi:0.01:pi;
```

```
yy=abs(xx);
m=length(a)-1;
y_FFT=(a(1)+a(m+1)*cos(m*(xx+pi)))/2;
for j=1:m-1
   y_FFT=y_FFT+a(j+1)*cos(j*(xx+pi))+b(j+1)*sin(j*(xx+pi));
end
plot(xx,yy, xx,y_FFT, '--')
```

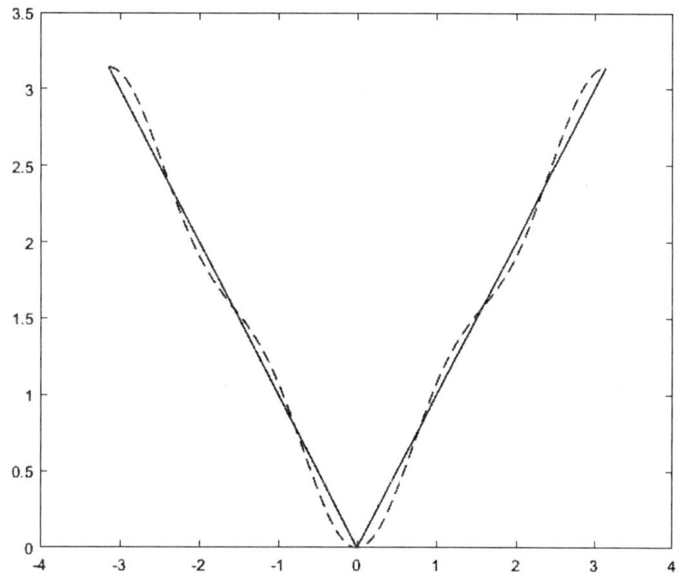

그림 5.7 $f(x)=|x|$**의 4차 이하의 이산 푸리에 급수** $s_4(x)$

출력값 C는 matlab의 내장함수 fft의 결과와 같다.

```
>>C=fft(y)
C =
   12.5664   5.3630   0   0.9202    0   0.9202    0   5.3630
```

연습문제 5.7

1. 다음을 증명하여라.

$$\sum_{j=0}^{m}\cos\left(\frac{kj\pi}{m}\right)=\begin{cases} m+1 & k=0,\ \pm 2m,\ \pm 4m,\ \cdots \\ \dfrac{1+(-1)^k}{2} & k\neq 0,\ \pm 2m,\ \pm 4m,\ \cdots \end{cases}$$

2. 식 (5.79), (5.82), (5.83)을 증명하여라.

3. 식 (5.87)은 행렬 $F_N=(f_{jt})$과 벡터 $y=(y_t)$의 곱 $c=F_N\,y$와 같음을 보여라. 단,

$$f_{jt}=\omega_n^{jt}=e^{\frac{jt\pi i}{m}}$$

4. 알고리즘 5.3(FFT)을 이용하여 다음에 주어진 함수의 8차 이산 푸리에 급수(보간 삼각다항식 또는 이산 최소제곱근사 삼각다항식)를 구하고 표 5.5처럼 오차를 구하여라.

1) $f(x)=\cos\pi x-2\sin\pi x\ \ [-\pi,\ \pi]$

2) $f(x)=x^2,\ [-1,\ 1]$

3) $f(x)=\begin{cases} -1 & 0\leq x<1 \\ 0 & x=0 \\ 1 & 1<x\leq 2 \end{cases}$

4) $f(x)=x^2\sin x,\ [0,\ 1]$

5) $f(x)=x(\pi-x),\ [-\pi,\ \pi]$

5.8 이산 최소제곱 문제 : 자료 맞추기(Data Fitting)

실험이나 관측 등을 통하여 $y_i = f(x_i)$의 측정 오차가 존재하는 데이터 $\{(x_i, y_i) : 1 \le i \le m\}$를 적당한 의미에서 가장 잘 나타내는 또는 맞추는(fitting) 두 변수 x와 y의 관계 또는 함수 $y = F^*(x)$를 찾아내는 방법을 **자료 맞추기(Data Fitting)**라고 한다. 이런 경우 데이터 자체에 오차가 있을 수 있고 대부분의 경우에 데이터의 개수가 구하고자 하는 함수 $F^*(x)$에 변수(parameter)의 개수보다 월등히 많으므로 자료를 정확히 만족 $(y_i = F^*(x_i),\ 1 \le i \le m)$을 하기보다 모든 데이터에 근접하는 $F^*(x)$의 유형을 찾는다. 예를 들어 표 5.6에 주어진 데이터의 그래프(그림 5.8)를 살펴보면 x와 y의 관계를 직선적(linear)으로 보는 것이 타당하다. 따라서 $F^*(x)$를 9차 보간다항식 $p_9(x)$보다는 일차식 $F^*(x) = z_2 x + z_1$로 표시하는 것이 주어진 모든 데이터의 함수 관계를 보다 적절하게 나타낸다고 할 수 있다.

표 5.6

x_i	1	2	3	4	5	6	7	8	9	10
y_i	−0.17	1.42	1.56	2.74	4.45	4.59	6.12	6.62	8.30	9.31

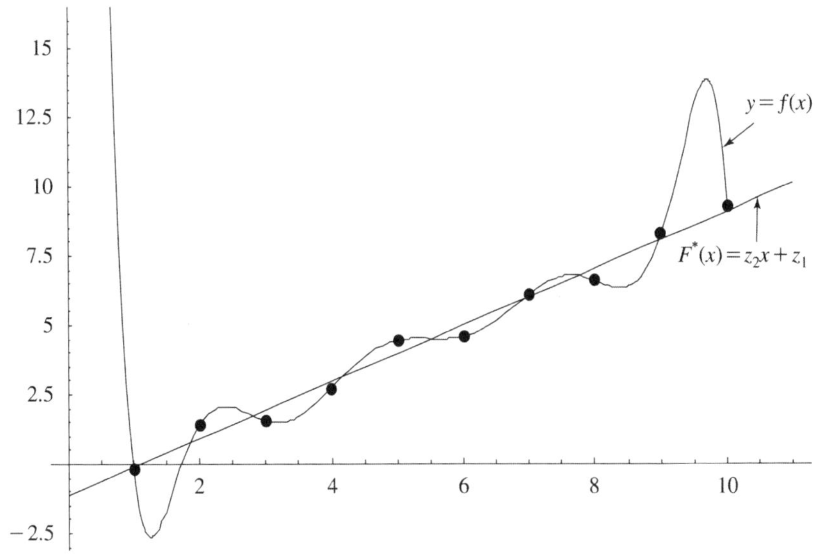

그림 5.8

위의 경우 찾는 변수는 z_1와 z_2 두 개뿐인데 데이터의 개수는 10개이므로 이 문제는 변수보다 조건식이 많은 과정보체계(overdetermined system)의 일종이다. 따라서 10개의 조건식을 만족하는 z_1와 z_2을 구하기보다 주어진 벡터 $y=(y_i)$와 근사벡터 $F^*(x) = (F^*(x_i))$의 근접성을 최소화하는 방법을 사용하는데 그 근접성으로 사용하는 방법은 다음의 오차의 l_p-노름($p=1,\ 2,\ \infty$)

$$p=1: \|y-F^*(x)\|_1 = \sum_{i=1}^{10} |y_i-(z_2x_i+z_1)|$$

$$p=2: \|y-F^*(x)\|_2 = \left(\sum_{i=1}^{10} |y_i-(z_2x_i+z_1)|^2\right)^{\frac{1}{2}}$$

$$p=\infty: \|y-F^*(x)\|_\infty = \max\{|y_i-(z_2x_i+z_1)| : 1 \le i \le 10\}$$

중에 어느 하나를 택하여 이 값을 최소화하는 z_1과 z_2를 정하는 것이다. 그림 5.8의 직선은 l_2-노름을 최소화하는 직선이다(예제 5.22 참조). 그러나 l_1-노름이나 l_∞-노름의 최소화 문제는 결국 비선형 연립방정식을 풀어야 하는 어려움이 있는 반면에 l_2-노름의 최소화 문제는 선형 연립방정식의 문제로 귀결되므로 l_2-노름을 가장 널리 사용한다. 이 절에서는 l_2-노름을 최소화하는 문제에 한정하여 전개하기로 한다.

이제 x와 y의 관계를 일차독립인 함수 $\phi_i(x)$, $(1 \le i \le n)$들의 일차결합으로 나타낼 수 있다고 가정하자. 이 경우 임의의 $F(x) = z_1\phi_1(x) + z_2\phi_2(x) + \cdots + z_n\phi_n(x)$에 대하여 부등식

$$\left(\sum_{k=1}^{m} |y_k - F^*(x_k)|^2\right)^{\frac{1}{2}} \le \left(\sum_{k=1}^{m} |y_k - F(x_k)|^2\right)^{\frac{1}{2}}$$

을 만족하는 함수

$$F^*(x) = z_1^*\phi_1(x) + z_2^*\phi_2(x) + \cdots + z_n^*\phi_n(x)$$

를 구하는 것이 (이산) 최소제곱 문제(least squares problem)이고 이러한 $F^*(x)$를 데이터 $\{(x_i,\ y_i) : 1 \le i \le k\}$의 (이산) 최소제곱 근사함수(least squares approximation)라고 한다. 앞 5.7절에 언급한 이산 최소제곱 삼각다항식도 같은 개념의 근사함수이다. 일차독립인 함수 $\{\phi_i(x) : 1 \le i \le n\}$들은 물리적인 현상에 대한 관측이나 통찰 또는 경험에 의한 직관 등에 의하여 정해지는데 이는 특정 현상 또는 시스템을 모델링하는 과정의 문제이다. 실제 현상에서 마주치는 문제는 데이터의 개수가 일차독립인 함수들의 개수보다 많은 경우($n \le m$)가 대부분이다.

최소제곱 문제는 오차함수

$$E(z) \equiv \sum_{k=1}^{m} [y_k - (z_1\phi_1(x_k) + z_2\phi_2(x_k) + \cdots + z_n\phi_n(x_k))]^2 \tag{5.95}$$

의 최솟값을 구하는 문제 $(\min\|y - F^*(x)\|_2)$이고 이를 위한 필요조건은 $z^* \equiv (z_1^*, z_2^*, \cdots, z_n^*)^T$에서 함수 E의 그래디언트(gradient of E)

$$\nabla E(z^*) = 0$$

이다. 즉, z^*는 $z \equiv (z_1, z_2, ..., z_n)^T$에 관한 일차 연립 방정식

$$\frac{\partial E}{\partial z_i} = -2\sum_{k=1}^{m}\left(y_k - \sum_{j-1}^{n} z_j\phi_j(x_k)\right)\phi_i(x_k) = 0 \ , \ 1 \le i \le n \tag{5.96}$$

의 해가 된다. 한편 $m \times n$행렬 A와 m차원 벡터 b를

$$A = (a_{ij}),\ a_{ij} = \phi_j(x_i), \quad b = (b_i),\ b_i = y_i$$

이라고 정의하면 정규방정식 (5.96)은 n개의 미지수와 n개의 식을 갖는 일차 연립방정식

$$A^TAz = A^Tb \tag{5.97}$$

으로 표시할 수 있음을 쉽게 보일 수 있다. 식 (5.96) 또는 (5.97)을 **정규방정식**(normal equation)이라 한다. 즉, 데이터 $\{(x_i, y_i) : 1 \le i \le k\}$에서 $F^*(x) = Az$가 되고 식 (5.95)의 최소제곱문제는 $\min\|b - F^*(x)\|_2 = \min\|b - Az\|_2$가 되고 이는 식 (5.97)와 동치이다.

예제 5.22 표 5.6에서 주어진 데이터의 최소제곱 일차식 $F^*(x) = z_1^* + z_2^* x$를 구하여라.

풀이 $\phi_1(x) = 1,\ \phi_2(x) = x$라고 하면 10×2행렬 A의 각 성분 a_{ij}는

$$a_{i1} = 1,\ a_{i2} = x_i,\ (1 \le i \le 10)$$

이므로 정규방정식 (5.97)의 계수행렬과 상수항은 각각

$$A^TA = \begin{pmatrix} 10 & \sum_{i=1}^{10} x_i \\ \sum_{i=1}^{10} x_i & \sum_{i=1}^{10} x_i^2 \end{pmatrix} = \begin{pmatrix} 10 & 55 \\ 55 & 385 \end{pmatrix}$$

$$A^Ty = \begin{pmatrix} \sum_{i=1}^{10} y_i \\ \sum_{i=1}^{10} x_i y_i \end{pmatrix} = \begin{pmatrix} 44.94 \\ 331.7 \end{pmatrix}$$

이다. 따라서 정규방정식 (5.97)은

$$\begin{pmatrix}10 & 55\\55 & 385\end{pmatrix}\begin{pmatrix}z_1\\z_2\end{pmatrix}=\begin{pmatrix}44.94\\331.7\end{pmatrix}$$

이고 이의 해는 다음과 같다.

$$z_1^* = -1.14133\cdots, \quad z_2^* = 1.02461\cdots$$

그림 5.8의 직선은 이산 최소제곱 일차식 $y = -1.14133 + 1.02461x$의 그래프이다.

■

예제 5.23 다음 데이터의 최소제곱 근사식을 $z_1 e^x + z_2 \ln x + z_3 \sin x$와 5차 근사다항식으로 각각 구하여라.

x_i	0.24	0.61	0.96	1.32	1.71	2.04	2.39	2.80	3.01	3.38
y_i	1.48	−0.04	−0.51	−1.14	−1.72	−1.71	−1.64	−1.03	−0.65	0.63

풀이 먼저 $\phi_1(x) = e^x$, $\phi_2(x) = \ln x$, $\phi_3(x) = \sin x$라고 하면 정규방정식 (5.97)의 10×3 행렬 A의 각 성분 a_{ij}는

$$a_{i1} = e_i^x,\ a_{i2} = \ln x_i,\ a_{i3} = \sin x_i,\quad (1 \le i \le 10)$$

이므로 정규방정식 (5.97)은

$$\begin{pmatrix}1779.3 & 91.224 & 28.1437\\ 91.224 & 7.67262 & 1.57713\\ 28.1437 & 1.57713 & 4.42187\end{pmatrix}\begin{pmatrix}z_1\\z_2\\z_3\end{pmatrix}=\begin{pmatrix}-55.6917\\-6.96838\\-1.27225\end{pmatrix}$$

이고 그 해는 다음과 같다.

$$z_1^* = 0.0558935\cdots,\quad z_2^* = -1.31225\cdots,\quad z_3^* = -1.27225\cdots$$

따라서 첫 번째 유형의 최소제곱 근사식

$$F^*(x) = 0.0558935e^x - 1.31225\ln x - 1.27225\sin x$$

을 얻는다. 같은 방법으로 구한 최소제곱 5차 근사다항식은

$$p_5^*(x) = 3.00834 - 8.04607x + 7.45725x^2 - 4.191x^3 + 1.17539x^4 - 0.117812x^5$$

이다.

최소제곱 근사함수 구하는 Matlab 프로그램 myLSQ.m

```
function [z, residual]=myLSQ(x,y, setfns)
% (x,y) data
% setfns: cell set of functions which are independaent
```

```
% ex: setfns={@(x)exp(x), @(x)log(x), @(x)sin(x)}
% F(x)=z(1)*exp(x)+z(2)*log(x)+z(3)*sin(x) 최소 제곱근사식
% residual=norm(y-F(x))

m=length(x);
n=length(setfns);
A=zeros(m,n);
b=y(:);
for k=1:n
    g=cell2mat(setfns(k));
    A(:,k)=g(x);
end
    z=(A'*A)\ (A'*b) ;     % cholesky 분해 또는 내장함수 '\' 활용
Fx=zeros(1,m);
xx=linspace(min(x),max(x));     % F(x)의 그래프 그리기
yy=zeros(1,length(xx));
for k=1:n
    g=cell2mat(setfns(k));
    Fx=Fx + z(k)*g(x);
    yy= yy + z(k)*g(xx);
end
residual=norm(y-Fx);
    plot(x,y,'ro',xx,yy)                %데이타 (x,y)와 F(x)의 그래프
```

실행결과

```
>> x=[0.24 0.61 0.96 1.32 1.71 2.04 2.39 2.80 3.01 3.38];
>> y=[1.48 -0.04 -0.51 -1.14 -1.72 -1.71 -1.64 -1.03 -0.65 0.63];
>> setfns={@(x)exp(x), @(x)log(x), @(x)sin(x)};
>> [z, residual]=myLSQ(x,y, setfns)
z = 0.0559
   -1.3112
   -1.2723
residual =    0.6389

>> hold on
>> setfns={@(x)1, @(x)x, @(x)x.^2 , @(x)x.^3, @(x)x.^4, @(x)x.^5};
>> [z, residual]=myLSQ(x,y, setfns)
```

```
z   3.0083
   -8.0461
    7.4572
   -4.1910
    1.1754
   -0.1178
residual =    0.2647
```

그림 5.9는 주어진 데이터와 최소제곱 근사식의 그래프를 함께 그린 것이다. 데이터, $y = F^*(x)$, $y = p_5^*(x)$은 그래프는 각각 점, 실선, 점선으로 표시하였다. ■

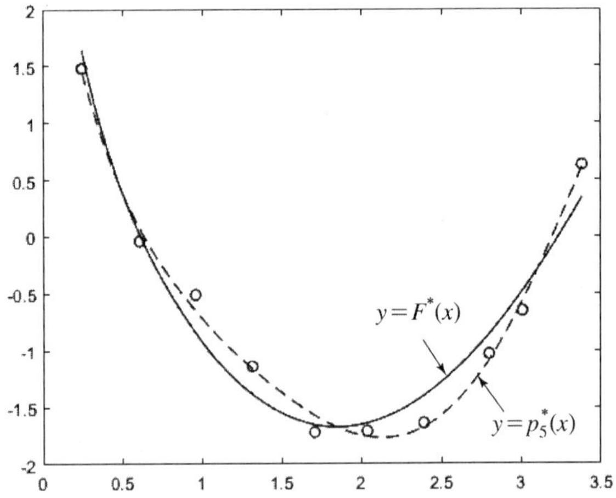

그림 5.9 예제 5.23의 데이터의 최소제곱근사식

함수 $\{\phi_i(x) : 1 \le i \le n\}$들이 일차독립일 때 $n \le m$이라고 가정하고 정규방정식 (5.97)과 그 해를 구하는 방법에 대하여 간단히 논의하자. 가정에 의하여 A의 차수(rank)는 n이므로 $n \times n$ 행렬 A^TA는 양의 정부호를 갖는 대칭행렬(symmetric positive definite: SPD)이고 따라서 정규방정식 (5.97)의 유일한 해 z^*가 존재한다(연습문제 2). 정규방정식 (5.97)의 해를 구하기 위해서는 일반적인 Gauss 소거법보다는 SPD인 계수행렬 A^TA이 Cholesky 분해 $A^TA = LL^T$가 존재하므로 그 분해를 이용하여(전진대입법과 후진대입법을 순서대로 활용) z^*를 구할 수 있다(3.3절 참조). 하지만 A^TA가 매우 불량한 조건의 행렬(ill-conditioned matrix; 매우 큰 조건상수 $cond(A^TA) \gg 1$)이기 때문에 이 방법에 의하여 계산된 수치해 $\hat{z}^*$는 오차가 너무 커서 신뢰할 수 없는 경우가 많다는 사실이 알려져 있다. 특히 가장 손쉬운 다항식 $\{\phi_i(x) = x^{i-1} : 1 \le i \le n\}$을 사용하는 것은 A^TA의 조건상수가 매우 큰 경우가 많으므로 가능하면 피하고 동일한 근사함수 공간을 생성하는 정규직교 기저(orthonormal base), 예를 들어 Chebyshev 다항식 $\{T_i(x) : 1 \le i \le n\}$을 사용하는 것이 좋다(예제 5.24 참조).

정규방정식 (5.97)의 해를 구하기에 가장 표준적으로 널리 사용되는 안정적인 방법은 A의 QR분해를 이용하는 알고리즘이다. 즉, Gram-Schmidt 방법 또는 Householder 방법으로 $m \times n$행렬 $A = QR$ 분해를 구하면 Q는 열(column)의 집합이 정규직교(orthonormal)인 $m \times m$ 행렬이고 R은 정칙인 $m \times n$ 행렬로써 $n \times n$ 상삼각행렬(upper triangular matrix) R_1을 포함하는 행렬 $R = \begin{pmatrix} R_1 \\ 0 \end{pmatrix}$이 된다. 이제 최소제곱문제 (5.95)는

$$\min \| Az - y \|_2 = \min \| Q \begin{pmatrix} R_1 \\ 0 \end{pmatrix} z - y \|_2 = \min \| \begin{pmatrix} R_1 \\ 0 \end{pmatrix} z - Q^T y \|_2$$

$$= \min \| \begin{pmatrix} R_1 \\ 0 \end{pmatrix} z - \begin{pmatrix} (Q^T y)_1 \\ (Q^T y)_2 \end{pmatrix} \|_2 \qquad (5.98)$$

이고 이때의 최솟값을 갖는 해 z는 $n \times n$의 계수행렬을 갖는 연립방정식 $R_1 z = (Q^T y)_1$의 해로써 후진대입법으로 구할 수 있다.

끝으로 5.7절의 최소제곱 삼각다항식과 같이 내적과 직교함수를 사용하는 방법을 간단히 알아보자. Gram-Schmidt 직교화 정리 5.11 또는 삼항 점화식 (5.74)를 사용하여 이산 내적

$$\langle f, g \rangle_N = \sum_{j=1}^{m} f(x_j) g(x_j) w(x_j)$$

에 대한 직교다항식 $\{\phi_i : 1 \le i \le n\}$를 구하면 5.6절의 정리 5.10에 의하여

$$z_j^* = \frac{\langle f, \phi_j \rangle_N}{\langle \phi_j, \phi_j \rangle_N} = \frac{\sum_{i=1}^{m} y_i \phi_j(x_i)}{\sum_{i=1}^{m} \phi_j^2(x_i)}, \quad (1 \le j \le n) \qquad (5.99)$$

이고 데이터 $\{(x_i, f(x_i)) : 1 \le i \le m\}$의 이산 최소제곱 근사함수(least squares approximation)는 $F^*(x) = z_1^* \phi_1(x) + z_2^* \phi_2(x) + \cdots + z_n^* \phi_n(x)$이다.

예제 5.24 다음 데이터의 최소제곱 3차다항식 p_3^*을 식 (5.99)를 이용하여 $w(x) = 1$일 때의 이산내적에 대한 직교다항식의 일차결합으로 표시하여라.

x_i	5.0	5.2	5.4	5.6	5.8	6.0
y_i	−57.5	−60.5776	−63.6008	−66.5552	−69.4264	−72.2

풀이 먼저 삼항 점화식 (5.74)를 이용하여 이산 내적

$$\langle f, g \rangle_N = \sum_{j=1}^{m} f(x_j) g(x_j)$$

에 대한 직교모닉다항식 $\{p_0, p_1, p_2, p_3\}$를 구하자.

$$p_0(x) = 1,$$

$$d_0 = \sum_{i=1}^{6} p_0^2(x_i) = 6, \ c_0 = \sum_{i=1}^{6} x_i = 33,$$

$$p_1(x) = x - c_0/d_0 = x - 5.5,$$

$$d_1 = \sum_{i=1}^{6} (x_i - 5.5)^2 = 7/10, \ c_1 = \sum_{i=1}^{6} x_i (x_i - 5.5)^2 = 77/20,$$

$$p_2(x) = (x - c_1/d_1)(x - 5.5) - d_1/d_0 = (x - 5.5)^2 - 7/60,$$

$$d_2 = \sum_{i=1}^{6} [(x_i - 5.5)^2 - 7/60]^2 = 112/1875,$$

$$c_2 = \sum_{i=1}^{6} x_i [(x_i - 5.5)^2 - 7/60]^2 = 616/1875,$$

$$\begin{aligned} p_3(x) &= (x - c_2/d_2)[(x - 5.5)^2 - 7/60] - d_2/d_1 (x - 5.5) \\ &= (x - 5.5)^3 - 101(x - 5.5)/500, \end{aligned}$$

$$d_3 = \sum_{i=1}^{6} [(x_i - 5.5)^3 - 101(x_i - 5.5)/500]^2 = 0.0041472.$$

위에서 사용된 c_j, d_j는 각각 $c_j = \langle xp_j, p_j \rangle_N$, $d_j = \langle p_j, p_j \rangle_N$이다. 5.6절의 정리 5.10 또는 식 (5.99)에 의하여 $p_3^*(x) = \sum_{j=0}^{3} z_j^* p_j(x)$의 계수 $z_j^* = \sum_{i=1}^{6} \frac{y_i p_j(x_i)}{d_j}$이고 이를 계산하면

$$z_0^* = \sum_{i=1}^{6} \frac{y_i}{6} = -64.9767$$

$$z_1^* = \sum_{i=1}^{6} \frac{y_i (x_i - 5.5)}{0.7} = -14.7144$$

$$z_2^* = 1875\sum_{i=1}^{6}\frac{y_i\left[(x_i-5.5)^2-\frac{7}{60}\right]}{112} = 0.95$$

$$z_3^* = \sum_{i=1}^{6}\frac{y_i[(x_i-5.5)^3-0.202(x_i-5.5)]}{0.0041472} = 0.3$$

이다. $p_3^*(x)$를 멱급수 형태로 표시하면

$$p_3^*(x) = 0.3x^3 - 4.0x^2 + 2.0x - 5.00003$$

인데 이는 위의 데이터를 생성한 본래의 함수

$$p(x) = 0.3x^3 - 4x^2 + 2x - 5$$

와 거의 같나. 계산오차가 없다면 당연히 $p_3^*(x)$는 $p(x)$와 일치하여야 할 것이다. ■

직교모닉다항식 구하는 matlab 프로그램 myOrthoPoly.m

```
function setpoly=myOrthoPoly(x,y, w,n)
%(xi, yi) 주어진 데이타
%w: 내적의 가중치함수
%n: 직교다항식의 개수
%setpoly: 직교다항식집합, 열로 정리

setpoly=zeros(n);
p0=1;
setpoly(1,n)=1;                      % p0 저장
c0= sum(polyval(conv([1,0],p0),x).*w(x));
d0=sum(polyval(conv(p0,p0),x).*w(x));
p1=[1 -c0/d0];
setpoly(2, n-length(p1)+1:n)=p1       % p1 저장
for k=2:n-1
  c= sum(polyval(conv([1,0],conv(p1,p1)),x).*w(x));
  d= sum(polyval(conv(p1,p1),x).*w(x));
  a= c/d;
  b= d/d0;
  p2= conv([1 -a], p1)- b*[0 0 p0] ;      % 직교삼항 점화식
  setpoly(k+1, [(n-length(p2)+1):n])=p2   % p2  반복 저장
  p0=p1;
  p1=p2;
  d0=d;
end
```

실행결과

```
>> x=5 : 0.2 : 6 ;
>> y=[-57.5 -60.5776 -63.6008 -66.5552 -69.4264 -72.2];
>> w=@(x) 1
w =  다음 값을 갖는 function_handle:
    @(x)1
>> setpoly=myOrthoPoly(x,y, w, 4)
setpoly =
         0         0         0    1.0000
         0         0    1.0000   -5.5000
         0    1.0000  -11.0000   30.1333
    1.0000  -16.5000   90.5480 -165.2640
```

직교모닉다항식을 구한 후 최소제곱 근사다항식을 구하는 matlab 프로그램 myLSQpoly.m

```
function [lsqpoly, residual]=myLSQpoly(x,y, w, setpoly)
% (x,y) data
% w: 내적의 가중치함수
% setpoly: 독립함수 다항식 집합(열별)
%lsqpoly=z(1)*setpoly(1,:)+z(2)*setpoly(2,:)+z(3)*setpoly(3,:)...
          % 최소제곱 근사해
% residual=norm(y-lsqpoly(x))

n=size(setpoly,1);
lsqpoly=zeros(1,n);
for k=1:n
  p=setpoly(k, n-k+1:n);               % pick the k-th ortho polynomial
  d= sum(polyval(conv(p,p),x).*w(x));
  zi= sum(y.* polyval(p,x)./d);
  lsqpoly( (n-length(p)+1):n)=lsqpoly( (n-length(p)+1):n)+zi*p ;
end

xx=linspace(min(x),max(x));     % Lsqpoly의 그래프 그리기
yy=polyval(lsqpoly,xx);
Fx=polyval(lsqpoly,x);
residual=norm(y-Fx);
plot(x,y,'ro',xx,yy)
```

실행결과(프로그램 myOrthoPoly을 실행하여 setpoly을 구한 후 myLSQpoly 실행)

```
>> [lsqpoly, residual]=myLSQpoly(x,y,w, setpoly)
lsqpoly =
    0.3000   -4.0000    2.0000   -5.0000
residual =   2.7717e-09
```

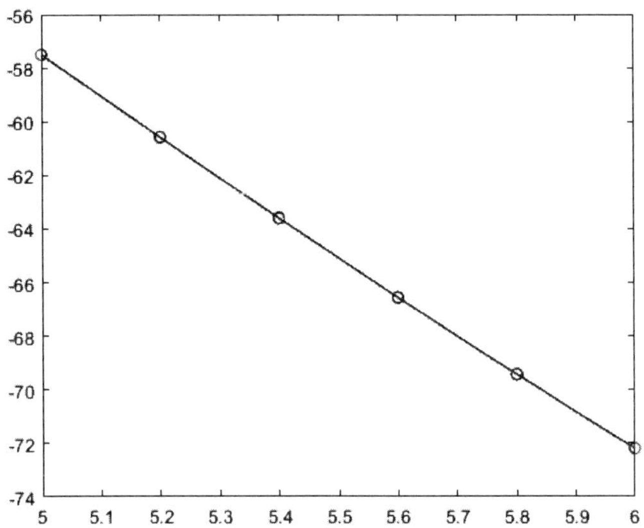

이산 최소제곱 문제는 자료맞추기뿐만 아니라 해가 존재성과 상관없이 일차 방정식의 일반해(generalized solution)를 구하는 경우에도 유용하게 사용된다. 앞에서 언급한 바와 같이 **과정보 체계**(overdetermined system), 즉 $Az=b(A\in \boldsymbol{R}^{m\times n},\ b\in \boldsymbol{R}^{m},\ m>n)$의 **최소제곱해**(Least square solution) z^{*}는 잉여벡터(residual vector) $r=b-Az$의 l_2-노름을 최소화하는 벡터, 즉 최소문제

$$\min\left\{\|b-Az\|_2 : z\in \boldsymbol{R}^{n}\right\} \tag{5.100}$$

의 해로 정의된다. 식 (5.100)의 최소 l_2-노름이 0이면 최소제곱해 z^{*}는 $Az=b$의 정확한 해와 일치하고 최소 l_2-노름이 0보다 크면 정확한 해는 존재하지 않고 l_2-노름의 관점에서 벡터 b에 가장 근접한 벡터 Az^*가 됨을 의미한다. 최소 문제 (5.100)의 해는 항상 존재하는데 실제로 $\text{rank}(A)=n$이면 유일하고 $\text{rank}(A)<n$이면 무수히 많다. 후자의 경우 많은 해 중에서 l_2-노름이 가장 작은 것을 찾는다. 식 (5.95)의 오차함수 E는

$$E(z)=\|b-Az\|_2^2=(b-Az)^T(b-Az) \tag{5.101}$$

과 같이 표시할 수 있으므로 최소제곱해의 문제, 즉 문제 (5.100)은 정규방정식 (5.97)과 동치이고 위에서 언급한 알고리즘을 이용하여 해를 구할 수 있다.

연습문제 5.8

1. 정규방정식 (5.96)은 식 (5.97)과 같이 표시할 수 있음을 보여라.

2. 함수 $\phi_i(x)$, $(1 \le i \le n)$들이 일차독립이고 $n \le m$이면 식 (5.97)의 유일한 해가 존재함을 증명하여라.

3. 정규방정식 (5.97)과 식 (5.101)은 동치임을 보여라.

4. 식 (5.98)을 증명하여라.

5. 예제 5.23에 주어진 데이터의 최소제곱 k차 다항식을 구하고 그래프를 그려서 비교하여라. 단, $2 \le k \le 9$. 차수가 높아질수록 주어진 데이터를 더욱 잘 나타낸다고 할 수 있는가?

6. 예제 5.23의 최소제곱 5차다항식을 다음과 같은 방법으로 Chebyshev 다항식 $T_j(x)(0 \le j \le 5)$의 일차결합으로 표시하여라.

   1) 변수변환

$$w_i = \frac{2x_i - 3.38 - 0.24}{3.38 - 0.24}$$

   으로 구간 $[-1,\ 1]$에 존재하는 데이터 w_i, $(1 \le i \le 10)$를 계산한다.

   2) 10×6 행렬 $A = (a_{ij})$, $a_{ij} = T_{j-1}(w_i)$를 계산한다.

   3) 정규방정식 (5.97)의 해를 구한다.

   4) $p_5^*(x) = \sum_{j=1}^{6} z_j T_{j-1}\left(\frac{2x - 3.38 - 0.24}{3.38 - 0.24}\right)$

7. 문제 6을 일반화하여 데이터 $\{(x_i,\ y_i) : 1 \le i \le m\}$의 최소제곱 n차 다항식을 Chebyshev 다항식의 일차 결합으로 표시하는 방법을 설명하여라.

8. 다음 데이터의 최소제곱 직선을 구하여라.

a)

x	-4	-1	0	2	3
y	-3	-1	0	1	2

b)

x	-2	0	2	4	6
y	1	3	6	8	13

9. 다음 데이터의 최소제곱 포물선 $y=ax^2$을 구하여라.

x	2	2.3	2.6	2.9	3.2
y	5.1	7.5	10.6	14.4	19.0

10. 다음 데이터의 최소제곱 쌍곡선 $y=\dfrac{a}{x}$를 구하여라.

x	0.5	0.8	1.1	1.8	4.0
y	7.1	4.4	3.2	1.9	0.9

11. 다음 데이터의 최소제곱 포물선 $y=ax^2+bx+c$를 구하여라.

a.

x	-3	-1	1	3
y	15	5	1	5

b.

x	-2	-1	0	1	2
y	10	1	0	2	9

12. 다음 데이터에 대하여 다음 물음에 답하여라.

x	1	2	3	4
y	0.6	1.9	4.3	7.6

1) 선형화를 통하여 $y=ae^{bx}$ 형태의 최소제곱 곡선을 구하여라.
   ($X=x$, $Y=\ln y$로 치환하여라.)

2) 선형화를 통하여 $y=ax^b$ 형태의 최소제곱 곡선을 구하여라.
   ($X=\ln x$, $Y=\ln y$로 치환하여라.)

13. 다음을 증명하여라.

1) 식 (5.96)의 해 $F^*(x)$는 임의의 $f(x) = z_1\phi_1(x) + z_2\phi_2(x) + \cdots + z_n\phi_n(x)$에 대하여

$$\langle f - F^*,\ \phi_i \rangle_N = 0,\quad 1 \le i \le n,\ \text{즉}\ f - F^* \perp \Phi$$

을 만족한다. 단, Φ는 기저 $\{\phi_i(x) : 1 \le i \le n\}$에 의하여 생성된 벡터공간이다.

2) 식 (5.97)의 해 z^*는 잉여벡터 $r = b - Az^*$와 임의의 벡터 $y = Ax$가 수직(orthogonal)인 벡터이다.

14. 다음의 최소제곱해(minimal solution)를 구하여라. 단, 해가 여러 개 존재하면 l_2-노름이 가장 작은 것을 해로 정의한다.

1) $\begin{pmatrix} 1 \\ 9 \\ 8 \end{pmatrix}\begin{pmatrix} z_1 \\ z_2 \\ z_3 \end{pmatrix} = \begin{pmatrix} 1 \\ 2 \\ 3 \end{pmatrix}$

2) $\begin{pmatrix} 1 & 3 \\ 9 & 2 \\ 8 & 5 \end{pmatrix}\begin{pmatrix} z_1 \\ z_2 \\ z_3 \end{pmatrix} = \begin{pmatrix} 1 \\ 2 \\ 3 \end{pmatrix}$

3) $\begin{pmatrix} 1 & 2 \\ 2 & 4 \\ 3 & 6 \end{pmatrix}\begin{pmatrix} z_1 \\ z_2 \\ z_3 \end{pmatrix} = \begin{pmatrix} 1 \\ 1 \\ 1 \end{pmatrix}$

4) $\begin{pmatrix} 1 & 2 & 3 \\ 2 & 4 & 6 \\ 8 & 5 & 2 \end{pmatrix}\begin{pmatrix} z_1 \\ z_2 \\ z_3 \end{pmatrix} = \begin{pmatrix} 1 \\ 3 \\ 4 \end{pmatrix}$

제 6 장

수치미분과 수치적분

6.1 수치미분(Numerical Differentiation)

상미분방정식에 대한 경계치문제와 편미분방정식을 푸는 알고리즘을 개발하는 데 수치미분은 상당히 중요한 역할을 한다. 먼저 1계도함수(first derivative)에 대한 수치미분법을 소개한다. 함수 $f(x)$에 대한 1계도함수 $f'(x)$의 근삿값은 도함수의 정의에 기초를 두어 계산할 수 있다. 즉, 0이 아닌 충분히 작은 실수 h에 대하여

$$f'(x) \approx \frac{f(x+h)-f(x)}{h} \tag{6.1}$$

를 활용하여 $f'(x)$의 근삿값을 구할 수 있다. 식 (6.1)에서 $h>0$일 때 **전향 수치미분식**(forward difference formula)이라 하고, $h<0$일 때 **후향 수치미분식**(backward difference formula)이라 한다. 식 (6.1)을 사용할 때 생기는 오차의 크기를 알아보기 위하여 Taylor 정리를 사용하면 다음과 같다.

$$f(x+h) = f(x) + hf'(x) + \frac{1}{2}h^2 f''(\xi)$$

단, ξ는 x와 $x+h$ 사이에 있는 실수이다. 이 식을 $f'(x)$에 관하여 정리하면

$$f'(x) = \frac{f(x+h)-f(x)}{h} - \frac{1}{2}hf''(\xi) \tag{6.2}$$

이 된다. 따라서 식 (6-1)을 사용하였을 때 생기는 도함수 $f'(x)$에 대한 오차는 $-\frac{1}{2}hf''(\xi)$이고 $\frac{f(x+h)-f(x)}{h}$가 $f'(x)$에 가까이 가는 속도는 h가 0에 가까이 가는 속도와 같기 때문에 식 (6.2)를 다음과 같이 표기한다.

$$f'(x) = \frac{f(x+h)-f(x)}{h} + O(h)$$

식 (6.2)에 있는 오차항 $-\frac{1}{2}hf''(\xi)$는 제1장에서 정의한 바와 같이 절단오차(truncation error) $O(h)$이다.

하지만 식 (6.1)보다 더 정확한 $O(h^2)$의 절단오차를 가지는 수치미분공식을 유도하기 위해 다음의 두 Taylor 급수

$$\begin{cases} f(x+h) = f(x) + hf'(x) + \frac{1}{2!}h^2 f''(x) + \frac{1}{3!}h^3 f^{(3)}(x) + \frac{1}{4!}h^4 f^{(4)}(x) + \cdots \\ f(x-h) = f(x) - hf'(x) + \frac{1}{2!}h^2 f''(x) - \frac{1}{3!}h^3 f^{(3)}(x) + \frac{1}{4!}h^4 f^{(4)}(x) - \cdots \end{cases} \tag{6.3}$$

으로부터

$$f(x+h)-f(x-h)=2hf'(x)+\frac{2}{3!}h^3 f^{(3)}(x)+\frac{2}{5!}h^5 f^{(5)}(x)+\cdots$$

을 얻는다. 위의 식을 $f'(x)$에 관하여 정리하면

$$f'(x)=\frac{f(x+h)-f(x-h)}{2h}-\frac{h^2}{3!}f^{(3)}(x)-\frac{h^4}{5!}f^{(5)}(x)-\cdots \tag{6.4}$$

이 된다. 위의 식으로부터 $f'(x)$의 근삿값을 구하는 **중앙 수치미분식**(central difference formula)

$$f'(x)\approx\frac{f(x+h)-f(x-h)}{2h} \tag{6.5}$$

을 얻는다. $f^{(3)}(x)$가 구간 $[x-h,\ x+h]$에서 연속인 경우에 대한 식 (6.5)의 절단오차항을 계산하기 위해 Taylor 정리를 이용하면 $h>0$일 때

$$f(x+h)=f(x)+hf'(x)+\frac{1}{2}h^2 f''(x)+\frac{1}{6}h^3 f^{(3)}(\xi_1)\ \ (\text{단 } x<\xi_1<x+h)$$

$$f(x-h)=f(x)-hf'(x)+\frac{1}{2}h^2 f''(x)-\frac{1}{6}h^3 f^{(3)}(\xi_2)\ \ (\text{단 } x-h<\xi_2<x)$$

이고 위의 두 식의 차로부터

$$f'(x)=\frac{f(x+h)-f(x-h)}{2h}-\frac{h^2}{6}\left(\frac{f^{(3)}(\xi_1)+f^{(3)}(\xi_2)}{2}\right)$$

을 얻는다. $\dfrac{f^{(3)}(\xi_1)+f^{(3)}(\xi_2)}{2}$는 $[\xi_2,\ \xi_1]$에서의 $f^{(3)}(x)$의 최솟값과 최댓값 사이에 있고 $f^{(3)}(x)$가 이 구간에서 연속이므로, 중간값의 정리(Intermediate Value Theorem)에 의하여 $f^{(3)}(\xi)=\dfrac{f^{(3)}(\xi_1)+f^{(3)}(\xi_2)}{2}$인 $\xi\in[\xi_2,\ \xi_1]\subset(x-h,\ x+h)$가 적어도 하나 존재한다. 따라서 식 (6.5)의 절단오차항은 $-\dfrac{h^2}{6}f^{(3)}(\xi)$이다. 즉, $\xi\in(x-h,\ x+h)$에 대하여

$$f'(x)=\frac{f(x+h)-f(x-h)}{2h}-\frac{h^2}{6}f^{(3)}(\xi)$$

이 성립한다. 따라서 $f^{(3)}$이 연속이면 식 (6.5)의 오차는 $O(h^2)$임을 알 수 있다.

식 (6.4)를 다음과 같이 간단한 형태로 표기할 수 있다.

$$f'(x)=\frac{f(x+h)-f(x-h)}{2h}+a_2h^2+a_4h^4+a_6h^6+\cdots \tag{6.6}$$

단, $a_2,\ a_4,\ a_6,\ \ldots$은 f와 x에 따라 변하는 상수이다. 또한 식 (6.6)의 형태를 얻을 수 있다면 $f'(x)$에 대한 더 정확한 근삿값을 얻을 수 있다.

함수 f와 x가 고정되었다고 가정하고 h에 대한 함수

$$N_1(h) = \frac{f(x+h) - f(x-h)}{2h} \tag{6.7}$$

로 정의하자. 식 (6.6)으로부터 $f'(x)$의 $N_1(h)$와 $N_1\left(\frac{h}{2}\right)$에 대한 각 절단오차는

$$f'(x) - N_1(h) = a_2 h^2 + a_4 h^4 + a_6 h^6 + \cdots \qquad (1식)$$

$$f'(x) - N_1\left(\frac{h}{2}\right) = a_2\left(\frac{h}{2}\right)^2 + a_4\left(\frac{h}{2}\right)^4 + a_6\left(\frac{h}{2}\right)^6 + \cdots \qquad (2식)$$

이다. 위의 두 식에 있는 h^2의 항을 소거하기 위하여 $\dfrac{(2식) \times 2^2 - (1식)}{2^2 - 1}$을 계산하면

$$\begin{aligned} f'(x) - N_2(h) &= -\frac{1}{4}a_4 h^4 - \frac{5}{16}a_6 h^6 - \cdots - \frac{1 - 2^{-2(j-1)}}{3}a_{2j}h^{2j} - \cdots \\ &\equiv \widehat{a_4}h^4 + \widehat{a_6}h^6 + \cdots + \widehat{a_{2j}}h^{2j} + \cdots = O(h^4) \end{aligned} \tag{6.8}$$

을 얻는다. 단, $N_2(h) = N_1\left(\frac{h}{2}\right) + \dfrac{N_1\left(\frac{h}{2}\right) - N_1(h)}{3}$. 위의 식이 갖는 중요한 의미는 $N_2(h)$는 $f'(x)$에 대한 $N_1(h)$가 가지고 있는 $O(h^2)$의 오차를 $O(h^4)$으로 향상시킨다는 점이다. 다시

$$f'(x) - N_2(h) = \widehat{a_4}h^4 + \widehat{a_6}h^6 + \cdots + \widehat{a_{2j}}h^{2j} + \cdots \qquad (3식)$$

$$f'(x) - N_2\left(\frac{h}{2}\right) = \widehat{a_4}\left(\frac{h}{2}\right)^4 + \widehat{a_6}\left(\frac{h}{2}\right)^6 + \cdots + \widehat{a_{2j}}\left(\frac{h}{2}\right)^{2j} + \cdots \qquad (4식)$$

의 두 식에 있는 h^4의 항을 소거하기 위하여 $\dfrac{(4식) \times 2^4 - (3식)}{2^4 - 1}$을 계산하면

$$f'(x) - N_3(h) = -\frac{1}{20}\widehat{a_6}h^6 - \cdots - \frac{1 - 2^{-2(j-2)}}{15}\widehat{a_{2j}}h^{2j} - \cdots$$

을 얻는다. 단, $N_3(h) = N_2\left(\frac{h}{2}\right) + \dfrac{N_2\left(\frac{h}{2}\right) - N_2(h)}{15}$.

위와 같은 개념을 확장한 방법을 Richardson의 외삽법(Richardson extrapolation)이라고 한다. 일반적으로 표현하면 다음 정리와 같은 규칙성을 위와 같은 방법으로 유도할 수 있다.

정리 6.1

Richardson의 외삽법에 의하여 정의되는 절단오차가 $O(h^{2(k+1)})$인 $f'(x)$의 근삿값은 아래와 같다.

$$N_{k+1}(h) = N_k\left(\frac{h}{2}\right) + \frac{N_k\left(\frac{h}{2}\right) - N_k(h)}{4^k - 1} \tag{6.9}$$

$$f'(x) - N_{k+1}(h) = -\frac{3\widehat{a_{2(k+1)}}}{4(4^k-1)}h^{2(k+1)} - \cdots = O(h^{2(k+1)})$$

▌알고리즘 6.1 Richardson의 외삽법(Richardson extrapolation)

Input : $n,\ h,\ f(x)$, x

Output : $O(h^{2n})$의 절단오차를 갖는 $f'(x)$의 근삿값 $D(n+1,\ n+1)$

$$D(:,\ 1) = \frac{f\left(x + \frac{h}{2^{[0:n]}}\right) - f\left(x - \frac{h}{2^{[0:n]}}\right)}{2\frac{h}{2^{[0:n]}}} \qquad \%D(:,\ 1) = N_1\left(\frac{h}{2^i}\right)$$

For $k = 2:\ n+1$

$$D(k:n+1,\ k) = D(k:n+1,\ k-1) + \frac{D(k:n+1,\ k-1) - D(k-1:n,\ k-1)}{4^{k-1}-1}$$

end

식 (6.9)는 k가 증가함에 따라 $N_k(h)$이 아주 빨리 $f'(x)$에 가까이 간다는 것을 의미하고 있다. Richardson의 외삽법에 의하여 생성되는 $N_k(h)$을 삼각행렬로 표현해보면 다음의 테이블과 같다.

$O(h^2)$		$O(h^4)$		$O(h^6)$		$O(h^8)$
$N_1(h)$	$\searrow$					
$N_1(\frac{h}{2})$	$\rightarrow$	$N_2(h)$	$\searrow$			
$N_1(\frac{h}{4})$	$\rightarrow$	$N_2(\frac{h}{2})$	$\rightarrow$	$N_3(h)$	$\searrow$	
$N_1(\frac{h}{8})$	$\rightarrow$	$N_2(\frac{h}{4})$	$\rightarrow$	$N_3(\frac{h}{2})$	$\rightarrow$	$N_4(h)$

(6.10)

Richardson 외삽법의 Matlab 프로그램 richardson.m

```
function [fpval,D]=richardson(f,x, n, h)
% Input : n, h, f(x), x
%   n : O(h^{2n})의 절단오차
% Output :  f'(x)의 근삿값  fpval = D(n+1, n+1)와 테이블 행렬 D

D=zeros(n+1);       %Richardson 외삽법 테이블 행렬의 초기화
dh=h./2.^[0:n]
D(:,1)=(f(x+dh)-f(x-dh))./(2*dh);
for k=2:n+1
   D(k:n+1,k)=D(k:n+1,k-1)+(D(k:n+1,k-1)-D(k-1:n,k-1))./(4^(k-1)-1);
end
fpval=D(n+1,n+1);
```

실행결과: $f(x) = \sin(x) + \cos(x)$에 대한 절단오차 $O(h^{10}) = O(h^{2 \cdot 5})$를 갖는 $f'\left(\frac{3}{4}\pi\right)$의 근삿값

```
>>format long
>> f=@(x) sin(x)+cos(x)
f =
  다음 값을 갖는 function_handle:
    @(x)sin(x)+cos(x)
>> x=3/4*pi;
>> h=0.2;
>> n=5;
>> [fpval, D]=richardson(f, x, n, h)
```

```
dh =
  0.200000000000000  0.100000000000000  0.050000000000000  0.025000000000000  0.012500000000000  0.006250000000000
fpval =
  -1.414213562373125     % 절단오차 O(h^10) = O(h^(2·5))를 갖는 f'(3/4 π)의 근삿값
D =
  -1.404804310189813                   0                   0                   0                   0                   0
  -1.411857717999884  -1.414208853936574                   0                   0                   0                   0
  -1.413624380374674  -1.414213267832937  -1.414213562092695                   0                   0                   0
  -1.414066253063830  -1.414213543960216  -1.414213562368701  -1.414213562373082                   0                   0
  -1.414176734182648  -1.414213561222254  -1.414213562373057  -1.414213562373126  -1.414213562373126                   0
  -1.414204355271558  -1.414213562301194  -1.414213562373124  -1.414213562373125  -1.414213562373125  -1.414213562373125

>> cos(x)-sin(x)      % f'(x)의 실제값
ans =  -1.414213562373095
```

미분방정식을 수치적으로 풀때 많이 사용되는 2계도함수(second derivative)의 근삿값을 구하는 수치미분법을 유도해보자. 식 (6.3)에 있는 두 개의 Taylor 급수를 더하면

$$f(x+h)+f(x-h)=2f(x)+h^2f''(x)+\frac{2}{4!}h^4f^{(4)}(x)+\frac{2}{6!}h^6f^{(6)}(x)+\cdots$$

을 얻는다. 위의 식을 $f''(x)$에 관하여 정리하면

$$f''(x)=\frac{1}{h^2}(f(x+h)-2f(x)+f(x-h))-\frac{2}{4!}h^2f^{(4)}(x)-\frac{2}{6!}h^4f^{(6)}(x)-\cdots$$

이 된다. 식 (6.5)의 오차항을 구할 때와 같은 방법으로 Taylor 정리와 중간값의 정리를 사용하면, $\xi \in (x-h,\ x+h)$에 대하여

$$f''(x)=\frac{1}{h^2}(f(x+h)-2f(x)+f(x-h))-\frac{1}{12}h^2f^{(4)}(\xi) \tag{6.11}$$

를 얻는다. 물론 식 (6.11)은 $f^{(4)}(x)$가 $[x-h,\ x+h]$에서 연속일 때 성립한다. 따라서 $O(h^2)$의 오차를 갖는 $f''(x)$의 근삿값을 구하는 **중앙 수치미분식**(central difference formula)

$$f''(x)\approx\frac{1}{h^2}(f(x+h)-2f(x)+f(x-h)) \tag{6.12}$$

을 얻는다.

연습문제 6.1

1. 다음 수치미분식에 대한 오차항을 구하여라.

$$f'(x) \approx \frac{1}{4h}(f(x+3h) - f(x-h))$$

2. 다음 수치미분식을 유도하고, $f^{(3)}(x)$가 모든 구간에서 연속일 때 다음 식의 오차항이 $\frac{1}{3}h^2 f^{(3)}(x)$ 형태임을 보여라.

$$f'(x) \approx \frac{1}{2h}(f(x+h) - 3f(x) - f(x+2h))$$

3. 다음 두 수치미분식을 유도하여라.

1) $f'(x) \approx \frac{1}{4h}(f(x+2h) - f(x-2h))$

2) $f''(x) \approx \frac{1}{4h^2}(f(x+2h) - 2f(x) + f(x-2h))$

4. 식 (6.12)에 Richardson의 외삽법을 적용하는 방법을 설명하여라.

(힌트: 함수 $\phi(h) = \frac{1}{h^2}(f(x+h) - 2f(x) + f(x-h))$로 정의하여라.)

5. Richardson의 외삽법의 Matlab 프로그램을 사용하여 주어진 점에서의 주어진 함수에 대한 도함수의 근삿값을 구하여라. 그리고, $h=1$, $N=5$을 사용하여 식 (6.10)에 있는 삼각행렬을 만들어보아라.

1) $f(x) = \cos(x)$, $(x=0)$　　　2) $f(x) = \tan^{-1}x$, $(x=1)$

6. $f(x) = \sin x$에 대한 $f''\left(\frac{\pi}{3}\right)$의 근삿값을 Matlab 프로그램을 작성하여 구하여라.

6.2 수치적분(Numerical Integration)

$\int_a^b e^{x^2}dx$와 같은 정적분은 비록 적분값이 존재는 하지만, 그 값을 구하는 해석학적인 방법은 존재하지 않는다. 그래서 정적분의 근삿값을 구하기 위하여 수치적분법이 많은 공학자와 과학자에 의하여 사용되고 있다. 이 절에서는 구간 $[a, b]$에서 적분가능한 함수 $f(x)$에 대한 $\int_a^b f(x)w(x)dx$의 근삿값을 구하는 수치적분법에 관하여 알아본다. 단, $w(x)$는 영함수가 아니고 구간 $[a, b]$에서 0 이상의 값을 취하는 가중치함수이다. 수치적분법을 정의하기 위하여

$$I[f] = \int_a^b f(x)w(x)dx$$

라 하자.

정의 6.2 $a = x_0 < x_1 < \cdots < x_n = b$일 때 $I[f]$의 근삿값으로 다음의 $Q[f]$를 **수치적분법**(numerical integration) 또는 **구적법**(quadrature rule)이라 한다.

$$Q[f] = \sum_{j=0}^{n} w_j f(x_j) = w_0 f(x_0) + w_1 f(x_1) + \cdots + w_n f(x_n) \tag{6.13}$$

여기서 x_j를 구적 **마딧점**(quadrature node)이라 하고 ω_j를 **가중치**(weight)라 한다.

위의 정의에서 $E[f] = I[f] - Q[f]$라 하면 $E[f]$가 구적법 $Q[f]$의 오차가 된다. 구적법은 마딧점을 어떻게 선택하느냐에 따라 여러 가지 이름으로 부른다. 예를 들면, 마딧점을 Legendre 다항식의 근으로 선택하면 Gauss-Legendre **구적법**(Gauss-Legendre quadrature)이라 하고, 마딧점을 동일한 간격으로 선택하면 Newton-Cotes **구적법**이라 한다.

정의 6.3 구적법 $Q[f]$의 정밀도(degree of precision)는 다음 조건을 만족하는 자연수 n을 말한다.

1. n차 이하의 모든 다항식 $p_n(x)$에 대하여 $E[p_n] = 0$이다.
2. $E[p_{n+1}] \neq 0$인 $(n+1)$차의 다항식 $p_{n+1}(x)$가 존재한다.

먼저 마딧점이 동일한 간격인 Newton-Cotes 구적법에 대하여 알아보자. 5장에서 증명한 바와 같이 동일한 간격인 $(n+1)$개의 점 $\{(x_i,\ f(x_i))\mid i=0,\ \ldots,\ n\}$을 보간하는 유일하게 존재하는 n차 이하의 다항식 $p_n(x)$에 대하여 Newton-Cotes 구적법은 참값 $I[f]$를 $I[p_n]$의 값으로 근사하는 수치적분법이다. 즉, $Q[f]=I[p_n]$이다. 특히, 양 끝점 $x_0=a$와 $x_n=b$를 마딧점으로 사용할 때 이 방법을 닫힌 Newton-Cotes 구적법(closed Newton-Cotes quadrature)이라 한다. 닫힌 Newton-Cotes 구적법을 설명하기 위하여 $h=\dfrac{b-a}{n}$ 그리고 $x_i=a+ih\ (i=0,\ 1,\ \ldots,\ n)$라 하면 $(n+1)$개의 점 $\{(x_i,\ f(x_i))\mid i=0,\ \ldots,\ n\}$을 보간하는 n차 이하의 다항식 $p_n(x)$는

$$p_n(x)=\sum_{i=0}^{n} f(x_i)l_i(x)$$

이다(단 $l_i(x)$는 n차의 Lagrange 기본 다항식이다). 따라서 $(n+1)$개의 마딧점을 갖는 닫힌 Newton-Cotes 구적법 $Q[f]=I[p_n]$는 다음과 같다.

$$Q[f]=\sum_{i=0}^{n} w_i f(x_i),\quad w_i=\int_a^b l_i(x)w(x)dx \tag{6.14}$$

가중치함수 $w(x)\equiv 1$이고 $n=1,\ 2,\ 3,\ 4$에 대한 닫힌 Newton-Cotes 구적법은 다음과 같다. $f_i=f(x_i)$로 표기한다.

1. 사다리꼴 공식(Trapezoidal rule)

$$\int_a^b f(x)dx \approx \frac{h}{2}(f_0+f_1),\quad (n=1) \tag{6.15}$$

2. Simpson 공식

$$\int_a^b f(x)dx \approx \frac{h}{3}(f_0+4f_1+f_2),\quad (n=2) \tag{6.16}$$

3. Simpson $\dfrac{3}{8}$공식

$$\int_a^b f(x)dx \approx \frac{3h}{8}(f_0+3f_1+3f_2+f_3),\quad (n=3) \tag{6.17}$$

4. Boole 공식

$$\int_a^b f(x)dx \approx \frac{2h}{45}(7f_0+32f_1+12f_2+32f_3+7f_4),\quad (n=4) \tag{6.18}$$

위의 4가지 공식은 식 (6.14)로부터 쉽게 유도된다.

예제 6.1 $\int_0^1 (1+e^{-x}\sin(4x))dx$의 근삿값을 구적법 공식 (6.15)~(6.18)을 이용하여 각각 계산하여라.

풀이 $f(x)=1+e^{-x}\sin(4x)$라 두자. 공식 (6.15)을 이용하면

$$\int_0^1 f(x)dx \approx \frac{1}{2}(1.00000+0.72159)=0.86079$$

공식 (6.16)을 이용하면

$$\int_0^1 f(x)dx \approx \frac{1}{2}\cdot\frac{1}{3}\left(f(0)+4f(\frac{1}{2})+f(1)\right)$$

$$=\frac{1}{6}(1.00000+4\cdot 1.55152+0.72159)=1.32128.$$

공식 (6.17)을 이용하면

$$\int_0^1 f(x)dx \approx \frac{1}{3}\cdot\frac{3}{8}\left(f(0)+3f(\frac{1}{3})+3f(\frac{2}{3})+f(1)\right)=1.31440.$$

공식 (6.18)을 이용하면

$$\int_0^1 f(x)dx \approx \frac{1}{4}\cdot\frac{2}{45}\left(7f(0)+32f(\frac{1}{4})+12f(\frac{1}{2})+32f(\frac{3}{4})+7f(1)\right)$$

$$=1.30859.$$

한편 $\int_0^1 f(x)dx$의 참값은

$$\frac{21e-4\cdot\cos(4)-\sin(4)}{17e}=1.3082506046426\ \cdots$$

이므로 $n=4$를 사용하는 Boole 공식의 근삿값이 가장 정확함을 알 수 있다. ■

예제 6.2 Simpson $\frac{3}{8}$공식에 대한 정밀도를 계산하여라.

풀이 식 (6.17)로부터 $Q[f]=\frac{3h}{8}(f_0+3f_1+3f_2+f_3)$이다. $[a,\ b]=[0,\ 3]$이라 하면

$$I[1]=3=Q[1]=\frac{3}{8}(1+3+3+1)$$

$$I[x]=\frac{9}{2}=Q[x]=\frac{3}{8}(0+3+6+3)$$

$$I[x^2] = 9 = Q[x^2] = \frac{3}{8}(0+3+12+9)$$

$$I[x^3] = \frac{81}{4} = Q[x^3] = \frac{3}{8}(0+3+24+27)$$

$$I[x^4] = \frac{243}{5} \neq Q[x^4] = \frac{3}{8}(0+3+48+81) = \frac{99}{2}$$

이다. 따라서 정의 6.3에 의하여 Simpson $\frac{3}{8}$공식의 정밀도는 3이다. ■

예제 6.2에서 편의상 $[a, b] = [0, 3]$이라 두어 풀었지만, 일반적인 구간 $[a, b]$에서 Simpson $\frac{3}{8}$공식의 정밀도가 3이라는 것을 쉽게 보일 수 있다. 5.1절에서 보인 바와 같이 $p_n(x)$가 점 $x_0, x_1, \cdots, x_n$에서 $f(x)$를 보간하는 n차 이하의 다항식일 때 그 오차식은 $f(x) - p_n(x) = E_n(x) = \frac{f^{(n+1)}(\xi_x)}{(n+1)!} \Pi_{j=0}^{n}(x - x_j)$이므로

$$\begin{aligned} E[f] &= I[f] - Q[f] = I[f] - I[p_n] \\ &= I[f - p_n]] \ = I[E_n] \\ &= \frac{1}{(n+1)!}\int_a^b f^{(n+1)}(\xi_x)\Pi_{j=0}^{n}(x-x_j)w(x)dx \end{aligned} \tag{6.19}$$

이 성립한다. 만약 $f(x)$가 n차 이하의 다항식이면, $f^{(n+1)}(x) \equiv 0$이므로 $E[f] = 0$ (즉, $I[f] = Q[f]$)이다. 따라서 $(n+1)$개의 마딧점을 가지는 닫힌 Newton-Cotes 구적법의 정밀도가 적어도 n임을 알 수 있다.

다음에는 임의의 서로 다른 마딧점 $x_0, x_1, \ldots, x_n$에 대한 $I[f]$의 근삿값을 구하는 구적법 $Q[f]$을 유도하는 방법을 생각해보자. 이 방법은 크게 두 가지로 분류하여 그 중 하나는 보간다항식을 이용하는 **보간구적법**(interpolatory quadrature rule)이고 다른 하나는 **미정계수법**(method of undetermined coefficients)이다.

보간구적법은 점 $x_0, x_1, \ldots, x_n$에서 $f(x)$를 보간하는 n차 이하의 다항식 $p_n(x)$을 구하여 $I[f]$의 근삿값으로 $I[p_n]$을 구하는 구적법이다. 즉, $Q[f] = I[p_n]$이다. 이 방법은 마딧점 $x_0, x_1, \ldots, x_n$이 임의로 주어진다는 것을 제외하고는 Newton-Cotes 구적법과 동일하므로 설명을 생략한다. 마찬가지로 $(n+1)$개의 점을 사용하는 보간구적법의 정밀도가 n임을 식 (6.19)로부터 쉽게 알 수 있다. 마지막으로 $I[f]$를 근사하는 미정계수법은 다음의 예제로 설명하기로 한다.

예제 6.3 주어진 마딧점 $x_0,\ x_1,\ \ldots,\ x_n$에 대하여 다음 구적법의 정밀도가 n이 되도록 가중치 $w_0,\ w_1,\ \ldots,\ w_n$의 값을 구하여라.

$$I[f]=\int_a^b f(x)w(x)dx \ \approx \ Q[f]=\sum_{j=0}^{n} w_j f(x_j)$$

풀이 정밀도가 n이 되는 $Q[f]$를 구하기 위하여 $k=0,\ 1,\ \ldots,\ n$에 대하여 $I[x^k]=Q[x^k]$이면 충분하다. 조건 $I[x^k]=Q[x^k]$, $(k=0,\ 1,\ \ldots,\ n)$으로부터 미지수를 $w_0,\ w_1,\ \ldots,\ w_n$로 갖는 일차연립방정식을 얻는다. 즉,

$$\begin{pmatrix} 1 & 1 & 1 & \cdots & 1 \\ x_0 & x_1 & x_2 & \cdots & x_n \\ x_0^2 & x_1^2 & x_2^2 & \cdots & x_n^2 \\ \vdots & \vdots & \vdots & \cdots & \vdots \\ x_0^n & x_1^n & x_2^n & \cdots & x_n^n \end{pmatrix} \begin{pmatrix} w_0 \\ w_1 \\ w_2 \\ \vdots \\ w_n \end{pmatrix} = \begin{pmatrix} I[1] \\ I[x] \\ I[x^2] \\ \vdots \\ I[x^n] \end{pmatrix} \tag{6.20}$$

을 얻는다. 단, $I[x^k]=\int_a^b x^k w(x)dx$, $(k=0,\ 1,\ \ldots,\ n)$이다. 일차연립방정식 (6.20)의 해가 가중치 $w_0,\ w_1,\ \ldots,\ w_n$가 되며 식 (6.20)은 항상 유일한 해를 갖는다는 것도 보일 수 있다(연습문제 8 참조). ■

예제 6.3과 같이 구적법 $Q[f]$의 가중치를 구하는 방법이 미정계수법이다.

연습문제 6.2

1. 사다리꼴 공식 (6.15)을 유도하고 정밀도를 구하여라.

2. Simpson 공식 (6.16)을 유도하고 정밀도를 구하여라.

3. Simpson $\frac{3}{8}$ 공식 (6.17)을 유도하여라.

4. 공식 (6.15)~(6.18)을 이용하여 $\int_0^1 \sin(\pi x)dx$의 근삿값을 계산하여라.

5. 다음에 주어지는 구적법의 정밀도가 1이 되도록 가중치를 구하여라.

$$\int_0^{2h} f(x)dx \approx w_0 f(0) + w_1 f(h)$$

1) 보간구적법을 이용하여 w_0, w_1의 값을 구하여라.

2) 미정계수법을 이용하여 w_0, w_1의 값을 구하여라.

6. 미정계수법을 이용하여 다음에 주어지는 구적법의 정밀도가 2가 되도록 w_0, w_1, w_2의 값을 구하여라.

$$\int_0^{3h} f(x)x^2 dx \approx w_0 f(0) + w_1 f(h) + w_2 f(3h)$$

7. $h = \frac{b-a}{4}$, $x_i = a + ih$, $(i = 0,\ 1,\ 2,\ 3,\ 4)$라 할 때 다음에 주어지는 Newton-Cotes 구적법의 가중치를 구하여라.

$$\int_a^b f(x)dx \approx w_1 f(x_1) + w_2 f(x_2) + w_3 f(x_3)$$

(위와 같이 마딧점으로써 양 끝점 a와 b를 포함하지 않는 Newton-Cotes 구적법을 열린 Newton-Cotes 구적법(open Newton-Cotes quadrature)이라 부른다.)

8. 식 (6.20)에 있는 계수행렬이 정칙임을 보여라.

6.3 복합수치적분과 오차분석

앞절에서 배운 구적법의 정밀도를 높이기 위하여 마딧점의 개수를 늘리면 된다는 것은 분명한 사실이다. 그러나 마딧점의 개수가 아주 많으면 이에 맞는 구적법에 대한 공식을 만들기가 어려워 정밀도가 비교적 낮은 구적법을 복합적으로 활용하는 복합수치적분법을 자주 사용한다. 구간 $[a, b]$에서의 함수 $f(x)$의 적분값을 근사하기 위한 **복합수치적분법**(Composite numerical integration)은 다음과 같은 과정을 통하여 계산한다.

1. 구간 $[a, b]$를 $a = x_0 < x_1 < \cdots < x_n = b$로 분할한다.
2. 각 소구간 $[x_{i-1}, x_i]$에서 앞 절에서 소개한 정밀도가 비교적 낮은 구적법을 사용하여 적분의 근삿값을 구한다 (단, $i = 1, 2, \cdots, n$).
3. 각 소구간에서 얻어진 근삿값을 합한다.

$I[f] = \int_a^b f(x)w(x)dx$의 근삿값을 구하는 복합수치적분법을 구체적으로 생각해보자 (단, $w(x)$는 가중치함수이다). 먼저 구간 $[a, b]$를 $a = x_0 < x_1 < \cdots < x_n = b$로 분할하여 적분하면

$$I[f] = \sum_{i=1}^{n} \int_{x_{i-1}}^{x_i} f(x)w(x)dx \tag{6.21}$$

이다. 다음에는 각 $i = 1, 2, \cdots, n$에 대하여 $\int_{x_{i-1}}^{x_i} f(x)w(x)dx$의 근삿값을 비교적 정밀도가 낮은 구적법을 통하여 구한다. 그러면 식 (6.21)로부터 $I[f]$의 근삿값은 각 소구간에서 얻은 적분의 근삿값을 더하여 구한다. 6.2절에서 소개한 사다리꼴 공식 (6.15)와 Simpson 공식 (6.16)을 각각 사용하는 **복합사다리꼴 공식**(composite trapezoidal rule)과 **복합 Simpson 공식**(composite Simpson's rule)에 대해서 중점적으로 알아보자. 유사한 방법으로 다른 구적법에 대한 복합공식도 쉽게 만들 수 있다.

먼저 $w(x) \equiv 1$일 때 $I[f] = \int_a^b f(x)dx$의 근삿값을 구하는 복합사다리꼴 공식을 유도하기 위하여 구간 $[a, b]$를 n등분하여 $h = \frac{b-a}{n}$, $x_i = a + ih$, $(i = 0, 1, \cdots, n)$라 하자. 이제 각 소구간에서 사다리꼴 공식 (6.15)

$$\int_{x_{i-1}}^{x_i} f(x)dx \approx \frac{h}{2}\left(f(x_{i-1}) + f(x_i)\right)$$

을 이용하여 합하면

$$\begin{aligned}\int_a^b f(x)dx &= \sum_{i=1}^{n}\int_{x_{i-1}}^{x_i} f(x)dx \\ &\approx \sum_{i=1}^{n}\frac{h}{2}(f(x_{i-1})+f(x_i)) \\ &= \frac{h}{2}(f(a)+f(b))+h\sum_{i=1}^{n-1}f(x_i)\end{aligned}$$

을 얻는다. 따라서 $\int_a^b f(x)dx$의 근삿값을 구하는 복합사다리꼴 공식 $T(f,\ h)$는 다음과 같다.

$$T(f,\ h)=\frac{h}{2}(f(a)+f(b))+h\sum_{i=1}^{n-1}f(x_i) \tag{6.22}$$

다음에는 복합 Simpson 공식을 유도하기 위하여 먼저 Simpson 공식은 세 개의 마딧점이 필요하므로 구간 $[a,\ b]$를 $n=2m$, 즉 짝수 등분하여 $h=\dfrac{b-a}{n}$, $x_i=a+ih$ $(i=0,\ 1,\ \ldots,\ n)$라 하자. 3개의 점을 포함하는 소구간의 적분의 합

$$\int_a^b f(x)dx=\sum_{i=1}^{m}\int_{x_{2(i-1)}}^{x_{2i}} f(x)dx$$

으로 표현하고 Simpson 공식 (6.16)

$$\int_{x_{2(i-1)}}^{x_{2i}} f(x)dx \approx \frac{h}{3}(f(x_{2i-2})+4f(x_{2i-1})+f(x_{2i}))$$

을 각 소구간에 적용하여 합하면

$$\begin{aligned}\int_a^b f(x)dx &\approx \frac{h}{3}\sum_{i=1}^{m}(f(x_{2i-2})+4f(x_{2i-1})+f(x_{2i})) \\ &= \frac{h}{3}(f(a)+f(b))+\frac{2h}{3}\sum_{i=1}^{m-1}f(x_{2i})+\frac{4h}{3}\sum_{i=1}^{m}f(x_{2i-1})\end{aligned}$$

을 얻는다. 따라서 $\int_a^b f(x)dx$의 근삿값을 구하는 복합 Simpson 공식 $S(f,\ h)$는 다음과 같다.

$$S(f,\ h)=\frac{h}{3}(f(a)+f(b))+\frac{2h}{3}\sum_{i=1}^{m-1}f(x_{2i})+\frac{4h}{3}\sum_{i=1}^{m}f(x_{2i-1}) \tag{6.23}$$

예제 6.4 $f(x)=2+\sin(2\sqrt{x})$일 때, $\int_1^6 f(x)dx$의 근삿값을 복합사다리꼴 공식과

복합 Simpson 공식을 이용하여 각각 구하여라 (단, 구간$[1,\ 6]$을 10등분하여라).

풀이 $n=10,\ m=5,\ h=\dfrac{6-1}{10}=\dfrac{1}{2},\ x_i=1+ih\ (0\le i\le 10)$임을 쉽게 알 수 있다.

공식 (6.22)를 사용하면

$$T\left(f,\ \frac{1}{2}\right)=\frac{1}{4}(f(1)+f(6))+\frac{1}{2}\left(f\left(\frac{3}{2}\right)+f(2)+\cdots+f(5)+f\left(\frac{11}{2}\right)\right)$$
$$\approx 8.19385457.$$

공식 (6.23)을 사용하면

$$S\left(f,\ \frac{1}{2}\right)=\frac{1}{6}(f(1)+f(6))+\frac{1}{3}(f(2)+f(3)+f(4)+f(5))$$
$$+\frac{2}{3}\left(f(\frac{3}{2})+f(\frac{5}{2})+f(\frac{7}{2})+f(\frac{9}{2})+f(\frac{11}{2})\right)$$
$$\approx 8.18301550.$$

■

복합사다리꼴 공식의 Matlab 프로그램 trapzd.m과 복합 Simpson 공식의 Matlab 프로그램 simpson.m

```
function Tn = trapzd(f,a,b,n)
% 복합 사다리꼴 공식을 이용한 적분 ∫_a^b f(x)dx의 근삿값 계산 구간 [a, b]를 n+1개의
% 마딧점으로 구성한다.

xval = linspace(a,b,n+1);
yval = f(xval);
h = (b-a)/n;
Tn = (yval(1)+2*sum(yval(2:n))+yval(n+1))*h/2;
```

```
function Sn = simpson(f,a,b,n)
% 복합 simpson 공식을 이용한 적분 ∫_a^b f(x)dx의 근삿값 계산 구간 [a, b]를 n+1개의
% 마딧점으로 구성하며 n은 짝수로 정한다.

xval = linspace(a,b,n+1);
yval = f(xval);
h=(b-a)/n;
Sn = (yval(1) + 4*sum(yval(2:2:n)) + ...
        2*sum(yval(3:2:n-1)) + yval(n+1))*h/3;
```

실행결과

```
>> f=@(x) 1./(1+x.^2)
f =
  다음 값을 갖는 function_handle:
    @(x)1./(1+x.^2)

>> format long

>> Tn = trapzd(f,-5,5,100)        % ∫_{-5}^{5} 1/(1+x^2) dx의 근삿값

Tn =     2.746776880807906

>> Sn=simpson(f,-5, 5, 100)
Sn =     2.746801526895778
```

복합사다리꼴 공식과 복합 Simpson 공식으로부터 얻은 근삿값이 얼마나 정확한지를 알 수 있는 오차의 분석은 다음과 같이 정리된다.

정리 6.4 복합사다리꼴 공식의 오차

$h=\dfrac{b-a}{n}$, $x_i=a+ih$, $(i=0,\ 1,\ \ldots,\ n)$일 때 $f\in C^2[a,\ b]$이면 복합사다리꼴 공식에 대한 오차 $E_T(f,\ h)=\displaystyle\int_a^b f(x)dx-T(f,\ h)$는 적당한 값 $\eta\in(a,\ b)$에 대하여

$$E_T(f,\ h)=\frac{-(b-a)f^{(2)}(\eta)}{12}h^2=O(h^2) \tag{6.24}$$

이 성립한다.

증명 먼저 소구간 $[x_{i-1},\ x_i]$에서의 $f(x)$의 적분값을 근사하는 사다리꼴 공식에 대한 오차를 구하기 위해 점 x_{i-1}, x_i에서 $f(x)$를 보간하는 일차다항식을 $P_i(x)$라 하면 $f\in C^2[a,\ b]$이므로, 모든 $x\in[x_{i-1},\ x_i]$에 대하여

$$f(x)=P_i(x)+\frac{f^{(2)}(\xi_x)}{2!}(x-x_i)(x-x_{i-1})$$

이 성립한다(단, $\xi_x\in(x_{i-1},\ x_i)$이다). 따라서

$$\int_{x_{i-1}}^{x_i} f(x)dx=\int_{x_{i-1}}^{x_i} P_i(x)dx+\int_{x_{i-1}}^{x_i}\frac{f^{(2)}(\xi_x)}{2!}(x-x_i)(x-x_{i-1})dx$$

을 얻는다. $(x-x_i)(x-x_{i-1})$은 구간 $[x_{i-1},\ x_i]$에서 항상 0 이하의 값을 취하고 $f^{(2)}(\xi_x)$가 $[x_{i-1},\ x_i]$에서 연속임을 쉽게 보일 수 있으므로 적분에 대한 가중평균값 정리(Weighted Mean Value Theorem for Integral)에 의하여

$$\int_{x_{i-1}}^{x_i} f(x)dx = \int_{x_{i-1}}^{x_i} P_i(x)dx + f^{(2)}(\eta_i)\int_{x_{i-1}}^{x_i} \frac{(x-x_i)(x-x_{i-1})}{2!}dx \tag{6.25}$$

을 만족하는 $\eta_i \in (x_{i-1},\ x_i)$가 존재한다. 식 (6.25)의 우변을 적분하면

$$\int_{x_{i-1}}^{x_i} f(x)dx = \frac{h}{2}(f(x_{i-1})+f(x_i)) - \frac{h^3 f^{(2)}(\eta_i)}{12} \tag{6.26}$$

을 얻는다. 식 (6.26)과 (6.22)를 이용하면

$$\begin{aligned}\int_a^b f(x)dx &= \sum_{i=1}^{n}\int_{x_{i-1}}^{x_i} f(x)dx \\ &= \sum_{i=1}^{n}\frac{h}{2}(f(x_{i-1})+f(x_i)) - \frac{h^3}{12}\sum_{i=1}^{n} f^{(2)}(\eta_i) \\ &= T(f,\ h) - \frac{h^3}{12}\sum_{i=1}^{n} f^{(2)}(\eta_i)\end{aligned}$$

을 얻는다. $h = \dfrac{(b-a)}{n}$을 이용하여 위의 식을 다시 쓰면

$$\int_a^b f(x)dx = T(f,\ h) - \frac{(b-a)h^2}{12}\left(\frac{1}{n}\sum_{i=1}^{n} f^{(2)}(\eta_i)\right) \tag{6.27}$$

이 된다. 한편 $\dfrac{1}{n}\displaystyle\sum_{i=1}^{n} f^{(2)}(\eta_i)$은 n개의 2계도함수값의 평균이고 $f^{(2)}(x)$가 연속이므로 중간값의 정리에 의하여

$$f^{(2)}(\eta) = \frac{1}{n}\sum_{i=1}^{n} f^{(2)}(\eta_i) \tag{6.28}$$

을 만족하는 $\eta \in (a,\ b)$가 존재한다. 그러므로 식 (6.27)과 (6.28)로부터 식 (6.24)가 증명된다. ■

정리 6.5 복합 Simpson 공식의 오차

$h = \dfrac{b-a}{n},\ \ x_i = a + ih\ \ (i = 0,\ 1,\ \ldots,\ n),\ \ n = 2m$일 때 $f \in C^4[a,\ b]$이면 복합 Simpson 공식의 오차 $E_S(f,\ h) = \displaystyle\int_a^b f(x)dx - S(f,\ h)$는 적당한 값 $\eta \in (a,\ b)$에 대하여

$$E_S(f,\ h) = \frac{-(b-a)f^{(4)}(\eta)}{180}h^4 = O(h^4) \tag{6.29}$$

이 성립한다.

증명 $f \in C^4[a,\ b]$이므로 Taylor 정리에 의하여 $f(x)$를 전개하면 모든 $x \in [x_{2i-2},\ x_{2i}]$에 대하여

$$f(x) = f(x_{2i-1}) + f'(x_{2i-1})(x - x_{2i-1}) + \frac{f''(x_{2i-1})}{2}(x - x_{2i-1})^2$$
$$+ \frac{f^{(3)}(x_{2i-1})}{6}(x - x_{2i-1})^3 + \frac{f^{(4)}(\xi_x)}{24}(x - x_{2i-1})^4$$

인 $\xi_x \in (x_{2i-2},\ x_{2i})$가 존재한다. 위의 식의 양변을 구간 $[x_{2i-2},\ x_{2i}]$에서 적분하면

$$\int_{x_{2i-2}}^{x_{2i}} f(x)dx = f(x_{2i-1})2h + \left[\frac{f'(x_{2i-1})}{2}(x - x_{2i-1})^2\right.$$
$$\left. + \frac{f''(x_{2i-1})}{6}(x - x_{2i-1})^3 + \frac{f^{(3)}(x_{2i-1})}{24}(x - x_{2i-1})^4\right]_{x_{2i-2}}^{x_{2i}}$$
$$+ \frac{1}{24}\int_{x_{2i-2}}^{x_{2i}} f^{(4)}(\xi_x)(x - x_{2i-1})^4 dx \tag{6.30}$$

을 얻는다. $(x - x_{2i-1})^4$은 항상 0 이상의 값을 취하므로 적분에 대한 가중평균값 정리에 의하여

$$\frac{1}{24}\int_{x_{2i-2}}^{x_{2i}} f^{(4)}(\xi_x)(x - x_{2i-1})^4 dx = \frac{f^{(4)}(\eta_{2i})}{24}\int_{x_{2i-2}}^{x_{2i}} (x - x_{2i-1})^4 dx$$

인 $\eta_{2i} \in (x_{2i-2},\ x_{2i})$가 존재한다. 위의 식의 우변을 적분하면

$$\frac{1}{24}\int_{x_{2i-2}}^{x_{2i}} f^{(4)}(\eta_{2i})(x - x_{2i-1})^4 dx = \frac{f^{(4)}(\eta_{2i})}{60}h^5 \tag{6.31}$$

을 얻는다. 식 (6.30)의 우변을 정돈한 다음 식 (6.31)을 대입하면

$$\int_{x_{2i-2}}^{x_{2i}} f(x)dx = 2hf(x_{2i-1}) + \frac{h^3}{3}f''(x_{2i-1}) + \frac{f^{(4)}(\eta_{2i})}{60}h^5$$

을 얻는다. 위의 식의 $f''(x_{2i-1})$을 6.1절에 있는 식 (6.11)로 대치하면 점 $\eta_{2i-1} \in (x_{2i-2},\ x_{2i})$에 대하여

$$\int_{x_{2i-2}}^{x_{2i}} f(x)dx$$

$$= 2hf(x_{2i-1}) + \frac{h^3}{3}\left\{\frac{1}{h^2}(f(x_{2i-2}) - 2f(x_{2i-1}) + f(x_{2i})) - \frac{h^2}{12}f^{(4)}(\eta_{2i-1})\right\}$$

$$+ \frac{f^{(4)}(\eta_{2i})}{60}h^5$$

$$= \frac{h}{3}(f(x_{2i-2}) + 4f(x_{2i-1}) + f(x_{2i})) - \frac{h^5}{12}\left(\frac{1}{3}f^{(4)}(\eta_{2i-1}) - \frac{1}{5}f^{(4)}(\eta_{2i})\right)$$

이 성립한다. $f \in C^4[a,\ b]$이므로 중간값의 정리에 의하여

$$\int_{x_{2i-2}}^{x_{2i}} f(x)dx = \frac{h}{3}(f(x_{2i-2}) + 4f(x_{2i-1}) + f(x_{2i})) - \frac{h^5}{12}(cf^{(4)}(\delta_i))$$

을 만족하는 상수 c와 점 $\delta_i \in (x_{2i-2},\ x_{2i})$가 존재한다. 위의 식이 $f(x) = x^4$에 대해서도 성립하므로 $c = \dfrac{2}{15}$을 얻는다. 따라서 점 $\delta_i \in (x_{2i-2},\ x_{2i})$에 대하여

$$\int_{x_{2i-2}}^{x_{2i}} f(x)dx = \frac{h}{3}(\ f(x_{2i-2}) + 4f(x_{2i-1}) + f(x_{2i})\ ) - \frac{f^{(4)}(\delta_i)}{90}h^5 \qquad (6.32)$$

이 성립한다. 식 (6.32)와 중간값의 정리를 이용하면,

$$\int_a^b f(x)dx = \sum_{i=1}^{m} \int_{x_{2i-2}}^{x_{2i}} f(x)dx$$

$$= S(f,\ h) - \frac{h^5}{90}\sum_{i=1}^{m} f^{(4)}(\delta_i)$$

$$= S(f,\ h) - \frac{(b-a)h^4}{180}\left(\frac{1}{m}\sum_{i=1}^{m} f^{(4)}(\delta_i)\right)$$

$$= S(f,\ h) - \frac{(b-a)h^4}{180}f^{(4)}(\eta)$$

을 만족하는 $\eta \in (a,\ b)$가 존재한다. 그러므로 식 (6.29)가 증명된다. ■

예제 6.5 $\int_2^7 \frac{1}{x}dx$의 근삿값을 $T(f,\ h)$로 구할 때 생기는 오차 $E_T(f,\ h)$의 절댓값이 $5 \cdot 10^{-9}$보다 작게 되는 n과 h를 구하여라.

풀이 $f(x) = \dfrac{1}{x}$이면 $f^{(2)}(x) = \dfrac{2}{x^3}$가 된다. 그러면

$$|E_T(f,\ h)| = \frac{|-(b-a)f^{(2)}(\eta)h^2|}{12} \le \frac{(7-2)\frac{2}{8}h^4}{12} = \frac{5h^2}{48}.$$

$h = \dfrac{b-a}{n} = \dfrac{5}{n}$ 이므로, 위의 식의 오른쪽에 있는 항은 $\dfrac{125}{48n^2}$ 이 되고 이 수를 $5 \cdot 10^{-9}$ 보다 작도록 하는 n의 값을 구하면 된다. $\dfrac{125}{48n^2} \le 5 \cdot 10^{-9}$ 으로부터 $n \ge 22821.77$ 을 얻는다. 그런데 n이 정수이어야 하므로 $n = 22822$로 선택한다. 이때 $h = \dfrac{5}{22822}$ $= 0.00021908\cdots$을 얻는다. ■

예제 6.6 $\displaystyle\int_2^7 \frac{1}{x}dx$의 근삿값을 $S(f,\ h)$로 구할때 생기는 오차 $E_S(f,\ h)$의 절댓값이 $5 \cdot 10^{-9}$보다 작게 되는 n과 h를 구하여라.

풀이 $f(x) = \dfrac{1}{x}$ 이라 두면 $f^{(4)}(x) = \dfrac{24}{x^5}$ 가 된다. 그러면

$$|E_S(f,\ h)| = \frac{|-(b-a)f^{(4)}(\eta)h^4)|}{180} \le \frac{(7-2)\frac{24}{32}h^4}{180} = \frac{h^4}{48}.$$

$n = 2m$ 이라 두면 $h = \dfrac{5}{2m}$ 이므로 $\dfrac{h^4}{48} = \dfrac{625}{768m^4}$ 이 된다. $\dfrac{625}{768m^4} \le 5 \cdot 10^{-9}$ 으로부터 $m \ge 112.95$을 얻는다. 따라서 $m = 113$으로 선택하면 $h = \dfrac{5}{226} = 0.022123\cdots$ 을 얻는다. ■

예제 6.5와 예제 6.6으로부터 똑같은 오차 $5 \cdot 10^{-9}$을 얻기 위하여 복합 Simpson의 법칙이 복합사다리꼴 법칙보다 훨씬 더 작은 n의 값을 필요로 한다는 것을 알 수 있다. 즉, 똑같은 오차를 얻기 위하여 복합 Simpson 법칙이 복합사다리꼴 법칙보다 훨씬 더 작은 계산량을 요구함을 의미한다.

연습문제 6.3

1. 복합사다리꼴 공식과 복합 Simpson 공식을 각각 이용한 Matlab 프로그램으로 다음에 주어진 적분의 근삿값을 구하여라. n이 소구간의 수를 나타낼 때 $n = 20, 40, 80, 160$에 대하여 근삿값을 구하고 그 결과를 비교분석하여라.

   1) $\int_1^3 \frac{x}{x^2+4} dx$ 2) $\int_{-2}^2 x^3 e^x dx$

   3) $\int_0^2 2x \cdot \cos x dx$ 4) $\int_0^2 x^2 e^{-x^2} dx$

2. $\int_0^2 xe^{-x} dx$의 근삿값을 복합사다리꼴공식을 통하여 구할 때 생기는 오차의 절댓값이 $5 \cdot 10^{-9}$보다 작게 되는 소구간의 수 n과 소구간의 길이 h를 구하여라.

3. $\int_0^2 xe^{-x} dx$의 근삿값을 복합 Simpson 공식을 통하여 구할 때 생기는 오차의 절댓값이 $5 \cdot 10^{-9}$보다 작게 되는 소구간의 수 n과 소구간의 길이 h를 구하여라.

4. 구간 $[a, b]$ 에서의 **중점법칙**(midpoint rule)은

$$\int_a^b f(x)dx \approx (b-a)f\left(\frac{a+b}{2}\right)$$

   로 주어진다. 중점법칙의 오차가 $\frac{(b-a)^3}{24} f''(\xi)$임을 보여라. 단, $\xi \in (a, b)$인 점이다. 그리고 위의 사실을 이용하여 **복합중점법칙**(composite midpoint rule)을 유도하고 이에 대응되는 오차를 구하여라.

5. $\int_{-0.75}^{0.75} \cos x dx = 2\sin(0.75) \approx 1.3632775$이다. 이 적분의 근삿값을 복합 Simpson 공식 $S(f, h)$를 사용하여 구한 값이 아래의 표와 같다. 그러면 오차 $E_S(f, h) = 1.3632775 - S(f, h)$를 계산한 다음 이 값이 $O(h^4)$이 되는지를 확인하여라.

n	h	$S(f, h)$	$E_S(f, h) = O(h^4)$
2	0.75	1.3658444	
4	0.375	1.3634298	
8	0.1875	1.3632869	
16	0.09375	1.3632781	

6. 식 (6.28)을 증명하여라.

6.4 Gauss 구적법

지금까지 알아 본 구적법은 $(n+1)$개의 마딧점이 주어지면 이에 대응하는 $(n+1)$개의 가중치를 구하기 위하여 정밀도가 적어도 n이 되는 것을 요구하였다. 즉, 주어진 가중치함수 $w(x)$와 마딧점 $x_0,\ x_1,\ \dots,\ x_n$에 대응하는 정밀도가 n인 구적법은 다음과 같다.

$$\int_a^b f(x)w(x)dx \approx \sum_{i=0}^{n} w_i f(x_i) \tag{6.33}$$

$$w_i = \int_a^b \prod_{\substack{j=0 \\ j\neq i}}^{n} \frac{x-x_j}{x_i-x_j} w(x)dx$$

이 절에서는 마딧점 $x_0,\ x_1,\ \dots,\ x_n$을 적절히 잘 선택하면 구적법 (6.33)의 정밀도가 n보다 훨씬 큰 $2n+1$이 되는 Gauss 구적법을 알아본다.

정리 6.6 Gauss 구적법의 마딧점에 대한 정리

$w(x)$는 가중치함수이고 $q(x)$가 n차 이하의 모든 다항식 $p(x)$에 직교하는 $(n+1)$차의 영함수가 아닌 다항식이라 하자. 마딧점 $x_0,\ x_1,\ \dots,\ x_n$이 $q(x)$의 근이면 구적법 (6.33)의 정밀도는 $(2n+1)$이다.

증명 $f(x)$를 차수가 $(2n+1)$ 이하인 임의의 다항식이라면 $f(x)=q(x)p(x)+r(x)$을 만족하는 n차 이하의 다항식 $p(x)$와 $r(x)$가 존재한다. 따라서 모든 $i=0,\ 1,\ \dots,\ n$에 대하여 $q(x_i)=0$이므로 $f(x_i)=r(x_i)$이 성립한다. 구적법 (6.33)의 정밀도가 n이라는 사실과

$$\int_a^b q(x)p(x)w(x)dx = 0 \tag{6.34}$$

을 이용하면

$$\begin{aligned}\int_a^b f(x)w(x)dx &= \int_a^b \left(q(x)p(x)w(x) + r(x)w(x) \right)dx \\ &= \int_a^b r(x)w(x)dx \\ &= \sum_{i=0}^{n} w_i r(x_i) = \sum_{i=0}^{n} w_i f(x_i)\end{aligned}$$

을 얻는다. 따라서 구적법 (6.33)의 정밀도는 $(2n+1)$이다. ■

정리 6.6의 마딧점을 사용하는 정밀도가 $(2n+1)$인 구적법 (6.33)을 Gauss **구적법** (Gaussian quadrature)이라 부른다.

정리 6.7

$w(x)$가 $[a, b]$에서 연속인 가중치함수이고, $q(x)$가 식 (6.34)와 같이 n차 이하의 모든 다항식 $p(x)$에 직교하는 영함수가 아닌 $(n+1)$차의 다항식이라 하면 $q(x)$는 구간 (a, b)에 속하는 서로 다른 $(n+1)$개의 실근을 갖는다.

증명 $\int_a^b q(x)w(x)dx = 0$이므로 $q(x)$는 적어도 한 번 구간 (a, b)에서 부호가 변한다. $q(x)$가 구간 (a, b)에서 $k(\leq n)$번 부호가 변한다고 가정하자. 즉, $a = t_0 < t_1 < \cdots < t_k < b = t_{k+1}$이면 $q(x)$는 다음을 만족한다고 가정하자.

> 각 소구간 (t_i, t_{i+1})에서 $q(x)$는 동일부호이고 서로 이웃하는 소구간에서의 $q(x)$의 부호와는 다르다.

여기서 동일 부호란 0 이상이 아니면 0 이하를 뜻한다. n차 이하의 다항식 $p(x) = \Pi_{i=1}^{k}(x-t_i)$라 하면 $p(x)q(x)$는 구간 $[a, b]$에서 동일 부호를 갖는 0이 아닌 함수이다. 따라서 $\int_a^b p(x)q(x)w(x)dx \neq 0$이다. 이것은 두 함수가 직교함수라는 가정에 모순이 되므로 $q(x)$는 구간 (a, b)에서 $(n+1)$번 부호가 변한다. 따라서 서로 다른 $(n+1)$개의 실근을 구간 (a, b)에서 갖는다. ■

예제 6.7 다음 Gauss 구적법의 마딧점 x_0, x_1과 가중치 w_0, w_1을 구하여라.

$$\int_{-1}^{1} f(x)dx \approx w_0 f(x_0) + w_1 f(x_1) \tag{6.35}$$

풀이 먼저 2개의 마딧점을 구하기 위하여 1차 이하의 모든 다항식에 직교하는 2차 다항식 $q_2(x)$를 구해야 한다. 즉, Gram-Schmidt 방법에 의하여 $\{1, x, x^2\}$에 대응하는 직교집합 $\{q_0(x), q_1(x), q_2(x)\}$를 구하면 $q_2(x)$가 원하는 2차 다항식이다. 가중치함수 $w(x) \equiv 1$일 때 5.6절의 Gram-Schmidt 방법에 의하여

$$q_0(x)=1,\ q_1(x)=x,\ q_2(x)=x^2-\frac{1}{3}$$

이고, $q_2(x)=0$의 근 $x_0=-\frac{\sqrt{3}}{3}$, $x_1=\frac{\sqrt{3}}{3}$을 얻는다. 이 마딧점을 이용한 미정계수법에 의하여 w_0, w_1의 값을 구할 수 있다. $f(x)=1$과 x에 대하여 식 (6.35)의 양변이 각각 같아야 하므로

$$2=\int_{-1}^{1}1dx=w_0+w_1$$

$$0=\int_{-1}^{1}xdx=w_0\left(-\frac{\sqrt{3}}{3}\right)+w_1\left(\frac{\sqrt{3}}{3}\right)$$

이다. 따라서 $w_0=w_1=1$을 얻는다. 그러므로 2개의 마딧점을 가지는 Gauss 구적법은 다음과 같다.

$$\int_{-1}^{1}f(x)dx\approx f\left(-\frac{\sqrt{3}}{3}\right)+f\left(\frac{\sqrt{3}}{3}\right)$$ ■

예제 6.7에서 사용된 마딧점이 Legendre 다항식 $q_2(x)$의 근이므로 예제 6.7의 Gauss 구적법을 Gauss–Legendre **구적법**(Gauss-Legendre quadrature)이라 한다. 유용한 몇 개의 Legendre 모닉다항식을 열거해보면 다음과 같다.

$$q_0(x)=1,\quad q_1(x)=x,\qquad q_2(x)=x^2-\frac{1}{3}$$

$$q_3(x)=x^3-\frac{3}{5}x,\qquad q_4(x)=x^4-\frac{6}{7}x^2+\frac{3}{35}$$

Gauss 구적법을 구하기 위하여 예제 6.7과는 달리 미정계수법만을 사용하여 마딧점과 가중치를 구할 수 있다. 예를 들어 식 (6.35)와 같은 구적법이 Gauss 구적법이 되도록 x_0, x_1과 w_0, w_1을 구하는 미정계수법을 생각해보자. 식 (6.35)의 정밀도가 3이 되어야 하므로 $f(x)=1$, x, x^2, x^3에 대하여 식 (6.35)의 양변이 각각 같아야 한다. 따라서 다음이 성립한다.

$$\int_{-1}^{1}1dx=2=w_0+w_1$$

$$\int_{-1}^{1}xdx=0=w_0x_0+w_1x_1$$

$$\int_{-1}^{1}x^2dx=\frac{2}{3}=w_0x_0^2+w_1x_1^2$$

$$\int_{-1}^{1} x^3 dx = 0 = w_0 x_0^3 + w_1 x_1^3.$$

위의 식을 풀면, $w_0 = w_1 = 1$, $x_1 = -x_0 = \dfrac{\sqrt{3}}{3}$ 을 얻는다. 이 값들은 예제 6.7에서 구한 값과 일치한다. 마찬가지로 마딧점이 3개와 4개인 Gauss-Legendre 구적법을 구하면 각각 다음과 같다.

$$\int_{-1}^{1} f(x)dx \approx \frac{5}{9}f\left(-\sqrt{\frac{3}{5}}\right) + \frac{8}{9}f(0) + \frac{5}{9}f\left(\sqrt{\frac{3}{5}}\right) \tag{6.36}$$

$$\int_{-1}^{1} f(x) \approx w_0 f(x_0) + w_1 f(x_1) + w_2 f(x_2) + w_3 f(x_3) \tag{6.37}$$

$$w_0 = w_3 = \frac{1}{2}\left(1 - \frac{1}{6}\sqrt{\frac{10}{3}}\right), \quad w_1 = w_2 = \frac{1}{2}\left(1 + \frac{1}{6}\sqrt{\frac{10}{3}}\right)$$

$$-x_0 = x_3 = \sqrt{\frac{1}{7}(3 + 4\sqrt{0.3})}, \quad -x_1 = x_2 = \sqrt{\frac{1}{7}(3 - 4\sqrt{0.3})}$$

정밀도가 $2n+1$인 $n+1$개의 마딧점에 대한 $\displaystyle\int_{-1}^{1} f(x)dx \approx \sum_{i=0}^{n} w_i f(x_i)$인 형태의 Gauss-Legendre 구적법을 표 6.1에서 요약한다.

위에서 언급한 Gauss-Legendre 구적법은 적분구간이 $[-1, 1]$에서 정의되었다. 적분구간이 $[a, b]$인 일반 경우의 Gauss-Legendre 구적법은 변수변환

$$t = \frac{a+b}{2} + \frac{b-a}{2}x, \quad (-1 \le x \le 1)$$

에 의하여

$$\int_{a}^{b} f(t)dt = \int_{-1}^{1} f\left(\frac{a+b}{2} + \frac{b-a}{2}x\right)\frac{b-a}{2}dx \tag{6.38}$$

이므로 $g(x) = f\left(\dfrac{a+b}{2} + \dfrac{b-a}{2}x\right)$로 정의하면 식 (6.38)은

$$\int_{a}^{b} f(t)dt = \frac{b-a}{2}\int_{-1}^{1} g(x)dx$$

이 된다. 이제 적분 $\displaystyle\int_{-1}^{1} g(x)dx$에 Gauss-Legendre 구적법을 적용하면

$$\int_{a}^{b} f(t)dt \approx \frac{b-a}{2}\sum_{i=0}^{n} w_i\, g(x_i)$$

인 형태의 구적법을 얻는다. 따라서 적분 구간 $[a, b]$에 적용된 Gauss-Legendre 구적법은 다음과 같다.

표 6.1 Gauss–Legendre 구적법

n	마딧점(x_i)	가중치(w_i)
1	$x_0 = -\frac{\sqrt{3}}{3}$ $x_1 = -x_0$	$w_0 = 1$ $w_1 = w_0$
2	$x_0 = -\sqrt{\frac{3}{5}}$ $x_1 = 0$ $x_2 = -x_0$	$w_0 = \frac{5}{9}$ $w_1 = \frac{8}{9}$ $w_2 = w_0$
3	$x_0 = -\sqrt{\frac{1}{7}(3+4\sqrt{0.3})}$ $x_1 = -\sqrt{\frac{1}{7}(3-4\sqrt{0.3})}$ $x_2 = -x_1$ $x_3 = -x_0$	$w_0 = \frac{1}{2}\left(1-\frac{1}{6}\sqrt{\frac{10}{3}}\right)$ $w_1 = \frac{1}{2}\left(1+\frac{1}{6}\sqrt{\frac{10}{3}}\right)$ $w_2 = w_1$ $w_3 = w_0$
4	$x_0 = -\sqrt{\frac{1}{9}(5+2\sqrt{\frac{10}{7}})}$ $x_1 = -\sqrt{\frac{1}{9}(5-2\sqrt{\frac{10}{7}})}$ $x_2 = 0$ $x_3 = -x_1$ $x_4 = -x_0$	$w_0 = \frac{3(0.7+5\sqrt{0.7})}{10(2+5\sqrt{0.7})}$ $w_1 = \frac{3(-0.7+5\sqrt{0.7})}{10(-2+5\sqrt{0.7})}$ $w_2 = \frac{128}{225}$ $w_3 = w_1$ $w_4 = w_0$

$$\int_a^b f(t)dt \approx \frac{b-a}{2}\sum_{i=0}^{n} w_i f\left(\frac{b+a}{2} + \frac{b-a}{2}x_i\right) \tag{6.39}$$

식 (6.39)에서 x_i와 w_i는 각각 $(n+1)$개의 마딧점을 사용하는 구간 $[-1, 1]$에서 정의한 Gauss-Legendre 구적법의 마딧점과 가중치이다. 6.3절에서 설명한 방법과 마찬가지로 구간 $[a, b]$를 n등분한 다음 각 소구간에서 식 (6.39)를 적용하면 다음과 같은 $(n+1)$개의 마딧점을 사용하는 **복합 Gauss-Legendre 구적법**(composite Gauss-Legendre Quadrature)을 유도할 수 있다.

$$\int_a^b f(t)dt \approx \frac{h}{2}\sum_{j=0}^{n-1}\left(\sum_{i=0}^{n} w_i f\left(\frac{t_j+t_{j+1}}{2} + \frac{h}{2}x_i\right)\right) \tag{6.40}$$

단, $h=\dfrac{b-a}{n}$, $t_j=a+jh$, $(0\le j\le n)$이다.

Gauss 구적법 (6.33)에 대한 오차 및 가중치에 관한 중요한 성질을 다음의 정리 6.8과 6.9에서 보인다.

정리 6.8

Gauss 구적법 (6.33)의 가중치 w_i는 모두 양수이고

$$\sum_{i=0}^{n} w_i = \int_a^b w(x)dx$$

이 성립한다.

증명 $f(x)=1$에 대하여 식 (6.33)의 양변이 같아야 하므로

$$\int_a^b w(x)dx = \sum_{i=0}^{n} w_i$$

이 쉽게 얻어진다. $p(x)=\Pi_{i=0}^{n}(x-x_i)$ 그리고 $q_j(x)=\dfrac{p(x)}{(x-x_j)}$, $(0\le j\le n)$라 하자. 그러면 $q_j^2(x)$는 차수가 $2n$인 다항식이다. 식 (6.33)의 정밀도가 $(2n+1)$이므로 $f(x)=q_j^2(x)$에 대하여도 식 (6.33)의 양변이 같아야 한다. 따라서

$$0 < \int_a^b q_j^2(x)w(x)dx = \sum_{i=0}^{n} w_i q_j^2(x_i) = w_j q_j^2(x_j)$$

이 성립한다. 그러므로 모든 $j=0,\ 1,\ \ldots,\ n$에 대하여 $w_j>0$이다. ■

정리 6.9

$f\in C^{2n+2}[a,\ b]$이면 Gauss 구적법 (6.33)의 오차 $E=\displaystyle\int_a^b f(x)w(x)dx-\sum_{i=0}^{n} w_i f(x_i)$는

$$E=\frac{f^{(2n+2)}(\eta)}{(2n+2)!}\int_a^b q^2(x)w(x)dx$$

이다. 단, $\eta\in(a,\ b)$이고 $q(x)=\Pi_{i=0}^{n}(x-x_i)$이다.

증명 Hermite 보간법에 의하여 다음을 만족하는 $(2n+1)$차의 다항식 $p(x)$가 존재한다.

$$p(x_i) = f(x_i), \quad p'(x_i) = f'(x_i) \quad (0 \le i \le n)$$

보간다항식 $p(x)$에 대한 오차는

$$f(x) - p(x) = \frac{f^{(2n+2)}(\xi_x)}{(2n+2)!} q^2(x) \quad (\xi_x \in (a,\ b))$$

이다. 따라서

$$\int_a^b (f(x) - p(x)) w(x) dx = \frac{1}{(2n+2)!} \int_a^b f^{(2n+2)}(\xi_x) q^2(x) w(x) dx$$

을 얻는다. 한편 $\int_a^b p(x) w(x) dx = \sum_{i=0}^{n} w_i\, p(x_i) = \sum_{i=0}^{n} w_i\, f(x_i)$이므로

$$\int_a^b f(x) w(x) dx - \sum_{i=0}^{n} w_i\, f(x_i) = \frac{1}{(2n+2)!} \int_a^b f^{(2n+2)}(\xi_x) q^2(x) w(x) dx$$

을 얻는다. 적분에 대한 가중 평균값의 정리에 의하여

$$E = \frac{f^{(2n+2)}(\eta)}{(2n+2)!} \int_a^b q^2(x) w(x) dx$$

을 만족하는 $\eta \in (a,\ b)$가 존재한다. ■

연습문제 6.4

1. 3개의 마딧점을 가지는 Gauss-Legendre 구적법 (6.36)을 유도하여라.

2. 4개의 마딧점을 가지는 Gauss-Legendre 구적법 (6.37)을 유도하여라.

3. 다음에 주어진 Gauss 구적법의 마딧점과 가중치를 구하여라.

$$\int_0^1 f(x)x\,dx \approx w_0 f(x_0) + w_1 f(x_1)$$

4. 다음에 주어진 구적법의 정밀도가 3이 되도록 α의 값을 구하여라.

$$\int_0^2 f(x)\,dx \approx f(\alpha) + f(2-\alpha)$$

5. 만약 $(2n+1)$차 이하의 모든 다항식 $f(x)$에 대하여

$$\int_a^b f(x)w(x)\,dx = \sum_{i=0}^{n} w_i f(x_i)$$

이면, n차 이하의 모든 다항식 $p(x)$에 대하여

$$\int_a^b \left(\Pi_{i=0}^{n}(x-x_i)\right)p(x)w(x)\,dx = 0$$

임을 보여라.

6. 다음에 주어진 Gauss 구적법의 마딧점과 가중치를 구하여라.

$$\int_{-1}^1 x^4 f(x)\,dx \approx w_0 f(x_0) + w_1 f(x_1)$$

7. 3개의 마딧점을 가지는 Gauss-Legendre 구적법을 사용하여 다음 적분의 근삿값을 구하여라.

1) $\displaystyle\int_0^1 \frac{\sin x}{x}\,dx$ 2) $\displaystyle\int_0^1 x^2 e^{-x}\,dx$

8. 다음에 주어진 Gauss 구적법의 마딧점과 가중치를 구하여라.

$$\int_{o}^{\infty} f(x)e^{-x}dx \approx w_0 f(x_0) + w_1 f(x_1)$$

(이 문제에서 얻어진 Gauss 구적법을 Gauss-Laguerre 구적법(Gauss-Laguerre quadrature)이라 한다.)

9. (컴퓨터 프로그램) 3개의 마딧점을 사용하는 복합 Gauss-Legendre 구적법을 사용하여 다음 적분의 근삿값을 구하여라. (적분구간을 10, 20, 40, 80 등분하여 각각 계산해 보아라.)

1) $\int_{0}^{2} e^{-x^2}dx$

2) $\int_{1}^{3} \ln x dx$

3) $\int_{0}^{4} \frac{\sin t}{t}dt$

4) $\int_{0}^{1} \frac{t^2}{1+t^3}dt$

6.5 Romberg 적분법

먼저 6.3절에서 설명한 바와 같이 $h=\frac{b-a}{n}$일 때 $I(f)=\int_a^b f(x)dx$의 근삿값인 복합사다리꼴 공식 $T(f,\ h)$는

$$T(f,\ h)=\frac{h}{2}(\ f(a)+a(b)\ )+h\sum_{i=1}^{n-1}f(a+ih)$$

이다. 이 절에서는 h를 반씩 줄여가면서 정밀도를 높이는 방법을 알아본다. 먼저 $h=\frac{b-a}{2^n}$일 때의 $T(f,\ h)$를 $T(n)$으로 정의하면

$$T(0)=\frac{h}{2}(f(a)+f(b)) \qquad h=b-a$$

$$\begin{aligned} T(1)&=\frac{h}{2}(f(a)+f(b))+hf(a+h) \\ &=\frac{1}{2}T(0)+hf(a+h) \qquad h=\frac{(b-a)}{2} \end{aligned}$$

$$\begin{aligned} T(2)&=\frac{h}{2}(f(a)+f(b))+h\sum_{i=1}^{3}f(a+ih) \\ &=\frac{1}{2}T(1)+h\sum_{i=1}^{2}f(a+(2i-1)h) \qquad h=\frac{(b-a)}{2^2} \end{aligned}$$

이고 이를 일반화하면 $n=0,\ 1,\ 2,\ \cdots$에 대하여

$$T(n+1)=\frac{1}{2}T(n)+h\sum_{i=1}^{2^n}f(a+(2i-1)h), \qquad h=\frac{(b-a)}{2^{n+1}} \tag{6.41}$$

을 얻는다. $h=b-a$에 대하여 $T(0)=\frac{h}{2}(f(a)+f(b))$을 계산한 후 식 (6.41)로부터 $I(f)=\int_a^b f(x)dx$의 근삿값으로 $T(1)$, $T(2)$, ...을 순차적으로 구할 수 있으므로 식 (6.41)을 **되풀이 사다리꼴 공식**(recursive trapezoidal rule)이라 한다.

예제 6.8 $\int_1^5 \frac{1}{x}dx$의 근삿값을 되풀이 사다리꼴 공식을 이용하여 $T(0)$, $T(1)$, $T(2)$ $T(3)$을 순차적으로 구하여라.

풀이 $h=5-1=4$이므로 $T(0)=\frac{4}{2}(1+2)=2.4.$

$h=\dfrac{5-1}{2}=2$이므로 $T(1)=\dfrac{T(0)}{2}+2\cdot\dfrac{1}{3}=\dfrac{28}{15}\fallingdotseq 1.866666.$

$h=\dfrac{5-1}{2^2}=1$이므로 $T(2)=\dfrac{T(1)}{2}+1\cdot\left(\dfrac{1}{2}+\dfrac{1}{4}\right)=\dfrac{101}{60}\fallingdotseq 1.683333.$

$h=\dfrac{5-1}{2^3}=\dfrac{1}{2}$이므로 $T(3)=\dfrac{T(2)}{2}+\dfrac{1}{2}\left(\dfrac{2}{3}+\dfrac{2}{5}+\dfrac{2}{7}+\dfrac{2}{9}\right)\approx 1.628968.$

$\displaystyle\int_1^5 \frac{1}{x}dx$의 참값은 $\ln 5\approx 1.609438$이다. ■

$h=\dfrac{b-a}{2^n}$일 때 $\displaystyle\int_a^b f(x)dx$의 근삿값을 구하는 복합 Simpson 공식을 $S(n)$으로 정의하면 $S(n)$과 $T(n)$ 사이의 관계식은 다음의 정리와 같다.

정리 6.10

모든 자연수 n에 대하여 다음이 성립한다.

$$S(n)=\frac{4T(n)-T(n-1)}{3} \tag{6.42}$$

증명 $2m=2^n$이라 하자. 만약 $h=\dfrac{b-a}{2^n}$이면

$$T(n)=\frac{h}{2}(f(x_0)+2f(x_1)+2f(x_2)+\cdots+2f(x_{2m-2})+2f(x_{2m-1})+f(x_{2m})) \tag{6.43}$$

단, $x_i=a+ih,\ (0\le i\le 2m)$이다. $T(n-1)$은 $[a,\ b]$를 $2^{n-1}=m$ 등분하여 구한 복합사다리꼴 공식이므로

$$T(n-1)=h(f(x_0)+2f(x_2)+\cdots+2f(x_{2m-2})+f(x_{2m})) \tag{6.44}$$

이다. 식 (6.43)과 식 (6.44)로부터

$$\begin{aligned}4T(n)-T(n-1)&=h(f(x_0)+4f(x_1)+2f(x_2)+\cdots\\&\quad+2f(x_{2m-2})+4f(x_{2m-1})+f(x_{2m}))\\&=3S(n)\end{aligned}$$

을 얻는다. 따라서 식 (6.42)가 성립한다. ■

식 (6.42)를 이용하여 $S(1),\ S(2),\ \ldots$를 순차적으로 구하는 방법을 **되풀이 Simpson 공식**(recursive Simpson's rule)이라 한다.

예제 6.9 $\int_1^5 \frac{1}{x}dx$에 대한 $S(1)$, $S(2)$, $S(3)$을 순차적으로 구하여라.

풀이 예제 6.8의 결과를 이용하면 다음과 같다.

$$S(1) = \frac{4T(1) - T(0)}{3} \approx 1.688888$$

$$S(2) = \frac{4T(2) - T(1)}{3} \approx 1.622222$$

$$S(3) = \frac{4T(3) - T(2)}{3} \approx 1.610846$$

예제 6.8에서 얻어진 $T(i)$와 비교해보면 $S(i)$가 더 정확함을 쉽게 알 수 있다. ■

Euler-Maclaurin 공식으로부터 유도되는 복합 사다리꼴 공식의 오차는

$$\int_a^b f(x)dx = T(f,\ h) + E_T(f,\ h) \tag{6.45}$$

$$E_T(f,\ h) = a_1h^2 + a_2h^4 + a_3h^6 + \cdots$$

와 같다. 위의 식 (6.45)가 오직 h의 짝수 제곱 항만을 포함하기 때문에 Richardson의 외삽법에 의하여 a_1, a_2, a_3, $\cdots$을 차례로 소거함으로써 적분 $\int_a^b f(x)dx$에 대한 더 정확한 근삿값을 구할 수 있다. 식 (6.45)로부터

$$\int_a^b f(x)dx = T(f,\ h) + a_1h^2 + a_2h^4 + a_3h^6 + \cdots \tag{6.46}$$

$$\int_a^b f(x)dx = T\left(f,\ \frac{h}{2}\right) + \frac{a_1}{4}h^2 + \frac{a_2}{16}h^4 + \frac{a_3}{64}h^6 + \cdots \tag{6.47}$$

을 얻는다. 식 (6.47)에 4를 곱한 후 식 (6.46)을 빼면

$$3\int_a^b f(x)dx = 4T\left(f,\ \frac{h}{2}\right) - T(f,\ h) - \frac{3}{4}a_2h^4 - \frac{15}{16}a_3h^6 - \cdots \tag{6.48}$$

이다. 위의 식 (6.48)을 3으로 나누고 계수를 간단히 표현하여

$$\int_a^b f(x)dx = \frac{4T\left(f,\ \frac{h}{2}\right) - T(f,\ h)}{3} + b_1h^4 + b_2h^6 + \cdots \tag{6.49}$$

와 같이 나타내면, 식 (6.49)는 식 (6.42)로부터 오차가 $O(h^4)$인

$$\int_a^b f(x)dx = S\left(f,\ \frac{h}{2}\right) + b_1h^4 + b_2h^6 + \cdots \tag{6.50}$$

이 된다. 다시 식 (6.50)에 h 대신 $\dfrac{h}{2}$를 대입하면

$$\int_a^b f(x)dx = S\left(f,\ \frac{h}{4}\right) + \frac{b_1}{16}h^4 + \frac{b_2}{64}h^6 + \cdots \tag{6.51}$$

이고, 식 (6.50)과 (6.51)로부터 오차가 $O(h^6)$인

$$\int_a^b f(x)dx = \frac{16S\left(f,\ \frac{h}{4}\right) - S\left(f,\ \frac{h}{2}\right)}{15} - \frac{3}{4}b_2h^6 - \ \cdots$$

을 얻는다. 이와 같이 반복하면서 정확도를 높여나가는 방법을 Romberg 적분법이라고 한다. 일반화하면 다음과 같다.

$$R(i,\ 0) = T(i),\quad (i \geq 0)$$

$$R(i,\ 1) = S(i) = \frac{4R(i,\ 0) - R(i-1,\ 0)}{4-1},\quad (i \geq 1)$$

$$R(i,\ 2) = \frac{16S(i) - S(i-1)}{15} = \frac{16R(i,\ 1) - R(i-1,\ 1)}{16-1},\quad (i \geq 2)$$

$$\vdots \qquad\qquad \vdots$$

$$R(i,\ j) = \frac{4^jR(i,\ j-1) - R(i-1,\ j-1)}{4^j - 1},\quad (i \geq j) \tag{6.52}$$

위에서 $R(i,\ 0)$, $(i \geq 0)$의 값을 구하기 위하여 되풀이 사다리꼴 공식을 사용한다. $R(3,\ 3)$의 값을 구하는 Romberg 적분법을 표를 이용하여 설명하면 다음과 같다.

$$\begin{cases} R(0,\ 0) = T(0) & & & \\ & \searrow & & \\ R(1,\ 0) = T(1) & \rightarrow R(1,\ 1) = S(1) & & \\ & \searrow & \searrow & \\ R(2,\ 0) = T(2) & \rightarrow R(2,\ 1) = S(2) & \rightarrow R(2,\ 2) & \\ & \searrow & \searrow & \searrow \\ R(3,\ 0) = T(3) & \rightarrow R(3,\ 1) = S(3) & \rightarrow R(3,\ 2) & \rightarrow R(3,\ 3) \end{cases}$$

Romberg 적분법에 의하여 얻어진 $R(i,\ j)$에 대한 오차는

$$\int_a^b f(x)dx = R(i,\ j) + c_j f^{(2j+2)}(\xi_{ij})h^{2j+2}$$

$$= R(i,\ j) + O(h^{2j+2})$$

와 같음을 증명없이 소개한다. 단, c_j는 j에 종속인 상수이고 $\xi_{ij} \in [a,\ b]$인 점이다. $R(n,\ n)$의 정밀도는 $2n+1$이 됨을 알 수 있다. Romberg 적분법에 대한 알고리즘은 다음과 같다.

▌알고리즘 6.2 Romberg의 적분법

> Input : $a,\ b,\ n,\ f(x)$
>
> For $j=0,\ 1,\ \cdots,\ n$
>
> $\quad R(j,\ 0)=T(j)$ (식 6.41 참조)
>
> End
>
> For $i=1:\ n$
>
> $\quad$ For $j=i:\ n$
>
> $\quad\quad R(j,\ i)=R(j,\ i-1)+(4^i-1)^{-1}(R(j,\ i-1)-R(j-1,\ i-1))$
>
> $\quad$ End
>
> End
>
> Output : $\int_a^b f(x)dx$의 근삿값 $R(n,\ n)$

예제 6.10 Romberg 적분법을 사용하여 다음 적분의 근삿값 $R(3,\ 3)$을 구하여라.

$$\int_0^{\frac{\pi}{2}}(x^2+x+1)\cos x dx$$

풀이 먼저 $R(i,\ 0)=T(i)\ \ (0\le i\le 3)$를 계산한 다음 공식 (6.52)를 이용하여 $R(i,\ j)$를 구하면 다음의 표와 같다.

	$j=0$	$j=1$	$j=2$	$j=3$
$i=0$	0.785398			
$i=1$	1.726813	2.040617		
$i=2$	1.960534	2.038441	2.038296	
$i=3$	2.018794	2.038214	2.038199	2.038197

한편 이 적분의 참값은 $\frac{\pi^2}{4}+\frac{\pi}{2}-2=2.038197427\cdots$이다. ■

Romberg 적분의 Matlab 프로그램 romberg.m

```
function [Rn,D] = romberg(f,a,b,k)
% 2^k+1의 마딧점을 사용하여 Romberg 적분법으로 ∫_a^b fdx의 근삿값을 계산
%   D: Romberg 적분표
D=zeros(k+1);
```

```
for i =0:k
    n = 2^i;      % h = (b-a)/n;
    D(i+1, 1)=  trapzd(f,a,b,n);   % trapezoid rule with h.
end
for i=2:k+1
    D(i:k+1,i)=(4^(i-1).*D(i:k+1,i-1)-D(i-1:k,i-1))./(4^(i-1)-1) ;
end
Rn=D(k+1,k+1);
```

실행결과 (예제 6.10)

```
>> a=0; b=pi/2; f=@(x) (x.^2+x+1).*cos(x)
f =
  다음 값을 갖는 function_handle:
    @(x)(x.^2+x+1).*cos(x)

>> [Rn,D] = romberg(f, a, b, 3)

Rn =
   2.038197162775770
D =
   0.785398163397449                   0                   0                   0
   1.726812656758236   2.040617487878499                   0                   0
   1.960534166563895   2.038441336499114   2.038296259740489                   0
   2.018793948077854   2.038213875249173   2.038198711165844   2.038197162775770
```

E·X·E·R·C·I·S·E

연습문제 6.5

1. Romberg 적분법의 Matlab 프로그램을 이용하여 다음의 적분의 근삿값 $R(5,\ 5)$을 구하여라.

1) $\displaystyle\int_0^3 \frac{\sin 2x}{1+x^5}\ dx$　　2) $\displaystyle\int_0^2 \sqrt{4x-x^2}\ dx$

3) $\displaystyle\int_0^1 \frac{4}{1+x^4}\ dx$　　4) $\displaystyle\int_0^3 \sin(4x)e^{-2x}\ dx$

2. 다음을 만족하는 가장 작은 자연수 k를 구하여라. (단, $R(k,\ k)$는 Romberg 적분법에 의하여 구한 값이다.)

1) $\displaystyle\int_0^2 8x^7\ dx = R(k,\ k)$　　2) $\displaystyle\int_0^2 11x^{10}\ dx = R(k,\ k)$

3. 문제 2번의 결과를 이용하여 Romberg 적분법에 의하여 얻어진 $R(k,\ k)$의 정밀도를 유추하여라.

4. 적분 $\displaystyle\int_0^{3h} f(x)dx$의 근삿값을 구하는 $T(f,\ 3h)$와 $T(f,\ h)$에 대한 공식을 구하고 $\frac{1}{8}(9T(f,\ h)-T(f,\ 3h))$이 Simpson $\frac{3}{8}$공식이 됨을 보여라.

6.6 중적분의 수치계산

6.6.1 이중적분에 관한 복합사다리꼴 공식

이 절에서는 앞 절에서 배운 여러 가지 수치적분을 이중적분

$$\int\int_R f(x,\ y)dA = \int_c^d \left(\int_a^b f(x,\ y)dx \right) dy \tag{6.53}$$

에 적용해 본다. 여기서 R은 직사각형

$$R = \{(x,\ y) \mid a \le x \le b,\ c \le y \le d\}$$

이다. 이변수함수 $f(x,\ y)$의 수치적분값을 구하기 위해 먼저 y를 상수로 취급하고, x에 관한 적분 $\int_a^b f(x,\ y)dx$에 복합사다리꼴 공식을 적용하자. $x_0 = a,\ x_i = a + ih_1$, $(i = 1,\ 2 \cdots,\ n)$이라 하면

$$\int_a^b f(x,\ y)dx \approx \frac{h_1}{2} \sum_{i=0}^{n-1} [f(x_i,\ y) + f(x_{i+1},\ y)] \equiv g(y) \tag{6.54}$$

이다. $h_1 = \dfrac{b-a}{n}$이다. 다음은 함수 $g(y)$에 대해 y에 관한 적분

$$\int_c^d g(y)dy$$

에 복합사다리꼴공식을 적용하기 위해 $y_0 = c,\ y_i = c + jh_2,\ (j = 1,\ 2 \cdots,\ m)$이라 하면

$$\int_c^d g(y)dy \approx \frac{h_2}{2} \sum_{j=0}^{m-1} [g(y_j) + g(y_{j+1})] \tag{6.55}$$

이다. 이때 $h_2 = \dfrac{d-c}{m}$이다. 따라서 **복합사다리꼴 이중적분공식**은 다음과 같다.

$$\begin{aligned} \int_c^d \left(\int_a^d f(x,\ y)dx \right) dy &\approx \frac{h_2}{2} \sum_{j=0}^{m-1} [g(y_i) + g(y_{i+1})] \\ &= \frac{h_1 h_2}{4} \sum_{i=0}^{n-1} \sum_{j=0}^{m-1} [f(x_i,\ y_j) + f(x_{i+1},\ y_j) + f(x_i,\ y_{j+1}) + f(x_{i+1},\ y_{j+1})] \end{aligned} \tag{6.66}$$

예제 6.11 $n = 2,\ m = 4$를 사용하여 복합사다리꼴 이중적분공식으로

$$\int_0^2 \int_0^1 e^x \cos y\ dxdy$$

의 수치 적분값을 구하여라.

풀이 $a=0,\ b=1,\ n=2$이므로 $h_1=0.5$이고, $c=0,\ d=2,\ m=4$이므로 $h_2=0.5$이다. $x_0=0,\ x_1=0.5,\ x_2=1,\ y_0=0,\ y_1=0.5,\ y_2=1,\ y_3=1.5,\ y_4=2$와

$$f(x_i,\ y_j)=e_i^x \cos y_j,\ 0\le i\le 2,\ 0\le j\le 4$$

를 식 (6.66)에 적용하면 수치적분값은

$$\int_0^2\int_0^1 e^x \cos y\ dxdy \approx 1.56147982045$$

이다. 위의 이중적분의 실제값은 1.562429245이다. ■

6.6.2 이중적분에 관한 복합 Simpson공식

다음은 복합 Simpson 이중적분공식에 대하여 알아보자. $\int_a^b f(x,\ y)dx$에 복합 Simpson 공식을 적용하기 위해 $x_0=a,\ x_i=a+ih_1,\ (i=1,\ 2\cdots,\ n),\ h_1=\dfrac{b-a}{n}$이라 하면 짝수 n에 대하여

$$\int_a^b f(x,\ y)dx \approx \frac{h_1}{3}\sum_{i=1}^{\frac{n}{2}}[f(x_{2i-2},\ y)+4f(x_{2i-1},\ y)+f(x_{2i},\ y)]\equiv g(y)$$

이다. 그리고 $y_0=c,\ y_j=c+jh_2,\ (j=1,\ 2\cdots,\ m),\ h_2=\dfrac{d-c}{m}$이면 짝수 m에 대하여

$$\int_c^d g(y)dy \approx \frac{h_2}{3}\sum_{j=1}^{\frac{m}{2}}[g(y_{2j-2})+4g(y_{2j-1})+g(y_{2j})]$$

이다. 따라서 복합 Simpson 이중적분공식은 다음과 같다.

$$\begin{aligned}\int_c^d\left(\int_a^b f(x,\ y)dx\right)dy &\approx \frac{h_2}{3}\sum_{j=1}^{m/2}[g(y_{2j-2})+4g(y_{2j-1})+g(y_{2j})]\\ &= \frac{h_1h_2}{9}\sum_{i=1}^{n/2}\sum_{j=1}^{m/2}[\{f(x_{2i-2},\ y_{2j-2})+4f(x_{2i-1},\ y_{2j-2})+f(x_{2i},\ y_{2j+2})\}\\ &\quad +4\{f(x_{2i-2},\ y_{2j-1})+4f(x_{2i-1},\ y_{2j-1})+f(x_{2i},\ y_{2j-1})\}\\ &\quad +\{f(x_{2i-2},\ y_{2j})+4f(x_{2i-1},\ y_{2j})+f(x_{2i},\ y_{2j})\}] \qquad (6.67)\end{aligned}$$

예제 6.12 $n=4,\ m=8$을 사용하여 복합 Simpson 이중적분공식으로 예제 6.11의 수치 적분값을 구하여라.

풀이 $a=0,\ b=1,\ n=4$이므로 $h_1=0.25$이고 $c=0,\ d=2,\ m=8$이므로 $h_2=0.25$이

다. 각각의 $i=0,\ 1,\ 2,\ 3,\ 4$와 $j=0,\ 1,\ 2,\ \cdots,\ 8$에 대하여

$$x_i = ih_1,\quad y_j = jh_2,\quad f(x_i,\ y_j) = e_i^x \cos y_j$$

를 식 (6.67)에 대입하면 $\int_0^2 \int_0^1 e^x \cos y\ dxdy = 1.562497063$이다. 위의 이중적분의 실제값은 1.562429245이다. ■

6.6.3 삼중적분의 관한 복합사다리꼴 공식 및 복합 Simpson의 공식

삼중적분 $\mathrm{I}_T = \int_e^f \left[\int_c^d \int_a^b f\ (x,\ y,\ z) dxdy \right] dz$의 근삿값을 구하기 위하여 먼저 이중적분 $\int_c^d \int_a^b f\ (x,\ y,\ z) dxdy$에 복합사다리꼴 이중적분공식을 적용하면

$$g(z) \equiv \frac{h_1 h_2}{4} \sum_{i=0}^{n-1} \sum_{j=0}^{m-1} [f(x_i,\ y_j,\ z) + f(x_{i+1},\ y_j,\ z) + f(x_i,\ y_{j+1},\ z) + f(x_{i+1},\ y_{j+1},\ z)]$$

을 얻는다. 단, $h_1 = \dfrac{b-a}{n}$이고 $h_2 = \dfrac{d-c}{m}$이다. 다음에는 $h_3 = \dfrac{f-e}{l}$로 두고, $\int_e^f g(z)dz$에 복합사다리꼴 공식을 적용하면

$$\int_e^f g(z)dz \approx \frac{h_3}{2} \sum_{k=0}^{l-1} [g(z_k) + g(z_{k+1})]$$

이다. 따라서, 복합사다리꼴 삼중적분공식은 다음과 같다.

$$\mathrm{I_T} \approx \frac{h_1 h_2 h_3}{8} \sum_{i=0}^{n-1} \sum_{j=0}^{m-1} \sum_{k=0}^{l-1} [(f_{i,\ j,\ k} + f_{i+1,\ j,\ k} + f_{i,\ j+1,\ k} + f_{i+1,\ j+1,\ k}) + (f_{i,\ j,\ k+1} + f_{i+1,\ j,\ k+1} + f_{i,\ j+1,\ k+1} + f_{i+1,\ j+1,\ k+1})]$$

단, $f_{i,\ j,\ k} = f(x_i,\ y_j,\ z_k)$을 뜻한다. 같은 방법으로 식 (6.67)을 이용하여 복합 Simpson 삼중적분공식을 구하면 다음과 같다. 짝수 $n,\ m,\ l$에 대하여

$$I_T \approx \frac{h_3}{3} \sum_{j=1}^{l/2} [g(z_{2j-2}) + 4g(z_{2j-1}) + g(z_{2j})],$$

단,

$$g(z) = \frac{h_1 h_2}{9} \sum_{i=1}^{n/2} \sum_{j=1}^{m/2} [\{f(x_{2i-2},\ y_{2j-2},\ z) + 4f(x_{2i-1},\ y_{2j-2},\ z) + f(x_{2i},\ y_{2j+2},\ z)\} + 4\{f(x_{2i-2},\ y_{2j-1},\ z) + 4f(x_{2i-1},\ y_{2j-1},\ z) + f(x_{2i},\ y_{2j-1},\ z)\} + \{f(x_{2i-2},\ y_{2j},\ z) + 4f(x_{2i-1},\ y_{2j},\ z) + f(x_{2i},\ y_{2j},\ z)\}]$$

위와 같은 방법으로 중적분에 대한 **복합** Gauss-Legendre **구적법**을 쉽게 유도할 수 있다. 유도하는 과정과 Matlab 프로그램 작성은 일변수함수의 적분과 유사하므로 연습문제로 남긴다(연습문제 6 참조).

연습문제 6.6

1. 다음 이중적분의 근삿값을 $n=2$, $m=4$를 사용하여 복합사다리꼴 및 복합 Simpson 이중적분공식으로 각각 구하여라.

$$\int_0^2 \int_0^2 e^{-x} \sin y \; dxdy$$

2. 다음 이중적분의 근삿값을 $n=2$, $m=2$와 $n=4$, $m=4$를 사용하여 복합사다리꼴 및 복합 Simpson 이중적분공식으로 각각 구하여라.

$$\int_0^1 \int_0^1 \sqrt{xy+y^2}\, dxdy$$

3. $\int_{1.4}^{2.0} \int_{1.0}^{1.5} \log(x+2y)dydx$를 $h_1 = 0.15$, $h_2 = 0.25$인 복합 Simpson 이중적분공식으로 구하여라.

4. $h_1 = h_2 = 0.5$인 복합사다리꼴 이중적분공식을 써서 $\int_0^1 \int_0^1 \sqrt{1-xy} \; dxdy$의 근삿값을 구하여라. 그리고 $h_1 = h_2 = 0.25$로 하여 적분값을 구하여라.

5. 복합사다리꼴 및 복합 Simpson 삼중적분공식으로 $\int_0^1 \int_1^2 \int_0^1 xyz \; dxdydz$의 근삿값을 각각 구하여라. 단, $h_1 = h_2 = h_3 = 0.5$을 사용하여라.

6. 중적분에 대한 n개의 마딧점을 사용하는 복합 Gauss-Legendre 구적법을 유도하여 보아라.

제 7 장

상미분방정식의 수치해법

7.1 개요

미분방정식은 물리학, 공학 등의 많은 분야에서 제기되는 문제나 현상의 수학적 모델로 사용되며 이의 해를 효율적으로 정확하게 구하는 것은 매우 중요한 과제이다. 그러나 미분방정식의 해는 항상 존재하는 것은 아니며 비록 존재하더라도 해를 구체적인 양함수 또는 음함수로 표시하기 어려운 경우가 더 많다. 일례로 $y' = t^2 + y^2$는 아주 간단해 보이는 문제이지만 해는 다항식, 삼각함수, 로그함수, 지수함수 등과 같은 알기 쉬운 함수로 표시되지 않는다. 또한 비록 정확한 해를 구할 수 있어도 정확한 함숫값을 계산하기가 어려운 경우도 많다.

아래의 미분방정식

$$\begin{cases} y' = e^{t^2} \\ y(0) = 0 \end{cases}$$

의 해는 적분함수 $y = \int_0^t e^{x^2} dx$로 나타낼 수 있으나 함숫값은 역시 적절한 방법을 이용하여 근삿값을 구할 수밖에 없다. 이 경우처럼 정확한 해를 구할 수 있더라도 특정한 점들에서 해 $y(t)$의 값이 필요한 경우에는 정확한 해를 이용하기보다는 아예 처음부터 근사해를 직접 구하는 것이 때로는 더욱 효율적이다. 따라서 거의 모든 경우 특히 비선형방정식의 경우 근사해로 만족할 수밖에 없고 현재 계산 능력이 발전하고 있는 고성능 컴퓨터를 이용하여 근사해를 구하는 수치해법의 중요성은 급격히 증가하고 있다.

이 장에서는 관심 있는 전 구간 $[a, b]$에서 정의된 함수의 근사해를 구하는 수치해법보다는 구간 내에 존재하는 미리 정해진 점 t에서 정확한 해 $y(t)$의 근삿값을 구하는 방법에 대하여 논의한다. 즉, 점들 $t_0, t_1, t_2, \ldots, t_n$에서 정확한 해 $y(t_0), y(t_1), y(t_2), \cdots, y(t_n)$의 근삿값 $y_0, y_1, y_2, \ldots, y_n$을 구하는 알고리즘을 소개한다.

이미 구한 근삿값 $y_n, y_{n-1}, y_{n-2}, \ldots, y_{n-k+1}$을 사용하여 다음 단계의 근삿값 y_{n+1}을 계산하는 방법을 k–단계 **방법**(k–step method)이라 하는데 $k = 1$인 경우, 즉 직전의 점 t_n에서의 근삿값 y_n만을 사용하면 **일단계 방법**(one–step method)이라 하고, $k \geq 2$인 경우, 즉 2개 이상의 직전의 점들에서의 근삿값들을 사용하면 **다단계 방법**(multi–step method)이라 한다.

다단계 방법과는 달리 유한차분법은 $y_0, y_1, y_2, \ldots, y_n$을 미지수로 하는 연립방정식을 구성하고 그 해를 구하는 방법이다. 이 장에서는 k-단계 방법과 유한차분법에 대하여 논의한다.

점 t_n을 **그물코점**(mesh point or node), $h_n \equiv t_{n+1} - t_n$을 n-단계의 크기(n-th stepsize)라 하지만, 대부분의 경우 등간격($t_n = a + nh,\ n = 0,\ 1,\ 2,\ \ldots,\ N,\ h = \frac{(b-a)}{N}$)을 사용하는데 h는 0에 가까운 양수로 **단계의 크기**(stepsize or length of step)라고 한다. 특별한 언급이 없으면 단계의 크기는 일정한 경우로 가정한다. 그물코점 이외에서 근사해가 필요하면 적당한 보간법(interpolation)으로 구할 수 있다. 이 장에서는 초기치 문제(initial value problem)의 수치해법을 주로 소개하고 마지막 7.6절에서 경계치 문제의 수치해법을 소개하기로 한다.

초기치 문제

$$\begin{cases} y'(t) = f(t,\ y), \quad a \le t \le b \\ y(a) = y_0 \end{cases} \tag{7.1}$$

은 상수 y_0와 함수 $f(t,\ y)$가 주어졌을 때 구간 내의 모든 t에 대하여 1계 미분방정식 $y' = f(t,\ y)$를 만족하며 초기 조건 $y(a) = y_0$을 만족하는 함수 $y(t)$를 찾는 문제이다. 지금부터 문제 (7.1)의 유일한 해가 존재하도록 함수 $f(t,\ y)$는 아래 정의 7.1의 모든 조건을 만족한다고 가정한다.

정의 7.1 R^2의 부분집합 D의 모든 $(t,\ y_1),\ (t,\ y_2)$에 대하여 부등식

$$|f(t,\ y_1) - f(t,\ y_2)| \le L\ |y_1 - y_2| \tag{7.2}$$

을 만족하는 상수 $L > 0$이 존재하면 함수 $f(t,\ y)$는 D에서 y에 관하여 Lipschitz 조건을 만족한다고 하고 L을 f의 Lipschitz 상수라고 한다.

위의 정의로부터 $f(t,\ y)$는 D에서 y에 관하여 Lipschitz 조건을 만족하면 D에서 y의 연속함수임을 알 수 있다. 또한 평균값 정리로부터

$$|f(t,\ y_1) - f(t,\ y_2)| \le \left| \frac{\partial f}{\partial y}(t,\ \theta) \right| |y_1 - y_2|$$

(단, θ는 y_1과 y_2 사이의 수)

이므로 $f(t,\ y)$의 y에 관한 편도함수가 연속이고 유계(bounded)이면 Lipschitz 조건을

만족함을 알 수 있다.

정리 7.2는 초기치 문제 (7.1)의 해의 유일성과 존재성에 대한 정리이다. 증명은 참고문헌 Henrici(1962, pp.15-25)을 참조하기로 한다.

정리 7.2

함수 $f(t,\ y)$가 R^2의 부분집합 $D=\{(t,\ y)|a \le t \le b,\ -\infty < y < \infty\}$에서 정의되고 연속이며 D에서 y에 관하여 Lipschitz 조건을 만족하면 초기치 문제 (7.1)은 임의의 초기 조건 y_0에 대해서도 유일한 해(unique solution)를 갖는다.

예제 7.1 $f(t,\ y)=2ty$일 때 초기치문제 (7.1)의 유일한 해가 존재함을 보여라.

풀이 f는 Lipschitz 조건

$$|f(t,\ y_2-f(t,\ y_1)|=|2t||y_2-y_1| \le 2\alpha|y_2-y_1|$$

$$(\text{단},\ \alpha=\max\{|a|,\ |b|\})$$

을 만족하므로 정리 7.2에 의하여 임의의 폐구간과 초기 조건 실수 y_0에 대하여 유일한 해를 갖는다. 실제의 해는 $y=y_0e^{(t^2-a^2)}$이다. ■

연습문제 7.1

1. 다음 함수의 Lipschitz 상수 L을 구하여라.

1) $f(t,\ y)=\left(\dfrac{2}{t}+1\right)y,\quad 1\le t$

2) $f(t,\ y)=\cos(ty),\quad 0\le t\le \dfrac{\pi}{2}$

3) $f(t,\ y)=\arctan(y)$

4) $f(t,\ y)=\dfrac{2}{t}+t^2,\quad 1\le t$

2. 다음 함수 $f(t,\ y)$에 대하여 초기치 문제 (7.1)의 유일한 해가 존재함을 증명하여라.

1) $f(t,\ y)=t+y,\quad 0\le t\le 1$

2) $f(t,\ y)=te^{-y^2},\quad 0\le t\le 1$

3) $f(t,\ y)=\cos(ty),\quad 0\le t\le 3$

4) $f(t,\ y)=\dfrac{(1+3t)y}{1+t^2}+t^2e^t,\quad 0\le t\le 1$

3. 다음 초기치 문제는 구간 $-1\le t\le 1$에서 정리 7.2의 조건은 만족하지 않지만 해가 존재함을 보여라.

$$\begin{cases} y'=y^2+1, & -1\le t\le 1 \\ y(0)=0. \end{cases}$$

4. 다음 초기치 문제의 해를 구하여라.

1) $y'=\left(\dfrac{1}{t}+1\right)y,\quad y(0)=e$

2) $y'=\dfrac{1}{1+t^2},\quad y(0)=0$

3) $y'=-y+t^2+3t+1,\quad y(0)=2$

4) $y'=-2y+te^{3t},\quad y(0)=0$

5. Picard 방법은 다음과 같이 정의된다.

$$y^{(0)}(t)=y_0$$

$$y^{(k)}(t)=y_0+\int_a^t f(x,\ y^{(k-1)}(x))dx,\quad k=1,\ 2,\ 3,\ \dots$$

초기치 문제 (7.1)을 풀기 위한 하나의 방법이나 반복되는 적분, 느린 수렴속도 때문에 실제 사용되는 경우는 드물지만 상미분 방정식의 이론적인 측면에서는 상당히 중요하다. 다음의 사실에서 쉽게 이 방법을 이해할 수 있다.

$$y(t) = y(a) + \int_a^t y'(x)dx = y_0 + \int_a^t f(x,\ y(x))dx.$$

다음 각 문제에 대하여 $y_0(t),\ y_1(t),\ y_2(t),\ y_3(t),\ y_4(t)$를 구하고 해 $y(t)$의 Taylor 급수와 비교하여라.

(1) $f(t,\ y) = t - y,\quad y(0) = 0$ (2) $f(t,\ y) = t^2 y,\quad y(0) = 1$

7.2 Euler 방법

Euler 방법은 일단계 방법뿐만 아니라 초기치 문제를 푸는 모든 방법 중에서 가장 간단한 방법이지만 정확도가 다른 방법에 비해 현저히 떨어지므로 Picard 방법(연습문제 7.1의 5)과 마찬가지로 실제로 사용되는 경우는 많지 않다. 그러나 보다 복잡한 다른 방법의 전형적인 모든 특징을 가지고 있으면서도 개념, 유도과정, 오차의 분석 등이 쉬우므로 비교적 자세하게 알아볼 가치가 있다.

7.2.1 Euler 방법

문제 (7.1)의 해 $y(t)$를 t_n의 근방에서 Taylor 급수로 전개하면

$$y(t_n+h)=y(t_n)+hy'(t_n)+\frac{1}{2}h^2y''(\xi_n),$$
$$t_n \le \xi_n \le t_{n+1},\quad n=0,\ 1,\ \cdots,\ N-1 \tag{7.3}$$

이고, $y''(t)$가 연속일 때 $\frac{1}{2}h^2|y''(\xi_n)|=O(h^2)$이고 h가 0에 접근하면 $\frac{1}{2}h^2y''(\xi_n)$은 (7.3)의 다른 두 항에 비하여 무시할 정도로 작으므로 $y(t_n+h)$의 1차 근사식(linear approximation)

$$y(t_n+h)\simeq y(t_n)+hy'(t_n)=y(t_n)+hf(t_n,\ y(t_n)) \tag{7.4}$$

을 얻는다. 식 (7.4)에서 참값 $y(t_n)$ 대신 근삿값 y_n을 대입하여 아래와 같이 구한 값 y_{n+1}을 $y(t_n+h)$의 근삿값으로 취하는 방법을 **Euler 방법**이라고 한다.

$$y_{n+1}=y_n+hf(t_n,\ y_n),\quad n=0,\ 1,\ 2,\ \ldots,\ N-1. \tag{7.5}$$

이렇게 Taylor 급수를 이용하여 Euler 방법을 유도할 수 있지만 전향차분상(연습문제 1 참조) 또는 수치적분(연습문제 2 참조)을 이용하는 다른 유도 방법도 있는데 이러한 방법들은 Euler 방법의 변형 및 일반화에 사용되는 전형적인 방법들이다.

예제 7.2 Euler 방법을 사용하여 다음 초기치 문제의 해를 구하여라. 단, 단계의 크기 $h_1=0.1$와 $h_2=0.01$를 각각 사용하여 표 7.1에 주어진 점에서 근삿값을 구하여라.

$$\begin{cases} y'(t)=y, & 0\le t\le 1 \\ y(0)=1 \end{cases}$$

풀이 $f(t, y) = y$이므로 반복식은 $y_{n+1} = y_n + hy_n$ 또는 $y_{n+1} = (1+h)y_n$이다. 물론 $y_0 = 1$이다. 해는 $y = e^t$이며 참값과 Euler 방법에 의한 근삿값을 표 7.1에 나타내었다. 단, y_{h_1}과 y_{h_2}는 단계의 크기 $h_1 = 0.1$과 $h_2 = 0.01$를 각각 사용하여 구한 근삿값이다. ■

표 7.1

t	$y(t)$	y_{h_2}	y_{h_1}	$y(t) - y_{h_2}$	$y(t) - y_{h_1}$
0.1	1.105171	1.104622	1.100000	5.487858E-04	5.170896E-03
0.2	1.221403	1.220190	1.210000	1.212815E-03	1.140272E-02
0.3	1.349859	1.347849	1.331000	2.010249E-03	1.885873E-02
0.4	1.491825	1.488864	1.464100	2.961432E-03	2.772458E-02
0.5	1.648721	1.644632	1.610510	4.090074E-03	3.821116E-02
0.6	1.822119	1.816697	1.771561	5.422926E-03	5.055770E-02
0.7	2.013753	2.006763	1.948717	6.990656E-03	6.503545E-02
0.8	2.225541	2.216715	2.143589	8.827526E-03	8.195207E-02
0.9	2.459603	2.448633	2.357948	1.097310E-02	1.016553E-01
1.0	2.718282	2.704814	2.593742	1.347097E-02	1.245393E-01

식 (7.4)에서 $n = 0$일 경우 y_0은 $y(t_0)$의 참값이지만 $n \geq 1$일 경우 y_n은 $y(t_n)$의 참값이 아니다. 그러나 y_{n+1}은 초기치만 다른 유사한 초기치 문제

$$\begin{cases} u_n{}'(t) = f(t,\ u_n(t)), & a \leq t \leq b \\ u_n(t_n) = y_n \end{cases} \tag{7.6}$$

에 Euler 방법을 한 번만 반복하여 얻은 근삿값과 같으므로 그물코점(mesh point) t_n은 새로운 문제 (7.6)의 시작점으로 볼 수 있다. 즉, 문제 (7.1)의 해와 문제 (7.6)의 해는 같은 미분방정식을 만족하는 해곡선족(family of solution curves) 중에서 각각 점$(t_0,\ y_0)$와 $(t_n,\ y_n)$을 지나는 서로 다른 두 곡선이다. 물론 $y(t_n) = y_n$이면 $y(t) \equiv u_n(t)$이다. 따라서 Euler 방법은 해 $y(t)$ 대신에 해곡선족 중에서 해 $y = y(t)$와 가까운 곡선 $y = u_n(t)$의 점 $(t_n,\ y_n)$에서의 접선 $y = l_n(t) \equiv f(t_n,\ y_n)(t - t_n) + y_n$을 따라 움직여서 $l_n(t_{n+1})$을 $y(t_{n+1})$의 근삿값 y_{n+1}로 택하는 방법임을 알 수 있다(그림 7.1 참조).

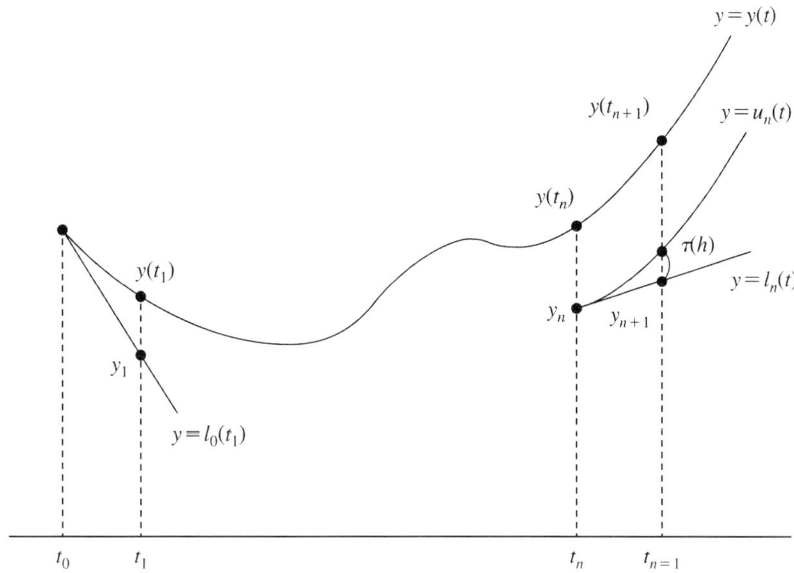

그림 7.1 미분방정식의 해곡선족

Euler 방법의 Matlab 프로그램 euler.m

```
function [y,t] = euler(f, tspan, y0, h)
%  Euler 방법
% input :
%    f = 함수 f 이름 (M-file 또는 한 줄 정의함수) (예: y'=f(t,y))
%    tspan = [a, b] 변수 t의 범위
%    y0= 종속변수 y의 초깃값
%     h= 단계의 크기
% output :
%     t = 독립변수 벡터
%     y = 종속변수의 해 벡터
a = tspan(1);
b = tspan(2);
    t = (a: h: b)' ;
n = length(t) ;
if t(n) < b       % h 간격으로 범위가 b까지 되도록 조정
    t(n+1)= b ;
    n = n+1;
end
```

```
y=y0*ones(n,1) ;          % 성능을 높이기 위해 y에 초기 할당
     for  i=1:n-1             % Euler's method
     y(i+1) = y(i) + feval(f, t(i), y(i))*(t(i+1) -t(i)) ;
end
```

실행결과 (예제 7.2)

```
    >> f=inline('y','t','y')
f =  인라인 함수:
     f(t,y) = y
>> tspan=[0, 1]; y0=1; h1=0.1; h2=0.01;
>> [y1,t1] = euler(f, tspan, y0, h1);
>> [y2,t2] = euler(f, tspan, y0, h2);
    >> fprintf('%7.6f    %7.6f \n',[y2(1:10:end)'; y1']) % yh2, yh1 출력
1.000000    1.000000
1.104622    1.100000
1.220190    1.210000
1.347849    1.331000
1.488864    1.464100
1.644632    1.610510
1.816697    1.771561
2.006763    1.948717
2.216715    2.143589
2.448633    2.357948
2.704814    2.593742
```

7.2.2 Euler 방법의 오차

k-단계 방법의 오차는 국소절단오차(local truncation error)와 마무리오차(round-off error)의 두 가지가 있다. 마무리오차는 컴퓨터의 유한한 정확성에 기인하는 것으로 특성상 분석이 쉽지 않다. Euler 방법의 국소절단오차(local truncation error)는 식 (7.3)에서 $y(t_n+h)$의 근삿값을 구하기 위하여 버린 항 $\frac{1}{2}h^2y''(\xi_n)$이다(국소절단오차의 정확한 정의는 7.3절 참조). 만약 $y\in C^2[a,\ b]$이면 이 오차는 $O(h^2)$이다. 이 오차는 **대역오차**(global error)라 불리는 $y(t_{n+1})-y_{n+1}$이 아니고 $u_n(t_{n+1})-y_{n+1}=O(h^2)$(연습문제 5

참조)와 일치하며 이들의 관계는 식 (7.7)처럼 표시할 수 있다(그림 7.1 참조). 실제로 $y(t_{n+1})-y_{n+1}=O(h)$임을 증명할 수 있다(정리 7.4).

$$y(t_{n+1})-y_{n+1}=[y(t_{n+1})-u_n(t_{n+1})]+[u_n(t_{n+1})-y_{n+1}] \tag{7.7}$$

식 (7.7)의 우변의 첫 번째 항은 미분방정식에 의하여, 두 번째 항은 방법 자체에 의하여 결정되는 오차임을 알 수 있다. 또한 $u_n(t)$은 식 (7.6)에서 알 수 있듯이 y_0, y_1, $\cdots$, y_n에 의하여 영향을 받으므로 정확한 계산을 한다고 가정하였을 때 대역오차는 현재의 단계까지 누적된 모든 오차임을 알 수 있다. 물론 여기에 마무리오차도 고려해야만 완전한 오차분석을 할 수 있다.

Euler 방법은 아주 간단하므로 오차분석은 비교적 용이하나 같은 과정으로 복잡한 k-단계 방법들의 오차분석도 할 수 있다.

정리 7.3

A와 B가 음수가 아닌 두 상수일 때 수열 $\{x_i\}$이 식

$$|x_{i+1}| \le A|x_i|+B, \quad i=0,\ 1,\ 2,\ \ldots,\ n-1 \tag{7.8}$$

을 만족하면 부등식

$$|x_i| \le A^i|x_0|+\begin{cases} \dfrac{A^i-1}{A-1}B, & A\ne 1 \\ iB, & A=1 \end{cases}, \quad i=1,\ 2,\ \ldots,\ n \tag{7.9}$$

가 성립한다.

증명 $A\ne 1$인 경우를 먼저 수학적 귀납법으로 증명하자. $i=1$일 때 부등식 (7.9)는 자명하다. 이제 부등식 (7.9)가 n보다 작은 임의의 i에 대하여 성립한다면 부등식 (7.8)에 의하여

$$|x_{i+1}| \le A\left\{A^i|x_0|+\frac{A^i-1}{A-1}B\right\}+B=A^{i+1}|x_0|+\frac{A^{i+1}-1}{A-1}B$$

이므로 증명이 된다. $A=1$인 경우도 같은 방법으로 증명된다. ■

정리 7.4

함수 $f(t,\ y)$는 $D = \{(t,\ y) | a \le t \le b,\ -\infty < y < \infty\}$에서 y에 관하여 Lipschitz 조건 (Lipschitz 상수: $L > 0$)을 만족하고 $y \in C^2[a,\ b]$이면 Euler 방법의 대역오차의 한계는

$$|y(t_n) - y_n| \le \frac{hM(t_n)}{L}\left(e^{L(t_n - a)} - 1\right), \quad n = 0,\ 1,\ 2,\ \ldots,\ N \tag{7.10}$$

이다. 단, $M(t_n) = \frac{1}{2}\max\{|y''(t)| : a \le t \le t_n\}$이다.

증명 $n = 0$일 경우 부등식 (7.10)은 분명히 성립한다. 식 (7.3)과 식 (7.5)의 양변을 각각 빼면

$$y(t_{n+1}) - y_{n+1} = y(t_n) - y_n + h[f(t_n,\ y(t_n)) - f(t_n,\ y_n)]$$

$$+ \frac{h^2}{2}y''(\xi_n), \quad t_n \le \xi_n \le t_{n+1}$$

이고 양변의 절댓값을 취하면 다음의 부등식

$$|y(t_{n+1}) - y_{n+1}| \le |y(t_n) - y_n| + h|f(t_n,\ y(t_n)) - f(t_n,\ y_n)|$$

$$+ \frac{1}{2}|y''(\xi_n)|, \quad t_n \le \xi_n \le t_{n+1}$$

을 얻는다. 가정에 의하여

$$|f(t_n,\ y(t_n)) - f(t_n,\ y_n)| \le L|y(t_n) - y_n|,$$

$$\frac{h^2}{2}|y''(\xi_n)| \le h^2 M(t_{n+1})$$

이므로

$$|y(t_{n+1}) - y_{n+1}| \le (1 + hL)|y(t_n) - y_n| + h^2 M(t_{n+1}) \tag{7.11}$$

이다. 식 (7.8)과 식 (7.11)을 비교하여 정리 7.3의 식 (7.9)와 $y(t_0) = y_0$를 이용하면

$$|y(t_{n+1}) - y_{n+1}| \le \frac{hM(t_{n+1})}{L}\left((1 + hL)^{n+1} - 1\right) \tag{7.12}$$

을 얻는다. Taylor 정리를 이용하여 쉽게 유도할 수 있는 부등식

$$(1 + \delta) < e^{\delta}, \quad (\delta > 0) \tag{7.13}$$

을 부등식 (7.12)에 사용하면 ($\delta = hL$) 식 (7.12)는

$$|y(t_{n+1}) - y_{n+1}| \le \frac{hM(t_{n+1})}{L}\left(e^{(n+1)hL} - 1\right)$$

이고 또한 $(n+1)h = t_{n+1} - t_0 = t_{n+1} - a$ 이므로 $n \geq 1$일 때도 식 (7.10)이 성립함을 알 수 있다. ■

예제 7.3 초기치 문제

$$\begin{cases} y' = 2y, & 0 \leq t \leq 1, \\ y(0) = 1 \end{cases}$$

에 Euler 방법을 사용할 때 대역오차의 한계를 구하여라.

풀이 Lipschitz 상수는 $L = 2$이고 해는 $y(t) = e^{2t}$이다. 따라서 대역오차의 한계는

$$|y(t_n) - y_n| \leq he^{2hn}(e^{2hn} - 1) \tag{7.14}$$

이다. 만약 $h = 2^{-7}$을 사용한다면

$$|y(t_n) - y_n| \leq 2^{-7}e^2(e^2 - 1) \leq 0.3688211, \quad n = 2^7$$

이다. ■

정리 7.4에서는 모든 계산이 오차없이 정확하다고 가정하고 대역오차의 한계를 구하였다. 이제 마무리오차(round-off error)의 개입이 실제 계산에 미치는 영향에 대하여 알아보자. $\bar{x}$를 실수 x의 부동소숫점 표현(floating point representation)이라 하고 ϵ를 기계오차(machine epsilon or unit round-off error)라 할 때 식

$$\bar{x} = (1+\delta)x, \quad |\delta| \leq \epsilon \tag{7.15}$$

를 만족하는 δ가 존재한다(1장 참조). 따라서 Euler 방법의 시작 단계에서부터 오차가 발생하고, 즉 $\bar{y}_0 = y_0 + \delta_0$이고 이 오차와 계산과정에서 발생하는 오차 때문에 다음 단계에서는 실제로 y_1 대신

$$\bar{y}_1 = \bar{y}_0 + hf(t_0, \bar{y}_0) + \delta_1$$

을 얻는다. 이러한 과정은 계속 반복되어 실제 계산은 식 (7.5) 대신

$$\begin{aligned} \bar{y}_0 &= y_0 + \delta_0, \\ \bar{y}_{n+1} &= \bar{y}_n + hf(t_n, \bar{y}_n) + \delta_{n+1}, \quad n = 0, 1, \ldots, N-1 \end{aligned} \tag{7.16}$$

와 같이 실행된다. 식 (7.16)의 δ_n을 국소마무리오차(local round-off error)라고 한다. 아래의 정리 7.5는 식 (7.5), (7.16) 그리고 정리 7.3을 이용하여 정리 7.4와 같은 방법으로 증

명할 수 있다.

정리 7.5

정리 7.4와 같은 가정하에서 **대역마무리오차**(global round-off error)의 한계는

$$|y_n - \bar{y}_n| \le \frac{\delta}{hL}(e^{L(t_n - a)} - 1) + |\delta_0| e^{L(t_n - a)}, \quad n = 0,\ 1,\ \ldots,\ N \tag{7.17}$$

이다. 단, $\delta = \max\{|\delta_0|,\ |\delta_1|,\ \ldots,\ |\delta_n|\}$.

예제 7.4 예제 7.3의 초기치 문제에 Euler 방법을 사용할 때 반복식은 $y_{n+1} = (1+2h)y_n$이다. 만약 $(1+2h)$의 계산과정에서 마무리오차가 발생하지 않는다고 가정하면 $\bar{y}_n$은 n에 대한 증가함수라는 사실과 식 (7.15)에 의하여

$$|\delta_{n+1}| \le \epsilon(1+2h)\bar{y}_n \le \epsilon(1+2h)\bar{y}_N$$

이다. 또한 $\bar{y}_0 = y_0 = 1$이고 $\bar{y}_N \simeq e^2 = 7.38905\cdots < 8$이므로

$$|\delta_0| = 0$$

$$|\delta_n| \le \epsilon(8+16h),\ n = 1,\ 2,\ \ldots,\ N$$

이다. 따라서 $\delta \simeq \epsilon(8+16h)$이고 식 (7.17)을 사용하면 대역마무리오차의 한계는

$$|y_n - \bar{y}_n| \le \epsilon(8+\frac{4}{h})(e^{2t_n} - 1), \quad n = 0,\ 1,\ \ldots,\ N \tag{7.18}$$

이다. 예를 들어 $h = 2^{-7}$이라면

$$|y_n - \bar{y}_n| \le \epsilon(2^3 + 2^9)(e^2 - 1) \simeq 3322\epsilon, \quad n = 2^7$$

이다. 만약 $\epsilon \simeq 2^{-52}$이라면 오차의 한계는 약 7.3763×10^{-13}이다. ■

대역오차와 마무리오차를 모두 고려한 실제의 오차인 **전체오차**(total error)는 $|y(t_n) - \bar{y}_n|$으로 정의되며 이들의 관계

$$y(t_n) - \bar{y}_n = (y(t_n) - y_n) + (y_n - \bar{y}_n) \tag{7.19}$$

와 정리 7.4 그리고 정리 7.5를 이용하면 정리 7.4와 같은 방법으로 정리 7.6은 어렵지 않게 증명된다.

정리 7.6

정리 7.4와 같은 가정에서 단계 n에서의 전체오차는

$$|y(t_n)-\overline{y}_n| \le \frac{1}{L}\left(hM(t_n)+\frac{\delta}{h}\right)\left(e^{L(t_n-a)}-1\right)+|\delta_0|e^{L(t_n-a)},\quad n=0,\ 1,\ \ldots,\ N \tag{7.20}$$

이다.

비록 δ가 아주 작은 값이라도 h가 0에 접근할수록 식 (7.20)의 오차의 한계는 무한히 커진다. 마무리오차를 고려하지 않은 식 (7.10)의 오차의 한계와 비교하면 이런 현상은 분명 마무리오차 때문임을 알 수 있다.

예제 7.5 예제 7.3과 예제 7.4의 결과를 이용하면 예제 7.3의 초기치 문제의 전체오차 (total error) $|y(t_N)-\overline{y}_N|$의 한계는

$$|y(t_N)-\overline{y}_N| \le \left(he^2+\frac{4\epsilon}{h}+8\epsilon\right)(e^2-1)$$

이다. h의 함수 $he^2+\frac{4\epsilon}{h}+8\epsilon$는 $h>2e^{-1}\sqrt{\epsilon}$이면 감소함수, $h<2e^{-1}\sqrt{\epsilon}$이면 증가함수이므로 $h_m=2e^{-1}\sqrt{\epsilon}$일 때 최솟값을 갖는다. 만약 $\epsilon=2^{-52}$라면 $h_m \simeq 1.096\times 10^{-8}$로 이는 실제 사용하기에 충분히 작은 값이다. 이제 단계의 크기를 $h=10^{-k}$, $k=6,\ 7,\ 8,\ 9$일 때 전체오차를 구하면 표 7.2와 같다. 예상한 대로 오차는 점점 감소하다가 $h_m \simeq 1.096\times 10^{-8}$ 근처인 $h=10^{-8}$일 때 가장 작고 $h_m \simeq 1.096\times 10^{-8}$보다 작으면 오히려 전체오차는 증가함을 알 수 있다. $h=10^{-9}$일 때 $t=1$에서의 오차가 2.721165이고 참값은 $e^2=7.389056$이므로 이 경우 근사해는 전혀 쓸모없음을 알 수 있다. ■

표 7.2

t \ h	10^{-5}	10^{-6}	10^{-7}	10^{-8}	10^{-9}
0.2	0.005967E-03	0.0059672E-04	0.0059673E-05	7.430951E-03	9.843091E-02
0.4	0.017804E-03	0.0178042E-04	0.0178043E-05	2.311127E-02	2.651407E-01
0.6	0.039840E-03	0.0398413E-04	0.0398413E-05	5.172483E-02	7.352609E-01
0.8	0.079246E-03	0.0792483E-04	0.0792485E-05	1.023324E-01	1.491056
1.0	0.147777E-03	0.1477807E-04	0.1477811E-05	1.938112E-01	2.721165

예제 7.5의 Matlab 실행 (euler.m은 7.2.1절의 예제 7.2 참조)

```
>> f=inline('2*y','t','y')
f =  인라인 함수:
     f(t,y) = 2*y
>> tspan=[0, 1]; y0=1;
error=zeros(5,4);
for s=6:9
    h=10^-s ;
    [y,t] = euler(f, tspan, y0, h);
         k=[1:5]';
    x=0.2*k ;
    tt=10^s/5 ;
    error(k, s-5)=exp(2*x)-y(tt.*k+1);
end
error
```

실행결과

```
error =
  5.967289e-07  5.967302e-08  5.967441e-09  5.966940e-10
  1.780429e-06  1.780433e-07  1.780525e-08  1.780803e-09
  3.984132e-06  3.984139e-07  3.984238e-08  3.985309e-09
  7.924834e-06  7.924854e-07  7.925046e-08  7.928215e-09
  1.477807e-05  1.477811e-06  1.477837e-07  1.478456e-08
```

정리 7.4에서 Euler 방법의 대역오차 한계(upper bound)는 단계의 크기 h의 일차함수임을 알 수 있다. 이것은 컴퓨터를 이용하는 계산과정에서 마무리오차를 무시한다면 h가 0에 접근할수록, 즉 단계(step)의 개수 N이 증가할수록 근삿값은 참값에 수렴함을 뜻한다. 하지만 정리 7.5에서 대역마무리오차는 Ch^{-1}임을 알 수 있고 이는 h가 0에 접근할수록 계산횟수가 많아지므로 마무리오차가 많이 누적됨을 뜻한다. 따라서 위의 예제 7.5에서 보듯이 h가 0에 접근할 때 어느 한계까지는 근삿값이 참값에 접근하지만 그 이후부터는 마무리오차의 지배를 받아 오히려 전혀 엉뚱하게 참값에서 벗어나는 결과가 나올 수 있음을 알 수 있는데 이는 미분방정식의 k-단계 수치해법에서는 아주 전형적인 현상이다. 다시 말하면 이론적으로는 h가 작으면 작을수록 좋지만 실제적으로는 마무리오차의 개입 때문에 적당한 선에서 멈추어야 함을 뜻한다. 그러나 정리 7.4와 정리 7.5의 대

역오차(global error)의 한계 (7.10)과 대역마무리오차(global round-off error)의 한계 (7.17)은 항상 최악의 경우를 가정하여 얻은 결과이므로 대부분의 경우 실제 오차보다 클 것이다. 따라서 실제의 전체오차(total error) $|y(t_n) - \overline{y}_n|$도 (7.20)에 주어진 이론상의 오차한계보다 작을 것이다.

예제 7.6 Euler 방법을 사용하여 예제 7.3의 초기치 문제의 수치해를 구할 때 식 (7.10)의 대역오차의 한계와 실제의 전체오차 $\overline{e}_n \equiv |y(t_n) - \overline{y}_n|$를 비교하여라. 단, $h = 0.01$을 사용하여라.

풀이 예제 7.3에서 구한 대역오차의 한계

$$e_n \equiv he^{2hn}\left(e^{2hn} - 1\right) = 0.01e^{0.02n}\left(e^{0.02n} - 1\right)$$

를 이용하여 계산하면 표 7.3을 얻는다. 전체오차의 한계는 대역오차의 한계를 포함하므로 더 크지만 아래 표의 데이터와 같이 실제 계산 후의 전체오차는 이론상의 대역오차의 한계보다도 작음을 알 수 있다. 또한 $h = 0.01$은 예제 7.5의 $h_m \simeq 1.096 \times 10^{-8}$보다 큰 수임을 감안하면 마무리오차보다는 대역오차가 보다 큼을 예측할 수 있다. ■

표 7.3

	0.2	0.4	0.6	0.8	1.0
$\overline{e}_n$	5.8773016E-03	1.7501265E-02	3.9086134E-02	7.7593268E-02	1.4440998E-01
e_n	7.3371612E-03	2.7274914E-02	7.703059E-02	1.9579498E-01	4.7209093E-01

7.2.3 적합 Euler 방법

이제 단계의 크기 h를 고정하지 않고 필요에 따라 변화시키는 이른바 적합법(adaptive method)에 대하여 알아보자. 초기치 문제 (7.1)의 해 중에는 특정한 부분에서는 매우 부드러운 곡선(very smooth curve)이고 또 다른 부분에서는 매우 변화가 심한 곡선일 수가 있으므로 단계의 크기 h를 처음부터 끝까지 고정하는 것은 비효율적일 것이다. 다시 말하면 부드러운 부분에서는 단계의 크기를 크게, 변화가 심한 부분에서는 작게 하는 것이 효율적이다. 문제는 사전에 이러한 정보를 알 수 없다. 따라서 사용자가 미분방정식과 사용자 필요에 따른 허용오차(error tolerance)를 주기만 하면 이에 부합한 수치해를 구할 수 있는 방법이 요구되는데 이런 종류의 알고리즘을 **적합법**(adaptive method)이라고 한다. 이러한 목적을 달성하려면 각 단계에서 전체오차를 측정할 수 있어야 하는데 이는 대부분의 경우 불가능하다. 단계의 크기 h가 아주 작은 수가 아니면 대역오차가 전체오차의 대부분을 차지한다고 가정하여(예제 7.5 참조) 마무리오차를 무시하고 대역오차를 측정하여 그에 따라 단계의 크기를 변화시켜서 실제오차를 허용오차보다 작게 하여야 하는데 대역오차의 측정 또한 쉬운 일이 아니다. 그러나 다행히 국소절단오차는 측정이 가능하고 이를 조절함으로써 대역오차를 조절할 수 있다는 사실이 알려져 있다[Shampine and Gordon(1975) 참조].

초기치 문제 (7.6)의 해를 Taylor 급수로 전개하면

$$u_n(t_{n+1}) = u_n(t_n) + hf(t_n,\ u_n(t_n)) + \frac{1}{2}h^2 u_n''(\eta_n) \tag{7.21}$$

$$= y_n + hf(t_n,\ y_n) + \frac{1}{2}h^2 u_n''(\eta_n),$$

$$t_n \le \eta_n \le t_{n+1},\quad n = 0,\ 1,\ \dots,\ N-1$$

이다. 식 (7.21)과 (7.5)를 변끼리 빼면

$$u_n(t_{n+1}) - y_{n+1} = \frac{1}{2}h^2 u_n''(\eta_n),\quad n = 0,\ 1,\ \dots,\ N-1$$

을 얻는다. 함수 $u_n(t)$는 $y(t)$의 근사함수이고 초기치 문제 (7.1)의 해의 이차 도함수가 연속이라고 가정하면 아주 작은 실수 h에 대하여

$$\frac{1}{2}h^2 y''(\xi_n) \simeq \frac{1}{2}h^2 u_n''(\eta_n),\quad n = 0,\ 1,\ \dots,\ N-1$$

이므로 $u_n(t_{n+1}) - y_{n+1} = Ch^2$로 국소절단오차를 대신할 수 있다. 이런 가정하에서 y_{n+1}와 $\tilde{y}_{n+1}$을 각각 단계의 크기를 h, $h/2$를 사용하여 얻은 근삿값이라면

$$u_n(t_{n+1}) - y_{n+1} = Ch^2,$$

$$u_n(t_{n+1}) - \tilde{y}_{n+1} = 2C\left(\frac{h}{2}\right)^2$$

이므로

$$y_{n+1} - \tilde{y}_{n+1} = \frac{1}{2}Ch^2 < Ch^2$$

이다. 따라서 $y_{n+1} - \tilde{y}_{n+1}$을 국소절단오차의 근삿값으로 사용할 수 있다. 각 단계에서 이 값을 측정하여 주어진 허용오차보다 크면 단계의 크기 h를 줄여서 다시 계산하고 허용오차보다 아주 작으면 다음 단계부터는 h를 크게 하여 사용하고 그 중간이면 변화없이 그대로 사용하면서 조절할 수 있다.

연습문제 7.2

1. 전향차분상 공식 $y'(t) \simeq \dfrac{y(t+h)-y(t)}{h}$ 을 이용하여 식 (7.5)를 유도하여라.

2. $y=y(t)$가 아주 매끄러운 곡선(smooth curve)이고 $b-a$가 매우 작은 값일 때 수치적분공식

$$\int_a^b y(t)dt \ \simeq \ (b-a)y(a)$$

와 등식

$$y(t)-y(a)=\int_a^t y'(\tau)d\tau$$

을 이용하여 식 (7.5)를 유도하여라.

3. Euler 방법을 사용할 때 국소절단오차의 한계를 구하여라.

1) $\begin{cases} y'=y, & 0 \le t \le 1 \\ y(0)=1 \end{cases}$

2) $\begin{cases} y'=\left(\dfrac{1}{t}+2\right)y, & 1 \le t \le 2 \\ y(0)=\mathrm{e}^2 \end{cases}$

4. 예제 7.2에서 $y_n=(1+h)^n$임을 보이고, $t=nh$일 때 $\lim\limits_{h\to 0} y_n=e^t$을 보여라.

5. 단계의 크기가 각각$h=0.25$, $h=0.1$, $h=0.01$일 때 Euler 방법을 이용하여 다음 초기치 문제의 수치해를 구하여라. 단, 구간은 $[0, 1]$이다.

1) $y'=-2ty$, $y(0)=1$

2) $y'=y^2$, $y(0)=0.5$

3) $y'=\tan y$, $y(0)=0$ (단, 구간은 $[0, \pi/4]$)

4) $y'=ty+1$, $y(0)=1$

6. $u_n(t_{n+1})-y_{n+1}=O(h^2)$을 증명하여라.

7. 예제 7.2에 대하여 예제 7.3과 같이 대역오차의 한계를 구하여라.

8. 예제 7.2에 대하여 예제 7.4와 같이 대역마무리오차의 한계를 구하여라.

9. 예제 7.2에 대하여 예제 7.5와 같이 전체오차의 한계를 구하고 이것을 실제의 오차와 비교하여라. 단, $h=2^{-7}$을 이용한다.

10. 예제 7.2에 대하여 예제 7.6과 같이 대역마무리오차의 한계와 실제오차를 비교하여라. 단, $h=0.1$을 사용하여라.

11. 예제 7.2의 해는 $y(t)=e^t$이므로 Euler 방법의 국소절단오차는 $\frac{1}{2}h^2e^t$이다.

1) $h=2^{-4}$, $t=0.5$일 때 국소절단오차를 구하여라.

2) 단계크기 $h=2^{-4}$를 사용하여 y_{15}, y_{16}을 구하고 t_{15}에서 y_{15}를 초깃값, $h=2^{-5}$를 단계의 크기로 사용하여 t_{16}에서의 근삿값 $\tilde{y}_{16}$을 구하여 $|y_{16}-\tilde{y}_{16}|$와 1)에서 구한 오차를 비교하여라.

7.3 일단계 방법

7.1절에서 일단계 방법은 h, t_n 그리고 y_n을 알고 있으면 $y(t_{n+1})$의 근삿값 y_{n+1}을 구할 수 있는 방법으로 7.2절에서 일단계 방법의 하나인 Euler 방법에 대하여 자세하게 알아보았다. Euler 방법은 대역오차의 한계가 Ch(C는 상수)로 실제 사용하기에 충분할 만큼 효율적이지 못하지만 보다 효율적인, 즉 대역오차의 한계가 $h^p(p \geq 2)$인 일단계 방법이 다수 연구 발표되어 있다. 이 절에서는 자주 사용하는 중요한 Taylor 방법과 Runge-Kutta 방법을 다룬다.

일단계 방법은 일반적으로

$$y_{n+1} = y_n + h\phi(t_n,\ y_n\ ;\ h) \tag{7.22}$$

의 형태로 표시되며 $\phi(t,\ y\ ;\ h)$를 **증분함수**(increment function)라고 한다. 예를 들어 Euler 방법의 경우 $\phi(t,\ y\ ;\ h) = f(t,\ y)$이다.

정의 7.7 일단계 방법 (7.22)의 **국소절단오차**(local truncation error) $\tau(h)$는

$$y(t+h) = y(t) + h\phi(t,\ y(t)\ ;\ h) + \tau(h) \tag{7.23}$$

이고

$$\tau(h) = O(h^{k+1})$$

일 때 k차 **방법** (k–th order method) 또는 **차수**(order)가 k라고 한다.

국소절단오차는 $y(t_n) = y_n$이라고 가정할 때 다음 단계 t_{n+1}에서의 오차를 나타내므로 일단계 방법의 정확도 또는 근사식의 정확도를 나타낸다고 할 수 있다.

7.3.1 k차 Taylor 방법

초기치 문제 (7.1)의 해 $y(t)$가 $y(t) \in C^{k+1}[a,\ b]$라고 가정하면 Taylor 급수는

$$y(t+h) = y(t) + hy'(t) + \cdots + \frac{h^k}{k!}y^{(k)}(t) + \frac{h^{k+1}}{(k+1)!}y^{(k+1)}(\xi), \tag{7.24}$$

$$t \le \xi \le t+h$$

이다. 기호 $f^{(i)}(t,\ y) = y^{(i+1)}(t),\ i=0,\ 1,\ \ldots,\ k$를 사용하면 식 (7.24)는

$$\begin{aligned} y(t+h) = {} & y(t) + hf(t,\ y(t)) + \frac{h^2}{2}f'(t,\ y(t)) + \cdots + \frac{h^k}{k!}f^{(k-1)}(t,\ y(t)) \\ & + \frac{h^{k+1}}{(k+1)!}f^{(k)}(\xi,\ y(\xi)),\quad t \le \xi \le t+h \end{aligned} \tag{7.25}$$

이다. 이제 h가 0에 가까운 아주 작은 값이라고 가정하면 식 (7.25)에서 우변의 마지막 항은 우변의 다른 항들에 비해 상대적으로 작을 것이고 $y_n \simeq y(t_n)$이라면 식 (7.25)에 t 대신 t_n을 대입하여 다음 단계에서의 근삿값

$$y(t_{n+1}) \simeq y_n + hf(t_n,\ y_n) + \frac{h^2}{2}f'(t_n,\ y_n) + \cdots + \frac{h^k}{k!}f^{(k-1)}(t_n,\ y_n)$$

을 얻는다. 이제 함수 $T_k(t,\ y\,;h)$를

$$T_k(t,\ y\,;h) = f(t,\ y) + \frac{h}{2}f'(t,\ y) + \cdots + \frac{h^{k-1}}{k!}f^{(k-1)}(t,\ y)$$

라 하자.

정의 7.8 증분함수 $\phi(t,\ y\,;h)$가 $T_k(t,\ y\,;h)$인 일단계 방법

$$y_{n+1} = y_n + hT_k(t_n,\ y_n\,;h),\ n=0,\ 1,\ 2,\ \ldots,\ N-1 \tag{7.26}$$

을 k차 Taylor 방법(Taylor expansion method of order k)이라고 한다.

7.2절의 Euler 방법은 1차 Taylor 방법이다. 초기치 문제 (7.1)에서 주어진 $f(t,\ y)$의 t와 y에 관한 편도함수를 구하여 증분함수 $T_k(t,\ y\,;h)$를 구할 수 있다. 예를 들어 $k=3$이면

$$\begin{aligned} f'(t,\ y) &= f_t(t,\ y) + f_y(t,\ y)f(t,\ y) \\ f''(t,\ y) &= f_{tt}(t,\ y) + 2f(t,\ y)f_{ty}(t,\ y) + f^2(t,\ y)f_{yy}(t,\ y) \\ &\quad + f_t(t,\ y)f_y(t,\ y) + f(t,\ y)f_y^2(t,\ y) \end{aligned}$$

을 구해야 한다.

예제 7.7 다음의 초기치 문제

$$\begin{cases} y' = t + 2y \\ y(0) = 0.75 \end{cases}$$

에 대하여

1) 4차 Taylor 방법의 반복식　2) y_n

3) $y(t_n)$　4) 절대오차 $e(t_n) = |y(t_n) - y_n|$

을 구하여라. 단, $n = 1, \cdots, 5$이고 $h = 0.1$이다.

풀이 $f(t, y) = t + 2y$이므로

$$f'(t, y) = 1 + 2(t + 2y) = 1 + 2t + 4y$$
$$f''(t, y) = 2 + 4(t + 2y) = 2 + 4t + 8y$$
$$f'''(t, y) = 4 + 8(t + 2y) = 4 + 8t + 16y$$

이고 4차 Taylor 방법의 반복식은

$$y_0 = 0.75$$

$$\begin{aligned} y_{n+1} &= y_n + h\left((t_n + 2y_n) + \frac{h}{2}(1 + 2t_n + 4y_n) \right. \\ &\qquad \left. + \frac{h^2}{6}(2 + 4t_n + 8y_n) + \frac{h^3}{24}(4 + 8t_n + 16y_n)\right) \\ &= \left(\frac{1}{2} + \frac{h}{3} + \frac{h^2}{6}\right)h^2 + \left(1 + h + \frac{2h^2}{3} + \frac{h^3}{3}\right)ht_n \\ &\qquad + \left(1 + 2h + 2h^2 + \frac{4h^3}{3} + \frac{2h^4}{3}\right)y_n \\ &= 5.350001 \times 10^{-3} + 0.1107t_n + 1.2214y_n, \quad n = 0, 1, \cdots, 5 \end{aligned}$$

이다. 따라서

$$y(0.1) \simeq y_1 = 5.350001 \times 10^{-3} + 1.2214 \times 0.75 = 0.9214$$

$$y(0.2) \simeq y_2 = 5.350001 \times 10^{-3} + 0.1107 \times 0.1 + 1.2214 \times 0.9214 = 1.141818$$

$$\begin{aligned} y(0.3) \simeq y_3 &= 5.350001 \times 10^{-3} + 0.1107 \times 0.2 + 1.2214 \times 1.141818 \\ &= 1.422107 \end{aligned}$$

$$\begin{aligned} y(0.4) \simeq y_4 &= 5.350001 \times 10^{-3} + 0.1107 \times 0.3 + 1.2214 \times 1.422107 \\ &= 1.775521 \end{aligned}$$

$$y(0.5) \simeq y_5 = 5.350001 \times 10^{-3} + 0.1107 \times 0.4 + 1.2214 \times 1.775521$$

$$= 2.218251$$

을 얻는다. 정확한 해 $y(t) = e^{2t} - 0.5t - 0.25$를 이용하면 표 7.4를 얻는다. 표 7.4에서 보듯이 각 단계에서 전체오차는 대체로 $h^5 = 10^{-5}$의 상수 배로 이론적인 국소절단오차와 일치함을 알 수 있다. ■

표 7.4

t_n	0.1	0.2	0.3	0.4	0.5
$y(t_n)$	9.214028E-01	1.141825	1.422119	1.775541	2.218282
y_n	9.214000E-01	1.141818	1.422107	1.775521	2.218251
$e(t_n)$	0.275047E-05	0.665847E-05	1.218707E-05	1.994524E-05	3.040221E-05

식 (7.25)에 의하면 이 일단계 방법은 국소절단오차가 $\tau = O(h^{k+1})$이므로 정의 7.7에 의하여 k차 방법임을 알 수 있다. Taylor 방법은 이론적으로 설명하기가 용이하고 또한 k를 증가함으로써 간단히 국소절단오차를 극소화시킬 수 있다. 이러한 장점에도 불구하고 실제로 이 방법은 널리 사용되지는 않는데 그 이유는 주로 $y(t)$의 고계 도함수, 즉 $f(t, y)$의 고계 편도함수를 구하는 것이 복잡하고 어렵기 때문이다. 이런 Taylor 방법의 단점을 보완하면서, 즉 $f(t, y)$의 고계 편도함수를 구하지 않으면서도 Taylor 방법과 동일한 오차를 얻는 방법 중에서 가장 널리 사용되는 방법이 7.3.2에서 다룰 Runge-Kutta 방법이다.

7.3.2 Runge-Kutta 방법

고계 편도함수를 구하지 않고, 즉 Taylor 방법의 어려운 점을 피하면서도 Taylor 방법과 같은 오차의 성질을 갖도록 증분함수(increment function) $\phi(t, y; h)$를 구성하는 방법이 바로 Runge-Kutta 방법(RK 방법)이다. 이를 위하여 각 단계에서 그물코점 t_n 주위의 몇 개의 점들을 택하고 이 점들에서의 함숫값들의 가중치 평균(weighted average)을 t_{n+1}에서의 근삿값 y_{n+1}으로 사용한다. 우선 가장 간단한 방법, 즉 2개의 점을 사용하는 일단계 방법

$$y_{n+1} = y_n + h[af(t_n, y_n) + bf(t_n + \alpha h, y_n + \beta hf(t_n, y_n))] \tag{7.27}$$

을 보자. 식 (7.27)에서 상수 a, b, α 그리고 β는 2차 Taylor 방법과 같은 오차를 갖도록 결정된다. 증분함수 $\phi(t, y; h)$를 Taylor 급수

$$\phi(t, y; h) = af(t, y) + bf(t+\alpha h, y+\beta hf(t, y)) \tag{7.28}$$
$$= (a+b)f(t, y) + hb[\alpha f_t(t, y) + \beta f_y(t, y)f(t, y)] + O(h^2)$$

로 전개하고 이를 2차 Taylor 방법의 증분함수

$$T_2(t, y; h) = f(t, y) + \frac{h}{2}[f_t(t, y) + f_y(t, y)f(t, y)]$$

와 비교하자. 이제

$$a+b=1, \quad b\alpha = \frac{1}{2}, \quad b\beta = \frac{1}{2} \tag{7.29}$$

라고 하면 식 (7.28)은

$$T_2(t, y; h) = \phi(t, y; h) + O(h^2)$$

이다. 따라서 식 (7.25)를 이용하면

$$y(t+h) = y(t) + hT_2(t, y; h) + O(h^3) \tag{7.30}$$
$$= y(t) + h[\phi(t, y; h) + O(h^2)] + O(h^3)$$
$$= y(t) + h\phi(t, y; h) + O(h^3)$$

이므로 식 (7.27)의 RK 방법은 2차 Taylor 방법과는 달리 f', 즉 f_t, f_y를 구하지 않는 2차 일단계 방법(second order one-step method)임을 알 수 있다. 식 (7.29)에서 $a = b = \frac{1}{2}$을 사용하면 Heun의 방법(Heun method)

$$y_{n+1} = y_n + \frac{h}{2}[f(t_n, y_n) + f(t_{n+1}, y_n + hf(t_n, y_n))] \tag{7.31}$$

을 얻고, $a=0$를 사용하면 개량 Euler 방법(modified Euler method)

$$y_{n+1} = y_n + hf(t_n + \frac{1}{2}h, y_n + \frac{1}{2}hf(t_n, y_n)) \tag{7.32}$$

을 얻는다.

예제 7.8 다음 문제

$$\begin{cases} y' = t + 2y, & 0 \le t \le 1, \\ y(0) = 0.75 \end{cases}$$

에 대하여

1) Heun 방법의 반복식　　2) y_n

3) $y(t_n)$　　4) 전체 오차 $e(t_n) = |y(t_n) - y_n|$

을 구하여라. 단, $n=10, 20, \ldots, 50$이고 $h=0.01$이다.

풀이 $f(t, y)=t+2y$이므로

$$y_{n+1}=\frac{h^2}{2}+(1+h)h^2n+(1+2h+2h^2)y_n$$
$$=0.00005+0.0101t_n+1.0202y_n$$

이다. 정확한 해 $y(t)=e^{2t}-0.5t-0.25$를 이용하여 표 7.5를 얻는다. ■

표 7.5

t_n	0.1	0.2	0.3	0.4	0.5
$y(t_n)$	9.214028E-01	1.141825	1.422119	1.775541	2.218282
y_n	9.213867E-01	1.141786	1.422047	1.775424	2.218103
$e(t_n)$	1.604293E-05	3.918952E-05	7.179881E-05	1.169262E-04	1.785163E-04

Heun 방법(Runge_Kutta 2차)의 Matlab 프로그램 heun.m

```
function [y t] = heun(f,tspan,y0,h)
% Heun 방법(Runge Kutta 2차 방법)
% 입력 :
%    f = 함수 f(t,y): inline 또는 함수 파일로 정의
%    tspan = [a, b], a, b = 독립변수 t의 시작과 끝
%    y0= 종속변수 y의 초깃값,      h= 단계 크기
% 출력 :
%     t= 독립변수벡터, y= 종속변수벡터

a = tspan(1);
b = tspan(2);
    t = (a: h: b)' ;
n = length(t) ;

if t(n) < b          % h 간격으로 범위가 b까지 되도록 조정
    t(n+1)= b ;
    n = n+1;
end

y=y0*ones(n,1) ;
for i=1:n-1
```

```
  k1 = feval(f, t(i), y(i));
  k2 = feval(f, t(i)+h , y(i)+h*k1);

  y(i+1) = y(i) +h/2*(k1+k2);
end
```

실행결과 (예제 7.8)

```
     >> f=inline('t+2*y','t','y')
f =
     인라인 함수:
     f(t,y) = t+2*y
>> tspan=[0, 1]; y0=0,75; h=0.01;
>> [y,t] = heun(f, tspan, y0, h);
     >> fprintf(' yn         y_sol      |y_sol-yn| \n');...
     fprintf('%8.7f  %8.7f  %8.7e \n',...
[y(11:10:51) ysol(t(11:10:51)) ...
      abs(ysol(t(11:10:51))-y(11:10:51))]')
 yn          y_sol       |y_sol-yn|
0.9213867  0.9214028  1.6042938e-05
1.1417855  1.1418247  3.9189520e-05
1.4220470  1.4221188  7.1798811e-05
1.7754240  1.7755409  1.1692625e-04
2.2181033  2.2182818  1.7851639e-04
```

더 높은 차수의 RK 방법도 같은 과정을 거쳐서 어렵지 않게 유도할 수 있다. 물론 더 높은 차수의 방법을 사용할수록 이론상 더 작은 오차가 발생하므로 일반적으로 더 큰 단계의 크기 k를 사용할 수 있지만 각 단계에서 $f(t,\ y)$의 계산횟수가 증가한다. $k=1,\ 2,\ 3,\ 4$일 때만 k개의 점을 사용하는 k차 RK 방법이 존재하고 $k \geq 5$일 경우 국소절단오차는 $O(h^{k+1-m})$, $m=1,\ 2,\ 3$임이 알려져 있다. 예를 들면 널리 사용되는 4차 RK 방법

$$y_{n+1} = y_n + \frac{1}{6}[F_1 + 2F_2 + 2F_3 + F_4] \tag{7.33}$$

$$F_1 = hf(t_n,\ y_n)$$

$$F_2 = hf\left(t_n + \frac{1}{2}h,\ y_n + \frac{1}{2}F_1\right)$$

$$F_3 = hf\left(t_n + \frac{1}{2}h,\ y_n + \frac{1}{2}F_2\right)$$

$$F_4 = hf(t_n + h,\ y_n + F_3)$$

은 국소절단오차가 $O(h^5)$이므로 단계의 크기 $\frac{1}{2}h$를 사용하는 2차 RK 방법에서 발생하는 오차와 비슷하거나 작을 것이다. 하지만 각 단계별로 4개의 점에서 $f(t,\ y)$의 함숫값을 계산하여야 하므로 2개의 점에서 계산하는 2차 방법보다 단계당 시간은 더 많이 소요될 것이다. 함수 $f(t,\ y)$가 t만의 함수라면 4차 RK 방법 (7.33)은 바로 Simpson의 수치적분공식임을 알 수 있다(연습문제 11 참조).

7.3.3 적합 일단계 방법

절 7.2.3에서 언급한 대로 적합법(adaptive method)이란 사용자가 요구하는 정확도 다시 말하면 허용오차(error tolerance)가 주어지면 각 단계에서 국소절단오차를 측정하고 이를 토대로 단계의 크기를 적절히 변경하여 사용자의 요구에 맞는 수치해를 구하는 알고리즘 또는 방법을 말한다. 국소절단오차와 대역오차(global error) $|y(t_n) - y_n|$는 서로 밀접한 관계가 있어 국소절단오차를 허용오차보다 작게 할 수 있으면 대역오차 또한 그렇게 할 수 있음을 알 수 있다. 그러기 위해서는 우선 각 단계에서 과도한 계산을 하지 않고도 국소절단오차를 측정할 수 있는 방법을 모색하여야 한다.

가장 간단한 방법 중의 하나는 단계 t_n에서 t_{n+1}로 나아갈 때 단계의 크기를 $h,\ \frac{h}{2}$로 하여 동일한 k차 일단계 방법을 두 번 사용하여 계산한 t_{n+1}에서의 근삿값을 각각 $y_{n+1},\ \bar{y}_{n+1}$이라 하고 이 두 값의 차이를 이용하는 방법이다(7.2.3절 참조). 다른 하나는 서로 차수가 다른 두 개의 상이한 방법으로 구한 근삿값의 차이를 이용하는 방법이다. k차, $(k+1)$차의 서로 다른 일단계 방법

$$y_{n+1} = y_n + \phi(t_n,\ y_n\ ;\ h) \tag{7.34}$$

$$\bar{y}_{n+1} = y_n + \bar{\phi}(t_n,\ y_n\ ;\ h) \tag{7.35}$$

으로 구한 t_{n+1}에서의 근삿값을 각각 $y_{n+1},\ \bar{y}_{n+1}$이라 하자. 이제 함수 $u(t)$를 초기치 문제

$$\begin{cases} u'(t) = f(t,\ u(t)), & a \le t \le b, \\ u(t_n) = y_n \end{cases}$$

의 해라면 국소절단오차의 정의에 의하여

$$u(t_{n+1}) = y_n + \phi(t_n,\ y_n\ ;\ h) + O(h^{k+1}) \tag{7.36}$$

$$u(t_{n+1}) = y_n + \overline{\phi}(t_n,\ y_n\ ;\ h) + O(h^{k+2}) \tag{7.37}$$

이고 (7.34), (7.35), (7.36) 그리고 (7.37)을 사용하면

$$\overline{y}_{n+1} - y_{n+1} = h\big(\overline{\phi}(t_n,\ y_n\ ;\ h) - \phi(t_n,\ y_n\ ;\ h)\big) = O(h^{k+1}) - O(h^{k+2}) \tag{7.38}$$

을 얻는다. 따라서 h가 0에 가까운 아주 작은 값일 경우 k차 방법의 국소절단치의 근삿값으로

$$e_{n+1} \equiv |\overline{y}_{n+1} - y_{n+1}| \simeq Ch^{k+1} \ \text{(단, } C\text{는 } h\text{와 무관한 상수)}$$

을 사용할 수 있음을 알 수 있다. 이렇게 측정된 오차가 허용오차 δ보다 작게 되도록 단계의 크기 h를 조절하여야 한다. 조절방법에는 흔히 **단계별 절대오차 조절법**(error control per step)과 **단계별 상대오차 조절법**(error control perunit step)이 있는데 각 단계에서 전자는 절대오차를, 후자는 상대오차를 조절하는 방법으로 전자만을 다루기로 한다. 후자는 Johnson and Riess(1982)를 참조할 수 있다. 이제 새로운 단계의 크기 $\tilde{h} = qh$를 사용하여 발생한 새로운 오차가 허용오차보다 작게 하려면

$$C(qh)^{k+1} = q^{k+1}Ch^{k+1} \simeq q^{k+1}e_{n+1} \le \delta$$

을 만족하도록 q를 선택하면 된다. 즉,

$$q \le \left(\frac{\delta}{e_{n+1}}\right)^{k+1} \tag{7.39}$$

이면 목적을 달성할 수 있다. 하지만 위의 결과는 근사계산에 의한 것이므로 좀 더 안전을 기하여야 하고 새로운 단계의 크기를 사용하여 측정된 오차가 허용오차보다 큰 상황이 자주 발생하여 동일한 단계에서 함숫값을 여러 번 되풀이하여 계산하는 것은 오히려 낭비이므로 일반적으로 q의 값을 (7.39)에서 계산한 값보다 작게 택한다. 다음의 값

$$q = 0.8\left(\frac{\delta}{e_{n+1}}\right)^{k+1} \tag{7.40}$$

을 사용하는 단계별 절대오차 조절법(error control per step)의 예를 들자. 전 단계에서 h를 사용하여 y_n을 구한 상황에서 다음 단계의 근삿값 y_{n+1} 및 새로운 단계의 크기 $\tilde{h}$를 구하기 위하여 다음과 같이한다(연습문제 13 참조).

1. 식 (7.34), (7.35) 및 (7.40)을 이용하여 y_{n+1}, e_{n+1} 및 q를 구하고 새로운 단계의 크기 $\tilde{h}$를 다음과 같이 정한다.

$$q \le 0.1 \;\Rightarrow\; \tilde{h} = 0.1h$$
$$0.1 < q < 4 \;\Rightarrow\; \tilde{h} = qh$$
$$4 \le q \;\Rightarrow\; \tilde{h} = 4h$$

2. 만약 $e_{n+1} \le \delta$이면 y_{n+1}을 받아들이고 새로운 단계의 크기 $\tilde{h}$를 사용하여 y_{n+2}를 계산하고 만약 $e_{n+1} > \delta$이면 y_{n+1}을 버리고 새로운 $\tilde{h} = qh$를 사용하여 새로운 y_{n+1}을 계산한다.

상기한 오차조절법을 사용하는 RKF(Runge-Kutta-Fehlberg) 방법은 다음과 같다.

$$y_{n+1} = y_n + \frac{25}{216}F_1 + \frac{1408}{2565}F_3 + \frac{2197}{4104}F_4 - \frac{1}{5}F_5,$$
$$\bar{y}_{n+1} = y_n + \frac{16}{135}F_1 + \frac{6656}{12825}F_3 + \frac{28561}{56430}F_4 - \frac{9}{50}F_5 + \frac{2}{55}F_6,$$
$$F_1 = hf(t_n,\ y_n),$$
$$F_2 = hf\left(t_n + \frac{1}{4}h,\ y_n + \frac{1}{4}F_1\right),$$
$$F_3 = hf\left(t_n + \frac{3}{4}h,\ y_n + \frac{3}{32}F_1 + \frac{9}{32}F_2\right),$$
$$F_4 = hf\left(t_n + \frac{12}{13}h,\ y_n + \frac{1932}{2197}F_1 - \frac{7200}{2197}F_2 + \frac{7296}{2197}F_3\right),$$
$$F_5 = hf\left(t_n + h,\ y_n + \frac{439}{216}F_1 - 8F_2 + \frac{3680}{513}F_3 - \frac{845}{4104}F_4\right),$$
$$F_6 = hf\left(t_n + \frac{1}{2}h,\ y_n - \frac{8}{27}F_1 + 2F_2 - \frac{3544}{2565}F_3 - \frac{1859}{4104}F_4 - \frac{11}{40}F_5\right).$$

4차 RK 방법과 5차 RK 방법을 사용하는 적합법은 일반적으로 각 단계에서 함숫값 $f(t,\ y)$의 계산을 적어도 열 번씩은 하여야 한다. 그러나 상기의 RKF 방법은 $f(t,\ y)$의 계산을 단계당 여섯 번만 하면서도 네 번의 계산을 하는 4차 RK 방법보다 월등히 정확한 수치해를 얻을 수 있다는 장점이 있다.

연습문제 7.3

1. 다음의 초기치 문제의 수치해를 2차 Taylor 방법으로 구하고 절대오차를 구하여라. 단, $h=0.1$을 사용한다.

1) $y'=y,\quad 0\le t\le 1,\quad y(0)=1$

2) $y'=2ty,\quad 0\le t\le 1,\quad y(0)=1$

3) $y'-1+y,\quad 0\le t\le 1,\quad y(0)=0$

4) $y'=3t^2+y,\quad 0\le t\le 1,\quad y(0)=1$

2. 문제 1번에 있는 초기치 문제의 수치해를 4차 Taylor 방법으로 구하고 절대오차를 구하여라. 단, $h=0.1$을 사용한다.

3. 다음 초기치 문제의 수치해를 4차 Taylor 방법으로 구하여라. 단, 괄호 안에 주어진 단계의 크기 h를 사용한다.

1) $y'=\dfrac{1}{1-0.2\cos y},\quad 0\le t\le 2\pi,\quad y(0)=0,\quad (h=\dfrac{\pi}{4})$

2) $y'=\dfrac{t+y}{t-y},\quad 1\le t\le 2,\quad y(1)=0,\quad (h=0.01)$

3) $y'=3t^2y^2,\quad 0\le t\le 2,\quad y(0)=-1,\quad (h=0.01)$

4) $y'=y^2+ye^t,\quad 0\le t\le 2,\quad y(0)=1,\quad (h=0.01)$

5) $y'=-y^2-\dfrac{y}{t}+\dfrac{1}{t^2},\quad 1\le t\le 2,\quad y(1)=-1,\quad (h=0.01)$

4. 함수 $f(t)$가 구간 $[a,\ b]$에서 적분가능하다고 하면 Leibnitz 공식에 의하여 적분함수

$$y(t)\equiv\int_a^t f(s)ds,\quad a\le t\le b,$$

는 초기치 문제

$$y'=f(t),\quad a\le t\le b,\quad y(a)=0$$

의 해다. 이 사실을 이용하여 다음 정적분의 근삿값을 4차 Taylor 방법으로 구하여라. 단계의 크기는 $h=0.01$을 사용한다.

1) $\frac{2}{\sqrt{\pi}}\int_0^1 e^{-s^2}ds$ 2) $\int_0^2 \sin s^2 ds$

5. $f(h)=O(h^n)$, $g(h)=O(h^n)$일 때 다음을 증명하여라.

1) $f(h)+g(h)=O(h^n)$ 2) $h^k f(h)=O(h^{n+k})$

6. Heun 방법의 국소절단오차는

$$\frac{h^3}{12}(f_{tt}+2ff_{ty}+f^2f_{yy}-2f_tf_y-2ff_y^2)+O(h^4)$$

임을 증명하여라.

7. 개량 Euler 방법의 국소절단오차를 구하여라.

8. 다음 각 문제에 대하여 Heun 방법을 사용하여 t_n, $n=1,\ 2,\ \dots,\ N$에서의 수치해를 구하여라.

1) $y'=y-t^2+1,\quad 0\le t\le 1,\quad y(0)=0.5\ \ (h=0.01)$

2) $y'=\frac{ty-y^2}{t^2},\quad 1\le t\le 2,\quad y(1)=2\ \ (h=0.01)$

3) $y'=t^2+1-2ty+y^2,\quad -1\le t\le 0,\quad y(-1)=-0.5\ \ (h=0.01)$

4) $y'=t+y,\quad 0\le t\le 1,\quad y(0)=1\ \ (h=0.01)$

9. 문제 8번에 주어진 초기치 문제들의 수치해를 개량 Euler 방법을 사용하여 구하여라.

10. 3차 Taylor 방법의 증분함수 $T_3(t,\ y\,;h)$와 다음의 RK 방법의 증분함수 $\phi(t,\ y\,;h)$를 비교하여 다음 방법은 3차 방법임을 보여라.

$$y_{n+1}=y_n+\frac{1}{9}[2F_1+3F_2+4F_3],$$

$$F_1=hf(t_n,\ y_n)$$

$$F_2=hf\left(t_n+\frac{1}{2}h,\ y_n+\frac{1}{2}F_1\right)$$

$$F_3=hf\left(t_n+\frac{3}{4}h,\ y_n+\frac{3}{4}F_2\right)$$

11. 식 (7.33)으로 정의된 4차 RK 방법의 국소절단오차는 $O(h^5)$이고 함수 $f(t, y)$이 t만의 함수라면 이 방법은 바로 Simpson의 수치적분공식임을 증명하여라.

12. 문제 8번에 주어진 초기치 문제들의 수치해를 4차 RK 방법 (7.33)을 사용하여 구하여라.

13. 단계별 절대오차 조절법을 실제로 프로그래밍할 때는 통상적으로 본문에서 언급한 h에 대한 제약조건외에 너무 크거나 또는 너무 작은 h의 사용을 방지하기 위하여 다음과 같은 조건을 더 부과한다.

「주어진 $hmin$, $hmax$에 대하여 만약 $hmax < \tilde{h}$이면 $\tilde{h} = hmax$를 사용하고 $\tilde{h} < hmin$이면 실행을 중단한다.」

단계별 절대오차 조절법에 상기한 조건을 부과하여 RKF 방법으로 다음 문제의 수치해를 구하여라. 허용오차의 한계 $\delta = 10^{-6}$, $hmax = 0.2$, $hmin = 0.01$을 사용한다.

$$\begin{cases} y' = t - 1 + \dfrac{y}{t}, & 1 \le t \le 2 \\ y(1) = 2 \end{cases}$$

7.4 다단계 방법

k-단계 방법은 y_{n+1}을 구하기 위하여 y_n, y_{n-1}, y_{n-2}, …, y_{n-k+1}을 이용하는 방법으로써 일반적으로

$$\sum_{i=0}^{k} a_{k-i}\, y_{n+1-i} = h\sum_{i=0}^{k} b_{k-i}\, f(t_{n+1-i},\ y_{n+1-i}),\ a_k \neq 0 \tag{7.41}$$

으로 표시되고 $b_k = 0$이면 **양함수적 방법**(explicit method), $b_k \neq 0$이면 **음함수적 방법**(implicit method)이라고 한다. k-단계 방법의 국소절단오차 τ는 일단계 방법과 유사하게

$$\begin{aligned}&\sum_{i=0}^{k} a_{k-i}\, y(t+(n+1-i)h) \\ &= h\sum_{i=0}^{k} b_{k-i}\, f(t+(n+1-i)h,\ y(t+(n+1-i)h)) + \tau\end{aligned} \tag{7.42}$$

로 정의되며, $\tau = O(h^{m+1})$이면 m**차 방법**(m-th order method)이라고 한다.

예제 7.9 만약 $y \in C^3[a,\ b]$이고 $t \in (a,\ b)$이면

$$y'(t) = \frac{y(t+h) - y(t-h)}{2h} + O(h^2)$$

이다. 따라서 함수 $y(t)$가 식 (7.1)의 해라면 국소절단오차가 $O(h^3)$인 양함수적 2단계 방법 (explicit 2-step method)

$$y_{n+1} = y_{n-1} + 2hf(t_n,\ y_n)$$

을 얻는다. ■

예제 7.10 사다리꼴 공식 $\int_a^b g(t)dt = \frac{b-a}{2}(g(a)+g(b)) + O(h^3)$을 다음 등식

$$y(t_{n+1}) = y(t_n) + \int_{t_m}^{t_{n+1}} y'(t)dt = y(t_n) + \int_{t_m}^{t_{n+1}} f(t,\ y(t))dt$$

에 대입하면

$$y(t_{n+1}) = y(t_n) + \frac{1}{2}h[f(t_n,\ y(t_n)) + f(t_{n+1},\ y(t_{n+1}))] + O(h^3)$$

이다. 따라서 국소절단오차가 $O(h^3)$인 음함수적 2단계 방법(implicit 2-step method)

$$y_{n+1} = y_n + \frac{1}{2}h[f(t_n,\ y_n) + f(t_{n+1},\ y_{n+1})]$$

을 얻는다. ■

k-단계 방법을 유도하는 과정에서 5장에서 다룬 보간법이 자주 사용된다. 마디점들 $t_{n-k+1},\ t_{n-k+2},\ \dots,\ t_n$에서 함수$g(t)$의 값을 갖는 보간다항식은

$$p_{k-1}(t_i) = g(t_i), \quad i = n-k+1,\ n-k+2,\ \dots,\ n$$

을 만족하는 $(k-1)$차 다항식 $p_{k-1}(t)$로 정의된다. $g_i = g(t_i)$로 표현하면 등간격 t_i에 대하여 함수 g의 후향차분 ∇을

$$\nabla^0 g_i = g_i$$

$$\nabla g_i = g_i - g_{i-1}$$

$$\nabla^j g_i = \nabla(\nabla^{j-1} g_i),\ j = 2,\ 3,\ \dots,$$

로 정의하고 또한 임의의 실수를 s라 할 때

$$\binom{s}{0} = 1,$$

$$\binom{s}{j} = \frac{s(s-1)\cdots(s-j+1)}{j!}, \quad j = 1,\ 2,\ \dots.$$

로 사용하자.

예제 7.11 $\nabla^3 g_n$을 구하여라.

풀이 정의에 의하여

$$\nabla g_n = g_n - g_{n-1},$$

$$\nabla^2 g_n = \nabla(g_n - g_{n-1}) = \nabla g_n - \nabla g_{n-1} = g_n - 2g_{n-1} + g_{n-2},$$

이므로

$$\nabla^3 g_n = \nabla(\nabla^2 g_n) = \nabla(g_n - 2g_{n-1} + g_{n-2})$$
$$= g_n - 3g_{n-1} + 3g_{n-2} - g_{n-3}.$$ ■

등간격 t_i, $i = n,\ n-1,\ \dots,\ n-k+1$에서 g의 보간다항식은 Newton의 후향 차분 공식(Newton's backward differnce formula)

$$p_{k-1}(t) = \sum_{j=0}^{k-1} (-1)^j \binom{-s}{j} \nabla^j g_n, \quad t = t_n + sh \tag{7.43}$$

으로 표시할 수 있고, 만약 $g \in C^k[a, b]$이면 오차는

$$g(t) - p_{k-1}(t) = \frac{g^{(k)}(\xi)}{k!}(t - t_n)(t - t_{n-1}) \cdots (t - t_{n-k+1}) \tag{7.44}$$

이다. 단, 식 (7.44)에서 ξ는 t, t_{n-k+1}, t_{n-k+2}, ..., t_n을 포함하는 가장 작은 개구간에 존재한다.

7.4.1 Adams-Bashforth 방법

초기치 문제 (7.1)의 해 $y(t)$는

$$y(t_{n+1}) = y(t_n) + \int_{t_n}^{t_{n+1}} f(t, y(t))dt \tag{7.45}$$

를 만족한다. 이제부터 f_i는 $f(t_i, y_i)$를 나타낸다. 함수 $f(t, y)$ 대신

$$(t_n, f_n), (t_{n-1}, f_{n-1}), (t_{n-2}, f_{n-2}), \ldots, (t_{n-k+1}, f_{n-k+1})$$

의 보간다항식

$$p_{k-1}(t_n + sh) = \sum_{j=0}^{k-1} (-1)^j \binom{-s}{j} \nabla^j f_n$$

을 식 (7.45)에 대입하고 $y(t_n)$, $y(t_{n+1})$ 대신 각각 y_n, y_{n+1}을 사용하면 Adams-Bashforth 방법

$$\begin{aligned} y_{n+1} &= y_n + \int_{t_n}^{t_{n+1}} p_{k-1}(t)dt \quad (t = t_n + sh) \\ &= y_n + h \sum_{j=0}^{k-1} \left((-1)^j \int_0^1 \binom{-s}{j} ds \right) \nabla^j f_n \end{aligned} \tag{7.46}$$

을 얻는다. 식 (7.46)의 정적분은 정수 k 또는 함수 $f(t, y)$와 무관하므로 한 번만 계산하면 모든 k-단계 Adams-Basforth 방법에 사용할 수 있다. 이제

$$c_j = (-1)^j \int_0^1 \binom{-s}{j} ds, \quad j = 0, 1, 2, \ldots, k-1 \tag{7.47}$$

라고 하면 식 (7.46)의 k-단계 Adams-Bashforth 방법은

$$y_{n+1} = y_n + h \sum_{j=0}^{k-1} c_j \nabla^j f_n, \quad n = k-1, k, k+1, \ldots. \tag{7.48}$$

으로 표시됨을 알 수 있다.

예제 7.12 식 (7.47)에서 정의된 c_0, c_1, c_2을 구하여라.

풀이 정의 (7.47)에 의하여

$$c_0 = \int_0^1 \binom{-s}{0} ds = \int_o^1 ds = 1,$$

$$c_1 = -\int_0^1 \binom{-s}{1} ds = -\int_o^1 (-s) ds = \frac{1}{2},$$

$$c_2 = \int_0^1 \binom{-s}{2} ds = \int_o^1 \frac{(-s)(-s-1)}{2!} ds = \frac{5}{12}.$$

또한 이 계수들은 다음의 관계식을 이용하여 계산할 수 있다 [pp192-193, Henrici (1962)].

$$c_j + \frac{1}{2}c_{j-1} + \frac{1}{3}c_{j-2} + \ldots + \frac{1}{j+1}c_0 = 1, \quad j = 0,\ 1,\ 2,\ \ldots .$$

■

연습문제 7.4의 1번에 의하면

$$\nabla^j f_n = \sum_{m=0}^{j} (-1)^m \binom{j}{m} f_{n-m}, \quad j = 0,\ 1,\ 2,\ \ldots,\ k-1$$

이다. 따라서 식 (7.48)에 의하여 y_n, y_{n-1}, …, y_{n-k+1}만 알려지면 y_{n+1}을 구할 수 있으므로 식 (7.48)로 정의된 Adams-Bashforth 방법은 양함수적 k-단계 방법이다. 이러한 k-단계 방법을 시작하려면 시작값(starting value) y_0, y_1, …, y_{k-1}을 알아야 하는데 일반적으로 일단계 방법(예를 들면 RK 방법)으로 구한 다음 이들을 이용하여 k-단계 방법을 시작한다. 시작 단계에서 발생한 오차는 그 이후 단계의 계산에 계속하여 영향을 미치므로 다단계 방법의 국소절단오차가 $O(h^m)$이면 시작값을 구하는 일단계 방법의 국소절단오차도 $O(h^m)$이어야 전체적인 오차의 균형이 잡히고 효율적일 것이다. 이것은 다음절에서 설명할 음함수적 다단계 방법에서도 마찬가지이다.

예제 7.13 3단계 Adams-Bashforth 방법을 구하여라.

풀이 식 (7.48)에 $k = 3$을 대입하고 예제 7.12의 결과를 이용하면

$$\begin{aligned} y_{n+1} &= y_n + h(c_0 \nabla^0 f_n + c_1 \nabla f_n + c_2 \nabla f_n) \\ &= y_n + h[f_n + \frac{1}{2}(f_n - f_{n-1}) + \frac{5}{12}(f_n - 2f_{n-1} + f_{n-2})] \end{aligned}$$

$$= y_n + \frac{h}{12}(23f_n - 16f_{n-1} + 5f_{n-2})$$

이다. ■

예제 7.14 3단계 Adams-Bashforth 방법의 국소절단오차를 구하여라.

풀이 $\bar{p}_2(t)$를 t_n, t_{n-1}, t_{n-2}에서의 함수 $f(t, y)$의 보간다항식이라면 식 (7.43)에 의하여

$$\bar{p}_2(t) = \sum_{j=0}^{2}(-1)^j\binom{-s}{j}\nabla^j f(t_n, y(t_n)),\ t = t_n + sh$$

이다. 식 (7.44)와 (7.45)을 이용하여

$$y(t_{n+1}) = y(t_n) + \int_{t_n}^{t_{n+1}} \bar{p}_2(t) + \frac{f^{(3)}(\xi, y(\xi))}{3!}(t-t_n)(t-t_{n-1})(t-t_{n-2})dt,$$

$$t_{n-2} \le \xi \le t_n$$

을 얻을 수 있고 이 식에 변환 $t = t_n + sh$을 하고 예제 7.12의 결과를 이용하면

$$y(t_{n+1}) = y(t_n) + h\int_0^1 \bar{p}_2(t_n + sh) + \frac{h^3 f^{(3)}(\xi, y(\xi))}{3!}s(s+1)(s+2)ds$$

$$= y(t_n) + h\sum_{j=0}^{2}\left(\int_0^1 (-1)^j\binom{-s}{j}ds\right)\nabla^j f(t_n, y(t_n))$$

$$+ \frac{h^4}{3!}\int_0^1 f^{(3)}(\xi, y(\xi))s(s+1)(s+2)ds$$

$$= y(t_n) + h\sum_{j=0}^{2}c_j\nabla^j f(t_n, y(t_n)) + \frac{h^4}{3!}\int_0^1 f^{(3)}(\xi, y(\xi))s(s+1)(s+2)ds$$

$$= y(t_n) + \frac{h}{12}[23f(t_n, y(t_n)) - 16f(t_{n-1}, y(t_{n-1})) + 5f(t_{n-2}, y(t_{n-2}))]$$

$$+ \frac{h^4}{3!}\int_0^1 f^{(3)}(\xi, y(\xi))s(s+1)(s+2)ds$$

이다. 함수 $s(s+1)(s+2)$는 구간 $0 \le s \le 1$에서 항상 음이 아니므로 적분에 대한 의 제2 평균치 정리를 이용하면

$$y(t_{n+1}) = y(t_n) + \frac{h}{12}[23f(t_n, y(t_n)) - 16f(t_{n-1}, y(t_{n-1}))$$

$$+ 5f(t_{n-2}, y(t_{n-2}))] + \frac{h^4 f^{(3)}(\eta, y(\eta))}{6}\int_0^1 s(s+1)(s+2)ds$$

$$= y(t_n) + \frac{h}{12}[23f(t_n,\ y(t_n)) - 16f(t_{n-1},\ y(t_{n-1}))$$

$$+ 5f(t_{n-2},\ y(t_{n-2}))] + \frac{3h^4}{8}f^{(3)}(\eta,\ y(\eta))$$

이다. 이 식과 예제 7.13의 결과를 비교하면 국소절단오차는 정의로부터

$$\tau = \frac{3h^4}{8}f^{(3)}(\eta,\ y(\eta)) = \frac{3h^4}{8}y^{(4)}(\eta), \quad t_{n-2} \le \eta \le t_n$$

임을 알 수 있다. ■

예제 7.13, 7.14와 같은 방법으로 다음의 Adams-Bashforth 방법과 국소절단오차를 구할 수 있다.

$$y_{n+1} = y_n + \frac{h}{2}(3f_n - f_{n-1}), \quad \tau = \frac{5h^3}{12}y^{(3)}(\eta), \tag{7.49}$$

$$y_{n+1} = y_n + \frac{h}{12}(23f_n - 16f_{n-1} + 5f_{n-2}), \quad \tau = \frac{3h^4}{8}y^{(4)}(\eta), \tag{7.50}$$

$$y_{n+1} = y_n + \frac{h}{24}(55f_n - 59f_{n-1} + 37f_{n-2} - 9f_{n-3}), \quad \tau = \frac{251h^5}{720}y^{(5)}(\eta). \tag{7.51}$$

7.4.2 Adams-Moulton 방법과 예측자-수정자 방법

양함수적 다단계 방법인 Adams-Bashforth 방법을 유도할 때와 유사하게 음함수적 다단계 방법인 Adams-Moulton 방법을 유도한다. 일반적으로 음함수적 방법의 사용에는 y_{n+1}에 대한 비선형 방정식(nonlinear equation)을 풀어야 하는 어려움이 따른다. 이런 어려운 점을 피하는 방법으로 고안된 방법 중에서 가장 널리 사용되는 예측자-수정자법(predictor-corrector method)에 대하여 논의한다.

함수 $f(t,\ y)$ 대신 아래의 $k+1$개의 점

$$(t_{n+1},\ f_{n+1}),\ (t_n,\ f_n),\ (t_{n-1},\ f_{n-1}),\ \ldots,\ (t_{n-k+1},\ f_{n-k+1})$$

을 지나는 k차의 보간다항식

$$p_k(t_{n+1} + sh) = \sum_{j=0}^{k}(-1)^j\binom{-s}{j}\nabla^j f_{n+1}, \quad -1 \le s \le 0$$

을 식 (7.45)에 대입하고 $y(t_n)$, $y(t_{n+1})$ 대신 각각 y_n, y_{n+1}을 사용하면 Adams-Moulton 방법

$$y_{n+1}=y_n+h\sum_{j=0}^{k}\left((-1)^j\int_{-1}^{0}\binom{-s}{j}ds\right)\nabla^j f_{n+1} \tag{7.52}$$

을 얻는다. 식 (7.52)의 정적분도 정수 k 또는 함수 $f(t,\ y)$와 무관하므로 한 번만 계산하면 모든 Adams-Moulton 방법에서 사용할 수 있다. 즉,

$$d_j=(-1)^j\int_{-1}^{0}\binom{-s}{j}ds,\quad j=0,\ 1,\ 2,\ \ldots,\ k \tag{7.53}$$

라고 하면 식 (7.52)의 Adams-Moulton 방법은

$$y_{n+1}=y_n+h\sum_{j=0}^{k}d_j\nabla^j f_{n+1},\quad n=k-1,\ k,\ \ldots. \tag{7.54}$$

으로 표시됨을 알 수 있다.

예제 7.15 식 (7.53)에서 정의된 $d_0,\ d_1,\ d_2$을 구하여라.

풀이

$$d_0=\int_{-1}^{0}\binom{-s}{0}ds=\int_{-1}^{0}ds=1,$$

$$d_1=-\int_{-1}^{0}\binom{-s}{1}ds=-\int_{-1}^{0}(-s)ds=-\frac{1}{2},$$

$$d_2=\int_{-1}^{0}\binom{-s}{2}ds=\int_{-1}^{0}\frac{(-s)(-s-1)}{2!}ds=-\frac{1}{12}.$$

또한 이 계수들은 다음의 관계식을 이용하여 계산할 수 있다 [pp194.195, Henrici (1962)].

$$d_j+\frac{1}{2}d_{j-1}+\frac{1}{3}d_{j-2}+\cdots+\frac{1}{j+1}d_0=\begin{cases}1, & j=0\\ 0, & j=1,\ 2,\ \cdots\end{cases}$$ ■

연습문제 7.4의 1번에 의하면

$$\nabla^j f_{n+1}=\sum_{m=0}^{j}(-1)^m\binom{j}{m}f_{n+1-m},\quad j=0,\ 1,\ 2,\ \ldots,\ k$$

이므로 식 (7.54)는

$$y_{n+1}=y_n+h\sum_{i=0}^{k}b_i\,y_{n+1-i},\quad b_0\neq 0$$

의 형태이고 따라서 식 (7.54)로 정의된 Adams-Bashforth 방법은 음함수적 k-단계 방법이다.

예제 7.16 2단계 Adams-Moulton 방법을 구하여라.

풀이 식 (7.54)에 $k=2$를 대입하고 예제 7.15의 결과를 이용하면

$$\begin{aligned} y_{n+1} &= y_n + h(d_0\nabla^0 f_{n+1} + d_1\nabla f_{n+1} + d_2\nabla f_{n+1}) \\ &= y_n + h\left[f_{n+1} - \frac{1}{2}(f_{n+1} - f_n) - \frac{1}{12}(f_{n+1} - 2f_n + f_{n-1})\right] \\ &= y_n + \frac{h}{12}(5f_{n+1} + 8f_n - f_{n-1}) \end{aligned}$$

이다. ■

예제 7.17 2단계 Adams-Moulton 방법의 국소절단오차를 구하여라.

풀이 $\bar{q}_2(t)$를 t_{n+1}, t_n, t_{n-1}에서의 함수 $f(t,\ y)$의 보간다항식이라면 식 (7.43)에 의하여

$$\bar{q}_2(t) = \sum_{j=0}^{2}(-1)^j\binom{-s}{j}\nabla^j f(t_{n+1},\ y(t_{n+1})),\ t = t_{n+1} + sh$$

이다. 식 (7.44)와 (7.45)를 이용하여

$$y(t_{n+1}) = y(t_n) + \int_{t_n}^{t_{n+1}} \bar{q}_2(t) + \frac{f^{(3)}(\xi,\ y(\xi))}{3!}(t - t_{n+1})(t - t_n)(t - t_{n-1})dt,$$

$$t_{n-1} \le \xi \le t_{n+1}$$

을 얻을 수 있고 이 식에 변환 $t = t_{n+1} + sh$을 하고 예제 7.15의 결과를 이용하면

$$\begin{aligned} y(t_{n+1}) &= y(t_n) + h\int_{-1}^{0} \bar{q}_2(t_{n+1} + sh) + \frac{h^3 f^{(3)}(\xi,\ y(\xi))}{3!}s(s+1)(s+2)ds \\ &= y(t_n) + h\sum_{j=0}^{2} d_j\nabla^j f(t_{n+1},\ y(t_{n+1})) \\ &\quad + \frac{h^4}{3!}\int_{-1}^{0} f^{(3)}(\xi,\ y(\xi))s(s+1)(s+2)ds \\ &= y(t_n) + \frac{h}{12}[5f(t_{n+1},\ y(t_{n+1})) + 8f(t_n,\ y(t_n)) - f(t_{n-1},\ y(t_{n-1}))] \\ &\quad + \frac{h^4}{3!}\int_{-1}^{0} f^{(3)}(\xi,\ y(\xi))s(s+1)(s+2)ds \end{aligned}$$

이다. 적분의 제2 평균치 정리(second mean value theorem for integrals)를 이용하면

$$y(t_{n+1}) = y(t_n) + \frac{h}{12}[5f(t_{n+1},\ y(t_{n+1})) + 8f(t_n,\ y(t_n)) - f(t_{n-1},\ y(t_{n-1}))]$$

$$-\frac{h^4}{24}f^{(3)}(\eta,\ y(\eta)),\quad t_{n-1}\le\eta\le t_{n+1}$$

이다. 이 식과 예제 7.16의 결과를 비교하면 정의에 의하여 국소절단오차는

$$\tau=-\frac{h^4}{24}f^{(3)}(\eta,\ y(\eta))=-\frac{h^4}{24}y^{(4)}(\eta)$$

임을 알 수 있다. ■

예제 7.16, 7.17과 같은 방법으로 다음의 Adams-Moulton 방법과 국소절단오차를 구할 수 있다.

$$y_{n+1}=y_n+\frac{h}{2}(f_{n+1}+f_n),\quad \tau=-\frac{h^3}{12}y^{(3)}(\eta), \tag{7.55}$$

$$y_{n+1}=y_n+\frac{h}{12}(5f_{n+1}+8f_n-f_{n-1}),\quad \tau=-\frac{h^4}{24}y^{(4)}(\eta), \tag{7.56}$$

$$y_{n+1}=y_n+\frac{h}{24}(9f_{n+1}+19f_n-5f_{n-1}+f_{n-2}),\quad \tau=-\frac{19h^5}{720}y^{(5)}(\eta). \tag{7.57}$$

위에서 알 수 있듯이 모든 Adams-Moulton 방법은 y_{n+1}에 대한 비선형 방정식이므로 일반적으로 y_{n+1}을 양함수적 Adams-Bashforth 방법처럼 구할 수는 없다. 예를 들어 2단계 Adams-Moulton 방법

$$y_{n+1}=y_n+\frac{h}{12}[5f(t_{n+1},\ y_{n+1})+8f(t_n,\ y_n)-f(t_{n-1},\ y_{n-1})]$$

에서 y_{n+1}이 양변에 모두 존재하고 함수 $f(t,\ y)$는 일반적으로 비선형이므로 전체적으로 y_{n+1}에 대한 비선형 방정식이다. 따라서 비선형 방정식을 위한 적당한 반복법 예를 들어 Newton의 반복법 또는 고정점 반복법(fixed point iteration)을 사용하여야 할 것이다. 어느 반복법을 사용하든 초깃값 $\tilde{y}_{n+1}$이 참값 y_{n+1}에 가까우면 가까울수록 반복법의 반복 횟수가 작을 것이다. 따라서 참값 y_{n+1}에 가까운 초깃값 $\tilde{y}_{n+1}$을 구하는 것이 중요한데 가장 널리 쓰이는 방법이 바로 양함수적 3단계 Adams-Bashforth 방법 (7.50)으로 구한 근삿값을 $\tilde{y}_{n+1}$로 사용하는 방법이다. 3단계 방법 (7.50)을 시작하기 위하여 필요한 세 시작값 $y_0,\ y_1,\ y_2$을 3단계 Adams-Bashforth 방법으로 구한 후 Adams-Moulton 방법을 사용하여 아래와 같이 반복한다.

단계 1. y_0, y_1, y_2을 3단계 Adams-Bashforth 방법으로 구한다.

단계 n. 다음을 계산한다($n = 2, 3, 4, \ldots, N-1$).

$$\begin{cases} \tilde{y}_{n+1} = y_n + \dfrac{h}{12}(23f_n - 16f_{n-1} + 5f_{n-2}), \\ \\ y_{n+1} = y_n + \dfrac{h}{12}[5f(t_{n+1}, \tilde{y}_{n+1}) + 8f(t_n, y_n) - f(t_{n-1}, y_{n-1})] \end{cases} \tag{7.58}$$

이렇게 양함수적 방법과 음함수적 방법을 한 쌍으로 하여 사용하는 방법을 일반적으로 **예측자–수정자 방법(predictor–corrector method)**이라고 한다. y_{n+1}의 잠정적인 근삿값 $\tilde{y}_{n+1}$을 구하는 양함수적 방법을 예측자(predictor)라 하고, y_{n+1}의 수정된 근삿값을 구하는 음함수적 방법을 수정자(corrector)라고 한다. 식 (7.58)의 Adams 예측자-수정자 방법(Adams predictor-corrector method)에서는 Adams-Bashforth 방법이 예측자, Adams-Moulton 방법이 수정자임을 알 수 있다. 일반적으로 예측자와 수정자의 단계(stage, step)는 같거나 예측자의 차수가 수정자의 단계수보다 하나가 작은 것이 보통이다. 양함수 다단계 방법을 사용하면 각 단계당 함수 $f(t, y)$의 계산횟수는 1이고 식 (7.58)에서 보듯이 Adams 예측자-수정자 방법을 사용하면 각 단계당 함수 $f(t, y)$의 계산횟수는 2이다. 이렇게 각 단계당 계산시간이 대체로 두 배가 되어도 Adams 예측자-수정자 방법을 사용하는 이유는 계산의 정확성이 높고, 안정성(stability)이 뛰어나 2배 이상의 단계의 크기를 사용할 수 있기 때문이다.

예제 7.18 Runge-Kutta 3차 방법으로 구한 y_0, y_1, y_2을 시작값으로 하여 3차 Adams-Bashforth 방법 (7.50)과 Adams-Moulton 방법을 사용하는 예측자-수정자 방법으로 예제 7.7의 초기치 문제의 해를 구하면 표 7.5와 같다. 단, $h = 0.1$을 사용하였다. 표 7.5에서 y_n^{PC}와 y_n^A는 각각 예측자-수정자 방법과 Adams-Bashforth 방법 (7.50)로 구한 수치해이다. 국소절단오차가 같지만 예측자-수정자 방법에 의한 근삿값이 Adams- Bashforth 방법에 의한 근삿값보다 좋은 것을 알 수 있다. ■

표 7.5 예제 7.7에 대한 예측자-수정자 방법의 해

t_n	$y(t)$	y_n^{PC}	y_n^A
0.1	0.921403	0.921333	0.921333
0.2	1.141825	1.141655	1.141655
0.3	1.422119	1.421945	1.421101
0.4	1.775541	1.775374	1.773192
0.5	2.218282	2.218132	2.214093
0.6	2.770117	2.770000	2.763404
0.7	3.455220	3.455137	3.445049
0.8	4.303033	4.303054	4.288252
0.9	5.349648	5.349794	5.328685
1.0	6.639058	6.639382	6.609902

예측자(Adams_Bashforth) 수정자(Adams_Moulton) 방법의 Matlab 프로그램 AB_AM_RK3.m

```
function [y t]=AB_AM_RK3(f, tspan,y0, h)
% AB_AM_RK3: 예측자(Adams_Bashforth) 수정자(Adams_Moulton) 방법
% 초기 세점은 Runge-Kutta 3차 방법
% input :
%    f = 함수 f(t,y)
%    tspan = [a b]
%     h= step size
a = tspan(1);
b = tspan(2);
    t = (a: h: b)' ;
n = length(t) ;

if t(n) < b
    t(n+1)= b ;
    n = n+1;
end

y=y0*ones(n,1) ;
for i=1:2          % Runge-Kutta 3차 방법
    z(i)=feval(f, t(i),y(i));
    k1=h*z(i);
    k2=h*feval(f, t(i) +0.5*h, y(i)+0.5*k1);
```

```
    k3=h*feval(f, t(i) +0.75*h, y(i)+0.75*k2);
    y(i+1)=y(i)+(2*k1+3*k2+4*k3)/9 ;

end
% 예측자(Adams_Bashforth) 수정자(Adams_Moulton) 방법
for i=3:n-1
    z(i)=feval(f, t(i), y(i));
    yy(i+1)=y(i) + h/12*(23*z(i) -16*z(i-1) +5*z(i-2));
    zz(i+1)= feval(f, t(i+1), yy(i+1));   %예측자
    y(i+1)=y(i) + h/12*(5*zz(i+1) +8*z(i) -z(i-1)); %수정자
end
```

실행결과 (예제 7.7)

```
     >> f=inline('t+2*y','t','y')
f =
     인라인 함수:
     f(t,y) = t+2*y
>> h=0.1; tspan=[0, 1]; y0=0.75;
>> format long
>> [y t]=AB_AM_RK3(f, tspan,y0, h)
y =
   0.750000000000000
   0.921333333333333
   1.141655111111111
   1.421945293827160
   1.775373809314129
   2.218131752641384
   2.769999590879090
   3.455137239129047
   4.303054233605008
   5.349794321207895
   6.639382308917504
```

연습문제 7.4

1. 다음을 증명하여라.

$$\nabla^j g_n = \sum_{m=0}^{j} (-1)^m \binom{j}{m} g_{n-m}, \quad j = 0,\ 1,\ 2,\ 3,\ \ldots .$$

2. 식 (7.47)의 c_3, c_4, c_5, c_6를 계산하여라.

3. 식 (7.49), (7.51)로 각각 주어진 2단계, 4단계의 Adams-Bashforth 방법을 예제 7.13과 같이 구하여라.

4. 식 (7.49), (7.51)에 제시된 국소절단오차를 예제 7.14와 같이 증명하여라.

5. 5 단계 Adams-Bashforth 방법은

$$y_{n+1} = y_n + \frac{h}{720}(1901 f_n - 2774 f_{n-1} + 2616 f_{n-2} - 1274 f_{n-3} + 251 f_{n-4})$$

임을 보여라.

6. (미정계수법) 식 (7.45)의 정적분의 근삿값을

$$h\int_{t_m}^{t_{n+1}} f(t,\ y(t))dt \simeq b_1 f_n + b_2 f_{n-1} + b_3 f_{n-2}$$

과 같이 구하되 함수 f가 차수가 2 이하인 다항식이면 근삿값이 정적분의 참값과 일치하도록 계수 b_1, b_2, b_3를 정하면 2단계 방법

$$y_{n+1} = y_n + h(b_1 f_n + b_2 f_{n-1} + b_3 f_{n-2})$$

은 Adams-Bashforth 방법임을 증명하여라. f가 1, t, t^2일 때 근삿값이 정확하면 f가 차수가 2 이하인 임의의 다항식이라도 근삿값이 정확함을 먼저 증명하고 이 사실을 이용하여라.

7. 4 단계 Adams-Bashforth 방법과 Adams-Moulton 방법을 미정계수법으로 유도하여라.

8. 식 (7.53)의 c_3, c_4, c_5, c_6를 계산하여라.

9. 식 (7.55), (7.57)로 각각 주어진 1단계, 3단계의 Adams-Moulton 방법을 예제 7.16과 같이 구하여라.

10. 식 (7.55), (7.57)에 주어진 국소절단오차를 예제 7.17과 같이 증명하여라.

11. 다음의 등식

$$y(t_{n+1}) = y(t_{n-1}) + \int_{t_{n-1}}^{t_{n+1}} f(t,\ y(t))dt$$

에서 함수 $f(t,\ y)$ 대신

$$(t_{n+1},\ f_{n+1}),\ (t_n,\ f_n),\ (t_{n-1},\ f_{n-1}),\ \ldots,\ (t_{n-k+1},\ f_{n-k+1})$$

의 보간다항식 $r_k(t)$를 대입하여 Milne-Simpson 방법이라 불리는 다음의 음함수적 다단계 방법을 유도하고 아래 물음에 답하여라.

$$y_{n+1} = y_{n-1} + h\sum_{j=0}^{k} \overline{d}_j \nabla^j f_{n+1}, \quad n = k-1,\ k,\ \ldots,$$

$$\overline{d}_j = (-1)^j \int_2^0 \binom{-s}{j} ds, \quad j = 0,\ 1,\ 2,\ \ldots,\ k.$$

1) $\overline{d}_j$, $j = 0,\ 1,\ 2,\ 3,\ 4$를 구하여라.

2) 2단계 또는 3단계 Milne-Simpson 방법은 다음과 같음을 보여라.

$$y_{n+1} = y_{n-1} + \frac{h}{3}(f_{n+1} + 4f_n + f_{n-1}).$$

12. 선형 범함수(linear functional) L을

$$Ly \equiv \sum_{i=0}^{k} a_{k-i} y(ih) - h\sum_{i=0}^{k} b_{k-i} y'(ih)$$

이라 정의하자. 함수 $y(t)$가 필요한 만큼의 고계 도함수를 갖는다고 가정하면 Ly는

$$Ly = \sum_{i=0}^{\infty} \alpha_i h^i y^{(i)}(0)$$

처럼 표시할 수 있다. 다음을 증명하여라.

1) 계수 α_i는 다음과 같다.

$$\begin{cases} \alpha_0 = \displaystyle\sum_{j=0}^{k} a_j \\ \alpha_i = \displaystyle\sum_{j=0}^{k}\left(\frac{j^i}{i!}a_j - \frac{j^{i-1}}{(i-1)!}b_j\right), \quad i = 1,\ 2,\ \dots . \end{cases}$$

2) $\alpha_0 = \alpha_1 = \cdots = \alpha_m = 0 \neq \alpha_{m+1}$이면 k-단계 방법 (7.41)은 m차 방법이고 역도 성립한다.

3) 문제 11의 2단계 Milne-Simpson 방법은 4차 방법이다.

4) 3단계 Adams-Bashforth 방법은 3차 방법이다.

5) 3단계 Adams-Moulton 방법은 4차 방법이다.

13. 3단계 Adams-Bashforth 방법을 사용하여 다음 문제의 수치해를 구하여라.

1) $y' = \dfrac{t+y}{t-y}, \quad 1 \le t \le 2, \quad y(1) = 0, \quad (h = 0.01)$

2) $y' = 3t^2y^2, \quad 0 \le t \le 2, \quad y(0) = -1, \quad (h = 0.01)$

3) $y' = y^2 + ye^t, \quad 0 \le t \le 2, \quad y(0) = 1, \quad (h = 0.01)$

4) $y' = -y^2 - \dfrac{y}{t} + \dfrac{1}{t^2}, \quad 1 \le t \le 2, \quad y(1) = -1, \quad (h = 0.01)$

14. 예제 7.18의 예측자-수정자 방법을 사용하여 13번 문제의 수치해를 구하고 13번의 결과와 비교하여라.

15. 4차 4단계 Adams-Bashforth 방법 (7.51)과 4차 3단계 Adams-Moulton 방법 (7.57)을 사용하는 예측자-수정자 방법으로 13번 문제의 수치해를 구하여라.

16. 다음의 차분식(difference equation)이 4차 방법이 되도록 상수 a, b를 정하여라.

$$y_{n+1} = y_{n-2} + a(y_n + y_{n-1}) + hb(f_n + f_{n-1})$$

7.5 일관성, 안정성 및 수렴성

제1장에서 다룬 바와 같이 컴퓨터로 계산을 하면 반드시 발생하는 가장 두드러진 두 가지 오차의 종류 중 하나는 정확한 수식 대신에 이의 근사식을 사용함으로써 기인하는 절단오차(truncation error)이고 다른 하나는 컴퓨터 저장장소의 유한성 즉 거의 모든 실수는 컴퓨터에 정확히 표시되지 못하기 때문에 발생하는 마무리오차(round-off error)이다. 물론 초기오차(initial data error)라고 불리는 또 다른 종류의 오차가 있지만, 이 오차는 수학적 모델을 수립하는 단계 또는 수식으로 표시하는 단계에서 발생하므로 여기에서 다루지 않는다. 따라서 수학 또는 과학에서 수학적인 식으로 표시된 문제를 컴퓨터를 이용하여 계산을 하여 해결하는 알고리즘 또는 수치해법에는 필연적으로 오차가 발생하고 이로 인하여 계산 결과에 대한 신뢰성 문제가 제기된다. 본 절에서는 k-단계 방법에 대하여 제기되는 신뢰성 문제를 간단하게 논의한다.

수렴성(convergency), 일관성(consistency) 및 안정성(stability)은 아주 중요한 개념으로 정확한 정의를 우선 개략적으로 설명한다. 단계의 크기 h가 0에 접근할 때 근삿값 y_n이 참값에 수렴하면 k-단계 방법은 수렴한다고 한다. 수치해법의 궁극적인 목적은 참값에 가까운 근삿값을 찾는 것이므로 우수한 방법이라면 수렴성을 반드시 만족하여야 한다. 단계의 크기 h가 0에 접근할 때 국소절단오차가 0에 수렴하면 k단계 방법은 일관성이 있다고 한다. 이는 대체로 마무리오차가 없다고 가정했을 때 단계의 크기가 0이면 근사식이 본래의 미분방정식과 일치함을 뜻한다. 예를 들어 Euler 방법에서 $y'(t)$의 근사식으로

$$\frac{y(t+h)-y(t)}{h}$$

를 사용하고 이 근사식은 본래의 식 $y'(t)$로 수렴하므로 이 방법은 일관성이 있음을 알 수 있다. 마무리오차로 인하여 어느 단계에서든 오차는 발생하고 이는 차후 단계의 계산에 영향을 미치는데 이러한 현상을 **오차의 전파성**(propagation of error)이라고 한다. 안정성은 이런 오차의 전파성과 관계가 있다. 어느 단계에서 발생한 작은 오차가 단계가 지나감에 따라 점점 커져서 나쁜 계산 결과를 얻는 방법은 불안정(unstable)하다고 하며 그렇지 않으면 안정(stable)하다고 한다.

예제 7.19 Euler 방법은 안정성이 있음을 보여라.

풀이 y_n, $\overline{y}_n$이 각각 식 (7.5), (7.16)에서 정의된 대로 Euler 방법의 이론적 근삿값 및 마무

리오차의 영향을 고려한 실제의 근삿값이라 하자. 정리 7.5의 식 (7.17)에 의하면 단계의 크기가 일정할 때 오차의 한계

$$|y_n - \overline{y}_n| \le \frac{\delta}{hL}(e^{L(b-a)} - 1) + |\delta_0| e^{L(b-a)}, \quad n = 0,\ 1,\ \dots,\ N$$

는 n에 무관한 상수이므로 어느 단계에서 발생한 오차라도 단계가 진행됨에 따라 무한히 커질 수 없다. 따라서 Euler 방법은 안정적이다. ■

위의 세 가지 성질은 서로 매우 밀접한 관계가 있다. 실제로 수렴할 필요충분조건은 일관성과 안정성이다. 일단계 방법과 다단계 방법으로 나누어 좀 더 자세히 다루어 보자.

정의 7.9 함수 $y(t)$가 초기치 문제 (7.1)의 해일 때 임의의 실수 $t \in [a,\ b]$에 대하여

$$\lim_{\substack{h \to 0 \\ t = a + nh}} y_n = y(t) \tag{7.59}$$

을 만족하면 일단계 방법은 **수렴**(convergent)한다고 한다.

정리 7.4에 의하여 Euler 방법은 수렴함을 쉽게 알 수 있다.

정의 7.10 식 (7.23)에 정의된 국소절단오차 τ가

$$\lim_{h \to 0} \tau(h) = 0 \tag{7.60}$$

을 만족하면 일단계 방법 $y_{n+1} = y_n + h\phi(t_n,\ y_n)$은 **일관성**(consistency)이 있다고 한다.

일단계 방법의 국소절단오차는 τ는 정의 7.7에 의하면

$$\tau(h) = \frac{y(t+h) - y(t)}{h} - \phi(t,\ y\,;h)$$

이므로 만약 증분함수 $\phi(t,\ y\,;h)$가 h에 대하여 연속이라면 식 (7.60)은 $\phi(t,\ y\,;0) = f(t,\ y)$와 동치이고 따라서 7장 2절과 3절에서 다룬 Euler 방법, k차 Taylor 방법 및 Runge-Kutta 방법 등의 모든 일단계 방법은 일관성이 있고 또한 다음의 정리 7.11에 의하면 일관성은 일단계 방법의 수렴을 위한 필요충분조건이므로 이들 방법은 모두 수렴함

을 알 수 있다. 정리 7.11의 증명은 Henrici(1962)의 2장을 참조한다.

정리 7.11

영역

$$R = \{(t,\ y,\ h) | a \le t \le b,\ -\infty < y < \infty,\ 0 \le h \le h_0,\ 0 < h_0\}$$

에서 증분함수 $\phi(t,\ y\ ;h)$는 연속이고 y에 대하여 Lispchitz 조건을 만족하면 일단계 방법의 수렴을 위한 필요충분조건은 일관성, 즉 $\phi(t,\ y\ ;0) = f(t,\ y)$이다.

예제 7.20 개량 Euler 방법

$$y_{n+1} = y_n + hf\left(t_n + \frac{1}{2}h,\ \frac{1}{2}hf(t_n,\ y_n)\right)$$

은 수렴함을 증명하여라.

풀이 초기치 문제 (7.1)이 유일한 해를 갖도록 $f(t,\ y)$는

$$D = \{(t,\ y) | a \le t \le b,\ -\infty < y < \infty\}$$

에서 정의되고 연속이며 또한 D에서 y에 관하여 Lipschitz 조건(Lipschitz 상수 L)을 만족한다고 하면 $\phi(t,\ y\ ;h)$는 R에서 분명히 연속이다. 또한

$$\begin{aligned}
&|\phi(t,\ x\ ;h) - \phi(t,\ y\ ;h)| \\
&= \left| f(t + \frac{1}{2}h,\ x + \frac{1}{2}hf(t,\ x)) - f(t + \frac{1}{2}h,\ y + \frac{1}{2}hf(t,\ y)) \right| \\
&\le L \left| \left(x + \frac{1}{2}hf(t,\ x)\right) - \left(y + \frac{1}{2}hf(t,\ y)\right) \right| \\
&\le L\left(|x - y| + \frac{1}{2}h|f(t,\ x) - f(t,\ y)|\right) \\
&\le L\left(1 + \frac{1}{2}hL\right)|x - y|
\end{aligned}$$

이므로 $\phi(t,\ y\ ;h)$는 R에서 y에 대하여 Lipschitz 조건을 만족하고 $\phi(t,\ y\ ;0) = f(t,\ y)$이므로 정리 7.11에 의하여 개량 Euler 방법은 수렴한다. ■

초기치 문제 (7.1)에 k-단계 방법을 적용하려면 시작값(satrting values) $y_0,\ y_1,\ \ldots,\ y_{k-1}$이 주어져야 하는데 시작값의 오차가 너무 크면 오차의 전파성 때문에 아무리 훌륭한 방법을 사용하더라도 좋은 결과를 기대하기 어렵다는 것은 자명하다. 따라서 적당한 방법

예를 들면 RK 방법에 의하여 얻어진 시작값들이 참값에 아주 가까운 값이라는 가정하에서 수렴성을 분석하여야 하고 이 부분이 바로 일단계 방법의 수렴성 분석과의 차이점이다. 시작값은 단계의 크기 h의 함수로 볼 수 있으므로

$$y_i = y_i(h), \quad i = 0,\ 1,\ 2,\ \ldots,\ k-1$$

로 표시하자.

정의 7.12 초기치 문제가 유일한 해를 갖기 위한 정리 7.2의 가정을 만족하는 임의의 함수 $f(t,\ y)$, 임의의 초깃값 y_0 그리고

$$\lim_{h \to 0} y_i(h) = y_0, \quad i = 0,\ 1,\ 2,\ \cdots,\ k-1 \tag{7.59}$$

을 만족하는 임의의 수집합 $\{y_0,\ y_1,\ \cdots,\ y_{k-1}\}$에 대하여

$$\lim_{\substack{h \to 0 \\ t = a + nh}} \quad y_n = y(t) \tag{7.60}$$

을 만족하는 k-단계 방법은 수렴한다고 한다.

식 (7.41)의 k-단계 방법에 관련된 두 개의 특성 다항식(charateristic polynomial)을 각각

$$p(x) = a_k x^k + a_{k-1} x^{k-1} + \cdots + a_1 + a_0 \tag{7.61}$$

$$q(x) = b_k x^k + b_{k-1} x^{k-1} + \cdots + b_1 + b_0 \tag{7.62}$$

라고 하자.

정의 7.13 차수가(order)가 1 보다 크면 k-단계 방법은 일관성이 있다고 한다.

7장 4절의 연습문제 12번에 의하여 차수(order)가 1보다 크다는 일관성의 조건과

$$\sum_{i=0}^{k} a_i = \sum_{i=0}^{k} (i a_i - b_i) = 0 \tag{7.63}$$

은 동치이고 식 (7.63)은

$$p(1)=0, \quad p'(1)=q(1) \tag{7.64}$$

과 동치이다(연습문제 4 참조).

정의 7.14 다항식 (7.61)의 모든 근의 절댓값이 1보다 작거나 같고 절댓값이 1인 근은 중근이 아니면 k-단계 방법은 안정성이 있다고 한다.

정리 7.15

다단계 방법 (7.41)이 수렴할 필요충분조건은 안정성과 일관성이다.

정리 7.15는 본 절의 가장 중요한 결과이고 증명은 Henrici(1962)의 5장을 참조한다. 7장 4절의 k-단계 Adams 방법들의 특성 다항식은 $p(x)=x^k-x^{k-1}$이므로 절댓값이 1인 근은 1 하나이고 나머지 근은 모두 0이므로 모두 안정성이 있다. 또한 모두 차수가 1보다 크므로 일관성의 조건을 만족하고 따라서 정리 7.15에 의하여 7장 4절의 모든 k-단계 방법들은 수렴한다.

예제 7.21 4단계 Milne 방법

$$y_{n+1}=y_{n-3}+\frac{h}{3}(8f_n-4f_{n-1}+8f_{n-2}).$$

은 수렴함을 보여라.

풀이 두 특성방정식은

$$p(x)=x^4-1,$$

$$q(x)=\frac{1}{3}(8x^2-4x+8)$$

이다. $p(1)=0$, $p'(1)=4=q(1)$이므로 일관성이 있고, $p(x)$의 근은 ± 1, $\pm i$이므로 안정적이다. 따라서 정리 7.15에 의하여 수렴한다. ■

k-단계 방법과 같이 절댓값이 1인 $p(x)$의 근이 오직 하나이면 **강하게 안정적(strongly stable)**이라 하고, 4단계 Milne처럼 절댓값이 1인 $p(x)$의 근이 두 개 이상이면 **약하게 안정적(weakly stable)**이라 한다.

연습문제 7.5

1. Euler 방법은 수렴함을 증명하여라.

2. Heun의 방법은 수렴함을 증명하여라.

3. k차 Taylor 방법은 일관성이 있음을 증명하여라.

4. 식 (7.63)과 식 (7.64)는 동치임을 증명하여라.

5. 예제 7.21의 4단계 Milne의 차수를 구하여서 일관성이 있음을 보여라.

6. 2단계 방법

$$-y_{n+1}+4y_n-3y_{n-1}=2hf_{n-1}$$

은 일관성은 있으나 불안정(unstable)하고 따라서 수렴하지 않음을 보여라.

7. 2단계 Milne-Simpson 방법

$$y_{n+1}=y_{n-1}+\frac{h}{3}(f_n+4f_{n-1}+f_{n-2})$$

은 약하게 안정적(weakly stable)임을 보여라.

8. 4차 Adams-Moulton 방법은 강하게 안정적(strongly stable)임을 보여라.

9. 다음 Simpson의 $\frac{3}{8}$방법에 대하여 일관성, 안정성 그리고 수렴성을 논하여라.

$$y_{n+1}=y_{n-2}+\frac{3}{8}h(f_{n+1}+3f_n+3f_{n-1}+f_{n-2}).$$

10. 다음의 2단계 방법이 1) 3차가 되도록 a_1, b_0, b_1, b_2를 구하고 2) 안정적이 되도록 하는 a의 범위를 구하여라.

$$y_{n+1}=a_1y_n+ay_{n-1}+h(b_2f_{n+1}+b_1f_n+b_0f_{n-1}).$$

7.6 경계치 문제의 수치해–유한차분법

지금까지는 특정한 점에서 만족되어야 할 조건만이 주어진 초기치 문제에 대한 수치해법을 논의하였다. 하지만 미분방정식이 2개 이상의 점에 각각 주어진 조건을 만족하도록 할 필요가 있는 경우도 있다. 예를 들어 한 지점에서 발사된 유도탄이 1초 후에 목표지점에 도착해야 한다고 하자. 유도탄의 탄도는 미분방정식으로 표시할 수 있는데 이 미분방정식은 $t=0$, $t=1$에서 주어진 값, 즉 **경계치**(boundary value)를 만족하여야 할 것이다. 이런 종류의 미분방정식 문제를 **경계치 문제**(boundary value problem)라고 한다. 본 절에서는 식 (7.65)의 2점 경계치 문제(two-point boundary value problem)를 주로 다루기로 한다.

$$\begin{cases} y'' = f(t,\ y,\ y'), \quad a \le t \le b, \\ y(a) = \alpha, \\ y(b) = \beta. \end{cases} \tag{7.65}$$

유한차분법(finite difference method), 유한요소법(finite element method), 사격법(shooting method) 그리고 병치법(collocation method) 등 사용 가능한 여러 가지 수치해법 중에서 본 절에서는 유한차분법을 간단히 소개한다. 달리 언급하지 않는 한 지금부터는 등간격인 그물코점, 즉 임의의 정수 n에 대하여

$$t_n = a + nh, \quad h = \frac{b-a}{N+1}, \quad n = 0,\ 1,\ 2,\ \ldots,\ N$$

인 그물코점을 사용한다.

미분방정식과 경계치 조건에 등장하는 모든 도함수 대신 적당한 차분공식으로 표시된 이들의 근사식을 대입하여 미지수가 $y(t_n)$, $n=1,\ 2,\ \ldots,\ N$인 N개의 식을 갖는 연립방정식을 만들고 이를 적당한 방법으로 풀어 $y(t_n)$의 근삿값을 구하는 방법을 **유한차분법**(finite difference method)이라 한다. 6장에서 언급한 차분공식(difference formular) 중에서 필요한 공식은 다음과 같다.

$$y'(t_n) = \frac{y(t_{n+1}) - y(t_n)}{h} - \frac{1}{2} h y''(\xi), \tag{7.66}$$

$$y'(t_n) = \frac{y(t_n) - y(t_{n-1})}{h} - \frac{1}{2} h y''(\xi), \tag{7.67}$$

$$y'(t_n) = \frac{y(t_{n+1}) - y(t_{n-1})}{2h} - \frac{1}{6}h^2 y'''(\xi), \tag{7.68}$$

$$y''(t_n) = \frac{y(t_{n+1}) - 2y(t_n) + y(t_{n-1})}{h^2} - \frac{1}{12}h^2 y^{(4)}(\xi) \tag{7.69}$$

어느 한 곳에서의 오차가 $O(h)$면 나머지가 오차없이 정확하더라도 전체적으로는 $O(h)$보다 작은 오차를 기대할 수는 없다. 따라서 대입하려는 모든 근사식의 절단오차의 차수가 같도록 하여야 효율적일 것이다. 예를 들어 모든 계산이 정확하더라도 경계치 문제 (7.65)에 식 (7.66) 또는 (7.67)과 (7.69)를 대입하면 $O(h)$의 절단오차가 발생하며, 식 (7.68)과 (7.69)를 대입하면 $O(h^2)$의 절단오차가 발생하므로 후자를 대입하여 식 (7.65)의 유한차분식(finite difference equation)을 구하는 것이 합리적일 것이다. 그러나 경계 조건 때문에 식 (7.68)과 (7.69) 대신 식 (7.66) 또는 (7.67)과 (7.69)를 대입하여 유한차분법을 구해야 할 경우도 있다.

예제 7.22 경계치 문제

$$y'' = y, \quad y(0) = 0, \quad y(1) = 1 \tag{7.70}$$

를 유한차분법으로 풀 때의 연립방정식을 구하여라. 단, $h = 0.25$를 사용한다.

풀이 식 (7.69)를 미분방정식 $y'' = y$에 대입하면

$$\frac{y(t_{n+1}) - 2y(t_n) + y(t_{n-1})}{h^2} - y(t_n) + O(h^2) = 0, \ n = 1, 2, 3$$

이고 $y(t_n)$ 대신 y_n을 대입하면 유한차분식(finite difference equation)

$$y_{n-1} - (2 + h^2)y_n + y_{n+1} = 0, \ n = 1, 2, 3 \tag{7.71}$$

을 얻는다. 경계 조건 $y(0) = 0$, $y(1) = 1$에서 얻은 $y_0 = 0$, $y_4 = 1$을 식 (7.71)에 대입하면 y_1, y_2, y_3에 대한 선형 연립방정식

$$\begin{pmatrix} -2.0625 & 1 & 0 \\ 1 & -2.0625 & 1 \\ 0 & 1 & -2.0625 \end{pmatrix} \begin{pmatrix} y_1 \\ y_2 \\ y_3 \end{pmatrix} = \begin{pmatrix} 0 \\ 0 \\ -1 \end{pmatrix} \tag{7.72}$$

을 얻는다. Gauss 소거법 또는 삼중대각행렬을 위한 해법을 이용하여 식 (7.72)를 풀면 $y_1 = 0.2943$, $y_2 = 0.572$, $y_3 = 0.8104$이다. ■

예제 7.22처럼 선형 2계 미분방정식(linear second order equation)

$$Ly(t) \equiv y'' - p(t)y' - q(t)y = g(t), \tag{7.73}$$
$$y(a) = \alpha, \quad y(b) = \beta$$

에 식 (7.68)과 (7.69)를 대입하고 $y(t_n)$ 대신 y_n을 사용하면 유한차분식(finite difference equation)

$$L_h y_n \equiv \frac{y_{n+1} - 2y_n + y_{n-1}}{h^2} - p_n \frac{y_{n+1} - y_{n-1}}{2h} - q_n y_n = g_n, \; n = 1, \; \ldots, \; N \tag{7.74}$$

을 얻는다. 단, p_n, q_n, g_n는 각각 $p(t_n)$, $q(t_n)$, $g(t_n)$를 뜻한다. 이제 식 (7.74)에 경계치 $y_0 = \alpha$, $y_{N+1} = \beta$를 대입하고 정리하면

$$\boldsymbol{A}\boldsymbol{y} = \boldsymbol{g} \tag{7.75}$$

이다. 단,

$$A = \begin{pmatrix} d_1 & e_1 & & & \\ c_2 & d_2 & e_2 & & \\ & \ddots & \ddots & \ddots & \\ & & \ddots & \ddots & e_{N-1} \\ & & & c_N & d_N \end{pmatrix}, \quad \boldsymbol{y} = \begin{pmatrix} y_1 \\ y_2 \\ \vdots \\ y_{N-1} \\ y_N \end{pmatrix}, \quad \boldsymbol{g} = \begin{pmatrix} b_1 - \alpha c_1 \\ b_2 \\ \vdots \\ b_{N-1} \\ b_N - \beta e_N \end{pmatrix},$$

$$\begin{cases} c_n = -1 - \dfrac{1}{2} h p_n, & n = 2, \; 3, \; \ldots, \; N, \\ d_n = 2 + h^2 q_n, & n = 1, \; 2, \; \ldots, \; N, \\ e_n = -1 + \dfrac{1}{2} h p_n, & n = 1, \; 2, \; \ldots, \; N-1, \\ b_n = -h^2 g_n, & n = 1, \; 2, \; \ldots, \; N. \end{cases} \tag{7.76}$$

예제 7.23 경계치 문제

$$y'' - y = t, \quad y(0) = 1, \quad y(1) = e - 1$$

에 유한차분식 (7.74)를 사용했을 때의 연립방정식 (7.75)를 구하여라.

단, $h = \dfrac{1}{6}$을 사용한다.

풀이 $p(t) = 0$, $q(t) = 1$, $g(t) = t$이므로 식 (7.76)에 의하여

$$c_n = -1 = e_n, \quad d_n = 2 + \frac{1}{36}, \quad b_n = -\frac{n}{216}$$

이고 $\alpha = 1$, $\beta = e - 1$을 대입하면 연립방정식 (7.75)는

$$\begin{pmatrix} \epsilon & -1 & 0 & 0 & 0 \\ -1 & \epsilon & -1 & 0 & 0 \\ 0 & -1 & \epsilon & -1 & 0 \\ 0 & 0 & -1 & \epsilon & -1 \\ 0 & 0 & 0 & -1 & \epsilon \end{pmatrix}\begin{pmatrix} y_1 \\ y_2 \\ y_3 \\ y_4 \\ y_5 \end{pmatrix} = \frac{1}{216}\begin{pmatrix} 215 \\ -2 \\ -3 \\ -4 \\ 216\mathrm{e}-221 \end{pmatrix}, \quad \epsilon = 2 + \frac{1}{36}$$

이다. ■

식 (7.73)에 주어진 경계조건보다 더 일반적인 경계 조건

$$\alpha y(a) + \gamma y'(a) = 0, \qquad (7.77)$$
$$\beta y(b) + \delta y'(b) = 0$$

에 중앙차분식 (7.68)을 대입하면

$$\alpha y_0 + \gamma \frac{y_1 - y_{-1}}{2h} = 0,$$

$$\beta y_N + \delta \frac{y_{N+1} - y_{N-1}}{2h} = 0$$

이고 y_{-1}과 y_{N+1}, 즉 $y(a-h)$와 $y(b+h)$을 알 수 없으므로 전향차분식 (7.66) 또는 후향차분식 (7.67)을 사용하여야 한다(연습문제 3 참조). 유한차분식 (7.74)의 절단오차는 $O(h^2)$이나 이 경우에는 절단오차가 $O(h)$임에 유의하여라. 이제 식 (7.75) 즉 유한차분식 (7.74)의 유일한 해가 존재할 조건을 다음 정리 7.16(Keller, 1968)에서 증명한다.

정리 7.16

다음의 세 조건

1) 함수 p, q, g는 $[a, b]$에서 연속이다,

2) $q(t) \geq 0, \quad a \leq t \leq b,$

3) $h < \dfrac{2}{L}, \quad L = \max_{a \leq t \leq b} |p(t)|,$

이 만족되면 유한차분식 (7.74)의 유일한 해가 존재한다.

증명 조건 3)이 만족되면

$$|c_n| = 1 + \frac{1}{2}hp_n < 2, \quad |e_n| = 1 - \frac{1}{2}hp_n < 2$$

이므로

$$|c_n| + |e_n| = 2 < d_n = 2 + q_n h^2, \quad n = 2,\ 3,\ \ldots,\ N-1$$

$$|e_1| < d_1 = 2 + q_1 h^2,$$

$$|c_N| < d_N = 2 + q_N h^2$$

이다. 따라서 A는 강대각지배행렬(strictly diagonally dominant matrix)이므로 정칙(nonsingular)이다(연습문제 4 참조). 따라서 식 (7.75) 즉 (7.74)는 유일한 해를 갖는다. ■

정리 7.16에 의하면 단계의 크기 h에 대한 제한이 있음에 유의하여야 한다. 즉, $L = \max_{a \le t \le b} |p(t)|$이 매우 크면 단계의 크기 h는 매우 작은 값이어야 하는데 이것은 때로는 유한차분법의 사용에 장애가 된다. 그러나 선형 연립방정식 (7.75)는 정리 7.16에서 살펴 본 대로 특별한 성질을 가지므로 이를 이용하는 효율적인 해법이 존재한다(연습문제 6.10 참조). 위의 증명과정을 살펴보면 $p = 0$이기만 하면 h에 관계없이 A는 강대각지배행렬이므로 다음 정리 7.17은 정리 7.16의 계정리이다.

정리 7.17

만약 $p = 0$이면 임의의 h에 대하여 유한차분식 (7.74)는 유일한 해를 갖는다.

유한차분식의 일관성, 안정성, 수렴성은 초기치 문제와 같은 개념이나 좀 더 복잡하고 어려우므로 비교적 간단한 일관성과 수렴성만 소개한다. 다만 수렴할 필요충분조건은 역시 일관성과 안정성임을 밝힌다[연습문제 6 참조]. 점 t_n에서의 미분방정식 $Ly = g$의 근사식 $L_h y_n = g_n$의 정확성을 측정하는 국소절단오차 $\tau_n(h)$는

$$L_h\, y(t_n) - L\, y(t_n) = \tau_n(h), \quad n = 1,\ 2,\ \ldots,\ N \tag{7.78}$$

로 정의된다. 국소절단오차가

$$\lim_{h \to 0} t_n(h) = 0, \quad n = 1,\ 2,\ \ldots,\ N$$

이면 일관성이 있다고 한다. 유한차분식 (7.74)의 국소절단오차는 $O(h^2)$이므로 이 방법은 일관성이 있음을 알 수 있다(연습문제 5 참조). $h \to 0$일 때

$$\max_{1 \le n \le N} |y_n - y(t_n)| \to 0$$

이면 이 방법은 수렴한다고 한다.

Ly가 비선형인 경우는 다음의 예제를 통해 알아보자.

예제 7.24 경계치 문제

$$2yy'' - (y')^2 = 0,\ y(1) = 1,\ y(2) = 4$$

를 유한차분법으로 풀 때의 연립방정식을 구하여라. 단, $h = 0.25$를 사용한다.

풀이 식 (7.68)과 (7.69)를 미분방정식 $2yy'' - (y')^2 = 0$에 대입하여 얻은 유한차분식

$$2y_n \frac{y_{n-1} - 2y_n + y_{n+1}}{h^2} - \left(\frac{y_{n+1} - y_{n-1}}{2h}\right)^2 = 0, \quad n = 1,\ 2,\ 3$$

에 경계 조건 $y_0 = 1,\ y_4 = 4$를 대입하면 $y_1,\ y_2,\ y_3$에 대한 비선형 연립방정식

$$\begin{cases} 8y_1(1 - 2y_1 + y_2) - (1 - y_2)^2 = 0 \\ 8y_2(y_1 - 2y_2 + y_3) - (y_1 - y_3)^2 = 0 \\ 8y_3(y_2 - 2y_3 + 4) - (y_2 - 4)^2 = 0 \end{cases}$$

을 얻는다. 이것은 비선형 연립방정식을 위한 Newton 방법을 이용하여 풀 수 있다. (제2장 7절 참조) ■

연습문제 7.6

1. 유한 차분법 (7.74)를 사용하여 예제 7.21의 문제 (7.69)의 수치해를 구하여라. 단, $h = 0.05$.

2. 유한 차분법 (7.74)를 사용하여 다음 문제의 수치해를 구하여라. 단, $h = 0.01$를 사용한다.

$$y'' + ty' + y = 2t, \quad y(0) = 0, \quad y(1) = 0$$

3. 다음 경계치 문제의 유한차분식을 구하여라. 단, $h = 0.1$.

$$y'' - y = 0, \quad y(0) = 1, \quad y'(1) = y(1)$$

$y(1)$, $y(1.1)$이 주어지지 않았으므로 y_{10}, y_{11}은 미지수이고 따라서 $t = 1$일의 경계조건에 절단오차가 $O(h^2)$인 중앙차분식 (7.68)은 사용할 수 없다. 이 난점을 해결하기 위하여 $y''(1)$ 대신 단계의 크기가 $\frac{h}{2}$인 전향차분식 (7.67)을 사용하여 $t = 1$일 때 미분방정식의 근사식

$$\frac{y'(1) - y'(0.95)}{0.05} + y(1) = 0$$

을 얻고 이 근사식에서 미지수 $y'(0.95)$를 소거하기 위하여 근사식

$$y'(0.95) = \frac{y(1) - y(0.9)}{2 \times 0.05}$$

을 경계조건에 사용하여라. 나머지 그물코점에서는 유한차분식 (7.74)를 사용한다 이 경우 전체적인 절단오차는 $O(h)$이다.

4. $N \times N$ 정방행렬 $A = (a_{ij})$가 강대각지배행렬이면 즉

$$|a_{ii}| > \sum_{\substack{j=1 \\ j \neq i}}^{N} |a_{ij}|, \quad i = 1, 2, \ldots, N$$

이면 A는 정칙(nonsingular)임을 증명하여라.

5. 만약 $y \in C^4[a,\ b]$이면 유한차분식 (7.73)의 국소절단오차는 $O(h^2)$임을 증명하여라.

6. 정리 7.16의 가정을 만족하는 식 (7.73) $Ly = g$에 유한차분법을 적용하여 생성된 선형 연립방정식 (7.75)의 계수 행렬

$$A = \begin{pmatrix} d_1 & e_1 & & & \\ c_2 & d_2 & e_2 & & \\ & \ddots & \ddots & \ddots & \\ & & \ddots & \ddots & e_{N-1} \\ & & & c_N & d_N \end{pmatrix}$$

는 다음과 같은 성질

(1) $|d_1| > |e_1|$,

(2) $|d_n| \ge |c_n| + |e_n|, \quad n = 2,\ 3,\ \ldots,\ N-1$,

(3) $|d_N| > |c_N|$,

(4) $c_n e_{n-1} \ne 0, \quad n = 2,\ 3,\ \ldots,\ N$,

을 갖는다. 이러한 강대각지배성과 성질 4)를 가지는 삼중 대각행렬 A의 LU-분해 (LU-decomposition) $A = \mathrm{LU}$는 다음과 같은 반복법으로 구할 수 있음을 보여라.

(i) $\delta_1 = d_1, \quad \gamma_1 = e_1/d_1$,

(ii) $\delta_n = d_n - c_n\gamma_{n-1}$,

$\gamma_n = e_n/\delta_n, \quad n = 2,\ 3,\ \ldots,\ N-1$,

(iii) $\delta_N = d_N - c_N\gamma_{N-1}$.

단, 하반삼각행렬 L과 상반삼각행렬 U는 다음과 같다.

$$\mathrm{L} = \begin{pmatrix} \delta_1 & & & & \\ \mathrm{c}_2 & \delta_2 & & & \\ & \cdot & \cdot & & \\ & & \cdot & \cdot & \\ & & & \mathrm{c_N} & \delta_\mathrm{N} \end{pmatrix}, \quad \mathrm{U} = \begin{pmatrix} 1 & \gamma_1 & & & \\ & 1 & \gamma_2 & & \\ & & \cdot & \cdot & \\ & & & 1 & \gamma_{\mathrm{N}-1} \\ & & & & 1 \end{pmatrix}.$$

행렬 A의 LU-분해를 이용하여 식 (7.75)의 해를 구하는 효율적인 알고리즘을 만들어라.

7. 다음 문제는 정리 7.16의 가정 1)과 2)를 만족함을 보이고 가정 3)의 h의 상한보다 작은 임의의 h를 택하여 문제 6에서 만든 알고리즘을 이용하는 컴퓨터 프로그램으로 수치해를 구하여라.

1) $y'' + 3y' - 2y = 2t + 3,\quad y(0) = 2,\quad y(1) = 1$

2) $y'' + \frac{2}{t}y' - \frac{1}{t}y = -\frac{1}{t^2},\quad y(1) = 1,\quad y(2) = \frac{1}{2}$

8. 정리 7.16의 가정을 만족하고 $p = 0$인 식 (7.73) $Ly = g$에 유한차분법을 적용하여 생성된 선형 연립방정식 (7.75)의 계수 행렬 A는 연습문제 6의 모든 성질을 만족할 뿐만 아니라 대칭(symmetric)이므로 $\mathrm{L} = \mathrm{U}^{\mathrm{T}}$임을 보이고 이를 이용하여 연습문제 6에서 만든 알고리즘을 변형하여라.

9. 다음 문제는 정리 7.16의 가정 1)과 2)를 만족함을 보이고 $p = 0$이므로 임의의 h를 택하여 연습문제 8에서 만든 알고리즘을 이용하는 컴퓨터 프로그램으로 수치해를 구하여라.

$$y'' - y = 0,\quad y(0) = 1,\quad y(1) = \mathrm{e}^{-1}$$

10. 유한차분식 (7.74)에 의하여 구한 근삿값 $\{y_n\}$은 h의 함수이므로 $y_n = y_n(h)$로 표시하자. 충분히 작은 모든 h에 대하여

$$|y_n(h)| \le K\left\{\max(|y_0|,\ |y_{N+1}|) + \max_{1 \le n \le N} |L_h y_n(h)|\right\},\quad n = 1,\ 2,\ \ldots,\ N$$

을 만족하는 h와 무관한 상수 K가 존재하면 유한차분법은 안정성이 있다고 한다. 유한차분식 (7.74)는 일관성과 안정성이 있으면 수렴함을 증명하여라.

11. 경계치 문제

$$y'' - 2y^3 = 0,\ y(1) = 1,\ y(2) = 0.5$$

를 유한차분법으로 풀 때의 연립방정식을 구하여라. 단, $h = 0.25$를 사용하여라.

부록 A

기본정리

A.1 기본정리

이 절에서는 수치해석학에 자주 인용되는 고등 미적분학의 주요한 정리들을 소개하겠다.

정리 A.1 f가 구간 $[a, b]$에서 연속이고 $f'(x)$가 구간(a, b)에서 존재한다고 가정하자. 그러면 모든 $x \in [a, b]$에 대하여 다음을 만족하는 M_1, M_2, 그리고 x_1, $x_2 \in [a, b]$가 존재한다.

$$M_1 = f(x_1) \le f(x) \le f(x_2) = M_2$$

위의 조건을 만족하는 x_1, x_2는 $[a, b]$의 양 끝점이나 $f'(x) = 0$인 점에서 일어난다.

정리 A.2 (Rolle의 정리) f가 구간 $[a, b]$에서 연속이고 $f'(x)$, f'', ..., $f^{(n)}(x)$가 구간 $[a, b]$에서 존재한다고 가정하자. 만약 x_0, x_1, ..., $x_n \in [a, b]$이고 $f(x_j) = 0$ $(0 \le j \le n)$이면, $f^{(n)}(c) = 0$을 만족하는 $c \in (a, b)$가 적어도 하나 존재한다.

정리 A.3 (평균값의 정리) f가 구간 $[a, b]$에서 연속이고 $f'(x)$가 구간 (a, b)에서 존재한다고 가정하자. 그러면 다음을 만족하는 $c \in (a, b)$가 적어도 하나 존재한다.

$$f(b) - f(a) = f'(c)(b-a)$$

정리 A.4 (적분에 대한 평균값 정리) f가 구간$[a, b]$에서 연속이면, 다음을 만족하는 $c \in (a, b)$가 존재한다.

$$\int_a^b f(x)dx = f(c)(b-a)$$

정리 A.5 (적분에 대한 가중 평균값 정리) f와 g가 구간 $[a, b]$에서 연속이고 모든 $x \in [a, b]$에 대하여 $g(x) \ge 0$이면, 다음을 만족하는 $c \in [a, b]$가 존재한다.

$$\int_a^b f(x)g(x)dx = f(c)\int_a^b g(x)dx$$

다음 정리는 정리 1.1을 일반화한 정리이다.

정리 A.6 f가 구간 $[a, b]$에서 연속이면, 모든 $x \in [a, b]$에 대하여 다음을 만족하는 M_1, M_2, 그리고 x_1, $x_2 \in [a, b]$가 존재한다.

$$M_1 = f(x_1) \le f(x) \le f(x_2) = M_2$$

여기서 $M_1 = f(x_1) = \min_{x \in [a, b]} f(x)$, $M_2 = f(x_2) = \max_{x \in [a, b]} f(x)$로 가끔 표시한다.

정의 A.7 구간 $[a, b]$에서 f', f'', ..., $f^{(n)}$이 존재하고 연속일 때 $f \in C^n[a, b]$로 정의한다. 즉 "f가 n번 미분가능하고 연속이다"라고 말한다.

정리 A.8 (Taylor 정리) $f \in C^{n+1}[a, b]$이고 $x_0 \in [a, b]$라 두자. 그러면 각 $x \in [a, b]$에 대하여 다음을 만족하는 x_0와 x 사이에 있는 $c = c(x)$이 존재한다.

$$\begin{cases} f(x) = \displaystyle\sum_{k=0}^{n} \frac{f^{(k)}(x_0)}{k!}(x - x_0)^k + R_n(x) \\ R_n(x) = \dfrac{f^{(n+1)}(c)}{(n+1)!}(x - x_0)^{n+1} \end{cases}$$

여기서 $\displaystyle\sum_{k=0}^{n} \frac{f^{(k)}(x_0)}{k!}(x - x_0)^k$을 x_0에서의 함수 $f(x)$의 n차 Taylor 다항식이라 부른다.

정리 A.9 (중간값의 정리) f가 구간 $[a, b]$에서 연속이라 가정하고, $M_1 = \min_{x \in [a, b]} f(x)$, $M_2 = \max_{x \in [a, b]} f(x)$라 두자. 그러면 어떠한 $\beta \in [M_1, M_2]$에 대하여도 $f(\alpha) = \beta$을 만족하는 $\alpha \in [a, b]$가 적어도 하나 존재한다.

연습문제 A.1

1. 방정식 $\tan x = 1 - x$가 구간 $(0, 1)$에서 적어도 하나의 근을 가짐을 보여라.

2. 함수 $f(x) = e^x \ (0 \le x \le 1)$에 대하여 다음이 성립함을 보여라.

$$|e^x - e^y| \le e|x - y|, \quad 0 \le x,\ y \le 1$$

3. 적분에 대한 평균값정리를 사용하여 다음 식을 만족하는 ζ를 구하여라.

$$\int_0^1 x^4 dx = \zeta^4$$

4. 적분에 대한 가중평균값정리를 사용하여 다음 식이 성립함을 보여라.

(1) $\displaystyle\int_0^h x^2(x-h)^2 g(x)dx = \frac{1}{30}h^5 g(\zeta), \quad 0 \le \zeta \le h$

(2) $\displaystyle\int_0^h \frac{x^{n+1}}{1-x}dx = \frac{h^{n+2}}{(1-\zeta)(n+2)}, \quad 0 \le \zeta \le h < 1$

5. x_0에서의 다음 함수 $f(x)$의 5차 Taylor 다항식을 구하여라.

(1) $f(x) = \sin x, \quad x_0 = 0$

(2) $f(x) = \cos x, \quad x_0 = 0$

(3) $f(x) = e^x, \quad x_0 = 0$

(4) $f(x) = \ln x, \quad x_0 = 1$

(5) $x_n = 10^{-p^n}, \quad p > 0$

참고문헌

Allen III. M. B. and Isaacson E.L., *Numerical Analysis for Applied Science 2nd Edition*, John Wiley & Sons, New York, 2019.

Atkinson, K. E., *An Introduction to Numerical Analysis*, John Wiley & Sons, New York, 2011.

Atkinson, K. E. and W. Han, *Elementary Numerical Analysis, 3rd Edition*, John Wiley & Sons, New York, 2003.

Bober W., Introduction to Numerical Methods with Matlab for Engineers and Scientists, CRC press, 2014.

Borse G. J., *Numerical Methods with Matlab*, PWS, 1997.

Burden, R. L. and Faires, J. D., *Numerical Analysis 8th Edition*, Brooks/Cole, 2005.

Chapra S. C., *Applied Numerical Methods with MATLAB for Engineers and Scientists 4th Edition,* McGrawhill, 2018.

Conte, S.D. and Carl de Boor, *Elementary Numerical Analysis: An Algorithm Approach*, SIAM, 2017.

Dahlquist G. and Bjorck A., *Numerical Methods in Scientific Computing Volume I*, SIAM, 2008.

Golub, G. H. and C.F. Van Loan, *Matrix Computations 4th Edition*, Johns Hopkins University Press, Baltimore, Maryland, 2013.

Faires, J. D. and Burden, R. L., *Numerical Methods*, Brooks/Cole CENGAGE Learning, New York, 2013.

Fausett L. V., Applied Numerical Analysis Using MATLAB 2nd Edition, Prentice Hall, 2008.

Hagman, L. A. and D. M. Young, *Applied Iterative Methods,* Academic Press, New York, 1981.

Henrici, P., *Discrete Variable Methods in Ordinary Differential Equations*, John Wiley & Sons, New York, 1962.

Isaacson, E. and H.B. Keller, *Analysis of Numerical Methods,* John Wiley & Sons, New

York, 1966.

Johnson, L. W. and Riess R.D., *Numerical Analysis*, Addison-Wesley, Massachusetts, 1982.

Keller, H. B., *Numerical Methods for Two-point Boundary Value Problems*, Blaisdel, Waltham, Massachusetts, 1968.

Kincaid, D. and W. Cheney, *Numerical Analysis:Mathematics of Scientific Computing 3rd Edition*, Brooks/Cole, 2002.

Li J. and Chen Y., *Computational Partial Differential Equations Using Matlab*, CRC press, 2009.

Morris, J.L., *Computational Methods in Elementary Numerical Analysis*, John Wiley & Sons, New York, 1983.

Ortega, J.M., Numerical Analysis A Second Course, SIAM, Philadelphia, 1990.

Venkataraman P., Applied Optimaization with Matlab Programming, Wiley-Interscince, 2002.

Wilkinson, J.H., *The Algebraic Eigerivalue Problem*, Oxford University press, Oxford, 1965.

찾아보기

ㅅ

ㅇ

ㅈ

ㅊ

ㅌ

ㅍ

ㅎ

기타

수치해석과
MATLAB 활용

지은이 오세영
펴낸이 조경희
펴낸곳 경문사
펴낸날 2021년 3월 2일 1판 1쇄
등 록 1979년 11월 9일 제1979-000023호
주 소 04057, 서울특별시 마포구 와우산로 174
전 화 (02)332-2004 팩스 (02)336-5193
이메일 kyungmoon@kyungmoon.com

값 28,000원

ISBN 979-11-6073-448-5